分析力学

王永岗 编著

清华大学出版社
北京

内 容 简 介

本书是一本分析力学的简明教材。全书共分10章，第1～3章阐述了分析力学的基本概念和基本原理，内容包括分析静力学与动力学普遍方程等；第4、5章属完整系统动力学，内容包括第二类拉格朗日方程和哈密尔顿正则方程；第6、7章为力学的两种变分原理，内容包括积分型原理（即哈密尔顿原理）和微分型原理（即高斯原理）两部分；第8～10章为非完整系统动力学问题初步，内容包括第一类拉格朗日方程、阿沛尔方程以及凯恩方程。

全书重点强调分析力学的基础理论，注重分析力学的基本方法，并阐述数学公式所蕴含的物理意义。书中共配有200多个例题和200多道习题，并附有部分习题答案，因此有较好的教学适应性。建议授课学时为48～64学时。

本书可作为高等工科院校工程力学本科及机械类或相近专业研究生的分析力学课程教材，也可作为有关教师和工程技术人员的教学和科研参考书。

图书在版编目（CIP）数据

分析力学/王永岗编著.—北京：清华大学出版社，2019（2025.2重印）
ISBN 978-7-302-52488-5

Ⅰ.①分…　Ⅱ.①王…　Ⅲ.①分析力学—研究　Ⅳ.①O316

中国版本图书馆CIP数据核字（2019）第042275号

责任编辑：佟丽霞　赵从棉
封面设计：傅瑞学
责任校对：赵丽敏
责任印制：刘海龙

出版发行：清华大学出版社
网　　址：https://www.tup.com.cn，https://www.wqxuetang.com
地　　址：北京清华大学学研大厦A座　　**邮　　编**：100084
社 总 机：010-83470000　　**邮　　购**：010-62786544
投稿与读者服务：010-62776969，c-service@tup.tsinghua.edu.cn
质量反馈：010-62772015，zhiliang@tup.tsinghua.edu.cn
印 装 者：三河市龙大印装有限公司
经　　销：全国新华书店
开　　本：185mm×260mm　　**印　　张**：13.75　　**字　　数**：332千字
版　　次：2019年3月第1版　　**印　　次**：2025年2月第8次印刷
定　　价：38.00元

产品编号：081856-01

FOREWORD

前言

经典力学是研究宏观低速物体机械运动的现象和规律的学科，宏观是相对于原子等微观粒子而言的，而低速是相对于光速而言的。1900年马克斯·普朗克(Max Planck，1858—1947)的量子论指出，经典力学不适用于微观世界，而随后1905年阿尔伯特·爱因斯坦(Albert Einstein，1879—1955)的狭义相对论指出，经典力学不适用于运动速度可与光速比拟的物体。因此，一般认为经典力学是20世纪以前的力学，或非相对论非量子的力学。

经典力学沿着牛顿力学和分析力学两条主要分支发展，二者并驾齐驱，构成了不同特色的力学理论体系，并使用不同的数学语言，对机械运动的同一客观规律各自进行表述。牛顿力学认为力是影响物体运动的因素，将约束对运动的作用也归结为力。分析力学认为力和约束是影响物体运动的因素。分析力学又分为拉格朗日力学和哈密尔顿力学。前者以拉格朗日变量刻画力学系统，运动方程为拉格朗日方程；后者以哈密尔顿变量刻画力学系统，运动方程为哈密尔顿正则方程。经典力学的发展历程大致可分为三个阶段。

第一阶段为牛顿力学(Newtonian mechanics)体系的建立。牛顿力学体系是由伽利略·伽利雷(Galileo Galilei，1564—1642)、艾萨克·牛顿(Isaac Newton，1643—1727)等建立的，牛顿集前人之大成，综合了天文学与力学，在1687年出版的划时代巨著《自然哲学的数学原理》(*Mathematical Principles of Natural Philosophy*，1687)一书中提出的运动三定律和万有引力理论构成了经典力学体系的两大支柱，该书也成为牛顿对整个自然科学最重要的贡献。由于牛顿力学最基本的物理量——力和加速度都具有矢量性质，且大量运用几何方法和矢量作为研究工具，故牛顿力学可称为矢量力学。牛顿力学对研究多质点、多约束系统等问题是不方便的。

第二阶段为拉格朗日力学(Lagrangian mechanics)体系的建立。1788年，约瑟夫·路易斯·拉格朗日(Joseph Louis Lagrange，1736—1813)在法国发表了一本不含几何推理也没有任何几何插图的力学著作——《分析力学论述》(*Traitéde Mécanique Analytique*，1788)，这是牛顿之后的一部重要的经典力学著作，标志了力学发展的一个新阶段。书中吸收并发展了莱昂哈德·欧拉(Leonhard Euler，1707—1783)、让·勒朗·达朗贝尔(Jean Le Rond D'Alembert，1717—1783)等人的研究成果，通过引入广义坐标的概念，将具有标量性质的能量作为基本物理量，以虚位移原理和达朗贝尔原理相结合得到的动力学普遍方程为基础，运用变分原理，创立了分析力学的微分形式——拉格朗日力学体系。他在序言中宣称：力学已经成为分析的一个分支。拉格朗日力学是对经典力学的一种新的理论表述，着重于数学解析的方法，是分析力学的重要组成部分，拉格朗日本人也成为分析力学的创立者。

第三阶段为哈密尔顿力学(Hamiltonian mechanics)体系的建立。1834 年,威廉·罗恩·哈密尔顿(William Rowan Hamilton, 1805—1865)将拉格朗日力学进行了推广,使得力学系统的变量不仅含有广义坐标,同时还含有广义动量,建立了哈密尔顿力学体系——正则方程(canonic equation),以及一个与能量有密切联系的哈密尔顿函数。正则方程是用哈密尔顿函数表示的一阶方程组,其好处是自变量在方程中具有某种对称性。与此同时,哈密尔顿将几何光学的研究成果应用到力学中,认为力学的原理不仅可以按牛顿的方式来叙述,也可以按某种作用量的驻值方式来叙述,他创立了分析力学的积分形式——哈密尔顿变分原理。哈密尔顿变分原理和正则方程都汇集于题名为《论动力学中的一个普遍方法》(*On a general method in dynamics*,1834)和《再论动力学中的普遍方法》(*Second essay on a general method in dynamics*,1835)的两篇历史性论文中。哈密尔顿原理的优点在于便于将力学推广到物理学其他领域,而且一般来说积分形式的变分原理特别适用于近似解法。

力学规律的矢量力学与分析力学是同一研究对象的两种表述形式,在经典力学的范畴内是等价的,但它们研究的途径或方法则不相同。矢量力学多以几何方法为基础,思维方式形象化,侧重于力,注重"定理"的应用;分析力学则主要采用数学分析的方法,思维方式抽象化,侧重于能量,多以各种"原理"解决动力学问题。

力学的原理可分为变分原理和不变分原理两种,每种原理又分为微分和积分两种类型。微分原理所描述的运动规律发生在某一瞬时,而积分原理所描述的运动规律则发生在一个有限过程内。不变分原理直接反映系统真实运动的普遍规律,如达朗贝尔原理就是一种微分型不变分原理,而机械能守恒定律则是一种积分型不变分原理。变分原理并不直接描述系统运动的客观规律,而是将力学系统的真实运动与相同条件下约束所允许的一切可能运动加以比较,并提供能将真实运动从可能运动中甄别出来的准则,如虚位移原理就是微分型变分原理的一个例子。分析力学方面的主要成就是由拉格朗日方程发展为可以作为力学基本原理的积分形式的哈密尔顿原理,使各种动力学定律都可从一个变分式推出。无论在近代或现代,无论在理论上或应用上,积分形式变分原理的建立对力学的发展都具有重要的意义。变分原理除哈密尔顿在 1834 年所提出的积分型以外,还有约翰·卡尔·弗里德里希·高斯(Johann Carl Friedrich Gauss,1777—1855)在 1829 年提出的微分型最小拘束原理等。

1788 年拉格朗日奠定了分析力学的基础,然而他没有认识到有独立坐标数目与坐标的独立变分数目不相同的系统——非完整约束(nonholonomic constrain)系统的存在。直到 1894 年,德国学者海因里希·鲁道夫·赫兹(heinrich Rudolf Hertz,1857—1894)才第一次将力学系统区分为完整系统(Holonomic system)与非完整系统两类,对应于完整约束与非完整约束,开辟了非完整系统分析力学研究的新领域。由于非完整约束系统至少包含一个不可积分的微分约束,因而需要更复杂的微分方程来描述。在问世至今的百余年里,非完整系统动力学已逐渐发展成为分析力学的重要分支,并建立了各种形式的运动方程。

分析力学属一般力学的一个分支,若以拉格朗日在 1788 年《分析力学论述》一书的出版为学科正式诞生的标志,已有二百余年的历史。由于分析力学用统一的形式表达多样化的力学问题,因此其理论依据与研究方法具有高度的概括性,其结论具有很大的普遍性。掌握它的一些基本概念和思维方法,可为进一步学习计算力学、量子力学和非线性力学等课程奠定理论基础。

为适应工程力学等专业课程教学计划对"分析力学"课程学时不断缩减的实际,在本书的编写过程中充分利用前修课程的基础，以最少的篇幅引入了分析静力学(虚位移)原理和达朗贝尔原理等已经在“理论力学”课程中介绍过的基础理论，内容上既避免了课程间的交叉与重复，又能相互衔接。由于“分析力学”是利用纯数学的分析方法来研究系统机械运动的一般规律的，其复杂的数学推导对于工科同学是不小的挑战，因此，本书尽可能采用通俗的或工程的数学语言，强调力学的基本原理和思维方法，而将数学作为分析问题的工具，一些地方并没有过分追求数学上的严谨性。附录中对分析力学有直接贡献的几位历史人物的学术生涯和力学工作进行了概述，以期增加读者对历史沿革的兴趣。

本书以完整系统的拉格朗日力学体系和哈密尔顿力学体系为主要内容，同时对非完整系统动力学问题的第一类拉格朗日方程、阿沛尔方程以及凯恩方程进行了简单介绍，以适应多学时教学安排。

本书是在作者多年所授“分析力学”课程讲义的基础上，借鉴国内外一些经典教材和相关文献，完善并最终编写的适合于高等理工院校的“分析力学”课程教材，也可作为研究生教材和工程技术人员的参考用书。

限于作者水平，虽勉力成书，但不妥和疏漏在所难免，恳请读者不吝指正。

编　者

2018年8月

的编写过程中充分利用前修课程的基础，以较少的篇幅引入了分析静力学（虚位移）原理和达朗贝尔原理等已经在"理论力学"课程中介绍过的基础理论，内容上既避免了课程间的交叉与重复，又能相互衔接。由于"分析力学"是利用纯数学的分析方法来研究系统机械运动的一般规律的，其复杂的数学推导对于工科同学是不小的挑战，因此，本书尽可能采用通俗的或工程的数学语言，强调力学的基本原理和思维方法，而将数学作为分析问题的工具，一些地方并没有过分追求数学上的严谨性。附录中对分析力学有直接贡献的几位历史人物的学术生涯和力学工作进行了概述，以期增加读者对历史沿革的兴趣。

本书以完整系统的拉格朗日力学体系和哈密尔顿力学体系为主要内容，同时对非完整系统动力学问题的第一类拉格朗日方程、阿佩尔方程以及凯恩方程进行了简单介绍，以适应多学时教学安排。

本书是在作者多年所授"分析力学"课程讲义的基础上，借鉴国内外一些经典教材和相关文献，完善并最终编写的适合于高等理工院校的"分析力学"课程教材，也可作为研究生教材和工程技术人员的参考用书。

限于作者水平，虽竭力成书，但不妥和疏漏之处所难免，恳请读者不吝指正。

编　者

2018年8月

CONTENTS

目录

第1章

分析力学的基本概念

分析力学是理论力学的一个分支，是对经典力学的高度数学化的表达。分析力学的研究对象是质点系。质点系可视为一切宏观物体组成的力学系统的理想模型。例如刚体、弹性体、流体等以及它们的综合体都可看作质点系，质点数可由1到无穷。工程上的力学问题大多数是非自由质点系，分析力学把约束看成对系统位置(或速度)的限定，而不是看成一种力。由于约束方程类型的不同，就形成了不同的力学系统。例如，完整系统、非完整系统、定常系统、非定常系统等。

分析力学就是从分析约束入手，提出解决力学问题的新途径和方法的。在进入分析力学基本原理的学习之前，首先应该掌握一些基本概念并具备一些基本能力，它们是学习各种分析力学原理的共同基础。

1.1 约束及其分类

1.1.1 约束和约束方程

1. 位形及状态

一个由 n 个质点组成的质点系，其各质点每一瞬时在空间中所占据的位置以及质点系的形状可以由 n 个位置矢径 $\boldsymbol{r}_i(i=1,2,\cdots,n)$ 或 $3n$ 个笛卡儿坐标 $x_i(i=1,2,\cdots,3n)$ 来描述。系统各质点在空间位置的集合称为质点系的**位形**。此 $3n$ 个坐标所张成的抽象的 $3n$ 维空间称为质点系的**位形空间**。对非自由质点系，这 $3n$ 个量是不独立的。与质点系在每一瞬时的位形对应的位形空间的点称为**位形点**。质点系由某一位形连续变化到另一位形的运动过程反映在位形空间就是位形点连续变化所形成的曲线，称为**位形轨线**。

运动中的质点在任一瞬时所占据的位置及其所具有的速度联合在一起称为质点在该瞬时的**状态变量**。一个由 n 个质点组成的质点系，其各质点每一瞬时在空间中的位置及速度分布需要 n 个位置矢径及其导数$(\boldsymbol{r}_i,\dot{\boldsymbol{r}}_i)(i=1,2,\cdots,n)$或 $3n$ 个笛卡儿坐标及其导数$(x_i,\dot{x}_i)(i=1,2,\cdots,3n)$来描述。此 $6n$ 个坐标所张成的抽象的 $6n$ 维空间称为质点系的**状态空间**。前面定义的位形空间是状态空间的 $3n$ 维子空间。与质点系在每一瞬时的运动状态对应的状态空间的点称为**状态点**。系统的状态随时间变化过程对应于状态点在状态空间中连续变化，因而描绘出一条曲线，称为**状态轨线**。

2. 约束及约束方程

几乎所有的力学系统都存在着约束。根据质点系的运动是否受到预先规定的几何及运动条件的限制，将质点系分为自由质点系和非自由质点系两种。

对非自由质点系的位形和速度预先约定的限制条件称为**约束**。约束的物理表现为约束力，约束的数学表现为**约束方程**。通常，约束方程可以通过质点系中各质点的位置矢径或速度来表达，写作

$$f_j(\boldsymbol{r}_i, \dot{\boldsymbol{r}}_i;\ t) = 0 \quad (i = 1,2,\cdots,n;\ j = 1,2,\cdots,s) \tag{1.1.1}$$

这里，n 为质点系的质点数，s 为约束方程数，t 为时间参数。约束方程的直角坐标形式为

$$f_j(x_i, y_i, z_i;\ \dot{x}_i, \dot{y}_i, \dot{z}_i;\ t) = 0 \quad (i = 1,2,\cdots,n;\ j = 1,2,\cdots,s) \tag{1.1.2}$$

其中

$$\boldsymbol{r}_i = x_i\boldsymbol{i} + y_i\boldsymbol{j} + z_i\boldsymbol{k}, \quad \dot{\boldsymbol{r}}_i = \dot{x}_i\boldsymbol{i} + \dot{y}_i\boldsymbol{j} + \dot{z}_i\boldsymbol{k} \quad (i = 1,2,\cdots,n) \tag{1.1.3}$$

式中，$\boldsymbol{r}_i$ 和 x_i、y_i、z_i 分别为第 i 个质点的矢径及其在直角坐标系中各坐标轴上的投影；$\dot{\boldsymbol{r}}_i$ 和 $\dot{x}_i$、$\dot{y}_i$、$\dot{z}_i$ 分别为对应的速度及其在直角坐标系中的投影。

例如，图 1.1.1 中所示的具有固定悬挂点 O 的无重刚性杆，其对摆锤 M 的限制条件是：摆锤必须在以 O 点为球心、以摆长 l 为半径的球面上运动。约束方程可表示为

$$x^2 + y^2 + z^2 - l^2 = 0$$

若将图 1.1.1 中球摆的刚性杆换成相同长度的柔索，如图 1.1.2 所示，则约束方程变为

$$x^2 + y^2 + z^2 - l^2 \leqslant 0$$

有时，球摆的摆长也可按给出的时间 t 的函数改变，即 $l=l(t)$。如图 1.1.3 所示的变长度球摆，摆锤由一根穿过固定圆环的柔索以不变的速度 $\boldsymbol{v}$ 拽引，初始摆长为 l_0，则摆长随时间的变化规律为 $l=l_0-vt$，这时，球摆的约束方程可表示为

$$x^2 + y^2 + z^2 - (l_0 - vt)^2 = 0$$

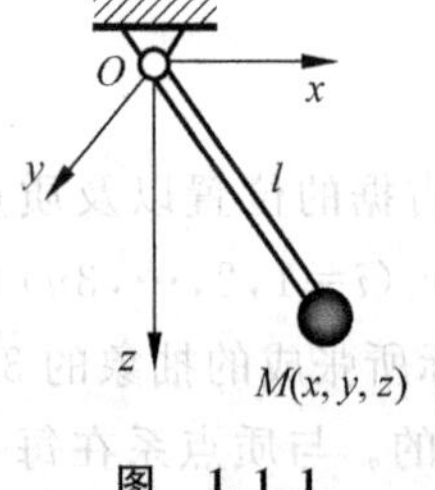

图 1.1.1

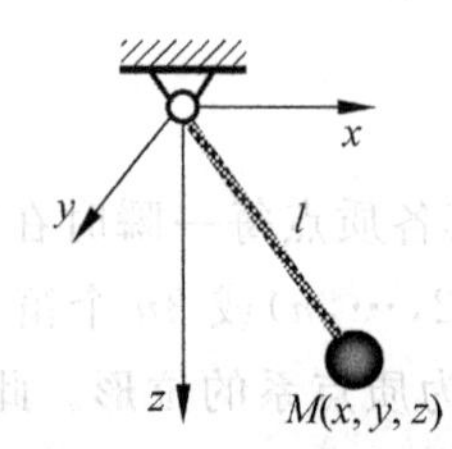

图 1.1.2

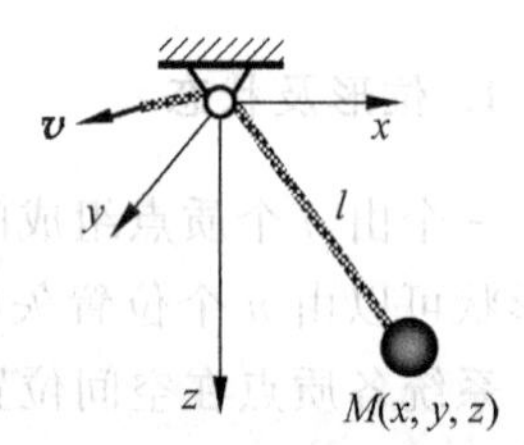

图 1.1.3

1.1.2 约束的分类

分析力学所研究的非自由质点系中存在着许多形式的约束。设有由 n 个质点组成、各质点间有 s 个约束的质点系，其约束按不同方面的性质可作如下分类。

1. 几何约束与运动约束

某些约束仅对质点系的几何位置加以限制，而对各质点的速度没有限制，这种约束称为**几何约束**，或**位置约束**。约束方程只显含位置和时间，而不显含速度，其约束方程的一般形式为

$$f_j(\boldsymbol{r}_i;\ t) = 0 \quad 或 \quad f_j(\boldsymbol{r}_i) = 0 \quad (i = 1,2,\cdots,n;\ j = 1,2,\cdots,s) \tag{1.1.4}$$

例如，刚体内任意两点间的距离保持不变就是一种几何约束，其约束方程为

$$(\boldsymbol{r}_i-\boldsymbol{r}_j)^2-\boldsymbol{r}_{ij}^2=0\quad(\text{任意的 } i,j)$$

某些约束不仅对质点系的空间位置加以限制，还对各质点的速度加以限制，这种约束称为**运动约束**，或**速度约束**、**微分约束**。约束方程中不仅显含位置和时间，同时还显含速度，其约束方程的一般形式为

$$f_j(\boldsymbol{r}_i,\dot{\boldsymbol{r}}_i;\ t)=0\quad\text{或}\quad f_j(\boldsymbol{r}_i,\dot{\boldsymbol{r}}_i)=0\quad(i=1,2,\cdots,n;\ j=1,2,\cdots,s)\qquad(1.1.5)$$

例如，半径为 r 的圆柱在粗糙的地面上沿着水平直线作无滑动的滚动，如图 1.1.4 所示，这意味着着地点的速度为零。因此，圆柱中心 $C(x_C,y_C)$ 的速度与转动角速度 $\dot{\varphi}$ 应满足运动学的限制条件，即

$$\dot{x}_C=r\dot{\varphi},\quad \dot{y}_C=0$$

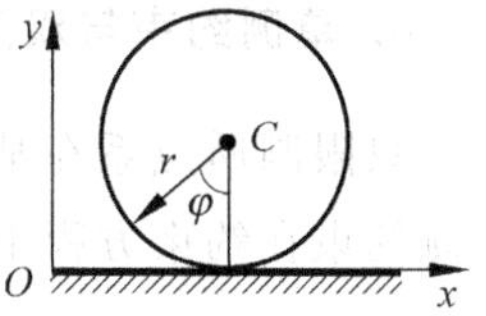

这是一种运动约束，但它可以写成某函数的全微分形式，即写成 $\mathrm{d}(x_C-r\varphi)=0$，$\mathrm{d}y_C=0$，进一步可积分为有限方程(非微分方程)

$$x_C-r\varphi=\text{const.},\quad y_C=r$$

图　1.1.4

约束方程转化为几何约束的形式。可见，可积分的运动约束在物理实质上和几何约束没有区别。

2. 完整约束与非完整约束

几何约束和可积分的运动约束实质上属于同一范畴的约束，分析力学中合称为**完整约束**。因此约束方程的有限形式仍形如式(1.1.4)，如上述圆柱在粗糙的地面上作纯滚动的问题。只含有完整约束的质点系叫作**完整系统**。

并不是所有的运动约束方程都可以经过积分后化为几何约束方程。如质点系含有不可积分的运动约束，它们在物理实质上不同于几何约束，称为**非完整约束**。含有非完整约束(一般也同时含有完整约束)的质点系叫作**非完整系统**。非完整约束的约束方程仍形如式(1.1.5)，但不满足可积分的条件。

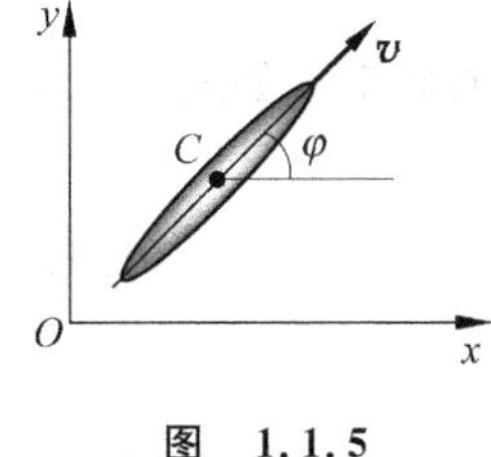

图　1.1.5

作为非完整约束的经典例子，可以研究在水平冰面内运动的冰刀。如图 1.1.5 所示，冰刀在冰面上运动时其中心 C 点的速度只能沿着冰刃的方向(忽略冰刀的侧滑)，如果由中心 C 点的坐标 (x_C,y_C) 及冰刃转角 φ 决定这个平面运动刚体的位形，则约束对 C 点速度方向的限制条件可表示为

$$\frac{\dot{y}_C}{\dot{x}_C}=\tan\varphi\quad\text{或}\quad \dot{y}_C-\dot{x}_C\tan\varphi=0$$

这是一个运动约束方程，但它不能经积分化为几何约束方程，属于不可积分的运动约束。此约束方程可以理解为，在给定任意 φ 值后，冰刀中心速度分量 $(\dot{x}_C,\dot{y}_C)$ 必须满足的关系。显然，这个约束并没有限制冰刀的位形，或者说 $(x_C,\ y_C)$ 及 φ 可以任意取值。

3. 定常约束与非定常约束

约束方程中不显含时间 t 的约束称为**定常(稳定)约束**。反之，约束方程中显含时间 t 的约束称为**非定非常(非稳定)约束**。

例如，质点被限制在半轴长为 a、b、c 的固定椭球面上运动，约束方程

$$\frac{x^2}{a^2}+\frac{y^2}{b^2}+\frac{z^2}{c^2}=1$$

对应于定常约束。而当质点被限制在一个半轴不断变化的椭球面上运动时，其约束方程

$$\frac{x^2}{a^2t^2}+\frac{y^2}{b^2}+\frac{z^2}{c^2}=1$$

对应的约束则属非定常约束。

4. 单侧约束与双侧约束

只限制质点系在某一侧的运动，而不限制另一侧的运动的约束称为**单侧（可解）约束**。单侧约束在约束方程中用不等式表示，一般可写为

$$f_j(\boldsymbol{r}_i,\dot{\boldsymbol{r}}_i;t)\leqslant 0\quad(i=1,2,\cdots,n;\ j=1,2,\cdots,s)\tag{1.1.6}$$

称为**约束不等式**。单侧约束是有可能解除的。当然，约束是否解除或者何时解除，需要从运动方程解出约束力，再从约束力的指向是否正确来判断。如柔索约束的球摆，摆锤向柔索缩短的方向运动是自由的，在这一侧约束有可能解除。

同时限制质点系某一侧及相反方向的运动的约束称为**双侧（不可解）约束**。双侧约束在约束方程中用严格的等式表示。如刚杆约束的球摆，摆杆既限制摆锤沿杆拉伸方向的运动，又限制其沿杆压缩方向的运动。

1.1.3 一阶线性约束

和完整约束相比较，非完整约束方程的特点表现为微分形式，而非有限形式。但是完整约束系统和一阶线性非完整约束系统的约束方程具有相同的微分形式。

1. 完整约束系统

设有由 n 个质点组成、各质点间有 r 个完整约束的系统，约束方程的有限形式如式(1.1.4)，这里重写为

$$f_j(\boldsymbol{r}_i;t)=0\quad(i=1,2,\cdots,n;\ j=1,2,\cdots,r)\tag{1.1.7}$$

将此完整约束方程对时间求一阶全导数，得

$$\sum_{i=1}^{n}\frac{\partial f_j}{\partial \boldsymbol{r}_i}\cdot\dot{\boldsymbol{r}}_i+\frac{\partial f_j}{\partial t}=0\quad(j=1,2,\cdots,r)\tag{1.1.8}$$

可见，即使存在可积分的运动约束使得完整约束的约束方程不显含速度项，实际上它在对非自由质点系的位形进行限制的同时也对质点系各质点的速度给予了限制。从式(1.1.8)可以看出，完整约束的导数形式是线性运动约束。将上式的等号两侧同乘以 $\mathrm{d}t$，得到完整约束的微分形式

$$\sum_{i=1}^{n}\boldsymbol{\Psi}_{ij}\cdot\mathrm{d}\boldsymbol{r}_i+A_{j0}\,\mathrm{d}t=0\quad(j=1,2,\cdots,r)\tag{1.1.9}$$

式(1.1.9)为全微分形式，是可积分的运动约束，其解析表达式为

$$\sum_{i=1}^{3n}A_{ij}\,\mathrm{d}x_i+A_{j0}\,\mathrm{d}t=0\quad(j=1,2,\cdots,r)\tag{1.1.10}$$

其中

$$\boldsymbol{\Psi}_{ij} = \frac{\partial f_j}{\partial \boldsymbol{r}_i}, \quad A_{ij} = \frac{\partial f_j}{\partial x_i}, \quad A_{j0} = \frac{\partial f_j}{\partial t} \tag{1.1.11}$$

2. 非完整约束系统

考虑由 n 个质点组成、各质点间有 s 个非完整约束的系统。大多数实际遇到的非完整约束问题，其约束方程为质点速度的一次代数方程

$$\sum_{i=1}^{n} \boldsymbol{\Psi}_{ij} \cdot \dot{\boldsymbol{r}}_i + A_{j0} = 0 \quad (j = 1,2,\cdots,s) \tag{1.1.12}$$

式中系数 $\boldsymbol{\Psi}_{ij}$、A_{j0} 为各质点的位置和时间的函数。也可以将其表示为微分形式：

$$\sum_{i=1}^{n} \boldsymbol{\Psi}_{ij} \cdot \mathrm{d}\boldsymbol{r}_i + A_{j0}\mathrm{d}t = 0 \quad (j = 1,2,\cdots,s) \tag{1.1.13}$$

上述形式的微分约束称为**线性运动约束**，或称为**一阶线性约束**、**普法夫**(Johann Friedrich Pfaff,1765—1825)**约束**。式(1.1.12)和式(1.1.13)也可以解析地表达为

$$\sum_{i=1}^{3n} A_{ij}\dot{x}_i + A_{j0} = 0 \quad (j = 1,2,\cdots,s) \tag{1.1.14}$$

$$\sum_{i=1}^{3n} A_{ij}\mathrm{d}x_i + A_{j0}\mathrm{d}t = 0 \quad (j = 1,2,\cdots,s) \tag{1.1.15}$$

比较式(1.1.9)和式(1.1.13)、式(1.1.10)和式(1.1.15)可以看出，它们有相同的形式。因此，若系统同时存在 r 个完整约束和 s 个非完整约束，完整约束和非完整约束系统的约束方程可以统一表示为微分形式：

$$\sum_{i=1}^{n} \boldsymbol{\Psi}_{ij} \cdot \mathrm{d}\boldsymbol{r}_i + A_{j0}\mathrm{d}t = 0 \quad (j = 1,2,\cdots,r+s) \tag{1.1.16}$$

或

$$\sum_{i=1}^{3n} A_{ij}\mathrm{d}x_i + A_{j0}\mathrm{d}t = 0 \quad (j = 1,2,\cdots,r+s) \tag{1.1.17}$$

与定常约束对应的系数 A_{j0} 为零。

1.2 可能位移与虚位移

为了充分显示力学系统与外界的关联，系统各部分之间的联系以及作用在系统上的各力所起的不同作用，分析力学不仅研究那些实际上实现的运动，而且考虑约束允许的一切可能的运动，并依据一定的力学原理，从可能的运动中挑出实际实现的运动。为描述可能的运动与实际实现的运动，常引入可能位移和虚位移、(真)实位移的概念。

1.2.1 实位移、可能位移与虚位移的定义

考察约束在一个以匀速 u 上升的平面上运动的质点 M，如图 1.2.1 所示，这是一个非定常约束，约束方程为

$$z - ut = 0$$

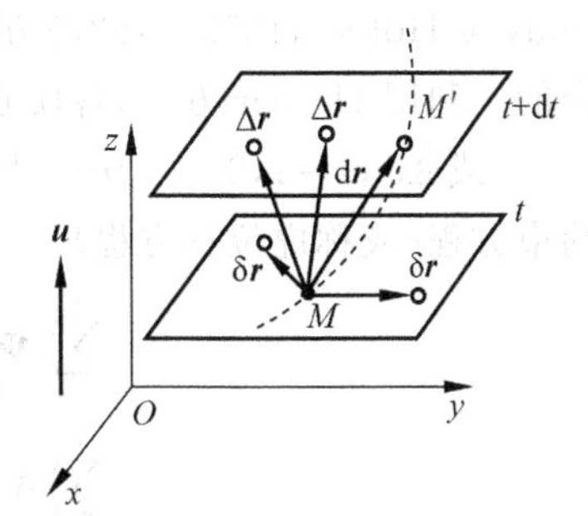

图 1.2.1

即要求质点的 z 坐标变化率与约束平面上升的速率相同，也

就是说，质点必须时时在约束平面上。图中画出了三个时间由 $t \sim t+\mathrm{d}t$ 的位移，即 $\mathrm{d}\boldsymbol{r}$、$\Delta\boldsymbol{r}$、$\delta\boldsymbol{r}$，它们分别表示实位移、可能位移以及虚位移。下面给出其一般性的定义以及这些位移应满足的约束方程。假定质点系由 n 个质点组成，质点系内同时存在 r 个完整约束和 s 个非完整约束。

1. 实位移

受约束的质点系在运动过程中，各质点的矢径 $\boldsymbol{r}_i(i=1,2,\cdots,n)$ 一方面要满足动力学微分方程和初始条件，另一方面还必须满足约束方程式(1.1.16)或式(1.1.17)。同时满足这两个要求的运动就是实际发生的运动，称为**真实运动**。在时间 $t \sim t+\mathrm{d}t$ 这一无穷小间隔内，真实运动产生的位移称为质点系的**实位移**，记作 $\mathrm{d}\boldsymbol{r}_i(i=1,2,\cdots,n)$ 或写成解析形式 $\mathrm{d}x_i(i=1,2,\cdots,3n)$。

对于定常约束的特殊情形，约束方程中的 $A_{j0}=0$，这时实位移满足的约束方程变为

$$\sum_{i=1}^{n} \boldsymbol{\Psi}_{ij} \cdot \mathrm{d}\boldsymbol{r}_i = 0 \quad (j=1,2,\cdots,r+s) \tag{1.2.1}$$

$$\sum_{i=1}^{3n} A_{ij}\,\mathrm{d}x_i = 0 \quad (j=1,2,\cdots,r+s) \tag{1.2.2}$$

2. 可能位移

质点系为约束所允许的运动称为**可能运动**，它与系统的受力情况及初始条件无关。在给定的瞬时和位形上，以及给定的时间间隔内，质点系在可能运动中发生的位移称为**可能位移**，如图 1.2.1 中的 $\Delta\boldsymbol{r}$(下面仍用 $\mathrm{d}\boldsymbol{r}$ 表示)。由此定义知，可能位移只需满足约束方程式(1.1.16)或式(1.1.17)，或在定常约束的特殊情形下满足式(1.2.1)或式(1.2.2)。

显然实位移满足约束条件，所以也是可能位移。反过来，任意一个可能位移并不一定是某个真实运动所产生的实位移。因为可能位移只需满足约束条件，并没有考虑它是否满足动力学方程和初始条件。

3. 虚位移

在某固定瞬时和一定位形上，质点系在约束所允许的条件下，假想的任何无限小位移称为**虚位移**，以 $\delta\boldsymbol{r}$ 表示。为由约束方程得到虚位移应满足的条件，可将约束方程写成微分形式，再将微分符号 d 用变分符号 δ 替代，并令 $\delta t=0$。这一方法通常称为赫尔德(Otto Ludwig Hölder，1859—1937)方法。Hölder 方法对完整约束和一阶线性非完整约束都是适合的。利用 Hölder 方法，各质点的虚位移可以表示为矢径或坐标的变分，即 $\delta\boldsymbol{r}_i(i=1,2,\cdots,n)$ 或 $\delta x_i(i=1,2,\cdots,3n)$。因此，从式(1.1.16)或式(1.1.17)可以得到虚位移应满足的约束方程(或称虚位移方程)

$$\sum_{i=1}^{n} \boldsymbol{\Psi}_{ij} \cdot \delta\boldsymbol{r}_i = 0 \quad (j=1,2,\cdots,r+s) \tag{1.2.3}$$

$$\sum_{i=1}^{3n} A_{ij}\,\delta x_i = 0 \quad (j=1,2,\cdots,r+s) \tag{1.2.4}$$

将上两式与可能位移应满足的条件式(1.1.16)或式(1.1.17)对照可以看出，对定常约

束情形,由于约束的性质与时间无关,$A_{j0}=0$,虚位移就是可能位移;但对于非定常约束,虚位移不一定等同于可能位移。由于虚位移与时间变化无关,$\delta t=\mathrm{d}t=0$,各质点的虚位移相当于时间突然停滞,约束瞬间"冻结"时所允许的可能位移。

虚位移也可以通过另一种方式定义。设质点系在同一瞬时、同一位形上,在相同的时间间隔内有任意两组可能位移 $\mathrm{d}\boldsymbol{r}_i^*$ 和 $\mathrm{d}\boldsymbol{r}_i^{**}$,它们都满足约束方程式(1.1.16)或式(1.1.17)且式中系数$\boldsymbol{\Psi}_{ij}$、A_{ij}、A_{j0}应该相同,即

$$\sum_{i=1}^{n}\boldsymbol{\Psi}_{ij}\cdot\mathrm{d}\boldsymbol{r}_i^*+A_{j0}\mathrm{d}t=0,\quad \sum_{i=1}^{n}\boldsymbol{\Psi}_{ij}\cdot\mathrm{d}\boldsymbol{r}_i^{**}+A_{j0}\mathrm{d}t=0\quad(j=1,2,\cdots,r+s)\tag{1.2.5}$$

$$\sum_{i=1}^{3n}A_{ij}\mathrm{d}x_i^*+A_{j0}\mathrm{d}t=0,\quad \sum_{i=1}^{3n}A_{ij}\mathrm{d}x_i^{**}+A_{j0}\mathrm{d}t=0\quad(j=1,2,\cdots,r+s)\tag{1.2.6}$$

将式(1.2.5)或式(1.2.6)的后式分别与前式相减,并令

$$\delta\boldsymbol{r}_i=\mathrm{d}\boldsymbol{r}_i^{**}-\mathrm{d}\boldsymbol{r}_i^*\quad(i=1,2,\cdots,n)\quad 或\quad \delta x_i=\mathrm{d}x_i^{**}-\mathrm{d}x_i^*\quad(i=1,2,\cdots,3n)$$

则得到虚位移约束方程(1.2.3)或方程(1.2.4)。因此,也可将**虚位移**定义为质点系在同一瞬时、同一位形上,在相同的时间间隔内发生的任意两组可能位移之差。

虚位移是一个纯粹几何概念,既不牵涉系统的实际运动,也不涉及力的作用,它只是在约束允许的条件下具有的任意无限小的位移。与实位移和可能位移的发生都需经历时间不同,虚位移的发生不需要时间,约束被"冻结",即所谓"等时变分",故有 $\delta t=0$。

定常约束下,可以把虚位移视为可能发生却尚未发生的可能位移,实位移是众多虚位移(亦是可能位移)中的一个;在非定常约束下,不能把虚位移视为可能发生却尚未发生的可能位移,实位移是众多可能位移(不一定是虚位移)中的一个。

1.2.2 虚位移的几何性质

设一质点在曲面 $f(x,y,z,t)=0$ 上运动,如图 1.2.2 所示。某瞬时 t,质点位于曲面上的 $M(x,y,z)$点,在此时、此位置上给质点一虚位移 $\delta\boldsymbol{r}$,其解析表达式为

$$\delta\boldsymbol{r}=\delta x\boldsymbol{i}+\delta y\boldsymbol{j}+\delta z\boldsymbol{k}\tag{1.2.7}$$

其中,δx、δy 和 δz 为虚位移 $\delta\boldsymbol{r}$ 在直角坐标系上的投影,称为**坐标变分**。

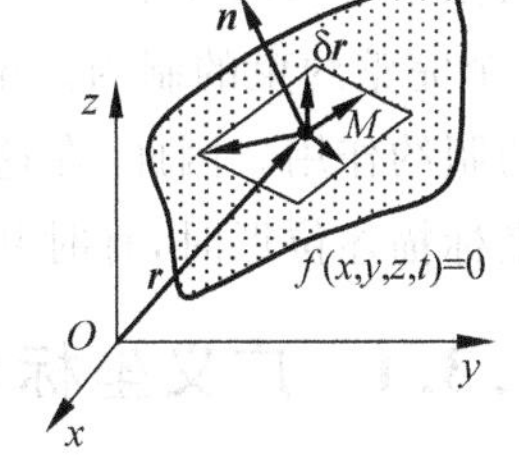

图 1.2.2

由于虚位移是约束允许的无限小位移,所以,有了虚位移后,约束未被破坏,质点的坐标仍满足约束曲面方程,即有

$$f(x+\delta x,y+\delta y,z+\delta z,t)=0\tag{1.2.8}$$

将上式在 M 点处按 Taylor 级数展开,因虚位移是无限小量,故略去二阶及二阶以上的高阶微量,得

$$f(x+\delta x,y+\delta y,z+\delta z,t)=f(x,y,z,t)+\frac{\partial f}{\partial x}\delta x+\frac{\partial f}{\partial y}\delta y+\frac{\partial f}{\partial z}\delta z=0\tag{1.2.9}$$

考虑到约束曲面方程 $f(x,y,z,t)=0$,有

$$\frac{\partial f}{\partial x}\delta x+\frac{\partial f}{\partial y}\delta y+\frac{\partial f}{\partial z}\delta z=0\tag{1.2.10}$$

引入曲面 $f(x,y,z,t)=0$ 在 M 点处的单位法向矢量 $\boldsymbol{n}$。如上所述，由于 M 点的虚位移是在某瞬时 t 把时间和曲面"冻结"后约束所允许的无限小位移，因此，曲面 $f(x,y,z,t)=0$ 即使是非定常约束，在瞬时 t 也被"冻结"为定常约束。

由微分几何理论可知，对于定常约束曲面上任一点的法线来说，它的三个方向余弦分别与该曲面在此点的偏导数 $\partial f/\partial x$、$\partial f/\partial y$ 和 $\partial f/\partial z$ 成正比，即

$$\boldsymbol{n}=C\left(\frac{\partial f}{\partial x}\boldsymbol{i}+\frac{\partial f}{\partial y}\boldsymbol{j}+\frac{\partial f}{\partial z}\boldsymbol{k}\right) \tag{1.2.11}$$

式中 C 为比例常数。对式(1.2.7)和式(1.2.11)作点积运算，再将式(1.2.10)代入，得到

$$\boldsymbol{n}\cdot\delta\boldsymbol{r}=C\left(\frac{\partial f}{\partial x}\delta x+\frac{\partial f}{\partial y}\delta y+\frac{\partial f}{\partial z}\delta z\right)=0 \tag{1.2.12}$$

这表明，在给定瞬时，将时间和曲面"冻结"后，质点在曲面某一点上的虚位移垂直于此曲面在此点的法线，或者说，质点的虚位移位于被"冻结"曲面上某个点的切平面内，而这个点正是此质点所处的位置，此切平面内自该点作出的任意无限小位移都是质点在此瞬时的虚位移。虚位移是一个用来反映约束在给定瞬时的性质的几何概念。

1.3 广义坐标与自由度

广义坐标是分析力学的基本概念，也是分析力学的特色之一，它比笛卡儿坐标意义更广泛。广义坐标不仅摆脱了应用笛卡儿坐标对非自由质点系位形描述带来的困难，而且用最少的参数描述系统位形。广义坐标的概念由拉格朗日提出，它的提出虽然只是描述方法上的改进，但是对力学发展产生了深远影响。

在分析力学中，与广义坐标伴随的另一重要概念为自由度，自由度是由质点系本身特征决定的，与坐标选择无关。如何确定系统的自由度是个基本而重要的问题。

考察一由 n 个质点组成的质点系，内有 r 个完整约束和 s 个非完整约束。描述质点系的位形可采用 n 个质点的 $3n$ 个笛卡儿坐标，不过，这 $3n$ 个坐标并非都是独立的，它们受到 r 个完整约束的制约。至于非完整约束，由于是不可积分的运动约束，对这些坐标没有直接的制约作用。因此，在这 $3n$ 个笛卡儿坐标中，只有 $l=3n-r$ 个坐标是独立的。这样用直角坐标描述位形时，有时并不方便，由此引出广义坐标的质点系位形描述方法。

1.3.1 广义坐标与广义速度

1. 广义坐标

确定质点系位形的独立参数称为**广义坐标**，通常用 $q_k(k=1,2,\cdots,l)$ 表示。广义坐标可根据系统的具体结构和问题的要求来选取，能够唯一地确定系统的位形的参数都可以作为广义坐标，广义坐标的量纲也不一定是长度量纲，它可以是直角坐标系中的线坐标、极坐标和球坐标中的角坐标，也可以是其他参变量。更一般地讲，凡可以确定力学系统位形的任何物理量都可选作广义坐标。可见，对于某一系统来讲广义坐标的选择不是唯一的，而是具有一定的灵活性。广义坐标数为

$$l=3n-r \tag{1.3.1}$$

既然采用直角坐标法和广义坐标法都可以描述质点系的位形，那么它们之间必定存在相互的变换关系。选定广义坐标后，系统内各质点的笛卡儿坐标 x_i 和位置矢径 $\boldsymbol{r}_i$ 可由广义坐标单值确定：

$$x_i = x_i(q_1, q_2, \cdots, q_l;\ t) \quad (i = 1, 2, \cdots, 3n) \tag{1.3.2}$$

$$\boldsymbol{r}_i = \boldsymbol{r}_i(q_1, q_2, \cdots, q_l;\ t) \quad (i = 1, 2, \cdots, n) \tag{1.3.3}$$

描述系统位形的这种直角坐标(或其他坐标)与广义坐标之间的变换关系称为**坐标变换方程**。由于广义坐标是独立坐标，则在这些坐标之间不存在任何完整约束，而且是以最少数目的参数描述系统的位形的。

2. 广义速度

引入广义坐标后，质点系的运动可用广义坐标随时间的变化规律来描述，即 $q_k = q_k(t)$ $(k=1,2,\cdots,l)$。广义坐标对时间的导数 $\dot{q}_k$ 称为**广义速度**。由坐标变换方程(1.3.3)，系统中点的速度 $\dot{\boldsymbol{r}}_i(i=1,2,\cdots,n)$ 用广义速度表示为

$$\dot{\boldsymbol{r}}_i = \sum_{k=1}^{l} \frac{\partial \boldsymbol{r}_i}{\partial q_k}\dot{q}_k + \frac{\partial \boldsymbol{r}_i}{\partial t} \quad (i = 1, 2, \cdots, n) \tag{1.3.4}$$

也可得到上式在直角坐标系中的投影

$$\dot{x}_i = \sum_{k=1}^{l} \frac{\partial x_i}{\partial q_k}\dot{q}_k + \frac{\partial x_i}{\partial t} \quad (i = 1, 2, \cdots, 3n) \tag{1.3.5}$$

显然，广义速度的量纲也不一定是速度的量纲。对于只有完整约束的力学系统来说，l 个广义坐标是完全独立的，从而 l 个广义速度也是完全独立的。

3. 广义坐标表示的非完整约束方程

设有由 n 个质点组成的质点系，内有 r 个完整约束，那么，总可以选 $l=3n-r$ 个广义坐标 q_k 来描述质点系的位形。若系统还受到 s 个一阶线性非完整约束，由于广义坐标是确定质点系位形的独立参数，任意一组广义坐标的数值对应着质点系的一个位形，因而，对完整约束，用直角坐标系建立起来的质点系位形限制条件，即下列完整约束方程

$$f_j(x_1, x_2, \cdots, x_{3n};\ t) = 0 \quad (i = 1, 2, \cdots, n;\ j = 1, 2, \cdots, r) \tag{1.3.6}$$

对该质点系的广义坐标是没有制约作用的。如果把式(1.3.2)代入上式，将构成一个恒等式。

非完整约束方程则有所不同，它不可积，若非完整约束方程为式(1.1.12)所示的线性一阶导数形式(或微分形式)，即

$$\sum_{i=1}^{n} \boldsymbol{\Psi}_{ij} \cdot \dot{\boldsymbol{r}}_i + A_{j0} = 0 \quad (j = 1, 2, \cdots, s) \tag{1.3.7}$$

式中各系数的定义如前。将式(1.3.4)代入上式，改变求和顺序，整理后得到限制广义速度的 s 个非完整约束方程

$$\sum_{k=1}^{l}\left(\sum_{i=1}^{n} \boldsymbol{\Psi}_{ij} \cdot \frac{\partial \boldsymbol{r}_i}{\partial q_k}\right)\dot{q}_k + \left(\sum_{i=1}^{n} \boldsymbol{\Psi}_{ij} \cdot \frac{\partial \boldsymbol{r}_i}{\partial t} + A_{j0}\right) = 0 \quad (j = 1, 2, \cdots, s) \tag{1.3.8}$$

令

$$\begin{cases} B_{kj} = \sum_{i=1}^{n} \boldsymbol{\Psi}_{ij} \cdot \dfrac{\partial \boldsymbol{r}_i}{\partial q_k} = \sum_{i=1}^{3n} A_{ij} \dfrac{\partial x_i}{\partial q_k} \\ B_{j0} = \sum_{i=1}^{n} \boldsymbol{\Psi}_{ij} \cdot \dfrac{\partial \boldsymbol{r}_i}{\partial t} + A_{j0} = \sum_{i=1}^{3n} A_{ij} \dfrac{\partial x_i}{\partial t} + A_{j0} \end{cases} \quad (j = 1,2,\cdots,s) \tag{1.3.9}$$

并将上式代入式(1.3.8),有

$$\sum_{k=1}^{l} B_{kj}\, \dot{q}_k + B_{j0} = 0 \quad (j = 1,2,\cdots,s) \tag{1.3.10}$$

这就是用广义坐标表示的一阶线性非完整系统约束方程。如在其等号两侧同乘 $\mathrm{d}t$,则可获得广义坐标表示的非完整约束方程的微分形式:

$$\sum_{k=1}^{l} B_{kj}\, \mathrm{d}q_k + B_{j0}\, \mathrm{d}t = 0 \quad (j = 1,2,\cdots,s) \tag{1.3.11}$$

显然,系数 B_{kj} 和 B_{j0} 是广义坐标和时间的函数。在定常非完整系统中,所有的 B_{kj} 都不显含时间,而且 $B_{j0}=0$。

1.3.2 广义坐标变分

假设在给定初始条件下已求得系统运动微分方程的解,它的 l 个广义坐标表示的运动方程为

$$q_k = q_k(t) \quad (k = 1,2,\cdots,l) \tag{1.3.12}$$

在真实运动邻近有无数多个为约束所允许的可能运动,它也可以有广义坐标的形式

$$q_k^* = q_k^*(t) \quad (k = 1,2,\cdots,l) \tag{1.3.13}$$

比较在同一时刻 t,真实运动与相邻近可能运动之差,并限定其差 δq_k 为小量,即

$$\delta q_k = q_k^*(t) - q_k(t) \quad (k = 1,2,\cdots,l) \tag{1.3.14}$$

按此要求得到的 δq_k 称为**广义坐标变分**。当然,广义坐标变分也是时间的函数。在某瞬时广义坐标的变分就是广义坐标本身的任意无限小增量。需要注意的是,广义坐标变分 δq_k 与广义坐标微分 $\mathrm{d}q_k$ 有原则性区别,前者是时间"冻结"不变时发生的,通过它可以使系统的真实位形过渡到它邻近的可能位形,后者要经过一段时间 $\mathrm{d}t$ 才能发生,可写为

$$\mathrm{d}q_k = \dot{q}_k(t)\mathrm{d}t \quad (k = 1,2,\cdots,l) \tag{1.3.15}$$

表示在真实运动中广义坐标的无限小变化。

1.3.3 自由度

由于完整系统和非完整系统在独立的坐标变分数目上有差异,因而在分析力学中,对于任意系统,自由度统一定义为系统独立坐标变分的数目。

1. 完整系统情形

设质点系由 n 个质点组成,内有 r 个完整约束。完整系统微分形式的约束方程可由式(1.1.10)给出,通过变分可将该系统的真实位形过渡到与它邻近的可能位形中去。按照等时变分的概念,得

$$\sum_{i=1}^{3n} A_{ij}\, \delta x_i = 0 \quad (j = 1,2,\cdots,r) \tag{1.3.16}$$

上式为完整系统的坐标变分应满足的约束方程。在由 n 个质点组成的完整系统中，坐标变分总共有 $3n$ 个，它们要受到 r 个约束方程的制约。这就意味着系统位形允许有 $(3n-r)$ 种独立的无限小变化。或者说，完整系统中独立的坐标变分数目，即自由度为

$$f = l = 3n - r \tag{1.3.17}$$

系统的自由度也可通过独立的广义坐标的变分来定义。对于完整约束系统，可以选取 $l=3n-r$ 个描述位形的独立参数作为广义坐标，而所有的广义坐标变分 δq_k 都是互相独立的。因此，完整系统中独立的坐标变分数目应如式(1.3.17)所示。

显然，完整系统的独立坐标变分数等于独立坐标数。因此，完整系统的自由度数等于它的广义坐标数。

2. 非完整系统情形

例如，由 n 个质点组成的质点系除受 r 个完整约束外，还受 s 个非完整约束的制约。如上所述，决定系统位形的广义坐标数仍为 $l=3n-r$ 个，自然，广义坐标的变分 δq_k 也有 l 个，但这些坐标的变分并非互相独立的。由于可能运动必须满足非完整约束方程(1.3.11)，从真实位形过渡到可能位形的过程中，各坐标的变分也必须适合约束条件。通过变分可以得到与式(1.3.11)相对应的非完整约束的变分方程

$$\sum_{k=1}^{l} B_{kj}\delta q_k = 0 \quad (j = 1,2,\cdots,s) \tag{1.3.18}$$

上式即为非完整系统中广义坐标变分应满足的约束方程。可见，在非完整系统中坐标变分不能像完整系统那样可以任意选取，它们还需满足 s 个约束条件。l 个广义坐标的变分 δq_k 中只有 $l-s$ 个是互相独立的，即系统的位形只允许有 $l-s$ 种独立的无限小变化。

这样，非完整系统独立的广义坐标的变分个数减少到 $3n-r-s$ 个，即系统的自由度为

$$f = 3n - r - s \tag{1.3.19}$$

但由于这 s 个非完整约束方程不能积分成坐标间的有限关系式，因此描述位形仍需 $3n-r$ 个独立的广义坐标。可见，对非完整系统来说，广义坐标的个数总是大于系统的自由度数。

由于 $r+s$ 个约束方程(1.2.4)的存在，虚位移 $\delta x_i(i=1,2,\cdots,3n)$ 中也只有 $3n-r-s$ 个独立变量，因此可以将系统的独立虚位移数目作为系统自由度数的定义。

总之，无论是完整还是非完整系统，以下三个概念，即独立的坐标变分数、独立的虚位移数和系统的自由度数是一致的。

例 1.1 两无重刚杆连接两小球组成一个双摆，如图 1.3.1 所示，试选择广义坐标并写出其约束方程。

解：确定两球位形的 4 个直角坐标 x_1、y_1、x_2、y_2 间应满足的约束方程为

$$x_1^2 + y_1^2 = l_1^2$$
$$(x_2 - x_1)^2 + (y_2 - y_1)^2 = l_2^2$$

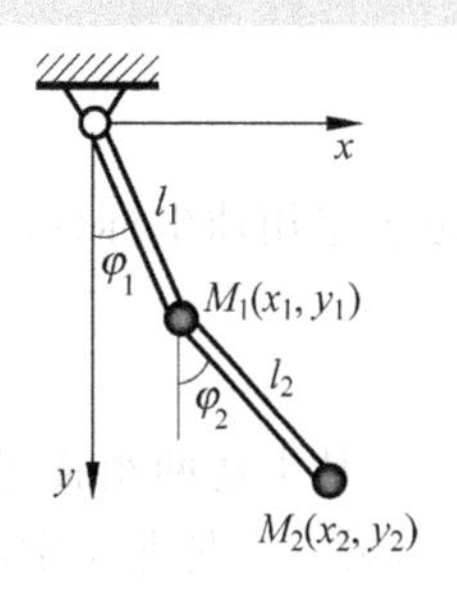

图 1.3.1

可见，系统有两个独立坐标，自由度为 2，广义坐标的选择一般不唯一，可以选择 4 个直角坐标中的任意两个。也可选择 φ_1 和 φ_2 为广义坐标，它们和直角坐标间的函数关系为

$$x_1 = l_1\sin\varphi_1 = x_1(\varphi_1,\varphi_2), \quad y_1 = l_1\cos\varphi_1 = y_1(\varphi_1,\varphi_2)$$

$$x_2 = l_1\sin\varphi_1 + l_2\sin\varphi_2 = x_2(\varphi_1,\varphi_2), \quad y_2 = l_1\cos\varphi_1 + l_2\cos\varphi_2 = y_2(\varphi_1,\varphi_2)$$

系统的虚位移(坐标变分)可用广义坐标的独立变分 $\delta\varphi_1$ 和 $\delta\varphi_2$ 表示。为此,对上式求变分,得

$$\delta x_1 = l_1\cos\varphi_1\delta\varphi_1, \quad \delta y_1 = -l_1\sin\varphi_1\delta\varphi_1$$

$$\delta x_2 = l_1\cos\varphi_1\delta\varphi_1 + l_2\cos\varphi_2\delta\varphi_2, \quad \delta y_2 = -l_1\sin\varphi_1\delta\varphi_1 - l_2\sin\varphi_2\delta\varphi_2$$

例 1.2 图 1.1.5 所示沿纵向运动的冰刀,冰刀在冰面上运动时其中心 C 点的速度保持与刀刃方向一致。试选择广义坐标并写出约束方程。

解:在冰面上运动的冰刀为非完整系统,描述其位形需要 3 个独立的参数,可以选择 C 点的坐标 x_C、y_C 和 φ 作为一组广义坐标。由题意,冰刀的运动应满足以下约束条件:

$$\frac{\dot{y}_C}{\dot{x}_C} = \tan\varphi, \quad \dot{y}_C - \dot{x}_C\tan\varphi = 0$$

此约束方程可写成变分形式:

$$\delta y_C - \delta x_C\tan\varphi = 0$$

这样,在 3 个广义坐标的变分 δx_C、δy_C 和 $\delta\varphi$ 中,只有两个是独立的,即冰刀的自由度为 2。

例 1.3 一质点在平面上运动,所受约束为 $\dot{y} = t\dot{x}$。试证明实位移处于虚位移之中,并求此系统的自由度数。

解:由约束方程知,实位移应满足的方程为 $\mathrm{d}y = t\mathrm{d}x$,而虚位移满足关系 $\delta y = t\delta x$。因此,虽然约束是非定常的,但实位移仍处于无数个虚位移之中。

系统的独立坐标数目是 2,独立变分数目为 1,因此,系统的自由度也为 1。

例 1.4 图 1.3.2 所示旋转摆绕铅垂轴 Oz 以匀角速度 ω 转动,摆杆长度为 l。试建立摆锤 M 的约束方程,说明约束类型,并分析系统的自由度数。

解:旋转摆首先应满足和球摆一样的约束条件,即摆锤被限制在以 O 为圆心、以 l 为半径的球面上。除此之外还需满足随旋转轴一起转动的条件,即 OM 在 Oxy 平面上的投影与 x 轴的夹角 φ 应为

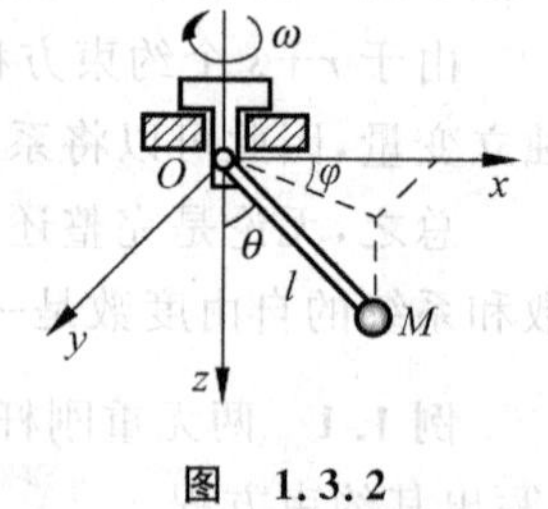

图 1.3.2

$$\varphi = \omega t + \varphi_0, \quad \varphi_0 = \varphi(t=0)$$

如采用直角坐标系(x,y,z)来描述旋转摆的位形,则约束方程为

$$x^2 + y^2 + z^2 = l^2$$
$$y = x\tan(\omega t + \varphi_0)$$

也可采用球坐标(r,θ,φ)来描述系统的位形,则约束方程可写为

$$r = l$$
$$\varphi = \omega t + \varphi_0$$

从上述两组描述位形参数的约束方程中看出,旋转摆有两个完整约束,其中一个是定常的,另一个是非定常的。根据约束方程的数目得知,描述旋转摆位形的独立参数,即广义坐标数为 $l=3-2=1$,由于是完整系统,自由度数与广义坐标数相等,即 $f=l=1$。

一般地，可选 θ 为广义坐标，它能简明地确定旋转摆的位置，摆锤矢径 $\boldsymbol{r}$ 是变量 θ 和时间 t 的函数，即 $\boldsymbol{r}=\boldsymbol{r}(\theta,t)$，约束方程中只含有坐标和时间，体现了约束的非定常性和完整性。

如果旋转摆以任意角速度转动，则 φ 角可以独立变化，所受的约束成为定常的，摆锤矢径是 θ 和 φ 的函数，即 $\boldsymbol{r}=\boldsymbol{r}(\theta,\varphi)$，原来一个自由度的非定常系统已转变为两个自由度的定常系统。

1.4　虚功及理想约束

分析力学在研究非自由质点系时，将作用在质点系上的力区分为约束力和主动力两大类。约束物体作用在质点或质点系上的力叫作约束力，其他一般事先给定的力都叫作主动力。

作用在质点或质点系上的力(包括主动力、约束力)在任意虚位移中所做的元功称为**虚功**。虚功与实位移中的元功(实功)之间有着本质的区别。虚功与虚位移一样，也是假想的，它与虚位移是同阶无穷小量，与实际位移无关；而实功是真实位移上的元功，它与物体运动的路径有关。一个静止平衡态机构没有实功，但可以有虚功。

系统中各质点所受的约束力对该点的虚位移各有一虚功。如果约束力在质点系的任意虚位移中所做的虚功之和等于零，则这样的约束称为**理想约束**。

若用 $\boldsymbol{F}_{\mathrm{N}i}$ 表示 n 个质点组成的质点系中第 i 个质点所受的约束力，$\delta\boldsymbol{r}_i$ 表示第 i 个质点的虚位移，则理想约束条件表现为

$$\sum \delta W_{\mathrm{N}} = \sum_{i=1}^{n} \boldsymbol{F}_{\mathrm{N}i} \cdot \delta\boldsymbol{r}_i = 0 \tag{1.4.1}$$

或写成解析的形式，有

$$\sum \delta W_{\mathrm{N}} = \sum_{i=1}^{n} (F_{\mathrm{N}xi}\delta x_i + F_{\mathrm{N}yi}\delta y_i + F_{\mathrm{N}zi}\delta z_i) = 0 \tag{1.4.2}$$

这里

$$\boldsymbol{F}_{\mathrm{N}i} = F_{\mathrm{N}xi}\boldsymbol{i} + F_{\mathrm{N}yi}\boldsymbol{j} + F_{\mathrm{N}zi}\boldsymbol{k}, \quad \delta\boldsymbol{r}_i = \delta x_i\boldsymbol{i} + \delta y_i\boldsymbol{j} + \delta z_i\boldsymbol{k} \quad (i = 1,2,\cdots,n)$$

为约束力与虚位移的解析表达式。由于虚位移不能积分，因此虚功只有元功的形式。

理想约束是分析力学中的一条基本假设，这一假设贯穿于分析力学体系的全过程。常见的一些约束，如光滑曲面约束(定常的或非定常的)、不可伸长的柔索约束、光滑铰链约束、刚性约束(刚体可视为由无数理想刚杆连接而成的质点系)以及作纯滚动的刚体所在的曲面等均为理想约束。

例如，假设有一质点沿运动的光滑曲面运动，这是一种非定常完整约束情形，约束方程为

$$f(x,y,z,t) = 0$$

在 1.2 节讨论虚位移的几何性质时得知，质点的虚位移 $\delta\boldsymbol{r}$ 是在某给定瞬时将时间和约束曲面均“冻结”后，为约束所允许的无限小位移。此时，运动曲面被“冻结”为固定曲面，虚位移位于被“冻结”曲面上质点所处位置的切平面内，质点在此位置法线方向的运动受到限

制，因此，约束力 $\boldsymbol{F}_N$ 只可能沿该曲面的法线方向。引入曲面 $f(x,y,z,t)=0$ 在该点处的单位法向矢量 $\boldsymbol{n}$，由式(1.2.11)，将约束力表示为

$$\boldsymbol{F}_N = F_N\boldsymbol{n} = F_N C\left(\frac{\partial f}{\partial x}\boldsymbol{i} + \frac{\partial f}{\partial y}\boldsymbol{j} + \frac{\partial f}{\partial z}\boldsymbol{k}\right)$$

式中，F_N 为约束力 $\boldsymbol{F}_N$ 在曲面上质点所在位置处的法线方向的投影。由式(1.2.12)，约束力 $\boldsymbol{F}_N$ 在该质点的任意虚位移 $\delta\boldsymbol{r}$ 上的元功为

$$\delta W_N = \boldsymbol{F}_N \cdot \delta\boldsymbol{r}_i = F_N\boldsymbol{n} \cdot \delta\boldsymbol{r}_i = 0$$

所做的功为零表明光滑运动曲面上的质点所受的约束力 $\boldsymbol{F}_N$ 与虚位移 $\delta\boldsymbol{r}$ 垂直，光滑运动曲面是理想约束。

质点被约束在光滑曲线上运动的情形可以看成质点被约束在两个光滑曲面的交线上的运动，其约束也属理想约束。

值得指出的是，理想约束强调的是整个约束力系的虚功之和等于零，就每一个质点来说，它所受的约束力在其虚位移上所做的元功未必等于零。例如，两质点用无重刚杆连接后，作为一个整体在空间作任意运动，两点位置矢径分别为 $\boldsymbol{r}_i$ 及 $\boldsymbol{r}_j$，约束方程为

$$(\boldsymbol{r}_i - \boldsymbol{r}_j)^2 - r_{ij}^2 = 0$$

于是，虚位移应满足

$$2(\boldsymbol{r}_i - \boldsymbol{r}_j)(\delta\boldsymbol{r}_i - \delta\boldsymbol{r}_j) = 0$$

因约束力是一对内力，大小相等、方向相反，作用线沿两点连线，即 $\boldsymbol{F}_{Ni} = -\boldsymbol{F}_{Nj} = \lambda(\boldsymbol{r}_i - \boldsymbol{r}_j)$，因此约束力的虚功和为

$$\sum \delta W_N = \boldsymbol{F}_{Ni} \cdot \delta\boldsymbol{r}_i + \boldsymbol{F}_{Nj} \cdot \delta\boldsymbol{r}_j = \lambda(\boldsymbol{r}_i - \boldsymbol{r}_j)(\delta\boldsymbol{r}_i - \delta\boldsymbol{r}_j) = 0$$

这表明无重刚杆是理想约束。属于这类理想约束的还有刚体以及不可伸长的柔索对质点的连接等。

当质点系中存在滑动摩擦力时，由于滑动摩擦力总出现在约束面内，只对沿接触面内的运动有影响，且一般又是已知力，由实验定律决定，于是总可将滑动摩擦力列入主动力来处理。

习题

1.1　总结你曾见过的那些约束，举例说明并分析它们的约束方程以及所受约束的类型。

1.2　说明下列刚体的自由度数目：

(1) 刚体平行于一固定平面运动；

(2) 刚体运动时，内有两点保持不动。

答：(1) 3；(2) 1。

1.3　将下列质点系按定常和非定常的、完整和非完整的约束进行分类。

(1) 一球从一固定球顶无滑动地滚动；

(2) 一圆柱在一粗糙的斜面上无滑动地滚下；

(3) 一质点在一旋转抛物面的内表面上向下滑动，该抛物面的轴是铅垂的，且顶点在

下面；

(4) 一质点在一很长的光滑直线上运动，该直线以匀角速度绕水平轴旋转。

答：(1) 定常、完整；(2) 定常、完整；(3) 定常、完整；(4) 非定常、完整。

1.4　题1.4图所示为变摆长平面单摆，视摆锤为质点，设摆长的变化规律满足已知函数 $l=l(t)$。

(1) 写出系统的约束方程；

(2) 判断系统的自由度数，选择适当的广义坐标，并用所选的广义坐标及函数 $l=l(t)$ 表示质点 M 的直角坐标值；

(3) 在图上标出质点 M 的一个虚位移，并用广义坐标的变分表示出该虚位移的矢量表达式；

(4) 说明任何一个虚位移都不可能是质点 M 的实位移，除非某瞬时 $\mathrm{d}l/\mathrm{d}t=0$。

1.5　如题1.5图所示，一半径为 r 的光滑细圆环在水平面内绕点 O 以匀角速度 ω 转动，小球 A 在环内作相对运动。试写出小球的约束方程，并求出其自由度。

答：$(x_A - r\cos\omega t)^2 + (y_A - r\sin\omega t)^2 = r^2$，$f=1$。

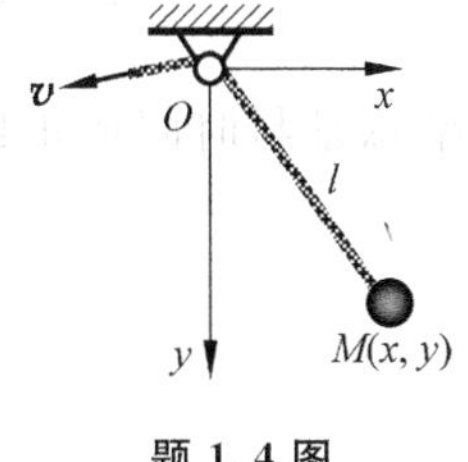

题1.4图

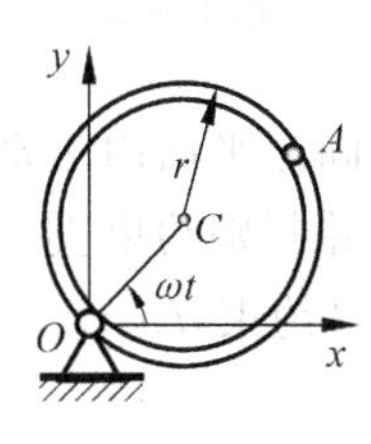

题1.5图

1.6　如题1.6图所示，三个质点 M_1、M_2 和 M_3 用四根长度均为 l 的刚性直杆铰接在同一平面内。取此三点的坐标 (x_1, y_1)、(x_2, y_2) 和 (x_3, y_3) 为系统的位形坐标，试写出其约束方程，求出系统的自由度，并给出合理的广义坐标。

答：$x_1^2 + y_1^2 = l^2$，$(x_1 - x_2)^2 + (y_1 - y_2)^2 = l^2$，$(x_2 - x_3)^2 + (y_2 - y_3)^2 = l^2$；

$(x_3 - d)^2 + y_3^2 = l^2$，$f=2$。

1.7　如题1.7图所示平面单摆，其摆杆长度为 l，悬挂点按 $x(t)=f(t)$ 运动，试列写摆锤的约束方程，并说明约束类型。

答：$[x - f(t)]^2 + y^2 = l^2$，完整、双面、非定常。

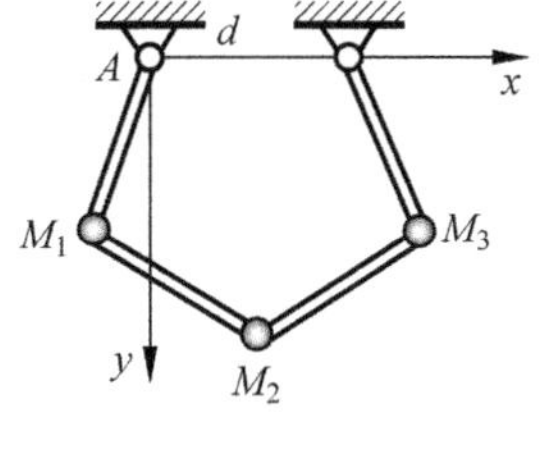

题1.6图

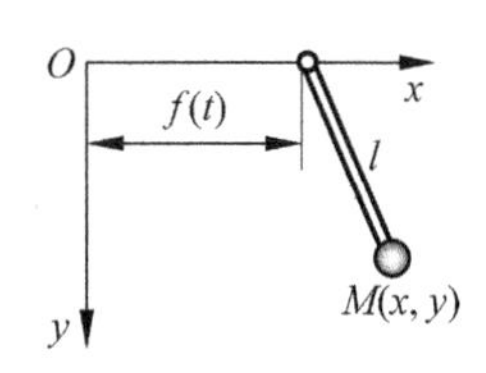

题1.7图

1.8　自由质点 M 在空间中的位置可用直角坐标 (x,y,z) 确定，也可取柱坐标 (r,φ,z)（见题1.8(a)图）或球坐标 (r,φ,θ)（见题1.8(b)图）作为广义坐标来确定。试分别写出坐标变换方程。

答：直角坐标和柱坐标之间：$x=r\cos\varphi, y=r\sin\varphi, z=z$。

直角坐标和球坐标之间：$x=r\sin\theta\cos\varphi, y=r\sin\theta\sin\varphi, z=r\cos\theta$。

1.9 追踪问题：设有一个质点 M_1 沿 x 轴正向运动，$x_1=f(t), y_1=0$，如题 1.9 图所示，同时有一质点 M 追踪 M_1 点，质点 M 的速度始终指向 M_1 点。试建立质点 M 的约束方程并求虚位移应满足的条件。

答：$-y\dot{x}+[x-f(t)]\dot{y}=0, -y\delta x+[x-f(t)]\delta y=0$。

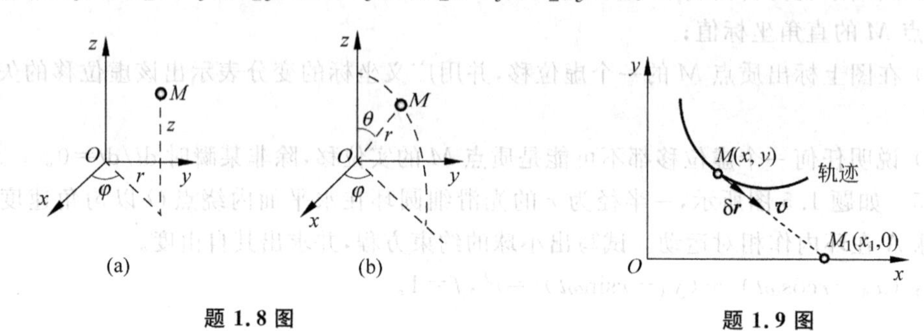

题 1.8 图　　　　题 1.9 图

1.10 一个在固定平面内运动的质点，如果其斜率总是与时间成正比，比例系数为 1，试写出其约束方程并判别约束类型，确定质点的自由度。

答：线性非完整约束，$t\dot{x}-\dot{y}=0, f=1$。

第2章 分析静力学

非自由质点系的平衡，可以理解为主动力通过约束的平衡。约束的作用在于：一方面阻挡了受约束的物体沿某些方向的位移，这时该物体受到约束力的作用；而另一方面，约束也容许物体沿另一些方向获得位移。

因此，当质点系平衡时，主动力与约束力之间以及主动力与约束所容许的位移之间都存在着一定的关系。这两种关系都可以作为质点系平衡的判据。刚体静力学是从静力学公理出发，通过主动力和约束力之间的关系来研究刚体及刚体系统的平衡条件。该部分内容称为**几何静力学**。而本章将介绍的虚位移原理则从位移和功的概念出发，通过主动力在约束所许可的位移上的表现（通过功的形式）来给出质点系的平衡条件。这部分内容称为**分析静力学**。

刚体静力学中，刚体平衡的充要条件对于任意质点系的平衡来说只是必要的，而并不是充分的（如刚化原理指出，刚体平衡条件是变形体平衡的必要而非充分条件）；虚位移原理是质点系静力学的普遍原理，它给出任意质点系平衡的充要条件。将该原理与达朗贝尔原理相结合，还可得到一个解决动力学问题的动力学普遍方程。

2.1 虚位移原理及其在静力学中的应用

2.1.1 虚位移原理

1. 虚位移原理概述

虚位移原理是分析静力学的基本原理，可以表述为：具有完整、定常、理想约束的质点系，其平衡的充要条件是，在给定的位形上，作用于质点系的所有主动力在任何虚位移上所做的元功之和等于零。

如作用于由 n 个质点组成的质点系中第 i 个质点的主动力为 $\boldsymbol{F}_i$，在给定位形上，第 i 个质点的虚位移是 $\delta\boldsymbol{r}_i$，它们的坐标解析表达式为

$$\boldsymbol{F}_i = F_{xi}\boldsymbol{i} + F_{yi}\boldsymbol{j} + F_{zi}\boldsymbol{k}, \quad \delta\boldsymbol{r}_i = \delta x_i\boldsymbol{i} + \delta y_i\boldsymbol{j} + \delta z_i\boldsymbol{k} \quad (i = 1,2,\cdots,n)$$

则虚位移原理的表达式为

$$\sum \delta W = \sum_{i=1}^{n} \boldsymbol{F}_i \cdot \delta\boldsymbol{r}_i = 0 \tag{2.1.1}$$

或解析地表示为

$$\sum \delta W = \sum_{i=1}^{n} (F_{xi}\delta x_i + F_{yi}\delta y_i + F_{zi}\delta z_i) = 0 \tag{2.1.2}$$

虚位移原理也称为**虚功原理**，式(2.1.1)及式(2.1.2)称为**虚功方程**，又称为**静力学普遍方程**。除理想约束外，虚位移原理的适用范围被严格限制为受完整、定常、双面约束的质点系。

虚位移原理属于分析力学中微分形式的变分原理，它提出了区别非自由质点系在主动力作用下的真实平衡位置与约束所容许的无数个可能平衡位置的准则或判据，可以用来求解各种静力学问题，因此也称它为静力学普遍原理。

利用虚位移原理解决平衡问题的优点是可以直接得出主动力之间的关系，而能避免一切不必要的未知约束力的出现(确切地说是指理想约束的约束力)。

在刚体静力学中，把等效于零的力系叫作平衡力系，在平衡力系作用下的刚体就认为是平衡的，"平衡"包含静止和惯性运动两种状态。虚位移原理中的"平衡"是指，如果质点系相对于惯性参考系原来是静止的，在主动力系作用下仍然保持静止，则只有静止一种状态。

2. 虚位移原理的证明

和牛顿定律一样，虚位移原理作为力学的基本原理，本不需要去证明的。实际上，虚位移原理和牛顿定律并不矛盾，如果承认牛顿定律是力学的基本原理，那么应该可以把虚位移原理作为由牛顿定律推导出来的一个定理看待，这体现了矢量力学与分析力学两种力学体系在基本原理上的一致性。下面对此进行论述。

先证明原理中条件的必要性，即如果质点系平衡，则主动力的虚功之和必为零。

设质点系中第 i 个质点上作用着主动力 $\boldsymbol{F}_i$ 和约束力 $\boldsymbol{F}_{\mathrm{N}i}$，由于质点系保持平衡，则每个质点也必平衡，于是有

$$\boldsymbol{F}_i + \boldsymbol{F}_{\mathrm{N}i} = \boldsymbol{0} \quad (i = 1,2,\cdots,n)$$

将此等式的等号两侧同时点乘虚位移 $\delta\boldsymbol{r}_i$ 并对 i 求和得

$$\sum_{i=1}^{n}(\boldsymbol{F}_i + \boldsymbol{F}_{\mathrm{N}i}) \cdot \delta\boldsymbol{r}_i = 0$$

或展开成

$$\sum_{i=1}^{n}\boldsymbol{F}_i \cdot \delta\boldsymbol{r}_i + \sum_{i=1}^{n}\boldsymbol{F}_{\mathrm{N}i} \cdot \delta\boldsymbol{r}_i = 0$$

根据理想约束条件，即式(1.4.1)，可以推得式(2.1.1)成立。原理的必要性得证。

再证明原理中条件的充分性，即如果主动力的虚功之和等于零，则质点系必然保持平衡。下面采用反证法加以证明。

假设虚功方程(2.1.1)对任何虚位移都成立，但是在主动力作用下，质点系原来的平衡状态被破坏了，至少有一个质点，如第 i 个质点不平衡，则有

$$\boldsymbol{F}_{\mathrm{R}i} = \boldsymbol{F}_i + \boldsymbol{F}_{\mathrm{N}i} \neq \boldsymbol{0}$$

此质点将由静止沿合力 $\boldsymbol{F}_{\mathrm{R}i}$ 的方向进入运动，获得实位移 $\mathrm{d}\boldsymbol{r}_i$，合力 $\boldsymbol{F}_{\mathrm{R}i}$ 在实位移中的元功为正，即

$$\boldsymbol{F}_{\mathrm{R}i} \cdot \mathrm{d}\boldsymbol{r}_i = \boldsymbol{F}_i \cdot \mathrm{d}\boldsymbol{r}_i + \boldsymbol{F}_{\mathrm{N}i} \cdot \mathrm{d}\boldsymbol{r}_i > 0$$

由于质点系为定常约束，实位移为众多虚位移中的一个，因而存在某一虚位移 $\delta\boldsymbol{r}_i$，它等于实位移 $\mathrm{d}\boldsymbol{r}_i$。于是，上式改写为

$$\boldsymbol{F}_i \cdot \delta\boldsymbol{r}_i + \boldsymbol{F}_{\mathrm{N}i} \cdot \delta\boldsymbol{r}_i > 0$$

若质点系还有其他不平衡质点，则这些不平衡质点都有如上不等式。而剩余保持平衡的质点则在任何虚位移上都不做功，因而全部虚功相加仍为不等式，即

$$\sum_{i=1}^{n}\boldsymbol{F}_i\cdot\delta\boldsymbol{r}_i+\sum_{i=1}^{n}\boldsymbol{F}_{\mathrm{N}i}\cdot\delta\boldsymbol{r}_i>0$$

考虑到约束是双面的、理想的，式(1.4.1)成立。因此有

$$\sum_{i=1}^{n}\boldsymbol{F}_i\cdot\delta\boldsymbol{r}_i>0$$

这与假设的式(2.1.1)成立相矛盾，说明满足虚功方程时每个质点都必须保持平衡。原理的充分性得证。

2.1.2　虚位移原理的应用

虚位移原理常用来分析以下两类平衡问题：第一类为已知几何可变质点系处于平衡状态，求主动力之间的关系(见例 2.1)或平衡位置(见例 2.2)；另一类则为已知质点系处于平衡状态，求其内力(见例 2.4)或约束反力(见例 2.3)。

例 2.1　图 2.1.1(a)所示的重物滑轮系统中，两重为 P_1、P_2 的物体连接在细绳的两端，分别放在倾斜角为 α、β 的斜面上，绳子绕过定滑轮与一动滑轮相连，动滑轮的轴上挂一重为 P 的重物。如斜面光滑，绳与滑轮重量不计，试求平衡时 P_1、P_2 的值。

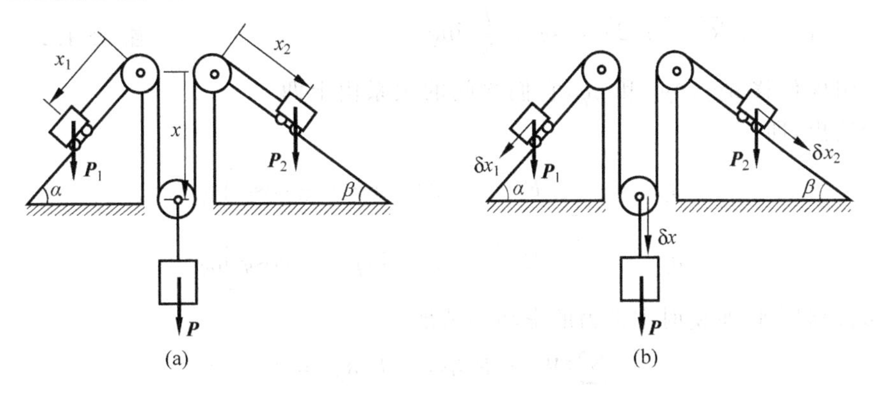

图　2.1.1

解：这是一个由 3 个质点组成的完整系统，其位形可由坐标 x_1、x_2 和 x 描述。3 个坐标间应满足如下约束条件：

$$x_1+x_2+2x-l=0$$

式中，l 为与绳长及结构有关的一个常数。给系统一组虚位移 δx_1、δx_2 和 δx，如图 2.1.1(b)所示，它们之间的关系由约束方程的变分给出：

$$\delta x_1+\delta x_2+2\delta x=0$$

可见，系统独立的坐标变分个数为 2，即系统有两个自由度，取 δx_1 和 δx_2 为独立变化的虚位移，有

$$\delta x=-\frac{1}{2}(\delta x_1+\delta x_2)$$

由虚位移原理，所有主动力的虚功和满足

$$\sum \delta W = P_1 \sin\alpha \delta x_1 + P_2 \sin\beta \delta x_2 + P\delta x = 0$$

或

$$\sum \delta W = \left(P_1 \sin\alpha - \frac{1}{2}P\right)\delta x_1 + \left(P_2 \sin\beta - \frac{1}{2}P\right)\delta x_2 = 0$$

由于 δx_1 和 δx_2 彼此独立变化，为使上式成立，δx_1 和 δx_2 前面的系数必为零。由此解得系统平衡时 P_1 和 P_2 与 P 的关系为

$$P_1 = \frac{1}{2}\frac{P}{\sin\alpha},\quad P_2 = \frac{1}{2}\frac{P}{\sin\beta}$$

例 2.2 如图 2.1.2 所示，长为 l 的无重刚杆两端分别固连 M_1 与 M_2 两小球，放置在半径为 R 的光滑圆柱槽内。已知两小球重分别为 P_1 与 P_2，$l<2R$，图中 O 为圆柱的圆心。试求平衡时，刚杆的垂直平分线与铅垂线的夹角 φ。

解：这是一个由两个质点组成的完整系统，系统的位形可由参数 φ 完全确定，因此属单自由度系统。

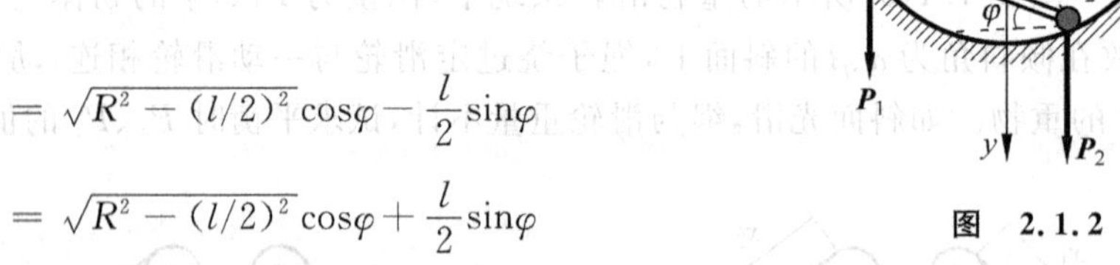

图 2.1.2

由图 2.1.2 中几何关系，两小球重力作用点的位置可表示为

$$y_1 = \sqrt{R^2-(l/2)^2}\cos\varphi - \frac{l}{2}\sin\varphi$$

$$y_2 = \sqrt{R^2-(l/2)^2}\cos\varphi + \frac{l}{2}\sin\varphi$$

给系统一组虚位移 δy_1、δy_2 和 $\delta\varphi$，它们之间的关系由上两式的变分给出，即

$$\delta y_1 = -\left[\sqrt{R^2-(l/2)^2}\sin\varphi + \frac{l}{2}\cos\varphi\right]\delta\varphi$$

$$\delta y_2 = -\left[\sqrt{R^2-(l/2)^2}\sin\varphi - \frac{l}{2}\cos\varphi\right]\delta\varphi$$

由虚位移原理，平衡时主动力的虚功和满足

$$\sum \delta W = P_1 \delta y_1 + P_2 \delta y_2 = 0$$

或

$$\sum \delta W = \left[-(P_1+P_2)\sqrt{R^2-(l/2)^2}\sin\varphi - (P_1-P_2)\frac{l}{2}\cos\varphi\right]\delta\varphi = 0$$

由 $\delta\varphi$ 的任意性，得到如下平衡方程：

$$-(P_1+P_2)\sqrt{R^2-(l/2)^2}\sin\varphi - (P_1-P_2)\frac{l}{2}\cos\varphi = 0$$

由此解得系统的平衡位置为

$$\tan\varphi = \frac{(P_2-P_1)l}{2(P_1+P_2)\sqrt{R^2-(l/2)^2}} \quad \text{或} \quad \varphi = \arctan\frac{(P_2-P_1)l}{2(P_1+P_2)\sqrt{R^2-(l/2)^2}}$$

例 2.3 求图 2.1.3(a)所示的多跨静定梁 A 端处的约束反力，已知 P_1、P_2、q 及各段长度。

解：此多跨连续梁由于存在多个约束而成为没有自由度的结构。虚位移原理只能求解

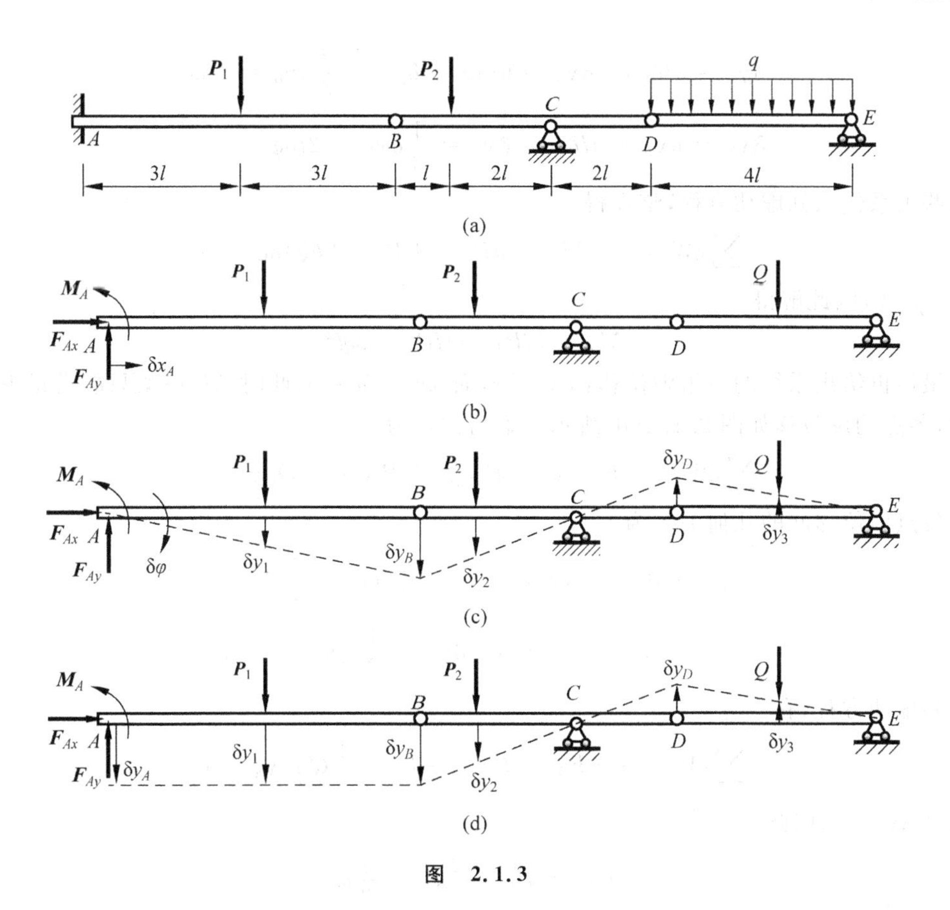

图　2.1.3

有运动自由度的系统(如机构)主动力的平衡条件,对结构应首先解除某个(或某几个)约束,代之以相应的约束力,赋予系统运动自由度,解除约束后的系统与原系统等效。这种方法称为**解除约束原理**。解除约束后,将未知约束力看作主动力就可由虚位移原理求得这些约束力。

解除固定端 A 处的约束,代之以约束力 F_{Ax}、F_{Ay} 和 M_A,这三个约束力分别体现了固定端对 AB 段梁在水平平动、铅直平动和绕 A 点的转动三个独立方向上位移的限制。相应的,系统具有 3 个自由度,可以给出系统的一组虚位移 δx_A、δy_A 和 $\delta\varphi$。为方便起见,将分布载荷简化为集中载荷,其大小为 $Q=4ql$,作用于 DE 梁的中点。

由于虚位移的任意性,可以先给出系统的一组虚位移:$\delta x_A \neq 0$,而 $\delta y_A=\delta\varphi=0$,如图 2.1.3(b)所示。则由虚位移原理,虚功方程可表示为

$$F_{Ax}\delta x_A = 0$$

解得

$$F_{Ax} = 0$$

再给系统一组虚位移:$\delta\varphi\neq 0$,而 $\delta x_A=\delta y_A=0$,则在约束容许的条件下,各点的虚位移如图 2.1.3(c)所示。列出虚功方程如下:

$$\sum \delta W = -M_A\delta\varphi + P_1\delta y_1 + P_2\delta y_2 - Q\delta y_3 = 0$$

由图,各点虚位移间的关系为

$$\delta y_1 = 3l\delta\varphi, \quad \delta y_B = 6l\delta\varphi, \quad \delta y_2 = \frac{2}{3}\delta y_B = 4l\delta\varphi$$

$$\delta y_D = \delta y_2 = 4l\delta\varphi, \quad \delta y_3 = \frac{1}{2}\delta y_D = 2l\delta\varphi$$

将这些关系代入到虚功方程,整理得

$$\sum \delta W = (-M_A + 3lP_1 + 4lP_2 - 2lQ)\delta\varphi = 0$$

由于 $\delta\varphi \neq 0$,因此解得

$$M_A = 3lP_1 + 4lP_2 - 8ql^2$$

最后再给出系统的一组虚位移: $\delta y_A \neq 0$,而 $\delta x_A = \delta\varphi = 0$,此时 AB 段梁只能沿铅垂方向平动,各点的虚位移如图 2.1.3(d)所示。虚功方程为

$$\sum \delta W = -F_{Ay}\delta y_A + P_1\delta y_1 + P_2\delta y_2 - Q\delta y_3 = 0$$

系统各点虚位移间的几何关系为

$$\delta y_1 = \delta y_A = \delta y_B, \quad \delta y_2 = \frac{2}{3}\delta y_B = \frac{2}{3}\delta y_A$$

$$\delta y_D = \delta y_2 = \frac{2}{3}\delta y_A, \quad \delta y_3 = \frac{1}{2}\delta y_D = \frac{1}{3}\delta y_A$$

代入到虚功方程,有

$$\sum \delta W = \left(-F_{Ay} + P_1 + \frac{2}{3}P_2 - \frac{1}{3}Q\right)\delta y_A = 0$$

考虑到 $\delta y_A \neq 0$,因此

$$F_{Ay} = P_1 + \frac{2}{3}P_2 - \frac{4}{3}ql$$

本例在求解 A 处的约束力时,将其水平约束、铅直约束和约束反力偶同时解除,系统成为 3 自由度系统。也可每次解除一个约束,则每次处理的都是单自由度系统。

例 2.4 图 2.1.4(a)所示的平面桁架中,各杆的长度均为 a。试用虚位移原理求出其中 1、2 两杆的内力。

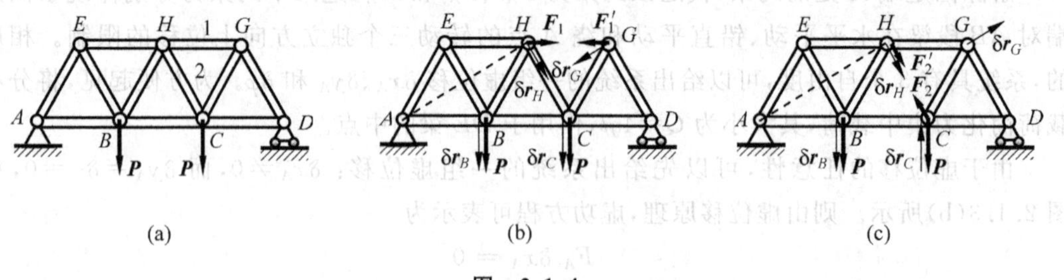

图 2.1.4

解:由于桁架结构无活动自由度,因此无法给出符合约束的虚位移。为了求解某杆的内力,可应用解除约束原理,去掉该杆并代之以相应的内力。

将 1 杆解除,代之以对 H、G 两点的拉力 $\boldsymbol{F}_1$ 和 $\boldsymbol{F}_1'$,给出系统一组虚位移,如图 2.1.4(b)所示。虚功方程为

$$\sum \delta W = P\delta r_B + P\delta r_C + F_1\delta r_H\cos 60° + F_1'\delta r_G\cos 30° = 0$$

系统各点虚位移间的几何关系为

$$\delta r_C = 2\delta r_B,\quad \delta r_H = \sqrt{3}\,\delta r_B,\quad \delta r_G = \delta r_C$$

代入到虚功方程，有

$$\sum \delta W = \left(P + 2P + \frac{\sqrt{3}}{2}F_1 + \sqrt{3}\,F_1'\right)\delta r_B = 0$$

注意到 δr_B 的任意性且 $F_1 = F_1'$，可得 1 杆的内力为

$$F_1 = -\frac{2}{3}\sqrt{3}\,P$$

为求 2 杆的内力，可类似地解除 2 杆的约束，代之以对 H、C 两点的拉力 $\boldsymbol{F}_2$ 和 $\boldsymbol{F}_2'$，并给出系统一组虚位移，如图 2.1.4(c)所示。虚功方程为

$$\sum \delta W = P\delta r_B + (F_2\cos 30^\circ - P)\delta r_C + F_2'\delta r_H = 0$$

各点虚位移间的几何关系为

$$\delta r_H = \sqrt{3}\,\delta r_B,\quad \delta r_G = \delta r_C,\quad \delta r_G\cos 30^\circ = \delta r_H\cos 60^\circ$$

代入到虚功方程，有

$$\sum \delta W = \left[P + \left(\frac{\sqrt{3}}{2}F_2 - P\right) + \sqrt{3}\,F_2'\right]\delta r_B = 0$$

注意到 δr_B 的任意性且 $F_2 = F_2'$，可得 2 杆的内力为

$$F_2 = 0$$

2.2　虚位移原理的广义坐标形式

虚功方程(2.1.1)是以质点的坐标变分表示虚位移的，这些虚位移之间不一定是相互独立的，所以必须建立各虚位移之间的关系。而如果直接用独立的广义坐标变分来表示虚位移，则虚位移原理将更为简明。

2.2.1　广义力的引入

讨论 n 个质点组成的质点系，内有 r 个完整约束和 s 个非完整约束，选取 $l=3n-r$ 个广义坐标 $q_k(k=1,2,\cdots,l)$表示系统的位形，系统的自由度为 $f=3n-r-s$，由式(1.3.3)，各质点的位置矢径可表示为广义坐标和时间的单值连续函数，即

$$\boldsymbol{r}_i = \boldsymbol{r}_i(q_1, q_2, \cdots, q_l;\ t)\quad (i = 1,2,\cdots,n) \tag{2.2.1}$$

将各质点的虚位移用广义坐标的等时变分(称为**广义虚位移**)表示为

$$\delta\boldsymbol{r}_i = \sum_{k=1}^{l}\frac{\partial \boldsymbol{r}_i}{\partial q_k}\delta q_k\quad (i = 1,2,\cdots,n) \tag{2.2.2}$$

则主动力的虚功和为

$$\sum \delta W = \sum_{i=1}^{n}\boldsymbol{F}_i\cdot\delta\boldsymbol{r}_i = \sum_{i=1}^{n}\sum_{k=1}^{l}\boldsymbol{F}_i\cdot\frac{\partial \boldsymbol{r}_i}{\partial q_k}\delta q_k \tag{2.2.3}$$

交换求和顺序，得

$$\sum \delta W = \sum_{k=1}^{l}\left(\sum_{i=1}^{n}\boldsymbol{F}_i\cdot\frac{\partial \boldsymbol{r}_i}{\partial q_k}\right)\delta q_k \tag{2.2.4}$$

则有

$$\sum \delta W = \sum_{k=1}^{l} Q_k \delta q_k \tag{2.2.5}$$

其中

$$Q_k = \sum_{i=1}^{n} \boldsymbol{F}_i \cdot \frac{\partial \boldsymbol{r}_i}{\partial q_k} \quad (k = 1,2,\cdots,l) \tag{2.2.6}$$

定义为对应于广义坐标 $q_k(k=1,2,\cdots,l)$的**广义力**(或**广义主动力**)。注意到 $Q_k\delta q_k$ 是功的量纲,因此广义坐标的量纲将决定广义力的量纲。当 q_k 是线位移时,Q_k 是力的量纲;当 q_k 是角位移时,Q_k 是力矩的量纲。

由广义力的定义式(2.2.6)可以看出,广义力一般不属于某一个质点,也不一定对应于某一个主动力的分量;广义力属于整个系统,它可能与所有主动力及所有质点有关。

2.2.2 用广义力表示的虚位移原理

将式(2.2.5)代入虚功方程(2.1.1),则质点系的平衡条件可用广义力和广义虚位移表示为

$$\sum \delta W = \sum_{k=1}^{l} Q_k \delta q_k = 0 \tag{2.2.7}$$

即系统内所有广义力在广义虚位移上所做的元功之和等于零。如质点系为完整系统,则系统的广义坐标和广义虚位移 δq_k 都是独立的,广义坐标数 l 与自由度数 f 相等。为保证上式成立,应有

$$Q_k = 0 \quad (k = 1,2,\cdots,f) \tag{2.2.8}$$

这表明,具有完整、定常、理想约束的质点系,其平衡的充要条件是:对应于各广义坐标的广义力都等于零。这就是虚位移原理在广义坐标中的表现形式。

2.2.3 广义力的计算

为计算广义力,可先计算系统内全部主动力的虚功,然后将所有的虚位移用广义虚位移 δq_k 表示,则各个广义虚位移 δq_k 前的系数即为相应的广义力 Q_k。具体计算时,通常采用以下三种方法。

(1) 解析法(定义式法) 直接按照式(2.2.6)中广义力的定义计算:

$$Q_k = \sum_{i=1}^{n} \boldsymbol{F}_i \cdot \frac{\partial \boldsymbol{r}_i}{\partial q_k} = \sum_{i=1}^{n} \left(F_{xi} \frac{\partial x_i}{\partial q_k} + F_{yi} \frac{\partial y_i}{\partial q_k} + F_{zi} \frac{\partial z_i}{\partial q_k} \right) \tag{2.2.9}$$

即将主动力系的各力 $\boldsymbol{F}_i$ 作用点的坐标写成广义坐标 q_k 的函数,对其求偏导后代入上式,即得广义力。有时这种方法计算冗繁。

(2) 独立虚功法(几何法) 在完整约束中,各广义虚位移 δq_k 都是独立的,可以取一组特定的广义虚位移来计算广义力。如为求对应于广义坐标 q_k 的广义力 Q_k,可令 δq_k 不为零,其他广义虚位移均为零,计算出质点系所有主动力在对应的广义虚位移 δq_k 中所做的元功之和 $\sum \delta W_k$,则有

$$\sum \delta W_k = Q_k \delta q_k$$

因此有

$$Q_k = \frac{\sum \delta W_k}{\delta q_k} \tag{2.2.10}$$

以此类推，可以计算出其他的广义力。

(3) 势能偏导法　对于保守系统，其势能函数 V 可表示为广义坐标 q_k 的单值函数 $V = V(q_1, q_2, \cdots, q_l)$，进一步推得广义力等于势能函数对广义坐标偏导数的负值(详见下节)：

$$Q_k = -\frac{\partial V}{\partial q_k} \quad (k = 1, 2, \cdots, f) \tag{2.2.11}$$

例 2.5　对于图 2.2.1 所示的平面四连杆机构，选择 φ、ψ 和 θ 三个参数描述系统的位置，试写出对这些参数变分的约束方程以及 A、B 两点的虚位移与这些参数变分之间的关系。如机构受到 $\boldsymbol{F}_1$、$\boldsymbol{F}_2$ 和力矩 M 的作用，求与广义坐标 φ 对应的广义力 Q_φ，并导出机构的平衡条件。

解：利用 $\overrightarrow{OC}$ 矢量在 x 和 y 轴的投影列出用参数 φ、ψ 和 θ 表示的约束方程

$$l_1 \cos\varphi + l_2 \cos\theta + l_3 \cos\psi - l_4 = 0$$

$$l_1 \sin\varphi + l_2 \sin\theta - l_3 \sin\psi = 0$$

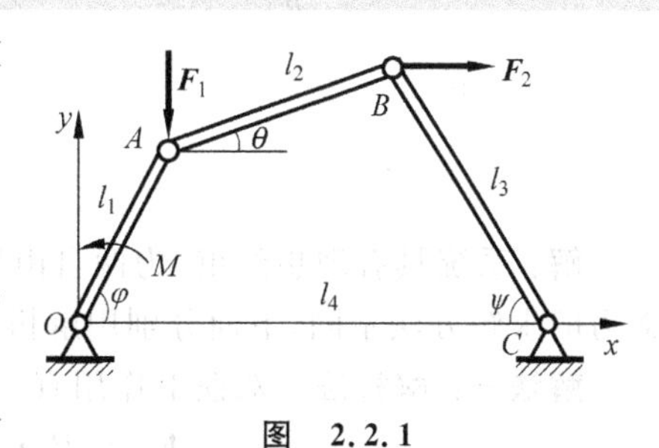

图　2.2.1

可见，φ、ψ 和 θ 三个参数并不独立，描述系统位形的独立参数只需 1 个，可任意选择其一为广义坐标。由于约束的完整性，此连杆机构为单自由度系统。对约束方程取变分可建立 $\delta\varphi$、$\delta\psi$ 和 $\delta\theta$ 之间的关系：

$$l_1 \sin\varphi\delta\varphi + l_2 \sin\theta\delta\theta + l_3 \sin\psi\delta\psi = 0$$

$$l_1 \cos\varphi\delta\varphi + l_2 \cos\theta\delta\theta - l_3 \cos\psi\delta\psi = 0$$

将 A、B 两点的坐标用参数 φ、ψ 和 θ 表示为

$$x_1 = l_1 \cos\varphi, \quad y_1 = l_1 \sin\varphi, \quad x_2 = l_4 - l_3 \cos\psi, \quad y_2 = l_3 \sin\psi$$

对两点的坐标式取变分，可导出其虚位移与三个位形参数变分之间的关系：

$$\delta x_1 = -l_1 \sin\varphi\delta\varphi, \quad \delta y_1 = l_1 \cos\varphi\delta\varphi, \quad \delta x_2 = l_3 \sin\psi\delta\psi, \quad \delta y_2 = l_3 \cos\psi\delta\psi$$

选择角度 φ 为广义坐标，从前面的计算中解出用独立变分 $\delta\varphi$ 表示的 $\delta\theta$ 和 $\delta\psi$：

$$\delta\theta = -\frac{l_1 \sin(\psi + \varphi)}{l_2 \sin(\psi + \theta)}\delta\varphi, \quad \delta\psi = \frac{l_1 \sin(\varphi - \theta)}{l_3 \sin(\psi + \theta)}\delta\varphi$$

计算主动力对此系统的虚功，并整理为如下形式：

$$\sum \delta W = M\delta\varphi - F_1 \delta y_1 + F_2 \delta x_2 = Q_\varphi \delta\varphi$$

利用 $\delta\varphi$ 和 $\delta\psi$ 之间的关系，上式中的广义力 Q_φ 可整理为

$$Q_\varphi = M - F_1 l_1 \cos\varphi + F_2 \frac{l_1 \sin(\varphi - \theta) \sin\psi}{\sin(\psi + \theta)}$$

由广义力表示的质点系的平衡条件知，机构的平衡条件为 $Q_\varphi = 0$，即

$$M - F_1 l_1 \cos\varphi + F_2 \frac{l_1 \sin(\varphi - \theta) \sin\psi}{\sin(\psi + \theta)} = 0$$

为了建立 $\delta\varphi$ 和 $\delta\psi$ 之间的关系，还有一种常用的方法。由运动学知道，刚体上任意两点的速度在两点连线方向的投影相等。据此，考察杆 AB 两端的虚位移，有

$$l_1\cos\left(\frac{\pi}{2}-\varphi+\theta\right)\delta\varphi=l_3\delta\psi\cos\left(\frac{\pi}{2}-\psi-\theta\right)$$

由此得到同样的变分关系。

例 2.6 图 2.2.2(a)所示双摆中，均质杆 OA 和 AB 的长度分别为 l_1 和 l_2，重量分别为 P_1 和 P_2，在杆 AB 的 B 端作用一水平力 $\boldsymbol{F}$，试求平衡时两杆与铅直线所成的夹角 φ_1 和 φ_2。

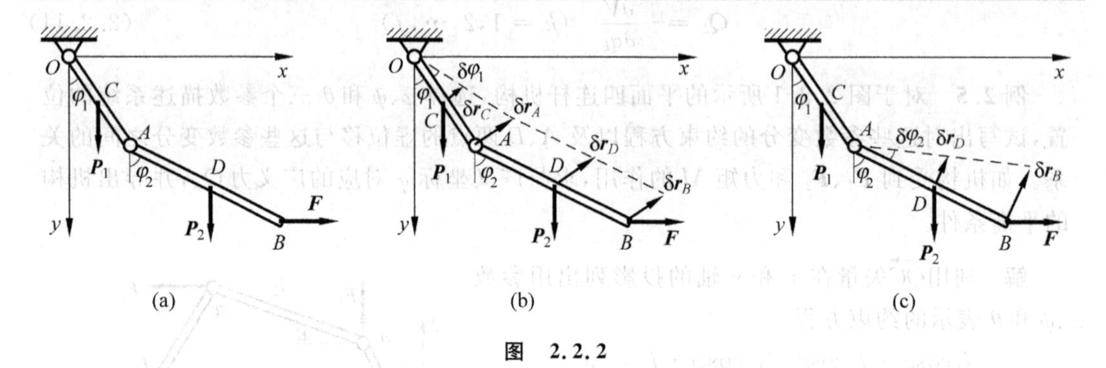

图 2.2.2

解：系统具有理想约束，为两自由度完整系统，可以选取 φ_1 和 φ_2 为广义坐标。根据广义力的求解方法不同，下面分别用解析法和独立虚功法求解。

解法一：解析法 双摆上作用有三个主动力，分别为

$$\boldsymbol{F}_1=P_1\boldsymbol{j},\quad \boldsymbol{F}_2=P_2\boldsymbol{j},\quad \boldsymbol{F}_3=F\boldsymbol{i}$$

这三个力的作用点 C、D、B 的位置矢径分别是

$$\boldsymbol{r}_1=\boldsymbol{r}_C=\frac{1}{2}l_1\sin\varphi_1\boldsymbol{i}+\frac{1}{2}l_1\cos\varphi_1\boldsymbol{j}$$

$$\boldsymbol{r}_2=\boldsymbol{r}_D=\left(l_1\sin\varphi_1+\frac{1}{2}l_2\sin\varphi_2\right)\boldsymbol{i}+\left(l_1\cos\varphi_1+\frac{1}{2}l_2\cos\varphi_2\right)\boldsymbol{j}$$

$$\boldsymbol{r}_3=\boldsymbol{r}_B=(l_1\sin\varphi_1+l_2\sin\varphi_2)\boldsymbol{i}+(l_1\cos\varphi_1+l_2\cos\varphi_2)\boldsymbol{j}$$

将各位置矢径分别对广义坐标 φ_1 和 φ_2 求偏导数，得到

$$\frac{\partial\boldsymbol{r}_1}{\partial\varphi_1}=\frac{l_1}{2}(\cos\varphi_1\boldsymbol{i}-\sin\varphi_1\boldsymbol{j}),\quad \frac{\partial\boldsymbol{r}_1}{\partial\varphi_2}=\boldsymbol{0}$$

$$\frac{\partial\boldsymbol{r}_2}{\partial\varphi_1}=l_1(\cos\varphi_1\boldsymbol{i}-\sin\varphi_1\boldsymbol{j}),\quad \frac{\partial\boldsymbol{r}_2}{\partial\varphi_2}=\frac{1}{2}l_2(\cos\varphi_2\boldsymbol{i}-\sin\varphi_2\boldsymbol{j})$$

$$\frac{\partial\boldsymbol{r}_3}{\partial\varphi_1}=l_1(\cos\varphi_1\boldsymbol{i}-\sin\varphi_1\boldsymbol{j}),\quad \frac{\partial\boldsymbol{r}_3}{\partial\varphi_2}=l_2(\cos\varphi_2\boldsymbol{i}-\sin\varphi_2\boldsymbol{j})$$

于是，按广义力的定义式(2.2.6)可计算与广义坐标 φ_1 和 φ_2 对应的广义力为

$$Q_{\varphi_1}=\sum_{i=1}^{3}\boldsymbol{F}_i\cdot\frac{\partial\boldsymbol{r}_i}{\partial\varphi_1}=l_1\left[F\cos\varphi_1-\left(\frac{1}{2}P_1+P_2\right)\sin\varphi_1\right]$$

$$Q_{\varphi_2}=\sum_{i=1}^{3}\boldsymbol{F}_i\cdot\frac{\partial\boldsymbol{r}_i}{\partial\varphi_2}=l_2\left(F\cos\varphi_2-\frac{1}{2}P_2\sin\varphi_2\right)$$

分别令 Q_{φ_1} 和 Q_{φ_2} 等于零，可求得双摆的平衡位置为

$$\varphi_1=\arctan\frac{2F}{P_1+2P_2},\quad \varphi_2=\arctan\frac{2F}{P_2}$$

解法二：独立虚功法　先取 $\delta\varphi_1\neq0,\delta\varphi_2=0$，如图 2.2.2(b)所示。此时 OA 杆绕 O 轴逆时针转一虚位移 $\delta\varphi_1$，AB 杆则平移一虚位移 $\delta\boldsymbol{r}_A$，且 $\delta\boldsymbol{r}_D=\delta\boldsymbol{r}_B=\delta\boldsymbol{r}_A$，有

$$\delta r_D=\delta r_B=\delta r_A=2\delta r_C=l_1\delta\varphi_1$$

则所有主动力在这组虚位移上所做的元功和为

$$\sum\delta W_{\varphi_1}=\boldsymbol{P}_1\cdot\delta\boldsymbol{r}_C+\boldsymbol{P}_2\cdot\delta\boldsymbol{r}_D+\boldsymbol{F}\cdot\delta\boldsymbol{r}_B=l_1\left(-\frac{1}{2}P_1\sin\varphi_1-P_2\sin\varphi_1+F\cos\varphi_1\right)\delta\varphi_1$$

于是，与广义坐标 φ_1 对应的广义力为

$$Q_{\varphi_1}=l_1\left[F\cos\varphi_1-\left(\frac{1}{2}P_1+P_2\right)\sin\varphi_1\right]$$

再取 $\delta\varphi_2\neq0,\delta\varphi_1=0$，如图 2.2.2(c)所示。此时 OA 杆不动，AB 杆绕 A 轴逆时针转一虚位移 $\delta\varphi_2$，并有

$$\delta r_C=0,\quad \delta r_B=2\delta r_D=l_2\delta\varphi_2$$

所有主动力在这组虚位移上所做的元功和为

$$\sum\delta W_{\varphi_2}=\boldsymbol{P}_1\cdot\delta\boldsymbol{r}_C+\boldsymbol{P}_2\cdot\delta\boldsymbol{r}_D+\boldsymbol{F}\cdot\delta\boldsymbol{r}_B=l_2\left(-\frac{1}{2}P_2\sin\varphi_2+F\cos\varphi_2\right)\delta\varphi_2$$

因此有

$$Q_{\varphi_2}=l_2\left(F\cos\varphi_2-\frac{1}{2}P_2\sin\varphi_2\right)$$

进一步得到平衡位置，两种方法结果一致。

例 2.7　试用广义力表示的平衡条件重解例 2.1。

解：系统为两自由度平衡问题，必须给出两个独立的虚位移，在求得与所选的广义坐标对应的广义力后，再按广义力表示的平衡条件求解。

选取独立的广义坐标 x_1、x_2 分别表示两物体沿固定斜面的位置，系统两独立的虚位移如图 2.1.1(b)所示。

令 $\delta x_1\neq0,\delta x_2=0$，则动滑轮中心的虚位移同时也是重物 P 的虚位移为

$$\delta x=-\frac{1}{2}\delta x_1$$

主动力的虚功为

$$\sum\delta W_1=P_1\sin\alpha\delta x_1+P\delta x=\left(P_1\sin\alpha-\frac{1}{2}P\right)\delta x_1$$

因此，平衡时，与广义坐标 x_1 对应的广义力为

$$Q_1=\frac{\sum\delta W_1}{\delta x_1}=P_1\sin\alpha-\frac{1}{2}P=0$$

于是解得

$$P_1=\frac{1}{2}\frac{P}{\sin\alpha}$$

由问题的对称性，令 $\delta x_1=0,\delta x_2\neq0$，则解得

$$P_2=\frac{1}{2}\frac{P}{\sin\beta}$$

例 2.8 如图 2.2.3(a)所示，重为 P 的尖劈放置在水平木条上，其两边与竖直线各成 α 和 β 角。今在水平木条上作用力 $\boldsymbol{F}_1$ 和 $\boldsymbol{F}_2$，如不计摩擦，试求平衡时 P、F_1 和 F_2 之间的关系(假设尖劈无转动)。

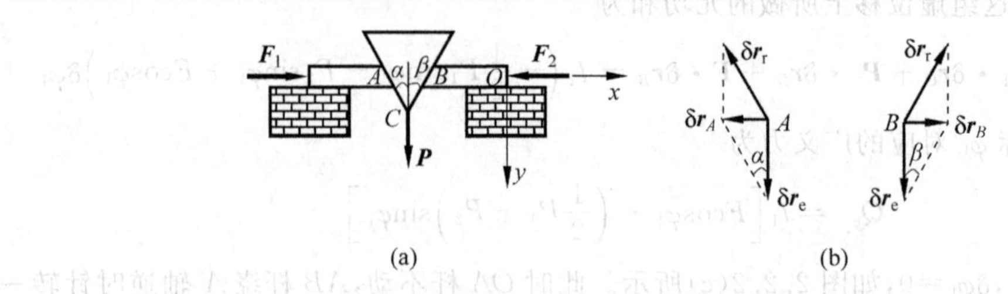

图 2.2.3

解：由于各接触面都是光滑的，尖劈与木条组成的系统为具有两个自由度的理想完整系统。如图 2.2.3(a)所示，建立直角坐标系 Oxy，选取劈尖 C 的坐标(x,y)为广义坐标。设 A、B 两点的坐标分别为(x_A,y_A)和(x_B,y_B)。

解法一：解析法 根据几何关系，可列写如下约束方程：

$$x_A = x - y\tan\alpha, \quad x_B = x + y\tan\beta$$

虚位移之间的关系可由约束方程的变分获得，即

$$\delta x_A = \delta x - \delta y\tan\alpha, \quad \delta x_B = \delta x + \delta y\tan\beta$$

系统全部主动力的虚功代数和为

$$\sum \delta W = P\delta y + F_1\delta x_A - F_2\delta x_B$$

将坐标变分关系代入上式，整理后得

$$\sum \delta W = (F_1 - F_2)\delta x + (P - F_1\tan\alpha - F_2\tan\beta)\delta y$$

由式(2.2.5)，上式中，δx 和 δy 前面的系数即为对应于广义坐标 x 和 y 的广义力，即

$$Q_x = F_1 - F_2, \quad Q_y = P - F_1\tan\alpha - F_2\tan\beta$$

这里，广义力也可按照式(2.2.9)的定义直接求得。于是，由广义力表示的质点系的平衡条件知，平衡时 $Q_x=Q_y=0$，故得平衡条件为

$$F_1 = F_2, \quad P = F_1(\tan\alpha + \tan\beta)$$

解法二：独立虚功法 先取 $\delta x\neq 0$，$\delta y=0$，此时尖劈作水平直线平动。直观地，有

$$\delta x_A = \delta x_B = \delta x$$

则所有主动力在这组虚位移上所做的元功和为

$$\sum \delta W_x = F_1\delta x_A - F_2\delta x_B = (F_1 - F_2)\delta x$$

式中，δx 前面的系数即为对应于广义坐标 x 的广义力 Q_x，平衡时，

$$Q_x = F_1 - F_2 = 0$$

故有平衡条件

$$F_1 = F_2$$

再取 $\delta y\neq 0$，$\delta x=0$，此时尖劈作铅直直线平动，由运动学的速度合成定理得

$$\delta \boldsymbol{r}_a = \delta \boldsymbol{r}_e + \delta \boldsymbol{r}_r$$

其中，$\delta r_e=\delta y$。A、B 两点的虚位移合成矢量图如图 2.2.3(b)所示，由图可得

$$\delta r_A = \delta y \tan\alpha,\quad \delta r_B = \delta y \tan\beta$$

列写出所有主动力在这组虚位移上的虚功方程：

$$\sum \delta W_y = \boldsymbol{F}_1 \cdot \delta \boldsymbol{r}_A + \boldsymbol{F}_2 \cdot \delta \boldsymbol{r}_B + \boldsymbol{P} \cdot \delta \boldsymbol{r}_e = (-F_1 \tan\alpha - F_2 \tan\beta + P)\delta y$$

式中，δy 前面的系数为对应于广义坐标 y 的广义力 Q_y，平衡时，

$$Q_y = -F_1 \tan\alpha - F_2 \tan\beta + P = 0$$

因此有

$$P = F_1(\tan\alpha + \tan\beta)$$

可见两种方法结果相同。一般地，解析法中虚位移的关系比较复杂，或数学计算较为烦琐（如大量的偏导数运算等）。独立虚功法由于取特殊的虚位移来求解，往往较为直观，且自由度越多越显方便。

2.3　势力场中质点系的平衡条件及平衡的稳定性

质点系中主动力为有势力（保守力）的特殊系统称为保守系统。本节研究在保守系统中用虚位移原理建立的平衡条件及其平衡的稳定性。

2.3.1　势力场中质点系的平衡条件

设某质点系由 n 个质点组成，内有 r 个完整、定常的理想约束，处于势力场中。作用在各质点上的主动力 $\boldsymbol{F}_i(i=1,2,\cdots,n)$ 都是有势力，因此该质点系是保守系统，它的势能函数 V 是位形 $x_i(i=1,2,\cdots,3n)$ 的单质函数，即

$$V = V(x_1, x_2, \cdots, x_{3n}) \tag{2.3.1}$$

系统内的作用力由势能的梯度确定。将主动力 $\boldsymbol{F}_i(i=1,2,\cdots,n)$ 在确定的坐标系中的投影依次排列为 $F_i(i=1,2,\cdots,3n)$，则 F_i 等于势能 V 对相应坐标的偏导数的负值：

$$F_i = -\frac{\partial V}{\partial x_i} \quad (i = 1,2,\cdots,3n) \tag{2.3.2}$$

或

$$\boldsymbol{F}_i = -\left(\frac{\partial V}{\partial x_i}\boldsymbol{i} + \frac{\partial V}{\partial y_i}\boldsymbol{j} + \frac{\partial V}{\partial z_i}\boldsymbol{k}\right) \quad (i = 1,2,\cdots,n) \tag{2.3.3}$$

因此，主动力在虚位移上所做的元功和可以改写为

$$\sum \delta W = \sum_{i=1}^{n} \boldsymbol{F}_i \cdot \delta \boldsymbol{r}_i = -\sum_{i=1}^{n}\left(\frac{\partial V}{\partial x_i}\delta x_i + \frac{\partial V}{\partial y_i}\delta y_i + \frac{\partial V}{\partial z_i}\delta z_i\right) = -\delta V \tag{2.3.4}$$

与求微分类似，上式右边是势能函数变分的负值。于是，虚位移原理可以表示为更简单的形式，即

$$\delta V = 0 \tag{2.3.5}$$

该式表明，**在势力场中，具有完整、定常、理想约束的质点系，其平衡的充要条件是：该质点系势能的一阶等时变分等于零。**

此保守系统是完整系统，它的广义坐标数目与其自由度相等，即 $f=l=3n-r$。适当地选择 l 个广义坐标，用直角坐标表示的势能函数可改写为用广义坐标表示的势能函数

$$V = V(q_1, q_2, \cdots, q_l) \tag{2.3.6}$$

将式(2.3.3)代入式(2.2.9)，则广义力可写为

$$Q_k = \sum_{i=1}^{n} \boldsymbol{F}_i \cdot \frac{\partial \boldsymbol{r}_i}{\partial q_k} = -\sum_{i=1}^{n}\left(\frac{\partial V}{\partial x_i}\frac{\partial x_i}{\partial q_k} + \frac{\partial V}{\partial y_i}\frac{\partial y_i}{\partial q_k} + \frac{\partial V}{\partial z_i}\frac{\partial z_i}{\partial q_k}\right) \tag{2.3.7}$$

于是得

$$Q_k = -\frac{\partial V}{\partial q_k} \quad (k = 1, 2, \cdots, f) \tag{2.3.8}$$

即广义力等于势能对广义坐标偏导数的负值。将上式代入广义力表示的虚位移原理，得

$$\frac{\partial V}{\partial q_k} = 0 \quad (k = 1, 2, \cdots, f) \tag{2.3.9}$$

该式表明，在势力场中，具有完整、定常、理想约束的质点系，其平衡的充要条件是：该质点系的势能对每一个广义坐标的一阶偏导数都等于零。该式具有鲜明的物理意义，表明有势力作用下的质点系在**平衡位置处势能取极值**，这是平衡的能量判据。

2.3.2 势力场的一个性质

在势力场中，势能相等的各点构成的曲面称为**等势能面**，如势能等于零的等势能面称为零势能面。

由于有势力所做的功等于质点系在运动过程的初始和终了位置的势能差，如设质点 M 在等势能面上运动，如图 2.3.1(a)所示，各点势能都相等，则有势力 $\boldsymbol{F}$ 在等势能面上任意小位移 $\mathrm{d}\boldsymbol{r}$ 上所做的元功也就等于零，即

$$\delta W = \boldsymbol{F} \cdot \mathrm{d}\boldsymbol{r} = 0$$

可知 $\boldsymbol{F} \perp \mathrm{d}\boldsymbol{r}$，由于 $\mathrm{d}\boldsymbol{r}$ 沿等势能面的切线，因此有势力 $\boldsymbol{F}$ 垂直于等势能面。

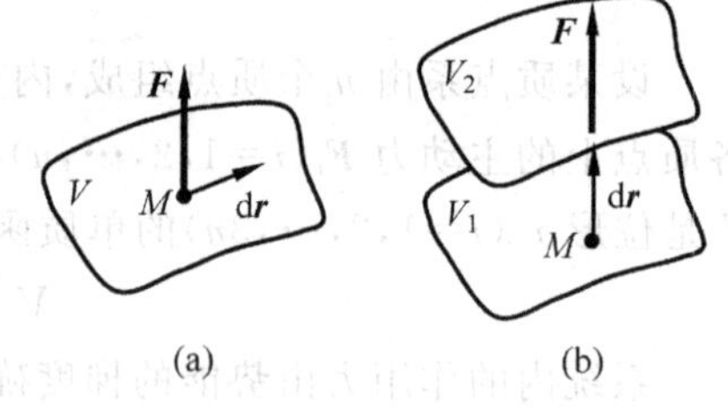

图 2.3.1

设质点在有势力 $\boldsymbol{F}$ 的作用下沿力的方向实现位移 $\mathrm{d}\boldsymbol{r}$，由等势能面 V_1 移到 V_2，如图 2.3.1(b)所示，则力 $\boldsymbol{F}$ 做正功，由于

$$\delta W = V_1 - V_2 > 0$$

因此有

$$V_1 > V_2$$

可见，有势力 $\boldsymbol{F}$ 指向势能减小的方向。综上，可总结得势力场中的一个性质：有势力的方向垂直于等势能面，并指向势能减小的方向。

2.3.3 平衡稳定性的概念及判别方法

质点系处于某平衡位置，若受到微小扰动偏离平衡位置后总不超出平衡位置邻近的某个微小区域，则质点系的平衡是稳定的，否则就是不稳定的。

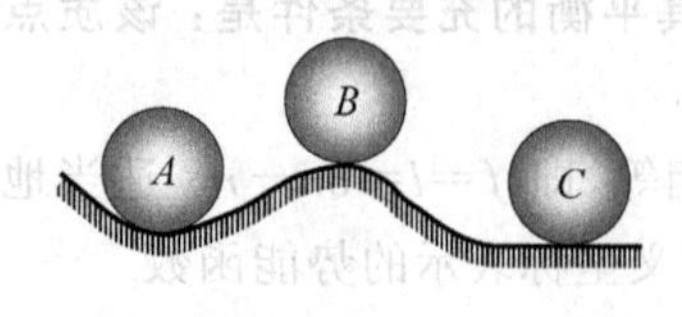

图 2.3.2

在势力场中，通过式(2.3.9)解出该方程对应的几何位置就是该系统的平衡位置。但在各平衡位置上，质点系可能处于不同的平衡状态，也就是说，稳定性未必相同。

例如，图 2.3.2 所示重力场中的小球 A、B 和 C。小球 A 在凹形曲面内滚动，凹曲面的最低点是其平衡位置。当它受

到微小的扰动而偏离平衡位置后，在重力(有势力)的作用下，它总能返回到原来的平衡位置，这种平衡状态称为**稳定平衡**。小球 B 在凸形曲面上滚动，凸曲面的顶点是其平衡位置。在受到微小的扰动后，B 球将沿凸曲面滚下去，再也不能返回到原来的平衡位置，这种平衡状态称为**不稳定平衡**。小球 C 在水平面上滚动，不论在哪个位置，它总是平衡的，且在微小扰动下偏离最初平衡位置后，可在新的位置上平衡，这种平衡状态称为**随遇平衡**。随遇平衡是不稳定平衡中的特殊情形。

上述三种平衡状态可作如下解释：由于有势力指向势能减小的方向，在稳定平衡位置处，系统受扰动而移到任何位置，其势能均高于平衡位置处的势能，因此，系统在有势力作用下由高势能位置回到低势能位置。系统势能在稳定平衡的平衡位置处有极小值。同样，在不稳定平衡位置处，势能有极大值。而随遇平衡情况下，系统的势能是不变的。

可以证明，当保守系统在平衡位置的势能具有孤立极小值时，平衡才是稳定的；否则系统的平衡位形都是不稳定的，即在微小干扰下，系统的平衡被破坏，且远离平衡位形。这一结论常称为**最小势能原理**。

因此，对于势力场中的质点系，可以通过求势能极值找出平衡位置，再通过判断此位置势能是否为极小值来确定平衡的稳定性。下面讨论单自由度和两自由度系统的情形，而且只考虑由于广义坐标位置的偏离而引起的扰动，不考虑速度引起的扰动，即用纯静力学观点来判别平衡的稳定性质。

1. 单自由度系统平衡稳定性质的判别方法

对于单自由度系统，设取 q 为广义坐标，其势能函数可表示为 $V=V(q)$。如系统在 $q=q_0$ 位置(位形)是平衡的，那么势能函数在此处取极值，即

$$\left.\frac{\mathrm{d}V}{\mathrm{d}q}\right|_{q=q_0}=0 \tag{2.3.10}$$

若

$$\left.\frac{\mathrm{d}^2V}{\mathrm{d}q^2}\right|_{q=q_0}>0 \tag{2.3.11}$$

势能 $V|_{q=q_0}$ 将具有极小值，系统在此位置处的平衡是稳定的。

若

$$\left.\frac{\mathrm{d}^2V}{\mathrm{d}q^2}\right|_{q=q_0}<0 \tag{2.3.12}$$

则势能 $V|_{q=q_0}$ 具有极大值，平衡是不稳定的。

若

$$\left.\frac{\mathrm{d}^2V}{\mathrm{d}q^2}\right|_{q=q_0}=0 \tag{2.3.13}$$

则要根据势能函数的更高阶导数来判别在此位置平衡是否稳定。具体来讲，如果在各阶导数中，势能在 $q=q_0$ 处第一个非零导数是偶数阶的，且该非零导数又是正的，则势能为极小值，系统在此位置处于稳定的平衡状态；若该非零导数是负的，则势能为极大值，系统处于不稳定的平衡状态。若势能函数对广义坐标的所有各阶导数均为零，表明势能是常量，系统的平衡将是随遇的。

2. 两自由度系统平衡稳定性质的判别方法

对于两自由度系统，设取 q_1、q_2 为广义坐标，其势能函数可表示为 $V=V(q_1,q_2)$。如系统在 $q_1=q_{10}$，$q_2=q_{20}$ 位置(位形)是平衡的，那么，势能函数在此处取极值，即

$$\left.\frac{\partial V}{\partial q_1}\right|_{(q_{10},q_{20})}=\left.\frac{\partial V}{\partial q_2}\right|_{(q_{10},q_{20})}=0 \tag{2.3.14}$$

令

$$\Delta=\left[\left(\frac{\partial^2 V}{\partial q_1 \partial q_2}\right)^2-\frac{\partial^2 V}{\partial q_1^2}\frac{\partial^2 V}{\partial q_2^2}\right]_{(q_{10},q_{20})} \tag{2.3.15}$$

当 $\Delta>0$ 时，势能函数在平衡位形 (q_{10},q_{20}) 处无极值；当 $\Delta=0$ 时，问题不能确定。为保证势能函数在平衡位形 (q_{10},q_{20}) 处有极值，必须 $\Delta<0$。此时当

$$\left.\frac{\partial^2 V}{\partial q_1^2}\right|_{(q_{10},q_{20})}>0 \quad \text{或} \quad \left.\frac{\partial^2 V}{\partial q_2^2}\right|_{(q_{10},q_{20})}>0 \tag{2.3.16}$$

时，势能 $V|_{(q_{10},q_{20})}$ 有极小值，该系统在此位形处于稳定的平衡状态；反之，当

$$\left.\frac{\partial^2 V}{\partial q_1^2}\right|_{(q_{10},q_{20})}<0 \quad \text{或} \quad \left.\frac{\partial^2 V}{\partial q_2^2}\right|_{(q_{10},q_{20})}<0 \tag{2.3.17}$$

时，势能 $V|_{(q_{10},q_{20})}$ 有极大值，系统处于不稳定的平衡状态。

例 2.9 试用势力场中质点系的平衡条件求解例 2.6 的问题。

解：例 2.6 中的 $\boldsymbol{P}_1$、$\boldsymbol{P}_2$、$\boldsymbol{F}$ 均为常力，可看成有势力，则系统为保守系统。如图 2.2.2(a) 所示，仍然选取 φ_1 和 φ_2 为广义坐标，并以 x 轴为 $\boldsymbol{P}_1$ 及 $\boldsymbol{P}_2$ 的零势能位置，以 y 轴为 $\boldsymbol{F}$ 的零势能位置，则系统的势能函数可用广义坐标写出为

$$V=-P_1\frac{1}{2}l_1\cos\varphi_1-P_2\left(l_1\cos\varphi_1+\frac{1}{2}l_2\cos\varphi_2\right)-F(l_1\sin\varphi_1+l_2\sin\varphi_2)$$

因此，与广义坐标 φ_1 和 φ_2 对应的广义力为

$$Q_{\varphi_1}=-\frac{\partial V}{\partial \varphi_1}=l_1\left[F\cos\varphi_1-\left(\frac{1}{2}P_1+P_2\right)\sin\varphi_1\right]$$

$$Q_{\varphi_2}=-\frac{\partial V}{\partial \varphi_2}=l_2\left(F\cos\varphi_2-\frac{1}{2}P_2\sin\varphi_2\right)$$

按广义力的平衡条件 $Q_{\varphi_1}=Q_{\varphi_2}=0$，可解得平衡位置。

例 2.10 弹簧连杆机构如图 2.3.3 所示，均质杆 AB 两端分别与置于铅直和水平轨道内的两小轮连接，杆的 A 端同时与一铅直固定弹簧相连。已知杆长 $l=0.6\text{m}$，质量 $m=10\text{kg}$，弹簧的劲度系数 $k=200\text{N/m}$。当 $\theta=0°$ 时，弹簧为自然长度。不计弹簧和小轮的质量以及各处摩擦，试求杆的平衡位置并讨论平衡位置的稳定性。

解：质点系所受的主动力包括杆的重力和弹性力，二者均为有势力，故系统为保守系统，且具有理想约束。系统为单自由度的，可取杆与竖直面的夹角 θ 为广义坐标。如弹性力的零势能位置选在弹簧原长处，重力零势能位置选在水平轨道，则质点系在任意位置的势能为

$$V=\frac{1}{2}kl^2(1-\cos\theta)^2+\frac{1}{2}mgl\cos\theta$$

驻值发生在

$$\frac{dV}{d\theta}=\left[kl^2(1-\cos\theta)-\frac{1}{2}mgl\right]\sin\theta=0$$

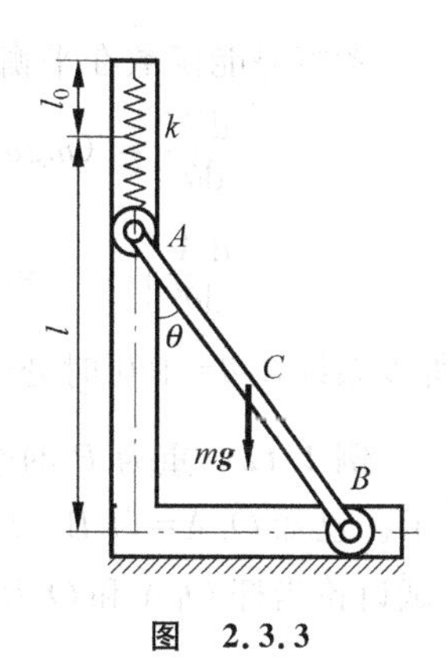

图　2.3.3

上式有两个解，对应着系统的两个平衡位置：

$$\theta_1=0°,\quad \theta_2=\arccos\left(1-\frac{mg}{2kl}\right)=53.8°$$

为判断解的稳定性，需考察势能函数的二阶导数

$$\frac{d^2V}{d\theta^2}=kl^2(\cos\theta-\cos^2\theta+\sin^2\theta)-\frac{1}{2}mgl\cos\theta$$

将 $\theta_1=0°$，$\theta_2=53.8°$代入上式，有

$$\left.\frac{d^2V}{d\theta^2}\right|_{\theta_1=0°}=-29.4<0,\quad \left.\frac{d^2V}{d\theta^2}\right|_{\theta_2=53.8°}=46.9>0$$

由此可知，$\theta_1=0°$这个平衡位置是不稳定的，而 $\theta=\theta_2=53.8°$时势能极小，因而平衡位置是稳定的。

例 2.11　图 2.3.4 所示为支承路灯的机构。已知路灯的质量为 m，质心在 G 点。A、C 为铰链，B 为套筒。不计支承杆的质量。当 $\theta=180°$时弹簧为原长。求当 $\theta=120°$系统处于平衡时，弹簧的劲度系数 k 的值，并讨论该平衡位置的稳定性。

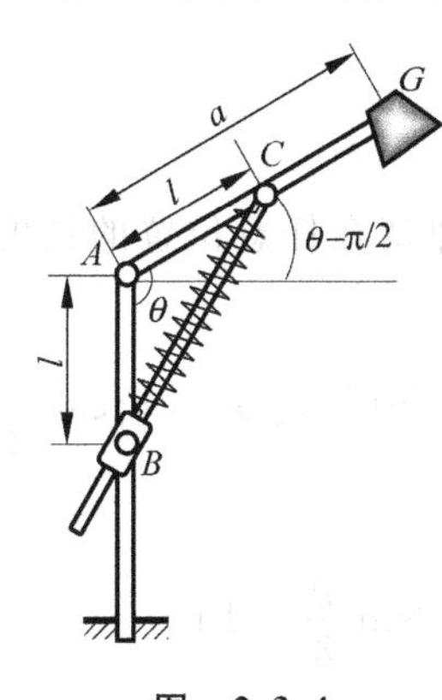

图　2.3.4

解：质点系为单自由度的保守系统，取广义坐标为 θ。显然，弹簧原长为 $l_0=2l$，弹簧现长为

$$2l\cos\left(\frac{\pi}{2}-\frac{\theta}{2}\right)=2l\sin\frac{\theta}{2}$$

所以弹簧受到压缩，相对于原长的变形量为

$$2l\left(1-\sin\frac{\theta}{2}\right)$$

如弹簧零势能位置选在 $\theta=180°$处（即弹簧处于自然状态时的位置），重力零势能位置选在 $\theta=90°$处，则在任意 θ 角处系统的势能为

$$V=mga\sin\left(\theta-\frac{\pi}{2}\right)+\frac{1}{2}k\cdot 4l^2\left(1-\sin\frac{\theta}{2}\right)^2$$
$$=-mga\cos\theta+2kl^2\left(1-\sin\frac{\theta}{2}\right)^2$$

上式对 θ 求一阶导数得

$$\frac{dV}{d\theta}=mga\sin\theta-2kl^2\cos\frac{\theta}{2}+kl^2\sin\theta$$

当 $\theta=120°$时系统处于平衡，故有

$$\left.\frac{dV}{d\theta}\right|_{\theta=120°}=mga\cdot\frac{\sqrt{3}}{2}-2kl^2\cdot\frac{1}{2}+kl^2\cdot\frac{\sqrt{3}}{2}=0$$

因此解得弹簧的劲度系数为

$$k=\frac{mga}{l^2}\frac{\sqrt{3}}{2-\sqrt{3}}=(3+2\sqrt{3})\frac{mga}{l^2}=6.464\frac{mga}{l^2}$$

考察势能函数在平衡位置处的二阶导数：

$$\frac{d^2V}{d\theta^2}=(mga+kl^2)\cos\theta+kl^2\sin\frac{\theta}{2}$$

$$\left.\frac{d^2V}{d\theta^2}\right|_{\theta=120^\circ}=(mga+kl^2)\left(-\frac{1}{2}\right)+kl^2\cdot\frac{\sqrt{3}}{2}=\left(1+\frac{\sqrt{3}}{2}\right)mga>0$$

所以系统在 $\theta=120^\circ$ 时处于稳定平衡位置。

例 2.12 重为 P 的刚性平台由两根无重杆 O_1A、O_2B 及两根弹簧支承，如图 2.3.5 所示。已知 $O_1A=O_2B=l$，$O_1O_2=AB=l$。如设弹簧原长亦为 l，弹簧的劲度系数 $k=2P/l$，试讨论当杆 O_1A 和 O_2B 处于铅直位置时，平台平衡的稳定性。

解：先使平台处于任意位置，此时杆 O_1A 和 O_2B 与水平线的夹角设为 θ。由于该质点系为单自由度保守系统，可取 θ 为广义坐标。

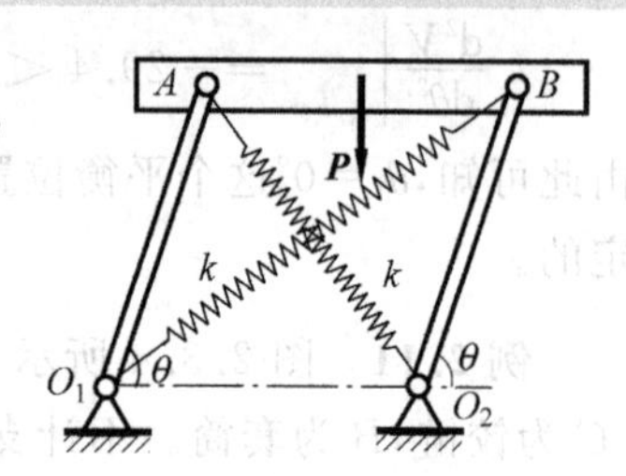

图 2.3.5

以水平线 O_1O_2 为重力势能的零势能位置，则平台的重力势能为

$$V_1=Pl\sin\theta$$

以弹簧处于自然状态时的位置为弹性势能的零势能位置，则弹性势能为

$$V_2=\frac{1}{2}k\delta_{O_1B}^2+\frac{1}{2}k\delta_{O_2A}^2$$

其中，δ_{O_1B} 和 δ_{O_2A} 分别为平台在任意位置时两根弹簧的变形量。两弹簧在任意位置的长度可分别在 $\triangle O_1O_2B$ 和 $\triangle O_1O_2A$ 中利用余弦定理求得，分别为

$$O_1B=\sqrt{l^2+l^2-2l\cdot l\cos(\pi-\theta)}=2l\cos\frac{\theta}{2},\quad O_2A=\sqrt{l^2+l^2-2l\cdot l\cos\theta}=2l\sin\frac{\theta}{2}$$

因两根弹簧的原长均为 l，则其变形量为

$$\delta_{O_1B}=O_1B-l=l\left(2\cos\frac{\theta}{2}-1\right),\quad \delta_{O_2A}=O_2A-l=l\left(2\sin\frac{\theta}{2}-1\right)$$

于是，整个系统的总势能为

$$V=V_1+V_2=Pl\sin\theta+\frac{1}{2}kl^2\left(2\cos\frac{\theta}{2}-1\right)^2+\frac{1}{2}kl^2\left(2\sin\frac{\theta}{2}-1\right)^2$$

又

$$\frac{dV}{d\theta}=Pl\cos\theta+kl^2\left(\sin\frac{\theta}{2}-\cos\frac{\theta}{2}\right)$$

令 $dV/d\theta=0$，显然，$\theta=\pi/2$ 为其一个解，这对应于杆 O_1A 和 O_2B 处于铅直时的平衡位置。为判别该平衡位置的稳定性，考察势能函数的二阶导数

$$\frac{d^2V}{d\theta^2}=-Pl\sin\theta+\frac{1}{2}kl^2\left(\sin\frac{\theta}{2}+\cos\frac{\theta}{2}\right)$$

当 $\theta=\pi/2$ 时，

$$\frac{d^2V}{d\theta^2}=-Pl+\frac{\sqrt{2}}{2}kl^2=\frac{\sqrt{2}}{2}l^2\left(k-\sqrt{2}\,\frac{P}{l}\right)$$

由已知条件 $k=2P/l$ 可知

$$\left.\frac{\mathrm{d}^2V}{\mathrm{d}\theta^2}\right|_{\theta=\frac{\pi}{2}}=\frac{\sqrt{2}}{2}(2-\sqrt{2})Pl>0$$

所以系统在 $\theta=\pi/2$ 处的平衡是稳定的。

例 2.13　如图 2.3.6 所示，五根无重杆 AF、FE、ED、DC、CB 与固定边 AB 铰接形成边长为 l 的六边形机构，在杆 AF 和 CB 的中点连接着刚度为 k、原长为 l 的水平弹簧。如在杆 ED 的中点作用一铅直载荷 $\boldsymbol{P}$，机构处于平衡，试求机构的平衡位置，并分析平衡的稳定性。

解：该质点系为单自由度保守系统，取 θ 为广义坐标。

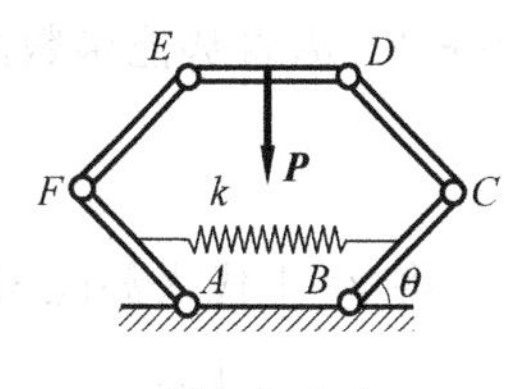

图　2.3.6

机构在图 2.3.6 所示位置时，弹簧相对于原长的伸长量为 $l\cos\theta$。选择弹簧的自然长度位置作为弹性势能的零势能位置，以水平底线 AB 作为重力势能的零势能位置，则系统在任意位置的势能为

$$V=2Pl\sin\theta+\frac{1}{2}kl^2\cos^2\theta=\frac{1}{2}kl^2(2\gamma\sin\theta+\cos^2\theta)$$

其中，$\gamma=2P/kl$。势能对广义坐标求一阶导数，整理后得

$$\frac{\mathrm{d}V}{\mathrm{d}\theta}=kl^2(\gamma-\sin\theta)\cos\theta$$

平衡位置应满足的条件为 $\mathrm{d}V/\mathrm{d}\theta=0$，即

$$\sin\theta=\gamma,\quad 或\quad \cos\theta=0$$

显然，当 $\gamma>1$ 时，$\sin\theta=\gamma$ 无定义，此系统只有一个平衡位置，即

$$\theta=\frac{\pi}{2}$$

当 $\gamma\leqslant 1$ 时，系统有两个平衡位置(舍去 θ 不合理的负值)，分别为

$$\theta=\arcsin\gamma,\quad 或\quad \theta=\frac{\pi}{2}$$

为判别每个平衡位置是否稳定，需考察势能函数对广义坐标的二阶导数在这些位置的正负性质，有时还要计算更高阶导数的正负性质。

$$\frac{\mathrm{d}^2V}{\mathrm{d}\theta^2}=-kl^2(\gamma\sin\theta-\sin^2\theta+\cos^2\theta)$$

下面分析各种情况。

(1) 当 $\gamma<1$ 时，分别将 $\sin\theta=\gamma$ 和 $\cos\theta=0$ 代入上式，得

$$\left.\frac{\mathrm{d}^2V}{\mathrm{d}\theta^2}\right|_{\theta=\arcsin\gamma}=-kl^2\cos^2\theta<0,\quad \left.\frac{\mathrm{d}^2V}{\mathrm{d}\theta^2}\right|_{\theta=\frac{\pi}{2}}=-kl^2(\gamma-1)>0$$

可见，当 $\gamma<1$ 时，在平衡位置 $\theta=\arcsin\gamma$ 处，势能取极大值，平衡是不稳定的；而在 $\theta=\pi/2$ 处，势能取极小值，平衡位置是稳定的。

(2) 当 $\gamma>1$ 时，平衡位置只有 $\theta=\pi/2$，由于

$$\left.\frac{\mathrm{d}^2V}{\mathrm{d}\theta^2}\right|_{\theta=\frac{\pi}{2}}=-kl^2(\gamma-1)<0$$

系统势能有极大值，则平衡位置 $\theta=\pi/2$ 变成不稳定的。

(3) 以上两种情况中都排除了 $\gamma=1$,这时两个平衡位置重合于 $\theta=\pi/2$。同时由于 $\mathrm{d}^2V/\mathrm{d}\theta^2=0$,不能由势能函数的二阶导数判定平衡的稳定性,而必须研究更高阶导数:

$$\left.\frac{\mathrm{d}^3V}{\mathrm{d}\theta^3}\right|_{\theta=\frac{\pi}{2}}=-kl^2(\gamma-4\sin\theta)\cos\theta=0$$

$$\left.\frac{\mathrm{d}^4V}{\mathrm{d}\theta^4}\right|_{\theta=\frac{\pi}{2}}=kl^2(\gamma\sin\theta+4\cos2\theta)=-3kl^2<0$$

非零导数的最低阶次是偶数 4,且该导数的值是负的,所以,这时的平衡位置 $\theta=\pi/2$ 也是不稳定的。

也可以利用势能函数 V 在平衡位置附近的展开来考察平衡的稳定性。为便于展开,令 $\varphi=\pi/2-\theta$,将势能函数改写成

$$V=\frac{1}{2}kl^2(2\gamma\cos\varphi+\sin^2\varphi)$$

将 $\gamma=1$ 代入势能函数 V 后,将其在 $\varphi=0$ 附近展开,得

$$V=\frac{1}{2}kl^2\left[2\left(1-\frac{\varphi^2}{2!}+\frac{\varphi^4}{4!}-\cdots\right)+\left(\varphi-\frac{\varphi^3}{3!}+\cdots\right)^2\right]=\frac{1}{2}kl^2\left(2-\frac{\varphi^4}{4}+\cdots\right)$$

可见,当 $\varphi=0$ 时,势能函数 V 取极大值。因此,平衡位置 $\varphi=0$(即 $\theta=\pi/2$)在 $\gamma=1$ 时是不稳定的。

由对上面几个例题的分析得知,尽管几何静力学与分析静力学相同的一点是都能解出不完全约束系统的平衡位置,但用前法却无法判断该平衡位置的稳定性,而用后法则可以。原因是,前者"就静论静",后者"就动论静"。分析静力学是通过系统无限小的虚运动(虚位移),将平衡位置与其邻近的可能位置相比较而挑选出来的,故可以进一步研究平衡位置的稳定性。分析静力学在此点上显示了它的普遍性。

习题

2.1 如题 2.1 图所示,四根长度同为 l 的无重刚杆光滑地铰接成一个菱形 $ABCD$,AB 与 AD 两边支于同一水平线上相距 $2b$ 的两个钉上,B 与 D 间用一轻绳连接,C 点上系一重为 P 的物块。设 A 点的顶角为 2θ,试用虚位移原理求绳中张力。

答:$F_T=P\tan\theta\left(\frac{b}{2l}\csc^3\theta-1\right)$。

2.2 如题 2.2 图所示曲柄连杆机构中,连杆 ABD 与滑块 B、D 分别铰接,$AB=BD$,且点 O、B、O_1 在同一水平线上。图示位置时,$\theta=30°$,$\varphi=60°$,$OA\perp OO_1$。今在曲柄和摇杆上各作用一力偶,力偶矩的大小分别为 M 和 M_1。不计各构件自重及各处摩擦,试用虚位移原理求出机构在此位置平衡时 M 和 M_1 之间的关系。

答:$M=\frac{3}{4}M_1$。

2.3 如题 2.3 图所示,一物块置于水平面上并位于两等腰尖劈之间,两尖劈的顶角分别为 2α 和 2β,力 $\boldsymbol{F}_1$ 和 $\boldsymbol{F}_2$ 分别垂直作用在两尖劈底面,试用虚位移原理求平衡时二力之间的关系。

答：$\dfrac{F_1}{F_2}=\dfrac{\tan\alpha}{\tan\beta}$。

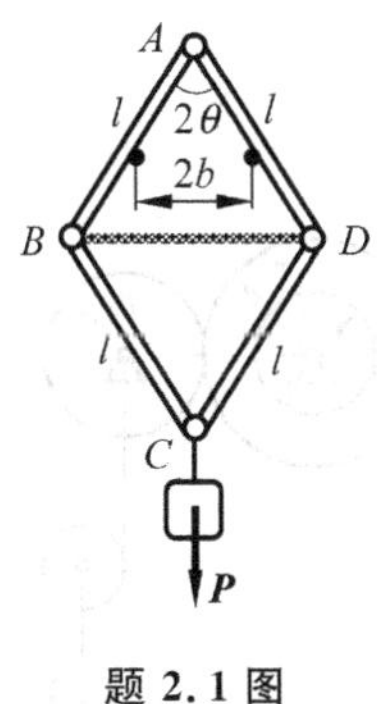

题 2.1 图

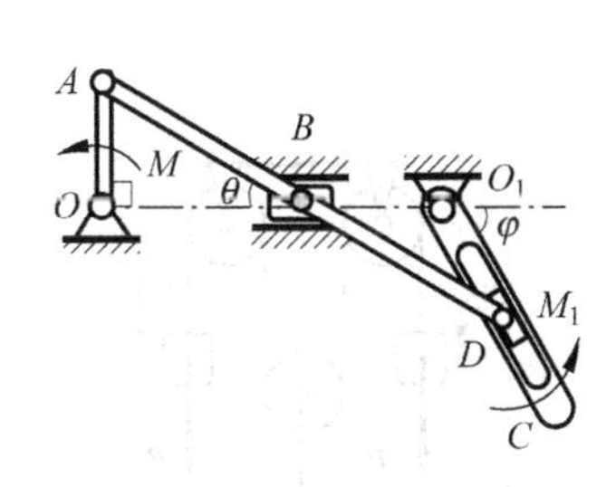

题 2.2 图

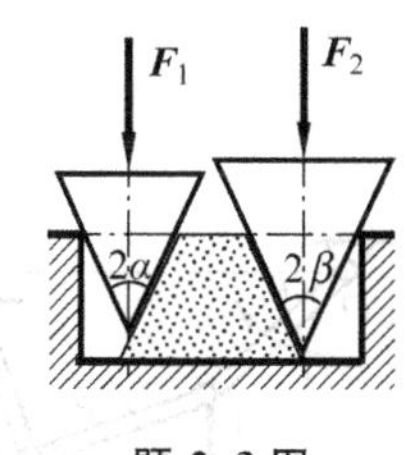

题 2.3 图

2.4　试用虚位移原理求题 2.4 图所示平面桁架中 AC 杆和 BC 杆的内力。

答：$F_{AC}=\sqrt{5}P, F_{BC}=0$。

2.5　如题 2.5 图所示为一三铰拱，拱重不计。试用虚位移原理求在水平力 $\boldsymbol{F}$ 及力偶 M 作用下铰 B 的约束力。

答：$F_{Bx}=\dfrac{M}{2a}-\dfrac{F}{2}, F_{By}=-\dfrac{M}{2a}+\dfrac{F}{2}$。

2.6　如题 2.6 图所示机构由三根无重杆组成，其中 $BC=O_2B=O_1O_2$。今在三杆上分别作用一力偶，若 M_1 已知，试用虚位移原理求机构在图示位置平衡时 M_2 和 M_3 的值。

答：$M_2=\dfrac{1}{2}M_1, M_3=M_1$。

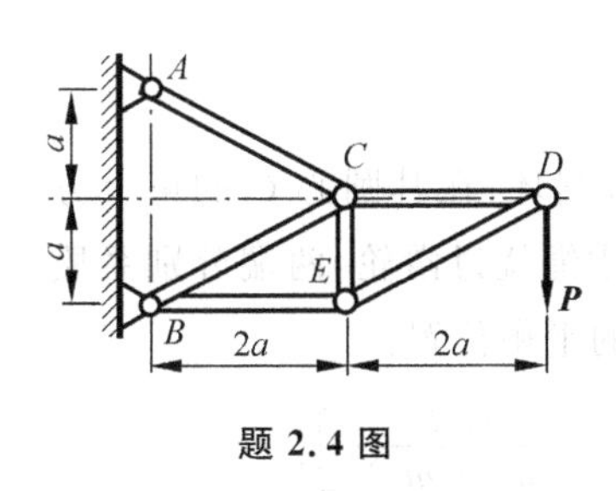

题 2.4 图

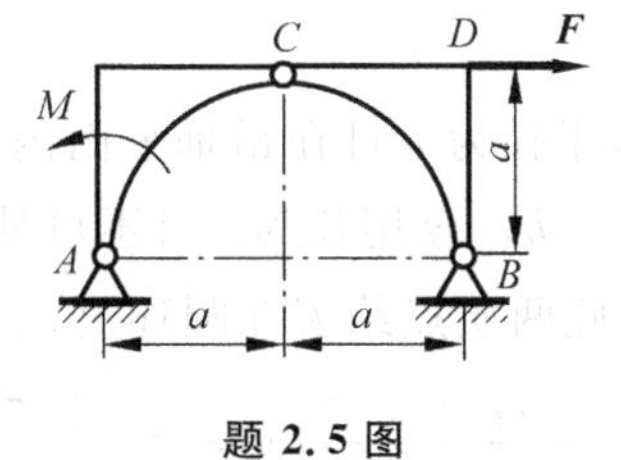

题 2.5 图

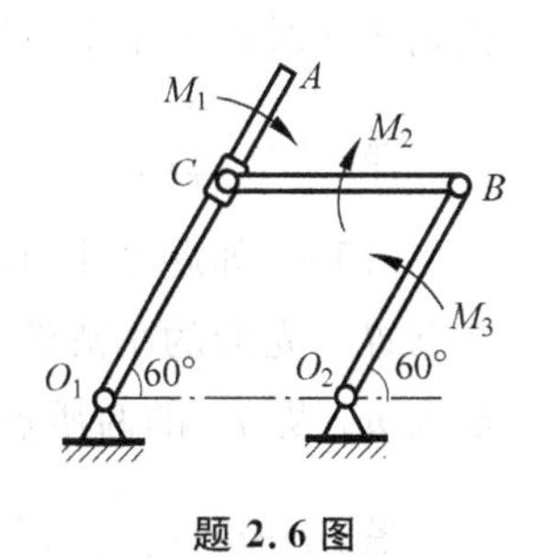

题 2.6 图

2.7　如题 2.7 图所示三根长度均为 l 的无重刚杆，用铰链 A、B 连接，C 为滚轮。在杆 OA 上作用一力偶矩为 M 的力偶，点 A、B 分别作用有铅直向下的力 $\boldsymbol{F}_1$、$\boldsymbol{F}_2$。若不计各接触处的摩擦，求对应于广义坐标 θ_1 和 θ_2 的广义力。

答：$Q_{\theta_1}=(F_1+F_2)l\cos\theta_1-M, Q_{\theta_2}=F_2 l\cos\theta_2$。

2.8　重为 P_1 和 P_2 的两物块分别连接在细绳的两端，绕过题 2.8 图所示滑轮系统后铅垂悬挂，动滑轮的轴心上悬挂一重为 P_3 的物块。不计滑轮自重及各处摩擦，计算系统的广义力。

答：$Q_{y_1}=P_1-\dfrac{1}{2}P_3, Q_{y_2}=P_2-\dfrac{1}{2}P_3$。

2.9 提升设备如题 2.9 图所示，各齿轮的半径分别为 r_1、r_2、r_3 和 r_4。取 φ 为广义坐标，试求对应于 φ 的广义力。

答：$Q_\varphi = M - \dfrac{1}{2}\dfrac{r_1 r_3}{r_2}P$。

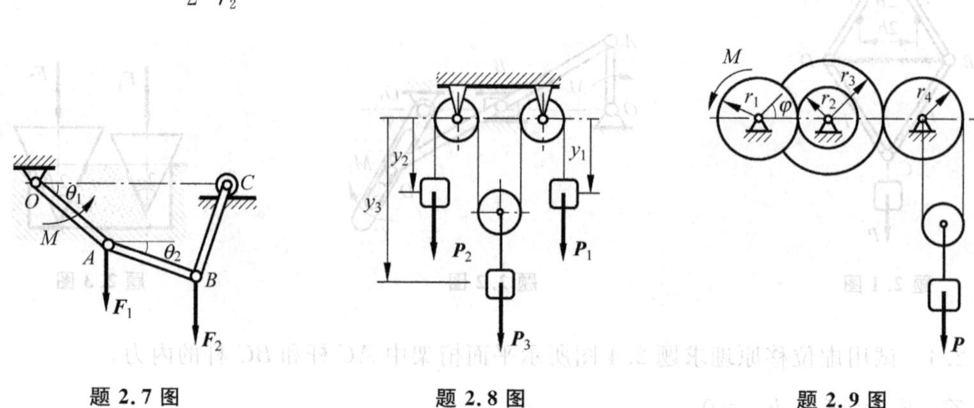

题 2.7 图　　题 2.8 图　　题 2.9 图

2.10 如题 2.10 图所示两相同的均质杆，长度均为 l，重量均为 P，其上各作用如图之力偶。在平衡状态时，试用广义力表示的平衡条件求两杆与水平线之间的夹角 θ_1、θ_2。

答：$\theta_1 = \arccos\dfrac{2M}{3Pl}$，$\theta_2 = \arccos\dfrac{2M}{Pl}$。

2.11 试用势力场中质点系的平衡条件求解例 2.1 的问题。

2.12 半径为 r 的圆轮可绕固定轴 O 转动，杆 AB 固结在轮上，杆端 A 悬挂一重为 P 的物块，当 OA 在铅直位置时弹簧处于自然状态，如题 2.12 图所示。设杆 AB 与铅直线的夹角为 θ 时系统平衡，试求弹簧的劲度系数 k。

答：$k = \dfrac{Pl\sin\theta}{r^2\theta}$。

2.13 如题 2.13 图所示，半径为 r 且在铅垂平面内的光滑圆环，在其圆心 C 的正上方 O 点置一光滑的小滑轮，且 $OC=h$。今用长为 l 且不可伸长的柔绳绕过滑轮，两端分别系质量为 m_1 及 m_2 的两质点，并使此两质点约束在圆环上，求质点的平衡位置。

答：$\cos\theta_1 = \dfrac{1}{2rh}\left[r^2 + h^2 - \dfrac{m_2^2 l^2}{(m_1+m_2)^2}\right]$，$\cos\theta_2 = \dfrac{1}{2rh}\left[r^2 + h^2 - \dfrac{m_1^2 l^2}{(m_1+m_2)^2}\right]$。

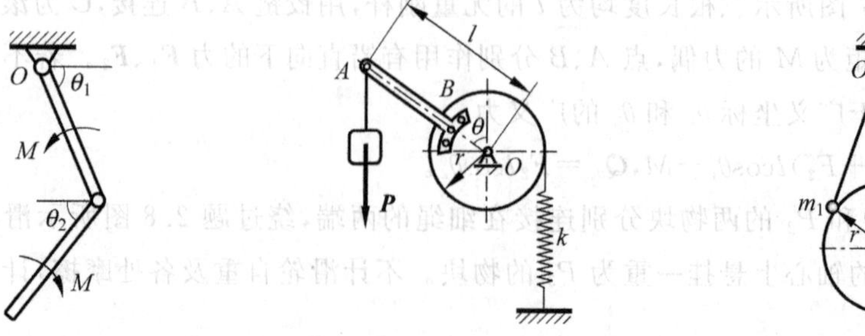

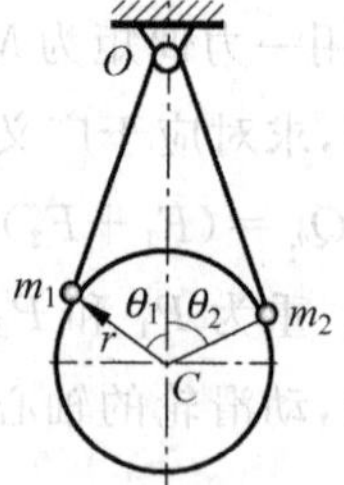

题 2.10 图　　题 2.12 图　　题 2.13 图

2.14　如题 2.14 图所示，一均质细杆 AB 长 $2a$，其 A 端与光滑垂直壁相接触，并靠在与壁相距为 b 的光滑固定销钉上。试确定杆的平衡位置，并讨论其稳定性。

答：$\theta=\arcsin\sqrt[3]{\frac{b}{a}}$，不稳定平衡。

2.15　如题 2.15 图所示，半径为 R 的光滑细圆环固定在铅垂平面内。重为 P 的小球在环内滑动，并用劲度系数为 k 的弹簧与圆环上的最高点连接，弹簧未变形时的长度为 l_0。试求小球的平衡位置，并讨论其稳定性。

答：当 $kl_0>2(kR-P)$ 时，一个平衡位置，即 $\theta=0$，稳定平衡。

当 $kl_0<2(kR-P)$ 时，两个平衡位置：$\theta=0$ 是不稳定平衡；$\theta=\arccos\frac{kl_0}{2(kR-P)}$ 是稳定平衡。

2.16　如题 2.16 图所示长度为 $2l$ 的均质杆 AB，置于光滑半圆槽内，槽的半径为 R。试求平衡位置 θ 角和 l、R 的关系，并讨论平衡的稳定性。

答：$\frac{\cos2\theta}{\cos\theta}=\frac{l}{2R}\left(\text{或 }\cos\theta=\frac{1}{8R}(l+\sqrt{l^2+32R^2})\right)$，稳定平衡。

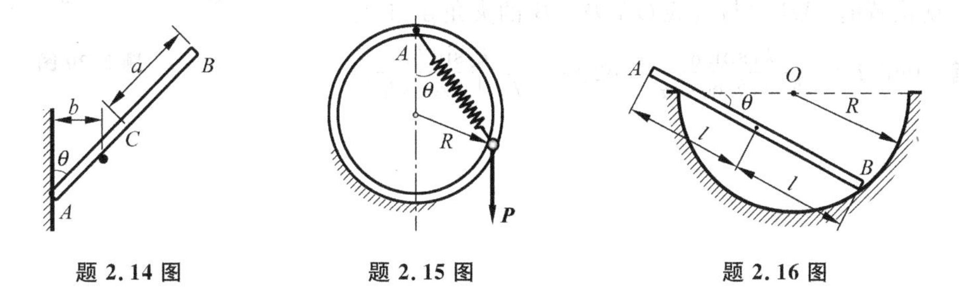

题 2.14 图　　题 2.15 图　　题 2.16 图

2.17　如题 2.17 图所示菱形铰链机构的各杆长度都为 l，顶点 A 悬挂，在铰链 C 和 D 处各有重为 P 的小球。又在 A、B 间连接劲度系数为 k 的弹簧，当 $\theta=45°$ 时弹簧处于自然状态。求机构的平衡位置并分析平衡的稳定性。设 $P<2kl(1-1/\sqrt{2})$。

答：$\theta=0$ 时（条件是在构造上不发生抵触），不稳定平衡；$\theta=\arccos\left(\frac{P}{2kl}+\frac{1}{\sqrt{2}}\right)$ 时，稳定平衡。

2.18　如题 2.18 图所示倒立摆只能在铅直面内运动，摆锤重量为 P，两根弹簧的劲度系数均为 k。平衡时，摆杆铅直，两弹簧呈水平且保持原长。不计杆重，d 及 h 已知。试问 k 满足什么条件时，才能保证铅直倒立位置的平衡是稳定的？

答：$k>\frac{Ph}{2d^2}$。

2.19　如题 2.19 图所示为车库大门结构原理图。高为 h 的均质库门 AB 重量为 P，其上端 A 可沿库顶水平槽滑动，下端 B 与无重杆 OB 铰接，并由弹簧 CB 拉紧，弹簧原长为 $r-a$，$OB=r$。不计各处摩擦，问弹簧的劲度系数 k 为多大才可使库门在关闭位置处（$\theta=0$）不因 B 端有微小位移干扰而自动弹起？

答：$k\leqslant\frac{r+a}{4a^2}P$（取“$<$”时库门稳定平衡，取“$=$”时库门在 $\theta=0$ 附近随遇平衡）。

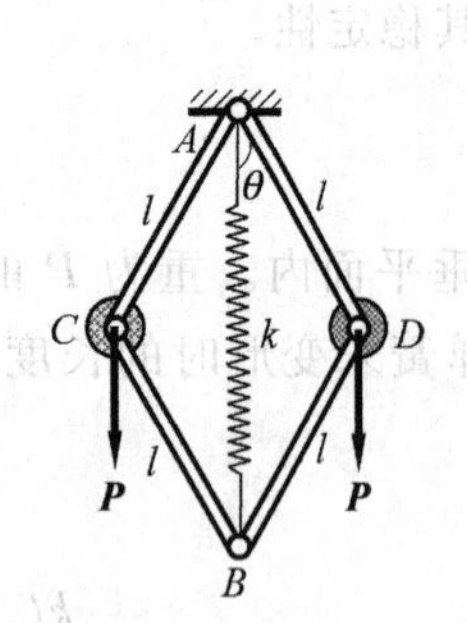

题 2.17 图

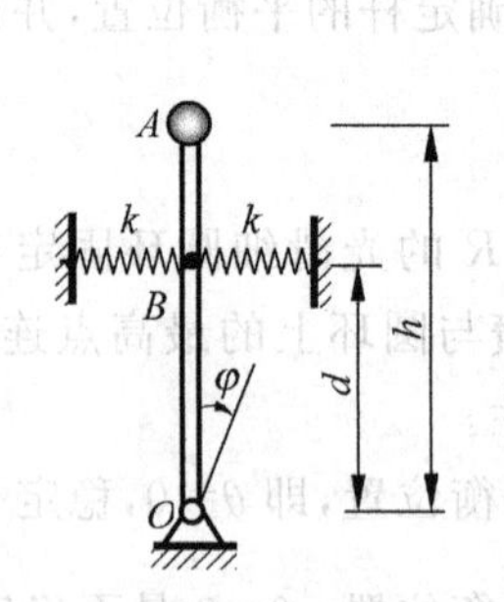

题 2.18 图

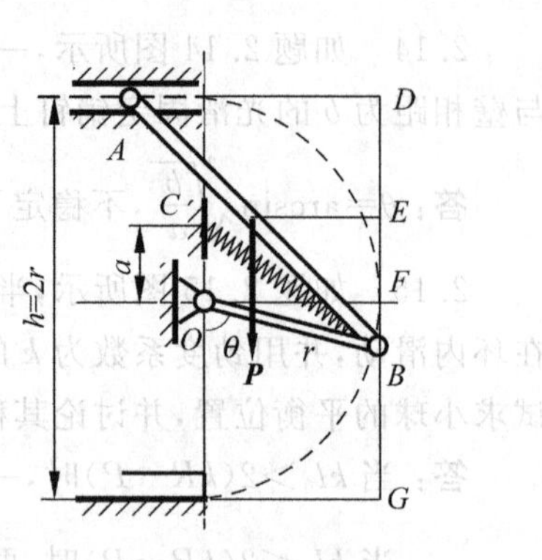

题 2.19 图

2.20　如题 2.20 图所示，A、B 两点用一不可伸长的细线连接，此两点可沿固定直线 Ox、Oy 滑动，Ox 与 Oy 的夹角为 α。两点均受 O 点排斥，排斥力与距离成正比，对 A 点的力其比例系数为 k_1，对 B 点的力其比例系数为 k_2。试由势力场的平衡条件求出在平衡位置时，AB 线与直线 OA 及 OB 的夹角 β 与 γ。

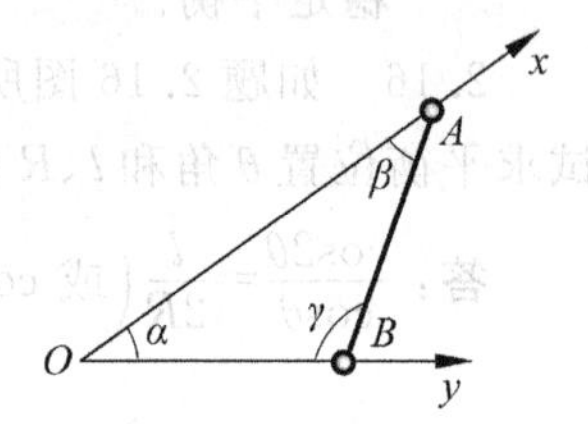

题 2.20 图

答：$\tan 2\beta=-\dfrac{k_1\sin 2\alpha}{k_2+k_1\cos 2\alpha}$，$\tan 2\gamma=-\dfrac{k_2\sin 2\alpha}{k_1+k_2\cos 2\alpha}$。

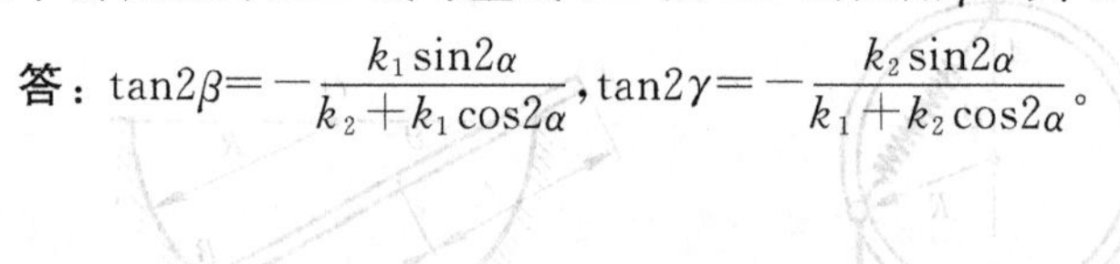

第3章

动力学普遍方程

虚位移原理为静力学普遍原理，其数学方程称为静力学普遍方程或虚功方程。它可以用来求解各种静力学问题。达朗贝尔原理提供了一个处理非自由质点系动力学问题的普遍方法，它的特点是用静力学中研究平衡的方法来研究动力学问题，故称为动静法。虚位移原理与达朗贝尔原理结合可导出非自由质点系的动力学普遍方程和拉格朗日方程，为分析动力学的发展奠定了基础。

3.1 达朗贝尔原理

3.1.1 达朗贝尔原理概述

在矢量力学中，牛顿第二定律的叙述可用达朗贝尔原理代替：在质点系运动的任一瞬时，作用于每一质点上的主动力 $\boldsymbol{F}_i$、约束力 $\boldsymbol{F}_{\mathrm{N}i}$ 和该质点的惯性力 $\boldsymbol{F}_{\mathrm{I}i}$ 在形式上构成平衡力系，即

$$\boldsymbol{F}_i + \boldsymbol{F}_{\mathrm{N}i} + \boldsymbol{F}_{\mathrm{I}i} = \boldsymbol{0} \quad (i = 1,2,\cdots,n) \tag{3.1.1}$$

其中，n 为质点系的质点数。设第 i 个质点的质量为 m_i，矢径为 $\boldsymbol{r}_i$，则

$$\boldsymbol{F}_{\mathrm{I}i} = -m_i \ddot{\boldsymbol{r}}_i \quad (i = 1,2,\cdots,n) \tag{3.1.2}$$

对 n 个质点都作这样的处理，则在此瞬时，作用于此质点系上的主动力、约束力和虚加的惯性力在形式上组成一平衡的空间力系。由静力学知，空间任意力系平衡的充要条件是力系的主矢和对任一点的主矩等于零，即

$$\sum \boldsymbol{F}_i + \sum \boldsymbol{F}_{\mathrm{N}i} + \sum \boldsymbol{F}_{\mathrm{I}i} = \boldsymbol{0} \tag{3.1.3}$$

$$\sum \boldsymbol{M}_O(\boldsymbol{F}_i) + \sum \boldsymbol{M}_O(\boldsymbol{F}_{\mathrm{N}i}) + \sum \boldsymbol{M}_O(\boldsymbol{F}_{\mathrm{I}i}) = \boldsymbol{0} \tag{3.1.4}$$

达朗贝尔原理由法国物理学家与数学家达朗贝尔于1743年提出，式(3.1.1)是达朗贝尔原理的现代表述形式。该原理的实质仍然反映着力与运动的变化关系，对动力学问题来说只是形式上的平衡。其最大优点是可以利用静力学提供的解题方法，给动力学问题一种统一解题格式。达朗贝尔原理表明，在运动的质点上引进惯性力后，对动力学问题可以像静力学问题一样来处理，这成为工程上常用的动静法的理论根据。

如果将作用于质点系第 i 个质点上的主动力和约束力区分为外力 $\boldsymbol{F}_i^{(\mathrm{e})}$ 和内力 $\boldsymbol{F}_i^{(\mathrm{i})}$，即

$$\boldsymbol{F}_i + \boldsymbol{F}_{\mathrm{N}i} = \boldsymbol{F}_i^{(\mathrm{e})} + \boldsymbol{F}_i^{(\mathrm{i})} \quad (i = 1,2,\cdots,n)$$

注意到内力的主矢和对任意点的主矩恒为零，即 $\sum \boldsymbol{F}_i^{(\mathrm{i})} = \boldsymbol{0}$ 与 $\sum \boldsymbol{M}_O(\boldsymbol{F}_i^{(\mathrm{i})}) = \boldsymbol{0}$，则类似于式(3.1.3)和式(3.1.4)，可得到质点系达朗贝尔原理的另一表述：作用于质点系上的所有外力和虚加在每个质点上的惯性力在形式上也构成平衡力系，即

$$\sum \boldsymbol{F}_i^{(e)} + \sum \boldsymbol{F}_{Ii} = \boldsymbol{0} \tag{3.1.5}$$

$$\sum \boldsymbol{M}_O(\boldsymbol{F}_i^{(e)}) + \sum \boldsymbol{M}_O(\boldsymbol{F}_{Ii}) = \boldsymbol{0} \tag{3.1.6}$$

对质点系中的每个质点加上各自的惯性力后，这些惯性力也形成一个力系，称为**惯性力系**，令

$$\boldsymbol{F}_{IR} = \sum \boldsymbol{F}_{Ii}, \quad \boldsymbol{M}_{IO} = \sum \boldsymbol{M}_O(\boldsymbol{F}_{Ii})$$

分别称 $\boldsymbol{F}_{IR}$和 $\boldsymbol{M}_{IO}$为惯性力系的主矢和惯性力系对 O 点的主矩。

3.1.2 刚体惯性力系的简化

刚体是由无数质点组合而成的不变质点系。用达朗贝尔原理求解刚体或刚体系统的动力学问题，理论上需要对刚体内每个质点虚加惯性力。因此，刚体内各质点的惯性力将组成一分布的惯性力系。对于不同运动形式的刚体，各点加速度的大小、方向都不同，因而各质点惯性力的大小、方向也不一样。利用静力学中的力系简化理论，在刚体上施加一个等效的简化惯性力系，用惯性力系的主矢和主矩代替各个质点的惯性力，将给问题的分析带来方便。

设质点系由 n 个质点组成，各质点的质量为 m_i，各质点的位置相对于某固定参考点 O 的矢径为 $\boldsymbol{r}_i$。根据质心的定义，如质点系质心的位置矢量为 $\boldsymbol{r}_C$，有

$$\boldsymbol{r}_C \sum m_i = \sum m_i \boldsymbol{r}_i$$

将质心矢径公式对时间取二阶导数，得到

$$m\boldsymbol{a}_C = \sum m_i \ddot{\boldsymbol{r}}_i$$

式中，$m = \sum m_i$ 为质点系的总质量；$\boldsymbol{a}_C = \ddot{\boldsymbol{r}}_C$ 为质点系质心的加速度。将惯性力系向 O 点简化，可得到惯性力系等效作用于简化中心的主矢 $\boldsymbol{F}_{IR}$和主矩 $\boldsymbol{M}_{IO}$：

$$\boldsymbol{F}_{IR} = \sum \boldsymbol{F}_{Ii} = -\sum m_i \ddot{\boldsymbol{r}}_i = -m\boldsymbol{a}_C \tag{3.1.7}$$

$$\boldsymbol{M}_{IO} = \sum \boldsymbol{M}_O(\boldsymbol{F}_{Ii}) = \sum \boldsymbol{r}_i \times (-m_i \ddot{\boldsymbol{r}}_i) = -\sum \boldsymbol{r}_i \times \frac{\mathrm{d}}{\mathrm{d}t}(m_i \dot{\boldsymbol{r}}_i)$$

令 $\boldsymbol{L}_O = \sum \boldsymbol{M}_O(m_i \dot{\boldsymbol{r}}_i)$ 为质点系对 O 点的动量矩，上式可进一步写为

$$\boldsymbol{M}_{IO} = -\frac{\mathrm{d}}{\mathrm{d}t}\sum \boldsymbol{r}_i \times m_i \dot{\boldsymbol{r}}_i = -\frac{\mathrm{d}}{\mathrm{d}t}\sum \boldsymbol{M}_O(m_i \dot{\boldsymbol{r}}_i) = -\frac{\mathrm{d}}{\mathrm{d}t}\boldsymbol{L}_O \tag{3.1.8}$$

可以看出，一般质点系的惯性力系向任意固定点 O 简化后，它的**主矢**等于该质点系质心的加速度乘以质点系的总质量，再冠以负号；它的**主矩**等于该质点系对此固定点的动量矩对时间的一阶导数，再冠以负号。如果在给定瞬时，能够计算出该质点系质心的加速度以及质点系对固定点 O 的动量矩，那么，由式(3.1.7)和式(3.1.8)即可算出与此瞬时相对应的惯性力系的主矢和主矩。值得一提的是，此两式对任何质点系作任意运动均成立。

对质点系为刚体的特殊情形，其惯性力系的简化可参考有关刚体动力学或理论力学等方面的著作，这里只给出刚体常见运动情况下惯性力系的简化结果。

1. 平动刚体

惯性力系向刚体质心 C 简化(见图 3.1.1(a))，简化结果为

$$\boldsymbol{F}_{\mathrm{IR}}=-m\boldsymbol{a}_C,\quad \boldsymbol{M}_{\mathrm{IC}}=\mathbf{0} \tag{3.1.9}$$

此式表明，在任一瞬时平动刚体的惯性力系可以简化为通过质心的合力，其大小等于刚体的质量与加速度的乘积，方向与加速度方向相反。

2. 定轴转动刚体（设刚体有垂直于转动轴的质量对称面）

惯性力系向转轴与对称面的交点 O 简化（见图 3.1.1(b)），简化结果为

$$\boldsymbol{F}_{\mathrm{IR}}=-m\boldsymbol{a}_C=-m(\boldsymbol{a}_C^{\tau}+\boldsymbol{a}_C^{\mathrm{n}}),\quad \boldsymbol{M}_{\mathrm{IO}}=-J_O\boldsymbol{\alpha} \tag{3.1.10}$$

此式表明，刚体有质量对称面且绕垂直于对称面的定轴转动时，惯性力系简化为对称面内的一个力和一个力偶。力的大小等于刚体的质量与质心加速度的乘积，方向与质心加速度的方向相反，作用线通过转轴；力偶的矩等于刚体对转轴的转动惯量与其角加速度的乘积，转向与角加速度的转向相反。

当转轴通过刚体的质心 C 时（见图 3.1.1(c)），$\boldsymbol{a}_C=\mathbf{0}$，惯性力系简化结果仅为一力偶，有

$$\boldsymbol{F}_{\mathrm{IR}}=\mathbf{0},\quad \boldsymbol{M}_{\mathrm{IC}}=-J_C\boldsymbol{\alpha} \tag{3.1.11}$$

式中，$\boldsymbol{\alpha}$ 为转动刚体的角加速度；J_O 及 J_C 分别为刚体对通过点 O 及点 C 且垂直于对称面的轴的转动惯量；$\boldsymbol{a}_C^{\tau}$ 及 $\boldsymbol{a}_C^{n}$ 分别为刚体质心的切向和法向加速度。

3. 平面运动刚体（设刚体的运动平面与质量对称面平行）

惯性力系向刚体质心 C 简化（见图 3.1.1(d)），简化结果为

$$\boldsymbol{F}_{\mathrm{IR}}=-m\boldsymbol{a}_C,\quad \boldsymbol{M}_{\mathrm{IC}}=-J_C\boldsymbol{\alpha} \tag{3.1.12}$$

此式表明，有质量对称面的刚体作平面运动，且运动平面与质量对称面平行时，刚体的惯性力系可以简化为在对称面内的一个力和力偶。力的大小等于刚体的质量与其质心加速度的乘积，方向与质心加速度的方向相反，作用线通过质心；力偶的矩等于刚体对过质心且垂直于质量对称面的轴的转动惯量与角加速度的乘积，转向与角加速度的转向相反。

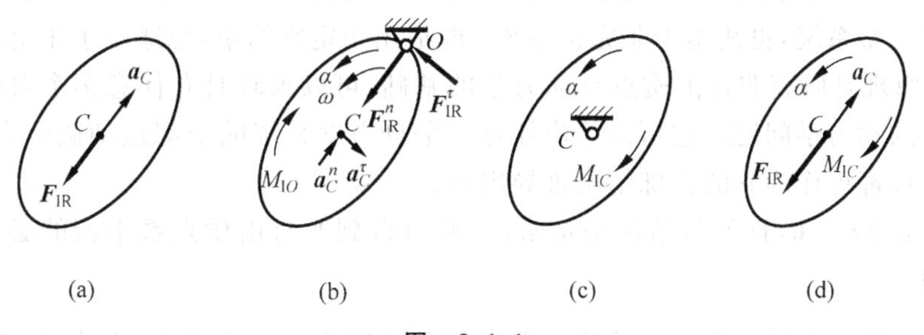

图 3.1.1

由上面的分析可知，刚体惯性力系的主矢与简化中心的位置及刚体的运动形式无关，而一般来说，主矩除与刚体运动形式有关外，还与简化中心的位置有关。

3.2 动力学普遍方程的三种基本形式

假设某质点系由 n 个质点组成，质点系的位置由惯性参考系中一固定点所引出的矢径 $\boldsymbol{r}_i(i=1,2,\cdots,n)$ 来确定，质点系内有 r 个完整约束和 s 个非完整约束。

3.2.1 虚功形式的动力学普遍方程

根据达朗贝尔原理，在质点系运动的任一瞬时，每一质点上的主动力 $\boldsymbol{F}_i$、约束力 $\boldsymbol{F}_{Ni}$ 和惯性力 $\boldsymbol{F}_{Ii}$ 相平衡。因此，由式(3.1.1)，约束反力可写为

$$\boldsymbol{F}_{Ni} = -(\boldsymbol{F}_i + \boldsymbol{F}_{Ii}) \quad (i = 1,2,\cdots,n) \tag{3.2.1}$$

如质点系的约束是理想约束，则有

$$\sum_{i=1}^{n} \boldsymbol{F}_{Ni} \cdot \delta \boldsymbol{r}_i = -\sum_{i=1}^{n} (\boldsymbol{F}_i + \boldsymbol{F}_{Ii}) \cdot \delta \boldsymbol{r}_i = 0 \tag{3.2.2}$$

或由式(3.1.2)得

$$\sum_{i=1}^{n} (\boldsymbol{F}_i - m_i \ddot{\boldsymbol{r}}_i) \cdot \delta \boldsymbol{r}_i = 0 \tag{3.2.3}$$

上式称为**虚功形式的动力学普遍方程**，或**达朗贝尔-拉格朗日原理**，可以叙述为：具有理想双面约束的质点系在运动的任一瞬时，作用于质点系上的主动力系和虚加的惯性力系在系统的任意虚位移中所做的元功之和等于零。将主动力 $\boldsymbol{F}_i$ 和每个质点的矢径 $\boldsymbol{r}_i$ 写成直角坐标形式：

$$\boldsymbol{F}_i = F_{xi}\boldsymbol{i} + F_{yi}\boldsymbol{j} + F_{zi}\boldsymbol{k}, \quad \boldsymbol{r}_i = x_i\boldsymbol{i} + y_i\boldsymbol{j} + z_i\boldsymbol{k} \quad (i = 1,2,\cdots,n)$$

并代入式(3.2.3)，得到动力学普遍方程的解析表达式

$$\sum_{i=1}^{n} [(F_{xi} - m_i \ddot{x}_i)\delta x_i + (F_{yi} - m_i \ddot{y}_i)\delta y_i + (F_{zi} - m_i \ddot{z}_i)\delta z_i] = 0 \tag{3.2.4}$$

或质量、力和坐标采用统一的符号，将上式改写为

$$\sum_{i=1}^{3n} (F_{xi} - m_i \ddot{x}_i)\delta x_i = 0 \tag{3.2.5}$$

达朗贝尔-拉格朗日原理和牛顿定律是等价的，说明分析力学与矢量力学在基本原理上是一致的。有如下说明。

(1) 本原理只限于约束是理想的情形，至于约束的其他性质并未加以规定。因此，本原理既适用于完整系统，也适用于非完整系统；既适用于定常约束，也适用于非定常约束。

(2) 本原理是研究非自由质点系动力学的基础，可以求解具有任意多个自由度的理想约束质点系的动力学问题。它可以给出任意多个自由度系统的全部运动微分方程，任何其他动力学方程都可作为它的特殊情况推导出来。

(3) 如果令 $\ddot{\boldsymbol{r}}_i = \boldsymbol{0}$，且限制系统是定常的，则可得到非自由质点系平衡的必要条件——虚位移原理。

例 3.1 图 3.2.1(a)所示飞球调速器以匀角速度绕 OD 轴转动，飞球 A、B 的质量均为 m，重锤 D 的质量为 M。杆长 $OE=OG=AE=ED=BG=GD=l$，杆不计自重。弹簧的劲度系数为 k，当 $\varphi=0$ 时，弹簧为原长。忽略摩擦，试求角速度 ω 与调速器张角 φ 的关系。

解法一：应用动力学普遍方程

(1) 研究对象：调速器系统，单自由度，可选择 φ 为广义坐标。

(2) 主动力受力分析：系统所受的主动力包括飞球 A、B 和重锤 D 的重力，将弹簧从系统中隔离出来后，弹簧作用于系统的两个力 $\boldsymbol{F}_k$ 和 $\boldsymbol{F}_k'$，其大小为 $F_k = F_k' = 2kl(1-\cos\varphi)$。

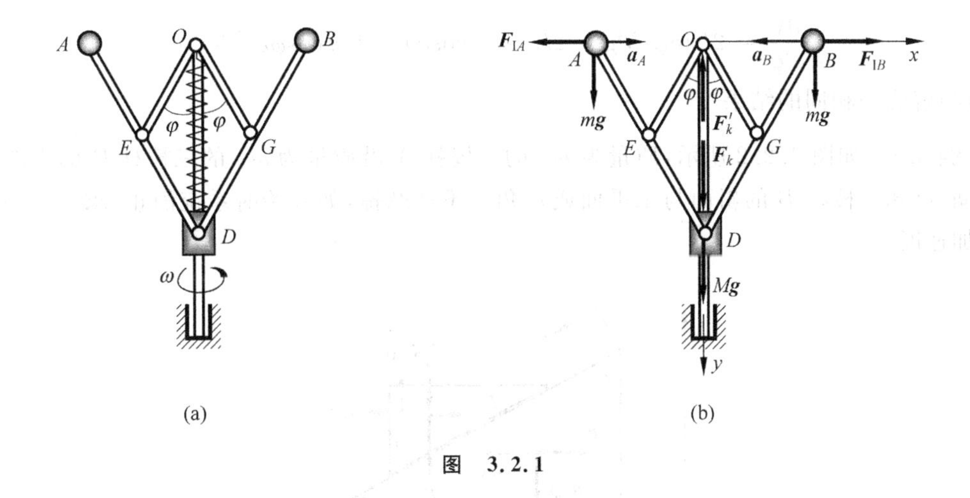

图 3.2.1

(3) 运动分析并虚加惯性力：重锤 D 静止，飞球 A、B 在水平面内作匀速圆周运动，其加速度大小为

$$a_A = a_B = 2l\omega^2\sin\varphi$$

因此，可以给系统假想地加上惯性力，如图 3.2.1(b)所示。各惯性力的大小为

$$F_{IA} = F_{IB} = 2ml\omega^2\sin\varphi$$

(4) 任给系统一组虚位移，各点的虚位移可用广义坐标的变分表示：

$$x_B = 2l\sin\varphi, \quad y_B = 0, \quad y_D = 2l\cos\varphi$$

$$\delta x_B = 2l\cos\varphi\delta\varphi, \quad \delta y_B = 0, \quad \delta y_D = -2l\sin\varphi\delta\varphi$$

(5) 建立动力学普遍方程：

$$2F_{IB}\delta x_B + 2mg\delta y_B + Mg\delta y_D + F_k\delta y_D = 0$$

将有关表达式代入上式并整理，有

$$2l\sin\varphi[4ml\cos\varphi\omega^2 - Mg - 2kl(1-\cos\varphi)]\delta\varphi = 0$$

利用 $\delta\varphi$ 的独立性，得

$$\omega^2 = \frac{Mg + 2kl(1-\cos\varphi)}{4ml\cos\varphi}$$

由本题可以看出，应用动力学普遍方程的解题步骤就是应用动静法以及虚位移原理的解题步骤，具体如下：分析运动，施加惯性力，然后运用虚位移原理解题。

请注意本题弹簧力的处理，弹簧内力对系统的虚功是有贡献的。隔离弹簧，将弹簧内力化为两个主动力，再计算各自所做功之和。因二力大小相等、方向相反，所以计算功时也可用力的大小乘以二力作用点的相对位移。

解法二：应用势力场中的平衡条件

本例中，主动力和惯性力都是有势力，可用势能取极值作为平衡条件来求解。仍然选取 φ 为广义坐标，并以 x 轴为重力的零势能位置，以 y 轴为惯性力的零势能位置，以弹簧的自然长度作为弹性力的零势能位置，则系统的势能函数可用广义坐标写出为

$$V = -2l\cos\varphi Mg + 2\int_{\varphi}^{0} F_{IB}\mathrm{d}x_B + \frac{1}{2}k(2l\cos\varphi - 2l)^2$$

因此，当平衡时，

$$\frac{\partial V}{\partial \varphi} = 2l\sin\varphi[Mg + 2kl(1-\cos\varphi) - 4ml\cos\varphi\omega^2] = 0$$

可得与解法一相同的结果。

例 3.2 如图 3.2.2 所示，质量为 m_A 的三棱柱 A 沿质量为 m_B 的三棱柱 B 的光滑面滑动，已知三棱柱 B 的斜面与水平面成 φ 角。不计摩擦，如开始时系统静止，求三棱柱 B 的加速度。

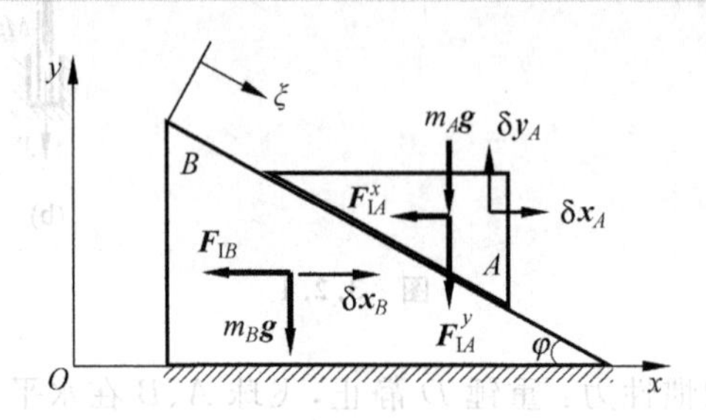

图 3.2.2

解：(1) 研究对象：两三棱柱组成的系统，两自由度。设两三棱柱的质心坐标分别为 (x_A, y_A) 和 (x_B, y_B)，并设 A 相对于 B 的位移为 ξ，选择 x_B 和 ξ 为广义坐标。

(2) 主动力受力分析：系统所受的主动力只有两三棱柱的重力 $m_A\boldsymbol{g}$ 和 $m_B\boldsymbol{g}$。

(3) 运动分析并虚加惯性力：两三棱柱均作平动，其惯性力在坐标轴上的投影大小为

$$F_{IA}^x = m_A\ddot{x}_A, \quad F_{IA}^y = m_A\ddot{y}_A, \quad F_{IB} = m_B\ddot{x}_B$$

(4) 任给系统一组虚位移，各虚位移间的关系由几何法（速度合成定理）求得。以三棱柱 A 的质心为动点，动系固结于三棱柱 B，则

$$\dot{x}_A = \dot{x}_B + \dot{\xi}\cos\varphi, \quad \dot{y}_A = -\dot{\xi}\sin\varphi$$

对上式进行一次微分，同时将上式转换为等时变分的形式，有

$$\ddot{x}_A = \ddot{x}_B + \ddot{\xi}\cos\varphi, \quad \ddot{y}_A = -\ddot{\xi}\sin\varphi$$

$$\delta x_A = \delta x_B + \delta\xi\cos\varphi, \quad \delta y_A = -\delta\xi\sin\varphi$$

(5) 建立动力学普遍方程：

$$(-F_{IA}^y - m_A g)\delta y_A - F_{IA}^x\delta x_A - F_{IB}\delta x_B = 0$$

将有关表达式代入上式并整理，有

$$[(m_A + m_B)\ddot{x}_B + m_A\cos\varphi\ddot{\xi}]\delta x_B + (m_A\cos\varphi\ddot{x}_B + m_A\ddot{\xi} - m_A g\sin\varphi)\delta\xi = 0$$

由于 δx_B 和 $\delta\xi$ 相互独立，分别令上式中 $\delta x_B = \delta\xi = 0$，得

$$(m_A + m_B)\ddot{x}_B + m_A\cos\varphi\ddot{\xi} = 0$$

$$m_A\cos\varphi\ddot{x}_B + m_A\ddot{\xi} - m_A g\sin\varphi = 0$$

联立求解上两式，即得

$$\ddot{x}_B = -\frac{m_A g\sin 2\varphi}{2(m_B + m_A\sin^2\varphi)}$$

应用动力学普遍方程求解问题时，比较难处理的一个问题就是如何确定系统中各点的虚位移之间的关系，一般情况下，对于同一个问题可以有多种方法来建立各点虚位移间的关

系，如可以通过对约束方程求变分来建立各点虚位移之间的关系，也可以通过运动学中有关求速度的方法来确定虚位移之间的关系。

例 3.3　如图 3.2.3 所示，两半径皆为 r 的轮子，中心用连杆相连，在倾角为 θ 的斜面上作纯滚动。设两轮质量皆为 m，对轮心的转动惯量皆为 J，连杆质量为 M，求连杆运动的加速度。

解：(1) 研究对象：系统，这是一个单自由度理想约束系统，选连杆平行于斜面移动的位移 s 为广义坐标。

(2) 主动力受力分析：系统所受的主动力有两轮及连杆的重力。

(3) 运动分析并虚加惯性力：两轮作平面运动，连杆平动，设其平动加速度为 $\boldsymbol{a}$，则轮上惯性力系向轮心简化应有 M_I 和 $\boldsymbol{F}_\mathrm{I}$ 两项，连杆上的惯性力系向其质心简化结果为 $\boldsymbol{F}_\mathrm{I1}$ 一项，其大小分别为

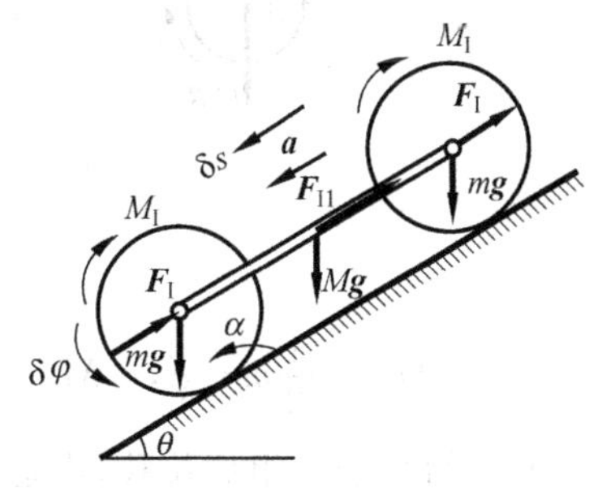

图　3.2.3

$$F_\mathrm{I} = ma, \quad M_\mathrm{I} = J\frac{a}{r}, \quad F_\mathrm{I1} = Ma$$

(4) 给连杆以平行于斜面的移动虚位移 δs，则轮子有相应的转动虚位移 $\delta\varphi$，且 $\delta\varphi = \delta s/r$。

(5) 建立动力学普遍方程：

$$-(2F_\mathrm{I} + F_\mathrm{I1})\delta s - 2M_\mathrm{I}\delta\varphi + (2m+M)g\sin\theta\delta s = 0$$

将有关表达式代入上式，利用 δs 的独立性，得

$$a = \frac{(2m+M)r^2 g\sin\theta}{(2m+M)r^2 + 2J}$$

例 3.4　如图 3.2.4(a)所示，质量分别为 m_1 和 m_2、半径分别为 r_1 和 r_2 的两均质圆柱 A 和 B，其上绕有绳子，此绳又绕过一质量为 m、半径为 r 的滑轮，此滑轮可以无摩擦地绕定轴 O 转动。假定绳子与滑轮之间没有滑动，而圆柱中心 A 和 B 皆沿垂直线运动，将滑轮视为均质圆柱，求滑轮的角加速度及圆柱中心 A 和 B 的加速度。

解：(1) 研究对象：整体，系统含有 3 个自由度，选取 x_1、x_2 和 φ 为广义坐标。

(2) 主动力受力分析：系统所受的主动力有滑轮 O 的重力(无虚功)和两圆柱 A、B 的重力。

(3) 运动分析并虚加惯性力：滑轮 O 作定轴转动，两圆柱作平面运动，由基点法，各刚体加速度之间满足的关系为

$$\ddot{x}_1 = r\alpha + r_1\alpha_1, \quad \ddot{x}_2 = -r\alpha + r_2\alpha_2, \quad \alpha = \ddot{\varphi}$$

或解得

$$\alpha_1 = \frac{\ddot{x}_1 - r\ddot{\varphi}}{r_1}, \quad \alpha_2 = \frac{\ddot{x}_2 + r\ddot{\varphi}}{r_2}$$

给系统虚加惯性力，如图 3.2.4(b)所示。各惯性力的大小为

$$F_\mathrm{I1} = m_1\ddot{x}_1, \quad F_\mathrm{I2} = m_2\ddot{x}_2$$

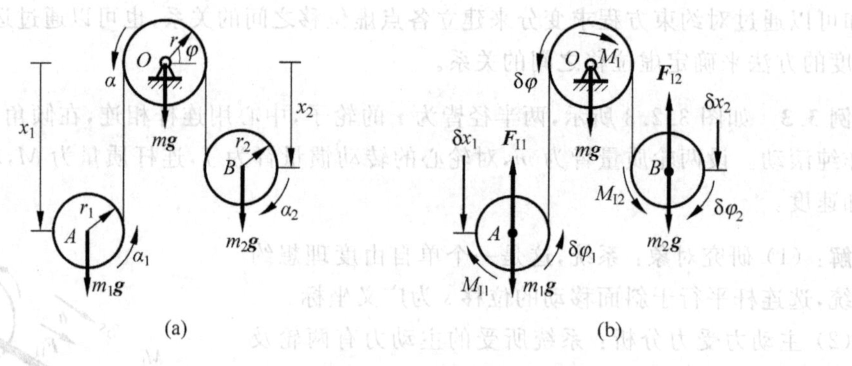

图 3.2.4

$$M_{\mathrm{I}}=\frac{1}{2}mr^2\ddot{\varphi},\quad M_{\mathrm{I1}}=\frac{1}{2}m_1r_1(\ddot{x}_1-r\ddot{\varphi}),\quad M_{\mathrm{I2}}=\frac{1}{2}m_2r_2(\ddot{x}_2+r\ddot{\varphi})$$

(4) 给系统一组虚位移,由运动分析得虚位移应满足的关系

$$\delta\varphi_1=\frac{\delta x_1-r\delta\varphi}{r_1},\quad \delta\varphi_2=\frac{\delta x_2+r\delta\varphi}{r_2}$$

(5) 建立动力学普遍方程:

$$(m_1g-F_{\mathrm{I1}})\delta x_1-M_{\mathrm{I1}}\delta\varphi_1+(m_2g-F_{\mathrm{I2}})\delta x_2-M_{\mathrm{I2}}\delta\varphi_2-M_{\mathrm{I}}\delta\varphi=0$$

将有关表达式代入上式,整理后得

$$\left(\frac{3}{2}m_1\ddot{x}_1-\frac{1}{2}m_1r\ddot{\varphi}-m_1g\right)\delta x_1+\left(\frac{3}{2}m_2\ddot{x}_2+\frac{1}{2}m_2r\ddot{\varphi}-m_2g\right)\delta x_2$$

$$-\frac{1}{2}[m_1\ddot{x}_1-m_2\ddot{x}_2-(m_1+m_2+m)r\ddot{\varphi}]r\delta\varphi=0$$

该系统有 3 个自由度,故 δx_1、δx_2 和 $\delta\varphi$ 是相互独立的。因此,若使上式成立,则必须有

$$\frac{3}{2}m_1\ddot{x}_1-\frac{1}{2}m_1r\ddot{\varphi}-m_1g=0$$

$$\frac{3}{2}m_2\ddot{x}_2+\frac{1}{2}m_2r\ddot{\varphi}-m_2g=0$$

$$m_1\ddot{x}_1-m_2\ddot{x}_2-(m_1+m_2+m)r\ddot{\varphi}=0$$

联立以上三式,最终求得

$$\ddot{\varphi}=\frac{m_1-m_2}{m_1+m_2+\frac{3}{2}m}\frac{g}{r},\quad \ddot{x}_1=\frac{3m_1+m_2+3m}{3\left(m_1+m_2+\frac{3}{2}m\right)}g,\quad \ddot{x}_2=\frac{m_1+3m_2+3m}{3\left(m_1+m_2+\frac{3}{2}m\right)}g$$

应用动力学普遍方程求解问题时,除了要对各物体进行速度分析外,还必须进行加速度分析,以虚加惯性力。后面我们将会看到,使用拉格朗日方程则不必进行加速度分析,因此,求解过程简洁,思路清晰。

例 3.5 如图 3.2.5 所示,质量为 m_1 的均质圆柱体 A 上绕一细绳,细绳的一端跨过滑轮与质量为 m_2 的物块 B 相连。已知物块 B 与水平面间的滑动摩擦因数为 f_s,略去滑轮质量,且开始时系统处于静止,求 A 和 B 两物体质心的加速度。

解:(1) 研究对象:整体,系统含有两个自由度,选取圆柱体 A 的转角 φ 和物块 B 的位置参数 x_2 为广义坐标。

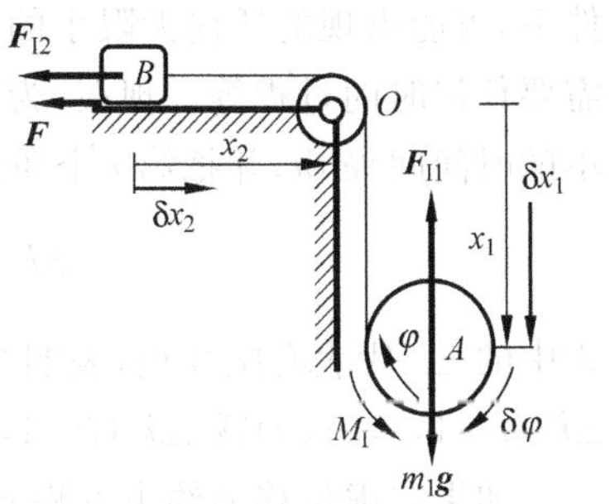

(2) 主动力受力分析：系统上有虚功的主动力为圆柱 A 的重力及摩擦力 $\boldsymbol{F}$，其大小为 $F=f_s m_2 g$。

(3) 运动分析并虚加惯性力：圆柱 A 作平面运动，物块 B 作平动。设圆柱 A 的半径为 r，由基点法，两物体质心的加速度满足如下关系：

$$\ddot{x}_1=\ddot{x}_2+r\ddot{\varphi}$$

或

$$\ddot{\varphi}=\frac{\ddot{x}_1-\ddot{x}_2}{r}$$

图　3.2.5

给系统虚加惯性力，如图3.2.5所示。各惯性力的大小为

$$F_{I1}=m_1\ddot{x}_1,\quad M_I=\frac{1}{2}m_1 r(\ddot{x}_1-\ddot{x}_2),\quad F_{I2}=m_2\ddot{x}_2$$

(4) 给系统一组虚位移：δx_1、δx_2 和 $\delta\varphi$。由于 δx_2 和 $\delta\varphi$ 的独立性，可以先取 $\delta x_2\neq 0$，$\delta\varphi=0$，此时圆柱体 A 和物块 B 均作直线平动，故有 $\delta x_2=\delta x_1$。所有主动力和惯性力在这组虚位移上所做的元功和为

$$\sum\delta W_{x_2}=(m_1 g-F_{I1})\delta x_1-(F+F_{I2})\delta x_2=0$$

或

$$\sum\delta W_{x_2}=(m_1 g-m_1\ddot{x}_1-m_2\ddot{x}_2-f_s m_2 g)\delta x_2=0$$

因此解得

$$m_1 g-m_1\ddot{x}_1-m_2\ddot{x}_2-f_s m_2 g=0 \tag{a}$$

再取 $\delta x_2=0$，$\delta\varphi\neq 0$，物块 B 不动，圆柱体 A 作纯滚动，有 $\delta x_1=r\delta\varphi$。这时的动力学普遍方程成为

$$\sum\delta W_{\varphi}=(m_1 g-F_{I1})\delta x_1-M_I\delta\varphi=0$$

或

$$\sum\delta W_{\varphi}=\left(m_1 g-\frac{3}{2}m_1\ddot{x}_1+\frac{1}{2}m_2\ddot{x}_2\right)r\delta\varphi=0$$

解得

$$m_1 g-\frac{3}{2}m_1\ddot{x}_1+\frac{1}{2}m_2\ddot{x}_2=0 \tag{b}$$

联立式(a)与式(b)，最终可得 A 和 B 两物体质心的加速度

$$\ddot{x}_1=\frac{m_1+(2-f_s)m_2}{m_1+3m_2}g,\quad \ddot{x}_2=\frac{m_1-3f_s m_2}{m_1+3m_2}g$$

这是具有非理想约束的系统(滑动摩擦力 $\boldsymbol{F}$ 是有功力)，在应用动力学普遍方程时，只需将 $\boldsymbol{F}$ 当作主动力处理就可以了。由此可见，动力学普遍方程的应用范围是很普遍的。

3.2.2　虚功率形式的动力学普遍方程

1. 虚速度

前面曾对虚位移作过这样的论述：在给定的瞬时和位形上，质点系在约束所允许的条

件下，可能出现的任何无限小的位移。虚位移的产生不需要力或运动初始条件的作用，也不需要任何时间过程等。现在，为了应用上的方便，可以认为所给出的虚位移 $\delta \boldsymbol{r}_i$ 经历了无限小的时间间隔 $\mathrm{d}t$，并把第 i 个质点的**虚速度**定义为

$$\Delta \dot{\boldsymbol{r}}_i = \Delta \boldsymbol{v}_i = \frac{\delta \boldsymbol{r}_i}{\mathrm{d}t} \quad (i = 1, 2, \cdots, n) \tag{3.2.6}$$

式中的"Δ"代表有限变更，表明虚速度不必为无限小量，可以是有限量。因此将虚速度记作 $\Delta \dot{\boldsymbol{r}}_i (i=1,2,\cdots,n)$ 或 $\Delta \dot{x}_i (i=1,2,\cdots,3n)$，以区别于表示无限小位移的变分符号"δ"。

如果在虚位移的约束方程式(1.2.3)及式(1.2.4)的等号两侧同时除以 $\mathrm{d}t$，则可得到虚速度的约束方程

$$\sum_{i=1}^{n} \boldsymbol{\Psi}_{ij} \cdot \Delta \dot{\boldsymbol{r}}_i = 0 \quad (j = 1, 2, \cdots, r+s) \tag{3.2.7}$$

$$\sum_{i=1}^{3n} A_{ij} \Delta \dot{x}_i = 0 \quad (j = 1, 2, \cdots, r+s) \tag{3.2.8}$$

将质点系与可能位移对应的速度称为**可能速度**，即约束允许的运动速度，它应满足的约束条件为

$$\sum_{i=1}^{n} \boldsymbol{\Psi}_{ij} \cdot \dot{\boldsymbol{r}}_i + A_{j0} = 0 \quad (j = 1, 2, \cdots, r+s) \tag{3.2.9}$$

$$\sum_{i=1}^{3n} A_{ij} \dot{x}_i + A_{j0} = 0 \quad (j = 1, 2, \cdots, r+s) \tag{3.2.10}$$

其中，系数 A_{j0} 与约束的非定常性有关。可见，对定常约束情形，虚速度与可能速度完全相同；但对非定常约束，虚速度不一定等同于可能速度。

取同一瞬时、同一位形上的两组可能速度 $\dot{\boldsymbol{r}}_i^*$ 与 $\dot{\boldsymbol{r}}_i^{**}$ 或 $\dot{x}_i^*$ 与 $\dot{x}_i^{**}$，它们都满足约束方程(3.2.9)或方程(3.2.10)，即

$$\sum_{i=1}^{n} \boldsymbol{\Psi}_{ij} \cdot \dot{\boldsymbol{r}}_i^* + A_{j0} = 0, \quad \sum_{i=1}^{n} \boldsymbol{\Psi}_{ij} \cdot \dot{\boldsymbol{r}}_i^{**} + A_{j0} = 0 \quad (j = 1, 2, \cdots, r+s) \tag{3.2.11}$$

$$\sum_{i=1}^{3n} A_{ij} \dot{x}_i^* + A_{j0} = 0, \quad \sum_{i=1}^{3n} A_{ij} \dot{x}_i^{**} + A_{j0} = 0 \quad (j = 1, 2, \cdots, r+s) \tag{3.2.12}$$

将式(3.2.11)或式(3.2.12)的后式分别减去前式，并令

$$\Delta \dot{\boldsymbol{r}}_i = \dot{\boldsymbol{r}}_i^{**} - \dot{\boldsymbol{r}}_i^* \quad (i = 1, 2, \cdots, n), \quad \text{或} \quad \Delta \dot{x}_i = \dot{x}_i^{**} - \dot{x}_i^* \quad (i = 1, 2, \cdots, 3n)$$

则导致虚速度约束方程(3.2.7)与方程(3.2.8)。因此，也可将**虚速度**定义为质点系在同一瞬时、同一位形上两组可能速度之差。

虚速度的几何性质与虚位移相同：虚速度位于被"冻结"约束曲面上某个点的切平面内。如果被"冻结"约束曲面在质点所在的位置处的单位法向矢量为 $\boldsymbol{n}$，则有

$$\boldsymbol{n} \cdot \Delta \dot{\boldsymbol{r}} = 0 \tag{3.2.13}$$

2. 若丹原理

如果质点系是理想约束，则由于虚速度 $\Delta \dot{\boldsymbol{r}}_i$ 和虚位移 $\delta \boldsymbol{r}_i$ 一样，它位于约束曲面在第 i 个质点所在位置的点的切平面内。因此，$\Delta \dot{\boldsymbol{r}}_i$ 与理想约束力 $\boldsymbol{F}_{\mathrm{N}i}$ 之间满足与式(1.4.1)类似

的正交条件：

$$\sum_{i=1}^{n}\boldsymbol{F}_{Ni}\cdot\Delta\dot{\boldsymbol{r}}_i=0 \tag{3.2.14}$$

此即若丹(Philip Edward Bertrand Jourdain，1879—1919)意义下的理想约束条件，即约束力在质点系的任何虚速度中所做的元功率之和等于零。由于条件(3.2.14)的成立，因此，达朗贝尔-拉格朗日原理中矢径的变分，即通常所指的虚位移 $\delta\boldsymbol{r}_i$ 可以用虚速度 $\Delta\dot{\boldsymbol{r}}_i$ 代替，写作

$$\sum\Delta P=\sum_{i=1}^{n}(\boldsymbol{F}_i-m_i\ddot{\boldsymbol{r}}_i)\cdot\Delta\dot{\boldsymbol{r}}_i=0 \tag{3.2.15}$$

上式称为**虚功率形式的动力学普遍方程**，是若丹于1908年导出的，因此也称**若丹原理**，可以叙述为：具有理想双面约束的质点系在运动的任一瞬时，作用于质点系上的主动力系和虚加的惯性力系在系统的任意虚速度上所做的元功率之和等于零。其解析表达式为

$$\sum_{i=1}^{n}[(F_{xi}-m_i\ddot{x}_i)\Delta\dot{x}_i+(F_{yi}-m_i\ddot{y}_i)\Delta\dot{y}_i+(F_{zi}-m_i\ddot{z}_i)\Delta\dot{z}_i]=0 \tag{3.2.16}$$

或质量、力和坐标采用统一的符号，将上式改写为

$$\sum_{i=1}^{3n}(F_{xi}-m_i\ddot{x}_i)\Delta\dot{x}_i=0 \tag{3.2.17}$$

由于刚体的虚速度可直接利用运动学公式导出①，且由于虚速度 $\Delta\dot{\boldsymbol{r}}_i$ 可为有限量，因此，若丹原理更便于实际应用，尤其可用于讨论碰撞问题和非完整系统的运动问题。

例3.6 如图3.2.6所示，被一固定的绳索缠绕的均质圆柱在重力作用下自由下落，设绳与圆柱间无滑动。试计算圆柱下落时质心的加速度。

解：(1) 研究对象：圆柱，单自由度系统，可取 x 为广义坐标。

(2) 主动力受力分析：系统所受的主动力只有圆柱的重力，设为 mg。

(3) 运动分析并虚加惯性力：圆柱作平面运动，设其半径为 r，则有

$$\ddot{\varphi}=\frac{\ddot{x}}{r}$$

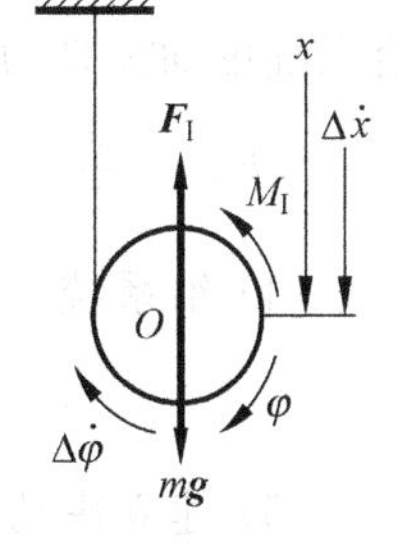

图 3.2.6

给系统虚加惯性力，如图3.2.6所示。各惯性力的大小为

$$F_I=m\ddot{x},\quad M_I=\frac{1}{2}mr^2\ddot{\varphi}=\frac{1}{2}mr\ddot{x}$$

(4) 给系统一组虚速度 $\Delta\dot{x}$ 及 $\Delta\dot{\varphi}$，由运动分析得虚速度应满足的关系为

$$\Delta\dot{x}=r\Delta\dot{\varphi}$$

(5) 建立虚功率形式的动力学普遍方程：

$$(mg-F_I)\Delta\dot{x}-M_I\Delta\dot{\varphi}=0$$

将有关表达式代入上式，整理后得

$$\left(mg-\frac{3}{2}m\ddot{x}\right)r\Delta\dot{\varphi}=0$$

① 见：刘延柱.高等动力学[M].北京：高等教育出版社，2001.

由 $\Delta\dot{\varphi}$ 的独立性，若使上式成立，则必须有

$$\ddot{x}=\frac{2}{3}g$$

即为所求。

例 3.7 如图 3.2.7(a)所示，长度均为 l、质量均为 m 的两均质杆铰接于 A，在水平位置由静止释放。求初瞬时两杆的角加速度。

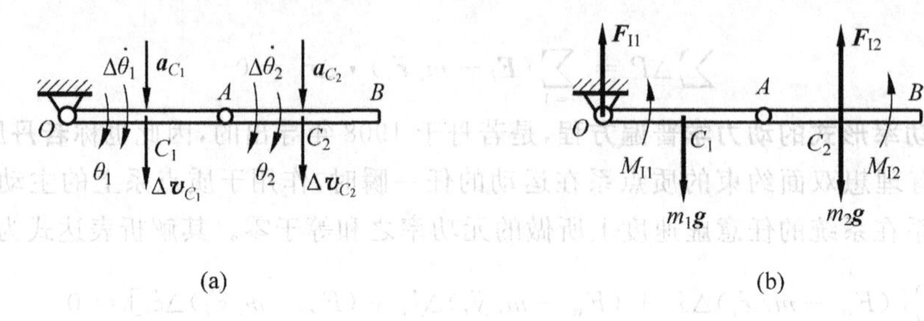

图 3.2.7

解：(1) 研究对象：整体，两自由度系统，取 θ_1 和 θ_2 为广义坐标，如图 3.2.7(a)所示。

(2) 主动力受力分析：系统所受的主动力只有两杆的重力。

(3) 运动分析并虚加惯性力：OA 杆作定轴转动，其角速度和角加速度分别为 $\dot{\theta}_1$ 和 $\ddot{\theta}_1$，AB 杆作平面运动，其角速度和角加速度分别为 $\dot{\theta}_2$ 和 $\ddot{\theta}_2$。由运动学知，初始瞬时，$\dot{\theta}_1=\dot{\theta}_2=0$，两杆质心的加速度分别为

$$a_{C_1}=\frac{1}{2}l\ddot{\theta}_1,\quad a_{C_2}=l\left(\ddot{\theta}_1+\frac{1}{2}\ddot{\theta}_2\right)$$

给系统虚加惯性力，如图 3.2.7(b)所示。各惯性力的大小为

$$F_{I1}=\frac{1}{2}ml\ddot{\theta}_1,\quad M_{I1}=\frac{1}{3}ml^2\ddot{\theta}_1,\quad F_{I2}=ml\left(\ddot{\theta}_1+\frac{1}{2}\ddot{\theta}_2\right),\quad M_{I2}=\frac{1}{12}ml^2\ddot{\theta}_2$$

(4) 给系统一组虚速度 $\Delta\dot{\theta}_1$、$\Delta\dot{\theta}_2$ 及 $\Delta\boldsymbol{v}_{C_1}$、$\Delta\boldsymbol{v}_{C_2}$，虚速度满足的关系为

$$\Delta v_{C_1}=\frac{1}{2}l\Delta\dot{\theta}_1,\quad \Delta v_{C_2}=l\left(\Delta\dot{\theta}_1+\frac{1}{2}\Delta\dot{\theta}_2\right)$$

(5) 建立虚功率形式的动力学普遍方程：

$$-M_{I1}\Delta\dot{\theta}_1+mg\Delta v_{C_1}+(mg-F_{I2})\Delta v_{C_2}-M_{I2}\Delta\dot{\theta}_2=0$$

将有关表达式代入上式，整理后得

$$\left(\frac{3}{2}mgl-\frac{4}{3}ml^2\ddot{\theta}_1-\frac{1}{2}ml^2\ddot{\theta}_2\right)\Delta\dot{\theta}_1+\left(\frac{1}{2}mgl-\frac{1}{2}ml^2\ddot{\theta}_1-\frac{1}{3}ml^2\ddot{\theta}_2\right)\Delta\dot{\theta}_2=0$$

由 $\Delta\dot{\theta}_1$ 和 $\Delta\dot{\theta}_2$ 的独立性，若使上式成立，则必须有

$$\frac{3}{2}mgl-\frac{4}{3}ml^2\ddot{\theta}_1-\frac{1}{2}ml^2\ddot{\theta}_2=0$$

$$\frac{1}{2}mgl-\frac{1}{2}ml^2\ddot{\theta}_1-\frac{1}{3}ml^2\ddot{\theta}_2=0$$

联立求解以上两式，得到

$$\ddot{\theta}_1=\frac{9g}{7l},\quad \ddot{\theta}_2=-\frac{3g}{7l}$$

本题也可采用刚体平面运动微分方程或动静法进行求解，读者可自行练习，从中体会动力学普遍方程的解题特点。

3.2.3　高斯形式的动力学普遍方程

1. 虚加速度

将质点系与可能位移对应的加速度称为**可能加速度**，即质点系在可能运动中，在给定的瞬时和位形上各质点的加速度。将可能速度应满足的约束方程(3.2.9)和方程(3.2.10)对时间微分一次，就得到可能加速度应满足的约束条件。为推导方便起见，采用解析形式的方程(3.2.10)进行论述。

由于系数 A_{ij} 和 A_{j0} 都是时间 t 和各点位形坐标 x_i 的函数，因此，将式(3.2.10)对时间作一阶全导数，整理后应有

$$\sum_{i=1}^{3n} A_{ij}\ddot{x}_i + \sum_{i=1}^{3n}\sum_{k=1}^{3n}\frac{\partial A_{ij}}{\partial x_k}\dot{x}_k\dot{x}_i + \sum_{i=1}^{3n}\frac{\partial A_{ij}}{\partial t}\dot{x}_i + \sum_{k=1}^{3n}\frac{\partial A_{j0}}{\partial x_k}\dot{x}_k + \frac{\partial A_{j0}}{\partial t} = 0 \quad (j = 1,2,\cdots,r+s) \tag{3.2.18}$$

取质点系在同一瞬时、同一状态(即同一位形和同一速度)上的两组可能加速度 $\ddot{x}_i^*$ 与 $\ddot{x}_i^{**}$ $(i=1,2,\cdots,3n)$，它们都满足约束方程(3.2.18)，即

$$\sum_{i=1}^{3n} A_{ij}\ddot{x}_i^* + \sum_{i=1}^{3n}\sum_{k=1}^{3n}\frac{\partial A_{ij}}{\partial x_k}\dot{x}_k\dot{x}_i + \sum_{i=1}^{3n}\frac{\partial A_{ij}}{\partial t}\dot{x}_i + \sum_{k=1}^{3n}\frac{\partial A_{j0}}{\partial x_k}\dot{x}_k + \frac{\partial A_{j0}}{\partial t} = 0 \quad (j = 1,2,\cdots,r+s) \tag{3.2.19}$$

$$\sum_{i=1}^{3n} A_{ij}\ddot{x}_i^{**} + \sum_{i=1}^{3n}\sum_{k=1}^{3n}\frac{\partial A_{ij}}{\partial x_k}\dot{x}_k\dot{x}_i + \sum_{i=1}^{3n}\frac{\partial A_{ij}}{\partial t}\dot{x}_i + \sum_{k=1}^{3n}\frac{\partial A_{j0}}{\partial x_k}\dot{x}_k + \frac{\partial A_{j0}}{\partial t} = 0 \quad (j = 1,2,\cdots,r+s) \tag{3.2.20}$$

上两式中，由于时间、各质点的位置和速度均相同，它们对应项的系数相同，于是二式之差满足

$$\sum_{i=1}^{3n} A_{ij}\Delta\ddot{x}_i = 0 \quad (j = 1,2,\cdots,r+s) \tag{3.2.21}$$

也可表示为矢量的形式，即

$$\sum_{i=1}^{n} \boldsymbol{\Psi}_{ij}\cdot\Delta\ddot{\boldsymbol{r}}_i = 0 \quad (j = 1,2,\cdots,r+s) \tag{3.2.22}$$

其中

$$\Delta\ddot{\boldsymbol{r}}_i = \ddot{\boldsymbol{r}}_i^* - \ddot{\boldsymbol{r}}_i^{**} \quad (i = 1,2,\cdots,n) \quad 或 \quad \Delta\ddot{x}_i = \ddot{x}_i^* - \ddot{x}_i^{**} \quad (i = 1,2,\cdots,3n)$$

称为**虚加速度**或**加速度变更**，定义为质点系在同一瞬时、从同一状态出发的可能加速度变更。也可理解为约束瞬间“冻结”，质点系中的各质点保持原有位置和速度(即状态)不变时约束允许发生的可能加速度。式(3.2.21)及式(3.2.22)为虚加速度约束条件。

比较虚加速度约束方程(3.2.21)与方程(3.2.22)、虚位移约束方程(1.2.3)与方程(1.2.4)、虚速度约束方程(3.2.7)与(3.2.8)发现，它们有相同的形式，只需将其中的 $\delta\boldsymbol{r}_i$ 和 $\Delta\dot{\boldsymbol{r}}_i$ 替换为 $\Delta\ddot{\boldsymbol{r}}_i$ 即得虚加速度约束方程。

将式(3.2.21)与式(3.2.18)比较后看出，在一般情况下，虚加速度不一定等同于可能加速度。

虚加速度的几何性质与虚位移及虚速度相同：以沿约束曲面运动的质点为例，在约束被"冻结"，质点保持位置和速度不变的条件下，可能运动的法向加速度必然保持不变，因此，质点的虚加速度也就是此质点相对于被"冻结"的约束曲面的切向加速度变更。这表明，与虚位移、虚速度一样，虚加速度也位于被"冻结"的约束曲面在此质点所在位置的切平面内，如果被"冻结"的约束曲面在质点所在位置处的单位法向矢量为 $\boldsymbol{n}$，则有

$$\boldsymbol{n}\cdot\Delta\ddot{\boldsymbol{r}}=0 \tag{3.2.23}$$

2. 高斯原理

如果质点系是理想约束，则质点系内各质点的虚加速度与被"冻结"约束曲面的法向垂直(在切平面内)，也就是说，各质点的虚加速度 $\Delta\ddot{\boldsymbol{r}}_i$ 垂直于各自所受的约束力 $\boldsymbol{F}_{\mathrm{N}i}$。因此，$\Delta\ddot{\boldsymbol{r}}_i$ 与 $\boldsymbol{F}_{\mathrm{N}i}$ 之间满足与式(1.4.1)类似的正交条件：

$$\sum_{i=1}^{n}\boldsymbol{F}_{\mathrm{N}i}\cdot\Delta\ddot{\boldsymbol{r}}_i=0 \tag{3.2.24}$$

此即高斯(Johann Carl Friedrich Gauss，1777—1855)意义下的理想约束条件。由于条件(3.2.24)的成立，达朗贝尔-拉格朗日原理中的虚位移 $\delta\boldsymbol{r}_i$ 可以用虚加速度 $\Delta\ddot{\boldsymbol{r}}_i$ 代替，写作

$$\sum_{i=1}^{n}(\boldsymbol{F}_i-m_i\ddot{\boldsymbol{r}}_i)\cdot\Delta\ddot{\boldsymbol{r}}_i=0 \tag{3.2.25}$$

上式称为**高斯形式的动力学普遍方程**，是高斯于1829年导出的，因此也称**高斯原理**，可以叙述为：具有理想双面约束的质点系在运动的任一瞬时，作用于质点系上的主动力系和虚加的惯性力系在系统的任意虚加速度上所做的"元功"之和等于零。

高斯原理的最大优点是可以转换为变分问题，由它可以导出高斯最小拘束原理和阿沛尔方程。

本节介绍了动力学普遍方程的三种形式，需要注意的是：在达朗贝尔-拉格朗日原理中是对位置矢径 $\boldsymbol{r}_i(t)$(或坐标 $x_i(t)$)取变分；而在若丹原理中，矢径 $\boldsymbol{r}_i(t)$ 不变，对速度 $\dot{\boldsymbol{r}}_i(t)$ 取变分；在高斯原理的应用中，矢径 $\boldsymbol{r}_i(t)$ 及速度 $\dot{\boldsymbol{r}}_i(t)$ 均保持不变而只对加速度 $\ddot{\boldsymbol{r}}_i(t)$ 取变分。

若丹原理和高斯原理在推导过程中对约束的形式未作任何限制，也没有使用过微分-变分交换关系($\mathrm{d}\delta=\delta\mathrm{d}$)，因此它们的应用范围与达朗贝尔-拉格朗日原理一样，既适用于完整系统，也适用于非完整系统；既适用于定常约束，也适用于非定常约束。

习题

3.1　如题3.1图所示，质量为 m 的杆置于两半径为 r、质量为 $m/2$ 的实心圆柱上，圆柱放在水平面上，设接触处都有摩擦，而无相对滑动。求当杆上加水平力 $\boldsymbol{F}$ 时，杆的加速度。

答：$a=\dfrac{8}{11}\dfrac{F}{m}$。

3.2　如题3.2图所示，三个质量分别为 m_1、m_2 和 m_3 的齿轮互相啮合，齿轮间不打滑，各齿轮可视为均质圆盘，其半径分别为 r_1、r_2 和 r_3。在第一个齿轮上作用主动力偶矩 M_1，而在其余两个齿轮上分别作用阻力矩 M_2 和 M_3，转向如图。求第一个齿轮的角加速度。

答：$\alpha_1=\dfrac{2\left(M_1-\dfrac{r_1}{r_2}M_2-\dfrac{r_1}{r_3}M_3\right)}{r_1^2(m_1+m_2+m_3)}$。

3.3　如题 3.3 图所示，光滑的水平面上放置一个质量为 m_1 的三棱柱 ABC，质量为 m_2 的均质圆柱体沿三棱柱的斜面无滑动地滚动，斜面的倾角为 θ。求三棱柱的加速度。

答：$a=\dfrac{m_2 g\sin 2\theta}{3(m_1+m_2)-2m_2\cos^2\theta}$。

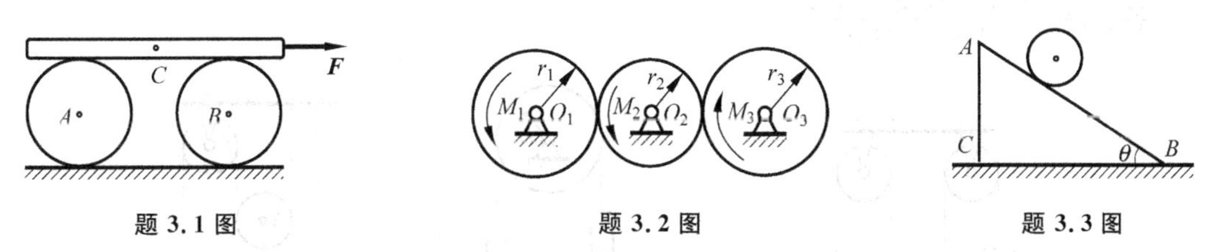

题 3.1 图　　题 3.2 图　　题 3.3 图

3.4　如题 3.4 图所示，绞车 O 在常力偶 M 作用下，曳引均质圆轮 C，使它沿着斜面向上滚动而无滑动。已知：斜面的倾角为 θ；绞车半径为 r，质量为 m_O，回转半径为 ρ；圆轮的质量为 m_C，半径为 R，不计绳索的质量和轴承的摩擦。求圆轮质心的加速度。

答：$a_C=\dfrac{r(M-m_C g r\sin\theta)}{m_O\rho^2+1.5m_C r^2}$。

3.5　如题 3.5 图所示，均质杆 AB 两端以等长的不可伸长柔索 O_1A 与 O_2B 悬挂于水平位置，已知杆的质量为 m，绳长 $O_1A=O_2B=l$，若不计绳的质量，求当绳与铅垂线成 θ 角时，绳子摆动的角加速度。

答：$\ddot{\theta}=-\dfrac{g}{l}\sin\theta$。

3.6　题 3.6 图所示楔块 A 的质量为 m_1，其上作用一水平力 $\boldsymbol{F}$，使得质量为 m_2 的铅垂杆 BC 运动。已知 $\theta=45°$，不计摩擦，试求杆 BC 的加速度。

答：$a=\dfrac{F-m_2 g}{m_1+m_2}$。

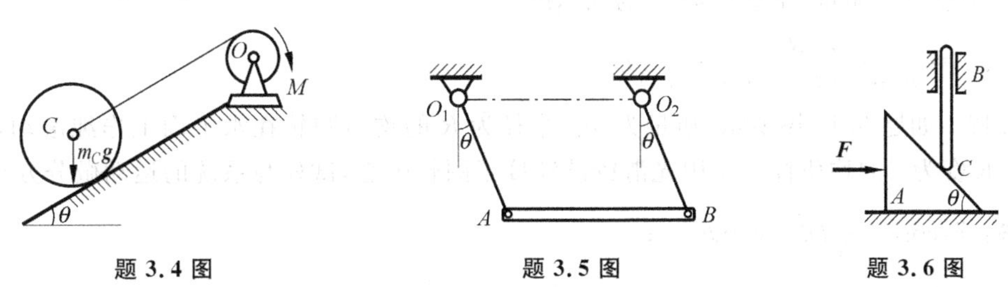

题 3.4 图　　题 3.5 图　　题 3.6 图

3.7　如题 3.7 图所示，绞车鼓轮的半径为 R，对转轴的转动惯量为 J，其上作用一常力偶 M。在滑轮组上悬挂重物 A 和 B，其质量分别为 m_1 和 m_2。不计滑轮质量和轴承的摩擦，试求绞车鼓轮的角加速度。

答：$\alpha=\dfrac{M(4m_1+m_2)-3gRm_1m_2}{J(4m_1+m_2)+m_1m_2R^2}$。

3.8　题 3.8 图所示为一升降机的简图。已知被提升物体 A 的质量为 m_1，平衡锤 B 的质量为 m_2，皮带轮 C 和 D 可视为均质圆柱，其半径均为 r，质量均为 m，电动机作用于皮带轮 C 上的转矩为 M。若不计皮带的质量，试求物体 A 的加速度。

答：$a=\dfrac{M+(m_2-m_1)gr}{(m_1+m_2+m)r}$。

3.9 如题3.9图所示滑轮组由两个动滑轮和一个定滑轮组成，各滑轮都可视为均质圆盘，其半径均为 r，质量均为 m。现用此滑轮组起吊重物，已知常力 $\boldsymbol{F}$ 的大小和物体的质量 m_D，轮与绳之间无相对滑动，试求物体上升的加速度。

答：$a=\dfrac{2(4F-m_Dg-3mg)}{2m_D+31m}$。

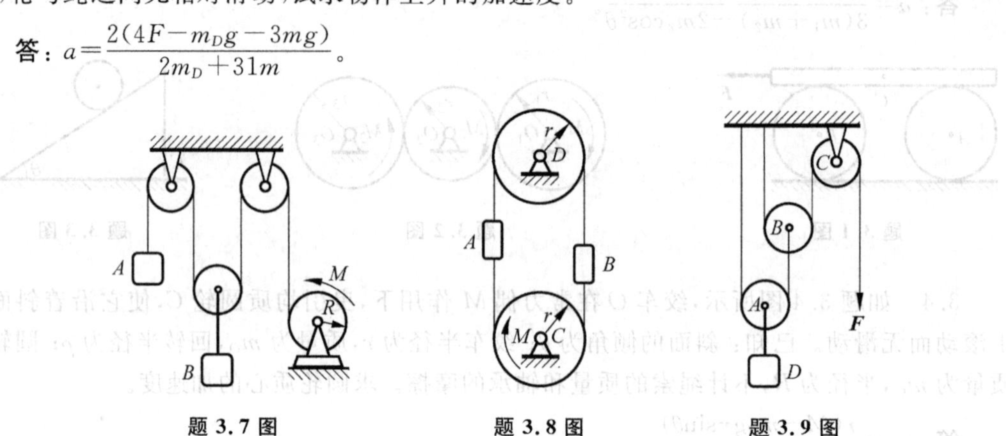

题3.7图　　题3.8图　　题3.9图

3.10 均质圆柱体 A 和 B 的质量分别为 m_1 和 m_2，半径分别为 r_1 和 r_2，一绳缠在绕固定轴 O 转动的圆柱 A 上，绳的另一端绕在圆柱 B 上，直线绳段铅垂，如题3.10图所示。若不计绳索的质量，试求圆柱 B 下落时质心的加速度。

答：$a=\dfrac{2(m_1+m_2)}{3m_1+2m_2}g$。

3.11 如题3.11图所示质量为 m 的重物 A 下降时，借助于跨过定滑轮 D 的无重且不可伸长细绳，使半径为 r 的滚子 C 在水平轨道上只滚不滑，绳子绕在半径为 R 的滑轮 B 上。滑轮 B 与滚子 C 固结，两者的总质量为 M，对通过滚子中心 O 的水平轴的回转半径为 ρ。如不计滑轮 D 的质量，试求重物 A 的加速度。

答：$a=\dfrac{m(R-r)^2}{m(R-r)^2+M(r^2+\rho^2)}g$。

3.12 如题3.12图所示，质量为 m_1、半径为 R 的均质圆轮在水平面上作纯滚动，质量为 m_2、长度为 l 的均质杆一端用光滑铰链铰接于圆轮中心，试列写系统的运动微分方程。

答：$\ddot{x}_A\cos\theta+\dfrac{2}{3}l\ddot{\theta}+g\sin\theta=0$；

$$\left(\frac{3}{2}m_1+m_2\right)\ddot{x}_A+\frac{1}{2}m_2l\ddot{\theta}\cos\theta-\frac{1}{2}m_2l\dot{\theta}^2\sin\theta=0。$$

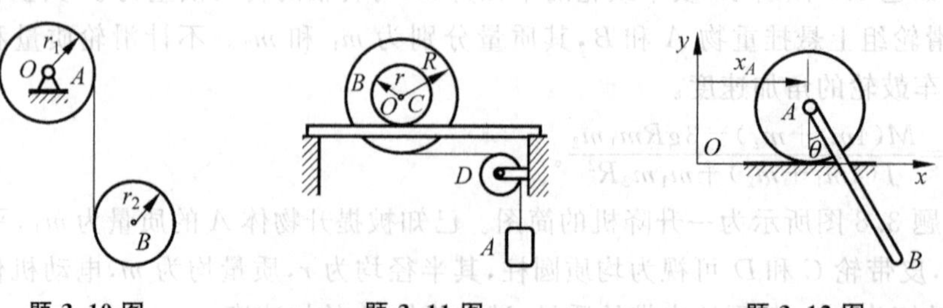

题3.10图　　题3.11图　　题3.12图

第4章

拉格朗日方程

分析力学的研究对象主要是非自由质点系，这个力学体系的特点是以对能量与功的分析代替对力与力矩的分析，其研究的目标都与约束有关。

用矢量力学对非自由质点系的动力学问题建模时，所得方程中总要包含未知的约束力，增强了问题的复杂性。为了寻求不包含理想约束力的动力学方程组，可以将虚位移和虚功的概念从分析静力学推广应用于分析动力学，如前所述，达朗贝尔-拉格朗日原理已是不包含理想约束力的动力学方程组。

然而，在达朗贝尔-拉格朗日原理中，尽管不出现约束反力，但由于系统存在约束，各质点的虚位移可能不全是独立的，解决问题时需要找出虚位移之间的关系，有时是很不方便的。引入广义坐标作为系统变量来处理约束的方式使得完整约束可以自动满足，对同一动力学系统将得到最少数量的方程。

几乎所有分析力学的动力学方程都可从动力学普遍方程直接或间接推导而得。1788年拉格朗日本人正是从动力学普遍方程出发，采用广义坐标来描述系统的位形，最终导出了用系统的动能和所受的广义力表示的、形式极为简明的动力学方程，称为拉格朗日方程。拉格朗日方程对力学原理诠释得如此完美，以至于被哈密尔顿誉为“科学的诗篇”。

4.1 拉格朗日方程的理论及其应用

设有 n 个质点组成、各质点间有 r 个非定常完整约束的系统，其广义坐标数为 $l=3n-r$，系统的自由度为 $f=l=3n-r$，各质点的矢径由广义坐标完全确定：

$$\boldsymbol{r}_i=\boldsymbol{r}_i(q_1,q_2,\cdots,q_l;\ t)\quad(i=1,2,\cdots,n)\tag{4.1.1}$$

4.1.1 拉格朗日方程的两个经典关系

这里首先引入两个含广义坐标的特殊关系，称为经典拉格朗日关系，它们是推导拉格朗日方程时的两个关键关系式。

1. “消点”恒等式

将式(4.1.1)对时间 t 求导，得到系统中任意一点的**速度矢**为

$$\dot{\boldsymbol{r}}_i=\sum_{k=1}^{l}\frac{\partial \boldsymbol{r}_i}{\partial q_k}\dot{q}_k+\frac{\partial \boldsymbol{r}_i}{\partial t}\quad(i=1,2,\cdots,n)\tag{4.1.2}$$

上式表明，系统中质点的速度是广义速度的线性组合。因此，$\dot{\boldsymbol{r}}_i$ 可以看成是 q_k、$\dot{q}_k$ 和 t 的函数，即

$$\dot{\boldsymbol{r}}_i = \dot{\boldsymbol{r}}_i(q_1, q_2, \cdots, q_l;\ \dot{q}_1, \dot{q}_2, \cdots, \dot{q}_l;\ t) \quad (i = 1, 2, \cdots, n) \tag{4.1.3}$$

如果系统是完整的，则不但各广义坐标 q_k 是互相独立的，而且各广义速度 $\dot{q}_k$ 也是互相独立的。或者说，$\partial \boldsymbol{r}_i/\partial q_k$ 和 $\partial \boldsymbol{r}_i/\partial t$ 仅是广义坐标和时间的函数而与广义速度无关，因此，将式(4.1.2)两端对某个广义速度 $\dot{q}_k$ 求偏导，即可得到**第一个拉格朗日关系式**

$$\frac{\partial \dot{\boldsymbol{r}}_i}{\partial \dot{q}_k} = \frac{\partial \boldsymbol{r}_i}{\partial q_k} \quad (i = 1, 2, \cdots, n;\ k = 1, 2, \cdots, l) \tag{4.1.4}$$

上式表示可对 $\partial \dot{\boldsymbol{r}}_i/\partial \dot{q}_k$ 的分子与分母进行"**消点**"。

2. 矢径对广义坐标的偏导数和对时间的全导数的对易关系

再将式(4.1.2)两端对某个广义坐标 q_j 求偏导得

$$\frac{\partial \dot{\boldsymbol{r}}_i}{\partial q_j} = \frac{\partial}{\partial q_j}\left(\sum_{k=1}^{l} \frac{\partial \boldsymbol{r}_i}{\partial q_k}\dot{q}_k + \frac{\partial \boldsymbol{r}_i}{\partial t}\right) = \sum_{k=1}^{l} \frac{\partial^2 \boldsymbol{r}_i}{\partial q_j \partial q_k}\dot{q}_k + \frac{\partial^2 \boldsymbol{r}_i}{\partial q_j \partial t} \tag{4.1.5}$$

另一方面，因

$$\frac{\partial \boldsymbol{r}_i}{\partial q_j} = \frac{\partial \boldsymbol{r}_i}{\partial q_j}(q_1, q_2, \cdots, q_l;\ t) \tag{4.1.6}$$

则将矢径 $\boldsymbol{r}_i$ 直接对 q_j 求偏导后，再对时间求导数，得

$$\frac{\mathrm{d}}{\mathrm{d}t}\left(\frac{\partial \boldsymbol{r}_i}{\partial q_j}\right) = \sum_{k=1}^{l} \frac{\partial}{\partial q_k}\left(\frac{\partial \boldsymbol{r}_i}{\partial q_j}\right)\dot{q}_k + \frac{\partial}{\partial t}\left(\frac{\partial \boldsymbol{r}_i}{\partial q_j}\right) = \sum_{k=1}^{l} \frac{\partial^2 \boldsymbol{r}_i}{\partial q_k \partial q_j}\dot{q}_k + \frac{\partial^2 \boldsymbol{r}_i}{\partial t \partial q_j} \tag{4.1.7}$$

比较式(4.1.5)与式(4.1.7)，得到**第二个拉格朗日关系式**

$$\frac{\partial \dot{\boldsymbol{r}}_i}{\partial q_k} = \frac{\mathrm{d}}{\mathrm{d}t}\left(\frac{\partial \boldsymbol{r}_i}{\partial q_k}\right) \quad (i = 1, 2, \cdots, n;\ k = 1, 2, \cdots, l) \tag{4.1.8}$$

上式建立了矢径 $\boldsymbol{r}_i$ 对 q_k 的偏导数及对 t 的全导数间的**可交换关系**。

需要说明的是，上述两个拉格朗日经典关系虽然是在完整约束的条件下推导得到的，但它们同样适用于非完整系统①。

4.1.2 广义坐标形式的达朗贝尔-拉格朗日原理

将式(4.1.1)取变分得

$$\delta \boldsymbol{r}_i = \sum_{k=1}^{l} \frac{\partial \boldsymbol{r}_i}{\partial q_k}\delta q_k \quad (i = 1, 2, \cdots, n) \tag{4.1.9}$$

根据虚功形式的动力学普遍方程(达朗贝尔-拉格朗日原理)，有

$$\sum_{i=1}^{n} \boldsymbol{F}_i \cdot \delta \boldsymbol{r}_i - \sum_{i=1}^{n} m_i \ddot{\boldsymbol{r}}_i \cdot \delta \boldsymbol{r}_i = 0 \tag{4.1.10}$$

上式左端第一项表示作用于系统上的所有主动力在系统虚位移上的元功和，应有

$$\sum_{i=1}^{n} \boldsymbol{F}_i \cdot \delta \boldsymbol{r}_i = \sum_{k=1}^{l} Q_k \delta q_k \tag{4.1.11}$$

其中

$$Q_k = \sum_{i=1}^{n} \boldsymbol{F}_i \cdot \frac{\partial \boldsymbol{r}_i}{\partial q_k} \tag{4.1.12}$$

---

① 梁立孚，胡海昌，陈德民. 非完整系统动力学的 Lagrange 理论框架[J]. 中国科学(G 辑)，2007，37(1)：76-88.

为对应于广义坐标 q_k 的广义力,或称**广义主动力**。

式(4.1.10)左端第二项表示系统上的惯性力系在系统虚位移上的元功和,可进一步写为

$$-\sum_{i=1}^{n} m_i \ddot{\boldsymbol{r}}_i \cdot \delta \boldsymbol{r}_i = -\sum_{i=1}^{n} m_i \ddot{\boldsymbol{r}}_i \cdot \sum_{k=1}^{l} \frac{\partial \boldsymbol{r}_i}{\partial q_k} \delta q_k$$

$$= \sum_{k=1}^{l} \left[\sum_{i=1}^{n} - m_i \ddot{\boldsymbol{r}}_i \cdot \frac{\partial \boldsymbol{r}_i}{\partial q_k} \right] \delta q_k \tag{4.1.13}$$

将

$$Q_k^* = \sum_{i=1}^{n} - m_i \ddot{\boldsymbol{r}}_i \cdot \frac{\partial \boldsymbol{r}_i}{\partial q_k} \tag{4.1.14}$$

称为对应于广义坐标 q_k 的**广义惯性力**,则式(4.1.13)变为

$$-\sum_{i=1}^{n} m_i \ddot{\boldsymbol{r}}_i \cdot \delta \boldsymbol{r}_i = \sum_{k=1}^{l} Q_k^* \delta q_k \tag{4.1.15}$$

因此达朗贝尔-拉格朗日原理可改写为

$$\sum_{k=1}^{l} (Q_k + Q_k^*) \delta q_k = 0 \tag{4.1.16}$$

如质点系为完整系统,则系统的广义坐标的变分(广义虚位移)δq_k 都是独立的,广义坐标数 l 与自由度数 f 相等。为保证上式成立,应有

$$Q_k + Q_k^* = 0 \quad (k = 1, 2, \cdots, f) \tag{4.1.17}$$

这表明,**具有完整、理想约束的质点系,其广义主动力和广义惯性力相平衡**。

现在对广义惯性力 Q_k^* 的表达式作进一步的推导。根据求导运算规则

$$Q_k^* = \sum_{i=1}^{n} - m_i \ddot{\boldsymbol{r}}_i \cdot \frac{\partial \boldsymbol{r}_i}{\partial q_k} = -\frac{\mathrm{d}}{\mathrm{d}t}\left(\sum_{i=1}^{n} m_i \dot{\boldsymbol{r}}_i \cdot \frac{\partial \boldsymbol{r}_i}{\partial q_k} \right) + \sum_{i=1}^{n} m_i \dot{\boldsymbol{r}}_i \cdot \frac{\mathrm{d}}{\mathrm{d}t}\left(\frac{\partial \boldsymbol{r}_i}{\partial q_k} \right)$$

利用拉格朗日的两个经典关系,上式又可写为

$$Q_k^* = -\frac{\mathrm{d}}{\mathrm{d}t}\left(\sum_{i=1}^{n} m_i \dot{\boldsymbol{r}}_i \cdot \frac{\partial \dot{\boldsymbol{r}}_i}{\partial \dot{q}_k} \right) + \sum_{i=1}^{n} m_i \dot{\boldsymbol{r}}_i \cdot \frac{\partial \dot{\boldsymbol{r}}_i}{\partial q_k}$$

$$= -\frac{\mathrm{d}}{\mathrm{d}t} \frac{\partial}{\partial \dot{q}_k}\left(\sum_{i=1}^{n} \frac{1}{2} m_i \dot{\boldsymbol{r}}_i \cdot \dot{\boldsymbol{r}}_i \right) + \frac{\partial}{\partial q_k}\left(\sum_{i=1}^{n} \frac{1}{2} m_i \dot{\boldsymbol{r}}_i \cdot \dot{\boldsymbol{r}}_i \right)$$

引入系统的动能函数

$$T = \sum_{i=1}^{n} \frac{1}{2} m_i \dot{\boldsymbol{r}}_i \cdot \dot{\boldsymbol{r}}_i = \sum_{i=1}^{n} \frac{1}{2} m_i \dot{r}_i^2 \tag{4.1.18}$$

则广义惯性力可写为

$$Q_k^* = -\frac{\mathrm{d}}{\mathrm{d}t}\left(\frac{\partial T}{\partial \dot{q}_k} \right) + \frac{\partial T}{\partial q_k} \tag{4.1.19}$$

将式(4.1.19)代入式(4.1.16),有

$$\sum_{k=1}^{l} \left[Q_k - \frac{\mathrm{d}}{\mathrm{d}t}\left(\frac{\partial T}{\partial \dot{q}_k} \right) + \frac{\partial T}{\partial q_k} \right] \delta q_k = 0 \tag{4.1.20}$$

此方程称为**广义坐标形式的达朗贝尔-拉格朗日原理**。

4.1.3　第二类拉格朗日方程

如果质点系只受完整约束,则所有广义坐标的变分 δq_k 都是独立的,因此有

$$\frac{\mathrm{d}}{\mathrm{d}t}\left(\frac{\partial T}{\partial \dot{q}_k}\right)-\frac{\partial T}{\partial q_k}=Q_k \quad (k=1,2,\cdots,f) \tag{4.1.21}$$

上式建立了完整系统的主动力与运动之间的关系，称为**第二类拉格朗日方程**，简称**拉格朗日方程**。从推导过程可见，第二类拉格朗日方程只适用于完整系统，而不适用于非完整系统，因为对于非完整系统，δq_k 并非都是独立的。

由式(4.1.21)可以看出，拉格朗日方程的数目与广义坐标的数目相等，也就是与质点系自由度的数目相等。所以，拉格朗日方程非常适合于求解约束多而自由度少的复杂系统的动力学问题。

为书写简洁，引入欧拉算子

$$\Lambda_k=\frac{\mathrm{d}}{\mathrm{d}t}\frac{\partial}{\partial \dot{q}_k}-\frac{\partial}{\partial q_k}$$

于是，完整系统的拉格朗日方程可写为

$$\Lambda_k(T)=Q_k \quad (k=1,2,\cdots,f) \tag{4.1.22}$$

下面介绍两种拉格朗日方程的表达形式。

1. 势力场中的拉格朗日方程

若作用于系统上的主动力均为有势力，则存在势(能)函数 $V=V(q_1,q_2,\cdots,q_l;t)$，对应于广义坐标 q_k 的广义力等于势能对广义坐标偏导数的负值：

$$Q_k=-\frac{\partial V}{\partial q_k} \quad (k=1,2,\cdots,f) \tag{4.1.23}$$

将此式代入式(4.1.21)，得到

$$\frac{\mathrm{d}}{\mathrm{d}t}\left(\frac{\partial T}{\partial \dot{q}_k}\right)-\frac{\partial}{\partial q_k}(T-V)=0 \quad (k=1,2,\cdots,f) \tag{4.1.24}$$

定义一个新函数

$$L=T-V \tag{4.1.25}$$

表示质点系动能与势能之差，称为**拉格朗日函数**(拉氏函数)或**动势**。一般情况下，它是广义坐标、广义速度和时间的函数，即

$$L=L(\boldsymbol{q},\dot{\boldsymbol{q}},t) \tag{4.1.26}$$

其中，$\boldsymbol{q}$、$\dot{\boldsymbol{q}}$ 称为**拉格朗日变量**。由于 V 中不显含广义速度 $\dot{q}_k$，$\partial V/\partial \dot{q}_k=0$，$\partial T/\partial \dot{q}_k=\partial L/\partial \dot{q}_k$，则方程(4.1.21)可改写为

$$\frac{\mathrm{d}}{\mathrm{d}t}\left(\frac{\partial L}{\partial \dot{q}_k}\right)-\frac{\partial L}{\partial q_k}=0 \quad (k=1,2,\cdots,f) \tag{4.1.27}$$

此即势力场中的拉格朗日方程。可见，在这种情况下，系统的运动规律由拉格朗日函数 L 完全确定，因此 L 函数也称为质点系的动力学函数。

2. 第二类拉格朗日方程的一般形式

若作用于系统上的主动力中只有一部分是有势力，则可将广义力分为两部分：一部分为有势力的广义力 $-\partial V/\partial q_k$，另一部分为非有势力的广义力，记为 Q_k'，则

$$Q_k=-\frac{\partial V}{\partial q_k}+Q_k' \quad (k=1,2,\cdots,f) \tag{4.1.28}$$

将此式代入式(4.1.21),得到

$$\frac{\mathrm{d}}{\mathrm{d}t}\left(\frac{\partial L}{\partial \dot{q}_k}\right)-\frac{\partial L}{\partial q_k}=Q_k' \quad (k=1,2,\cdots,f) \tag{4.1.29}$$

此即第二类拉格朗日方程的一般形式。

4.1.4 对拉格朗日方程的几点说明

1. 拉格朗日方程的特点

(1) 拉格朗日方程是建立非自由质点系动力学方程的**规范方法**,适用于完整、理想约束系统,用广义坐标描述系统的运动。

(2) 拉格朗日方程**不涉及未知的约束力**,直接建立主动力与运动之间的关系。

(3) 拉格朗日方程的结果是二阶常微分方程组,**方程数目与自由度数目相同**,方程数目已减少到最小程度。

(4) 拉格朗日方程具有很好的**对称性**,方程的形式不随坐标的选择而改变。

(5) 它是以能量的观点建立起来的**标量**运动方程,只需计算系统的动能(或势能)和广义力,因而只需作速度分析,而广义力的分析则归结为主动力的虚功计算。

2. 拉格朗日方程的解题步骤

(1) 判断系统是否为完整、理想约束系统,主动力是否有势,以决定能否应用拉格朗日方程以及应用何种形式的拉格朗日方程。

(2) 判断系统的自由度数,选定合适的广义坐标。

(3) 写出系统动能及势能的表达式,为此需要应用运动学知识作速度分析。

(4) 将动能、广义力或拉格朗日函数代入拉格朗日方程,经过运算化简即可得系统的动力学方程。

(5) 对于非理想约束,可将做功的约束力作为主动力处理。为求某个约束力,须解除对应的约束,代之以约束力,并将此约束力看作主动力,增加系统的自由度数,此法较繁。通常在应用拉格朗日方程求得运动后,再在已知运动的条件下用动静法或矢量力学法求解约束力。

例 4.1 图 4.1.1 所示刚架 $AEDB$ 以匀角速度 ω 绕 AB 轴转动,转动惯量为 J。D 点铰接长为 l 的无重刚杆 DP,P 端固结质量为 m 的小球。(1)试列写系统的运动微分方程;(2)为使刚架匀角速度转动,求出作用在 AB 轴上的控制力偶 M。

解:取刚架 $AEDB$ 与小球一起作为质点系。由于刚架可绕垂直轴转动,小球又可绕水平轴摆动,因此属于相对运动动力学问题。

(1) 列写系统的运动微分方程

当 $\omega=$const.时,系统为带有非定常完整约束的单自由度系统。这是因为刚架绕垂直轴的转动规律已经确定,它成为强加在系统上的约束。约束方程是

$$\varphi=\omega t+\varphi_0$$

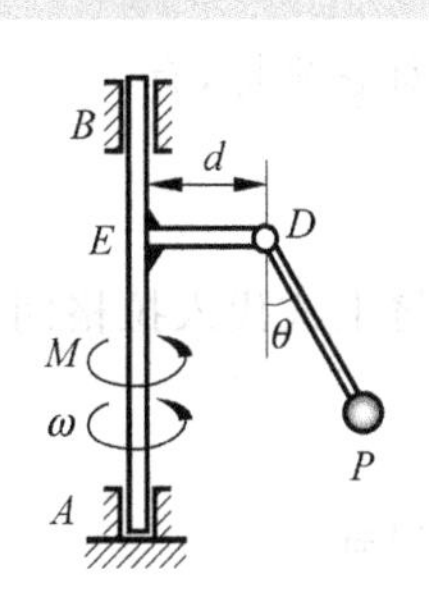

图 4.1.1

其中 φ 为刚架绕垂直轴的转角,这是非定常约束。而小球的矢径 $\boldsymbol{r}$ 则是

变量 θ 与时间 t 的函数，即 $\boldsymbol{r}=\boldsymbol{r}(\theta,t)$。故可取 θ 为广义坐标。

小球相对于刚架的相对速度和牵连速度为

$$v_r = l\dot{\theta}, \quad v_e = (d + l\sin\theta)\omega$$

这样，系统的动能为

$$T = \frac{1}{2}J\omega^2 + \frac{1}{2}m[(d + l\sin\theta)^2\omega^2 + (l\dot{\theta})^2]$$

以 $\theta=90°$ 为小球的零势能位，则系统的势能为

$$V = -mgl\cos\theta$$

进一步，系统的动势函数为

$$L = T - V = \frac{1}{2}J\omega^2 + \frac{1}{2}m[(d + l\sin\theta)^2\omega^2 + (l\dot{\theta})^2] + mgl\cos\theta$$

对 θ 坐标，有

$$\frac{\partial L}{\partial \dot{\theta}} = ml^2\dot{\theta}, \quad \frac{\partial L}{\partial \theta} = ml\omega^2(d + l\sin\theta)\cos\theta - mgl\sin\theta$$

将上式代入拉格朗日方程，即

$$\frac{\mathrm{d}}{\mathrm{d}t}\left(\frac{\partial L}{\partial \dot{\theta}}\right) - \frac{\partial L}{\partial \theta} = 0$$

得到

$$\ddot{\theta} + \frac{g}{l}\sin\theta - \left(\frac{d}{l} + \sin\theta\right)\omega^2\cos\theta = 0$$

(2) 求控制力偶 M

匀速转动约束是理想约束($\delta\varphi=0, M\delta\varphi=0, M$ 的虚功为零)，为求作用在 AB 轴上的控制力偶，可解除匀速转动约束，这时刚架以任意角速度转动，由于角位移未知，系统具有两个自由度，且为完整约束，小球的矢径 $\boldsymbol{r}=\boldsymbol{r}(\theta,\varphi)$。这时可取广义坐标为 φ 及 θ，则系统的动势为

$$L = T - V = \frac{1}{2}J\dot{\varphi}^2 + \frac{1}{2}m[(d + l\sin\theta)^2\dot{\varphi}^2 + (l\dot{\theta})^2] + mgl\cos\theta$$

给刚架以虚位移 $\delta\varphi$，则控制力偶的虚功为

$$\sum \delta W_\varphi = M\delta\varphi$$

因此，广义力

$$Q_\varphi = \frac{\sum \delta W_\varphi}{\delta\varphi} = M$$

对 φ 坐标，有

$$\frac{\partial L}{\partial \varphi} = 0, \quad \frac{\partial L}{\partial \dot{\varphi}} = [J + m(d + l\sin\theta)^2]\dot{\varphi}$$

将上式代入拉格朗日方程，即

$$\frac{\mathrm{d}}{\mathrm{d}t}\left(\frac{\partial L}{\partial \dot{\varphi}}\right) - \frac{\partial L}{\partial \varphi} = Q_\varphi$$

得到

$$[J + m(d + l\sin\theta)^2]\ddot{\varphi} + 2ml(d + l\sin\theta)\cos\theta \cdot \dot{\varphi}\dot{\theta} = M$$

再代入 $\omega=\dot{\varphi}=\text{const.}$ 的条件，得

$$M = 2ml\omega(d + l\sin\theta)\dot{\theta}\cos\theta$$

此即维持刚架匀角速度转动的控制力偶。由于小球的摆动，θ 为变量，因而力偶 M 也是变化的。

为求作用在 AB 轴上的控制力偶，也可采用动静法。在小球 m 上加上垂直于纸面的科氏惯性力

$$\boldsymbol{F}_{\mathrm{IC}} = -m\boldsymbol{a}_{\mathrm{C}} = -2m\boldsymbol{\omega}\times\boldsymbol{v}_r,\quad F_{\mathrm{IC}} = 2m\omega v_r\cos\theta = 2ml\omega\dot{\theta}\cos\theta$$

其方向垂直纸面向外。则由平衡方程可得

$$\sum M_z = 0,\quad M - 2ml\omega\dot{\theta}\cos\theta(d + l\sin\theta) = 0$$

此结果与前相同，但方法简单，物理意义清楚。

例 4.2　如图 4.1.2 所示，物块 A 与球 B 的质量分别为 m_1 及 m_2，用长为 l 的无重杆相连。已知弹簧的劲度系数为 k，水平面光滑，试建立系统的运动微分方程。

解：以整体为研究对象，系统含有两个自由度，选 A 块相对于弹簧未变形的位移 x 和小球的摆角 θ 为广义坐标，坐标起始位置在系统静平衡位置。

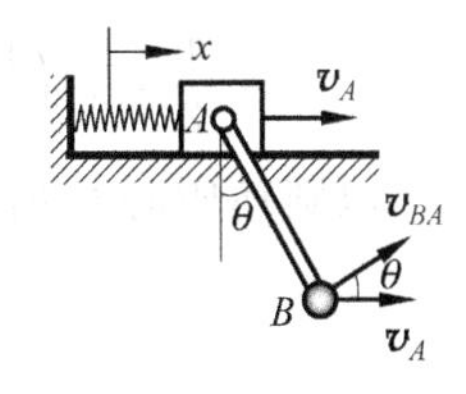

图　4.1.2

杆 AB 作平面运动，小球的速度为

$$v_B^2 = \dot{x}^2 + (l\dot{\theta})^2 + 2l\dot{x}\dot{\theta}\cos\theta$$

这样，系统的动能为

$$\begin{aligned}T &= \frac{1}{2}m_1\dot{x}^2 + \frac{1}{2}m_2[\dot{x}^2 + (l\dot{\theta})^2 + 2l\dot{x}\dot{\theta}\cos\theta] \\ &= \frac{1}{2}(m_1 + m_2)\dot{x}^2 + \frac{1}{2}m_2l^2\dot{\theta}^2 + m_2l\dot{x}\dot{\theta}\cos\theta\end{aligned}$$

以 A 块的质心所在的水平面为重力的零势能位，以弹簧的原长位置为弹性势能的零势能位，则系统在一般位置上的势能为

$$V = \frac{1}{2}kx^2 - m_2gl\cos\theta$$

于是，系统的拉格朗日函数为

$$L = T - V = \frac{1}{2}(m_1 + m_2)\dot{x}^2 + \frac{1}{2}m_2l^2\dot{\theta}^2 + m_2l\dot{x}\dot{\theta}\cos\theta - \frac{1}{2}kx^2 + m_2gl\cos\theta$$

将上式代入势力场的拉格朗日方程中，得到系统的运动微分方程为

$$(m_1 + m_2)\ddot{x} + m_2l\ddot{\theta}\cos\theta - m_2l\dot{\theta}^2\sin\theta + kx = 0$$

$$\ddot{x}\cos\theta + l\ddot{\theta} + g\sin\theta = 0$$

这里求得的运动微分方程是二阶非线性常微分方程，一般需求助数值解。但若系统只在平衡位置附近作微幅振动，可设 x、θ、$\dot{x}$、$\dot{\theta}$、$\ddot{x}$、$\ddot{\theta}$ 均为一阶小量，将 $\sin\theta$、$\cos\theta$ 按 θ 展开成级数，并略去所有二阶以上的小量，便得线性化方程

$$(m_1 + m_2)\ddot{x} + m_2l\ddot{\theta} + kx = 0$$

$$\ddot{x} + l\ddot{\theta} + g\theta = 0$$

另外，也可以在动能 T、势能 V 的表达式中只保留广义坐标和广义速度的二阶项，再将这

样的动能和势能代入到拉格朗日方程中，直接得到线性化的运动微分方程。读者可自己推导。

例 4.3 如图 4.1.3 所示，质量为 m、半径为 R 的均质细圆环，在径向焊接一质量为 m、长度为 R 的均质细杆。若圆环在水平面上作纯滚动，试列写系统的运动微分方程并求其在平衡位置附近微幅振动的圆频率。

解：系统为单自由度的，可选圆环转角 θ 为广义坐标。

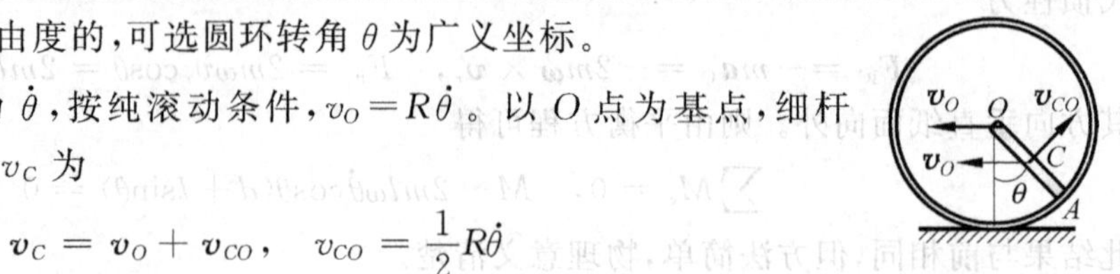

图 4.1.3

圆环的角速度为 $\dot{\theta}$，按纯滚动条件，$v_O=R\dot{\theta}$。以 O 点为基点，细杆 OA 的质心 C 的速度 v_C 为

$$\boldsymbol{v}_C=\boldsymbol{v}_O+\boldsymbol{v}_{CO},\quad v_{CO}=\frac{1}{2}R\dot{\theta}$$

这样，由柯尼希定理，系统的动能为

$$\begin{aligned}T&=\frac{1}{2}mv_O^2+\frac{1}{2}mR^2\dot{\theta}^2+\frac{1}{2}m[(v_O-v_{CO}\cos\theta)^2+(v_{CO}\sin\theta)^2]+\frac{1}{2}\frac{1}{12}mR^2\dot{\theta}^2\\&=\frac{1}{2}mR^2\left(\frac{10}{3}-\cos\theta\right)\dot{\theta}^2\end{aligned}$$

以圆环质心 O 所在位置为主动力重力的零势能位，则系统在一般位置上的势能为

$$V=-\frac{1}{2}mgR\cos\theta$$

于是，系统的拉格朗日函数为

$$L=T-V=\frac{1}{2}mR^2\left(\frac{10}{3}-\cos\theta\right)\dot{\theta}^2+\frac{1}{2}mgR\cos\theta$$

将上式代入势力场的拉格朗日方程中，整理后得到

$$\left(\frac{10}{3}-\cos\theta\right)\ddot{\theta}+\frac{1}{2}\dot{\theta}^2\sin\theta+\frac{g}{2R}\sin\theta=0$$

此即系统的运动微分方程。为求得系统在平衡位置附近微幅振动的圆频率，需将其作线性化处理。为此，令 $\sin\theta\approx\theta$，$\cos\theta\approx1$，并略去二阶以上的微量，便得到线性化方程

$$\ddot{\theta}+\frac{3}{14}\frac{g}{R}\theta=0$$

最终可得微振动的圆频率为

$$\omega_n^2=\frac{3}{14}\frac{g}{R}$$

例 4.4 如图 4.1.4 所示，质量为 m_1、倾角为 θ 的三角楔块 A 沿水平光滑面滑动，其上受到简谐力 $F=F_0\sin\omega t$ 的作用（F_0 和 ω 均为常量）。楔块斜边上有一质量为 m_2、半径为 r 的圆柱作纯滚动，两弹簧的劲度系数分别为 k_1 和 k_2。试建立系统的运动微分方程。

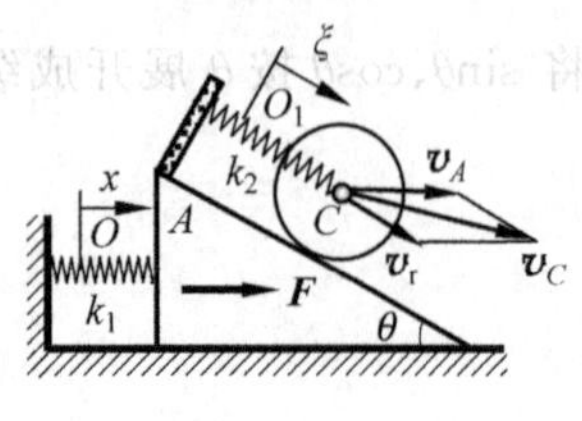

图 4.1.4

解：以整体为研究对象，系统含有两个自由度，选三角楔块 A 的位移 x 和圆柱相对于楔块的位移 ξ 为广义坐标，坐标原点均在弹簧的原长处。

设圆柱的角速度为 ω_C，质心 C 的速度为 v_C，有

$$\omega_C=\frac{\dot{\xi}}{r},\quad v_C^2=\dot{x}^2+\dot{\xi}^2+2\dot{x}\dot{\xi}\cos\theta$$

这样，系统的动能为

$$T=\frac{1}{2}m_1\dot{x}^2+\frac{1}{2}\left(\frac{1}{2}m_2r^2\right)\omega_C^2+\frac{1}{2}m_2(\dot{x}^2+\dot{\xi}^2+2\dot{x}\dot{\xi}\cos\theta)$$
$$=\frac{1}{2}(m_1+m_2)\dot{x}^2+\frac{3}{4}m_2\dot{\xi}^2+m_2\dot{x}\dot{\xi}\cos\theta$$

以两弹簧的原长为系统的零势能位，则系统的势能函数可写为

$$V=-m_2g\xi\sin\theta+\frac{1}{2}k_1x^2+\frac{1}{2}k_2\xi^2$$

于是，系统的拉格朗日函数为

$$L=T-V=\frac{1}{2}(m_1+m_2)\dot{x}^2+\frac{3}{4}m_2\dot{\xi}^2+m_2\dot{x}\dot{\xi}\cos\theta+m_2g\xi\sin\theta-\frac{1}{2}k_1x^2-\frac{1}{2}k_2\xi^2$$

该系统除有势力外，主动力中还有非有势力 $\boldsymbol{F}$ 的存在，其对应的广义力为

$$Q_x=\frac{\sum\delta W_x}{\delta x}=\frac{F\delta x}{\delta x}=F=F_0\sin\omega t,\quad Q_\xi=\frac{\sum\delta W_\xi}{\delta\xi}=0$$

将上两式代入拉格朗日方程的一般形式，得到系统的运动微分方程为

$$(m_1+m_2)\ddot{x}+m_2\cos\theta\cdot\ddot{\xi}+k_1x=F_0\sin\omega t$$
$$m_2\cos\theta\cdot\ddot{x}+\frac{3}{2}m_2\ddot{\xi}+k_2\xi-m_2g\sin\theta=0$$

由于以弹簧的自然长度处而不是以系统的静平衡位置为系统的零势能位，因此 ξ 的方程中出现了与重力有关的项 $m_2g\sin\theta$。另外，两个方程是相互耦合的，惯性项(质量与加速度乘积项)的耦合系数相等，均为 $m_2\cos\theta$，这可以作为检验推导的一种方法。

例 4.5 如图 4.1.5 所示，一滑轮挂在劲度系数为 k 的弹簧 AB 上，滑轮上绕有绳子，另一端绕在均质圆柱 C 上，圆柱挂在另一绳 DC 上。已知滑轮和圆柱的半径均为 r，质量均为 m，$AD=2r$。开始时系统静止，现突然将绳 DC 剪断，试求滑轮中心 B 的运动规律。

解：以整体为研究对象，系统含有 3 个自由度，取广义坐标为 x、φ_1 和 φ_2，其中 x 的坐标原点取系统位于初始位置时滑轮的中心。

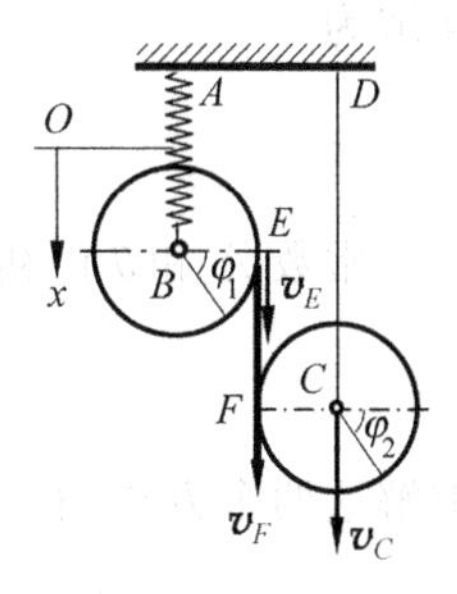

图 4.1.5

首先求出圆柱 C 的质心速度 v_C。由基点法，有

$$v_F=v_E=\dot{x}+r\dot{\varphi}_1,\quad v_C=v_F+r\dot{\varphi}_2=\dot{x}+r(\dot{\varphi}_1+\dot{\varphi}_2)$$

于是，系统的动能为

$$T=\frac{1}{2}m\dot{x}^2+\frac{1}{2}\left(\frac{1}{2}mr^2\right)\dot{\varphi}_1^2+\frac{1}{2}mv_C^2+\frac{1}{2}\left(\frac{1}{2}mr^2\right)\dot{\varphi}_2^2$$
$$=\frac{1}{2}m\dot{x}^2+\frac{1}{4}mr^2\dot{\varphi}_1^2+\frac{1}{2}m(\dot{x}+r\dot{\varphi}_1+r\dot{\varphi}_2)^2+\frac{1}{4}mr^2\dot{\varphi}_2^2$$

以系统的初始位置 O 点为系统的零势能位，则系统在一般位置上的势能为

$$V=-mgx-mg(x+r\varphi_1+r\varphi_2)+\frac{1}{2}k[(x+\delta_0)^2-\delta_0^2]$$

其中，δ_0 为弹簧的静变形。由于 $mg=k\delta_0$(为什么?)，滑轮 B 的重力势能与 $kx\delta_0$ 项相抵消，最终上式简化为

$$V = \frac{1}{2}kx^2 - mg(x + r\varphi_1 + r\varphi_2)$$

则系统的拉格朗日函数为

$$L = \frac{1}{2}m\dot{x}^2 + \frac{1}{4}mr^2\dot{\varphi}_1^2 + \frac{1}{2}m(\dot{x} + r\dot{\varphi}_1 + r\dot{\varphi}_2)^2 + \frac{1}{4}mr^2\dot{\varphi}_2^2 - \frac{1}{2}kx^2 + mg(x + r\varphi_1 + r\varphi_2)$$

将上式代入势力场的拉格朗日方程中，有

$$\frac{\mathrm{d}}{\mathrm{d}t}\left(\frac{\partial L}{\partial \dot{x}}\right) - \frac{\partial L}{\partial x} = 2m\ddot{x} + mr(\ddot{\varphi}_1 + \ddot{\varphi}_2) + kx - mg = 0$$

$$\frac{\mathrm{d}}{\mathrm{d}t}\left(\frac{\partial L}{\partial \dot{\varphi}_1}\right) - \frac{\partial L}{\partial \varphi_1} = mr\ddot{x} + \frac{3}{2}mr^2\ddot{\varphi}_1 + mr^2\ddot{\varphi}_2 - mgr = 0$$

$$\frac{\mathrm{d}}{\mathrm{d}t}\left(\frac{\partial L}{\partial \dot{\varphi}_2}\right) - \frac{\partial L}{\partial \varphi_2} = mr\ddot{x} + mr^2\ddot{\varphi}_1 + \frac{3}{2}mr^2\ddot{\varphi}_2 - mgr = 0$$

将上三式的后两式相减，可得$\ddot{\varphi}_1 = \ddot{\varphi}_2$，代入前两式，得

$$2m\ddot{x} + 2mr\ddot{\varphi}_1 + kx - mg = 0$$

$$mr\ddot{x} + \frac{5}{2}mr^2\ddot{\varphi}_1 - mgr = 0$$

由此消去$\ddot{\varphi}_1$ 得

$$\ddot{x} + \frac{5k}{6m}x - \frac{g}{6} = 0$$

此式为简谐振动的微分方程，其固有频率为

$$\omega = \sqrt{\frac{5k}{6m}}$$

通解为

$$x = A\sin(\omega t + \theta) + \frac{mg}{5k}$$

常数 A 和 θ 由初始条件确定，依题意，当 $t=0$ 时，$x=\dot{x}=0$，得

$$A\sin\theta + \frac{mg}{5k} = 0, \quad A\omega\cos\theta = 0$$

求解这两个方程，有

$$\theta = \frac{\pi}{2}, \quad A = -\frac{mg}{5k}$$

因此求得滑轮中心 B 的运动规律为

$$x = \frac{mg}{5k}\left[1 - \sin\left(\sqrt{\frac{5k}{6m}}t + \frac{\pi}{2}\right)\right]$$

例 4.6 如图 4.1.6(a)所示，质量为 m、长为 $2l$ 的均质杆 OA 铰接于质量为 m、半径为 r 的均质圆柱的质心 O，OA 杆与地面的夹角为 θ，滑动摩擦因数为 f。开始时，O 点的速度为 v_O，圆柱作纯滚动，求系统停止时所经过的路程 s。

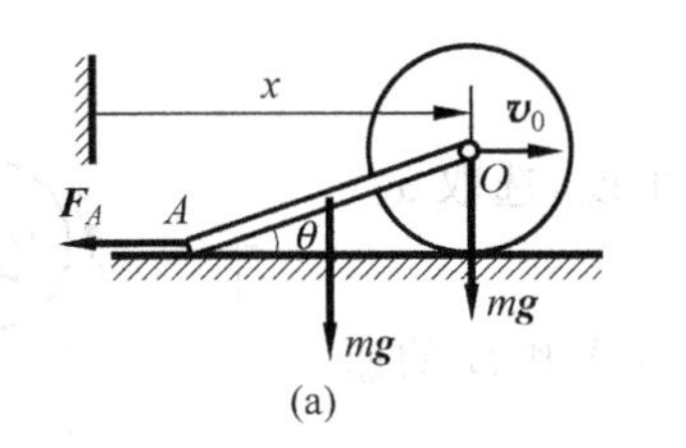

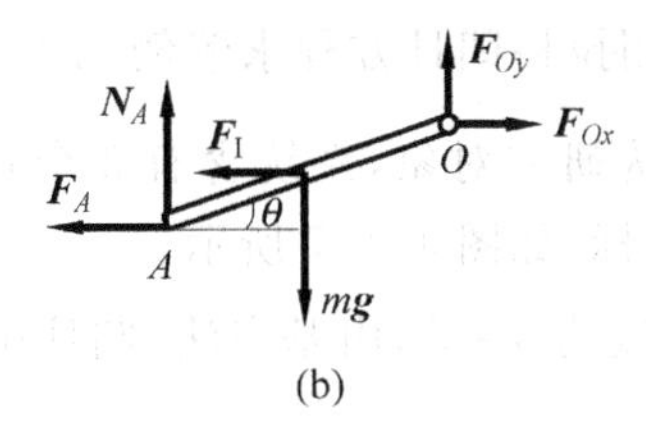

图　4.1.6

解：以整体为研究对象，系统含有 1 个自由度，取广义坐标为 x。

OA 杆作平动，圆柱作平面运动，系统的动能为

$$T=\frac{1}{2}m\dot{x}^2+\frac{1}{2}m\dot{x}^2+\frac{1}{2}\left(\frac{1}{2}mr^2\right)\left(\frac{\dot{x}}{r}\right)^2=\frac{5}{4}m\dot{x}^2$$

以地面为零势能位，系统的势能为

$$V=mg\cdot 2l\sin\theta+mgl\sin\theta=3mgl\sin\theta$$

则系统的拉格朗日函数为

$$L=T-V=\frac{5}{4}m\dot{x}^2-3mgl\sin\theta$$

非有势力的广义力为

$$Q_x=\frac{\sum\delta W_x}{\delta x}=-F_A$$

将上两式代入到如下拉格朗日方程中：

$$\frac{\mathrm{d}}{\mathrm{d}t}\left(\frac{\partial L}{\partial\dot{x}}\right)-\frac{\partial L}{\partial x}=Q_x$$

得到杆平动运动的加速度与 F_A 的关系为

$$\frac{5}{2}m\ddot{x}=-F_A$$

由于$\ddot{x}$和 F_A 均未知，还需补充一个关系才能确定系统的运动规律。使用矢量力学中的质心运动定理或达朗贝尔原理都可得到一个新的补充方程。下面以杆为研究对象，用达朗贝尔原理来求 F_A。其受力如图 4.1.6(b)所示，虚加的惯性力为 $F_I=m\ddot{x}$，注意到 $F_A=fN_A$，并结合上式，有

$$\sum M_O(\boldsymbol{F})=0,\quad F_A=\frac{5mgf\cos\theta}{2(4f\sin\theta+5\cos\theta)}\quad 或\quad \ddot{x}=\frac{-gf\cos\theta}{4f\sin\theta+5\cos\theta}$$

由于

$$\ddot{x}=\frac{\mathrm{d}\dot{x}}{\mathrm{d}t}=\frac{\mathrm{d}\dot{x}}{\mathrm{d}x}\frac{\mathrm{d}x}{\mathrm{d}t}=\dot{x}\frac{\mathrm{d}\dot{x}}{\mathrm{d}x}\quad 或\quad \ddot{x}\mathrm{d}x=\dot{x}\mathrm{d}\dot{x}$$

将上式积分得

$$\int_{v_0}^{0}\dot{x}\mathrm{d}\dot{x}=\int_0^s\ddot{x}\mathrm{d}x$$

求得系统停止时所经过的路程

$$s=\frac{v_0^2}{2fg}(5+4f\tan\theta)$$

例 4.7 利用拉格朗日方程求解例 3.4。

解：以整体为研究对象，系统含有 3 个自由度，选取 x_1、x_2 和 φ 为广义坐标，如图 4.1.7 所示。

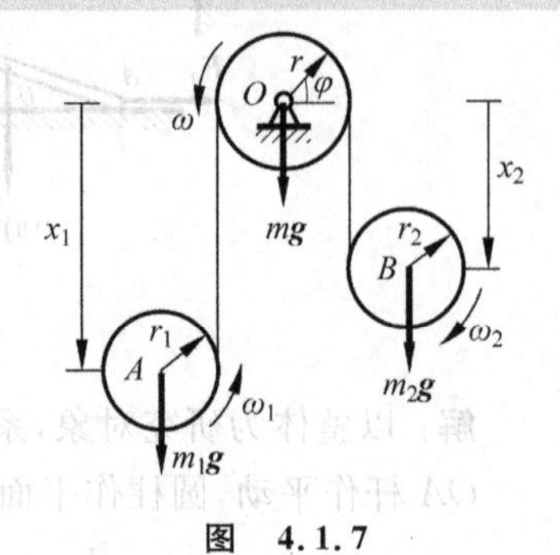

图 4.1.7

滑轮的角速度为 $\omega=\dot{\varphi}$，由基点法，圆柱中心 A 和 B 的速度可写为

$$\dot{x}_1 = r\dot{\varphi}+r_1\omega_1, \quad \dot{x}_2 =-r\dot{\varphi}+r_2\omega_2$$

解得

$$\omega_1 = \frac{\dot{x}_1 - r\dot{\varphi}}{r_1}, \quad \omega_2 = \frac{\dot{x}_2 + r\dot{\varphi}}{r_2}$$

于是，系统的动能为

$$\begin{aligned} T &= \frac{1}{2}\left(\frac{1}{2}mr^2\right)\dot{\varphi}^2 + \frac{1}{2}m_1\dot{x}_1^2 + \frac{1}{2}\left(\frac{1}{2}m_1r_1^2\right)\omega_1^2 + \frac{1}{2}m_2\dot{x}_2^2 + \frac{1}{2}\left(\frac{1}{2}m_2r_2^2\right)\omega_2^2 \\ &= \frac{1}{2}m_1\dot{x}_1^2 + \frac{1}{4}m_1(\dot{x}_1 - r\dot{\varphi})^2 + \frac{1}{2}m_2\dot{x}_2^2 + \frac{1}{4}m_2(\dot{x}_2 + r\dot{\varphi})^2 + \frac{1}{4}mr^2\dot{\varphi}^2 \end{aligned}$$

设滑轮轮心 O 为系统的零势能位，系统的势能

$$V=-m_1gx_1 - m_2gx_2$$

则系统的拉格朗日函数为

$$L = \frac{1}{2}m_1\dot{x}_1^2 + \frac{1}{4}m_1(\dot{x}_1 - r\dot{\varphi})^2 + \frac{1}{2}m_2\dot{x}_2^2 + \frac{1}{4}m_2(\dot{x}_2 + r\dot{\varphi})^2 + \frac{1}{4}mr^2\dot{\varphi}^2 + m_1gx_1 + m_2gx_2$$

将上式代入势力场的拉格朗日方程中，有

$$\frac{\mathrm{d}}{\mathrm{d}t}\left(\frac{\partial L}{\partial \dot{x}_1}\right) - \frac{\partial L}{\partial x_1} = \frac{3}{2}m_1\ddot{x}_1 - \frac{1}{2}m_1r\ddot{\varphi} - m_1g = 0$$

$$\frac{\mathrm{d}}{\mathrm{d}t}\left(\frac{\partial L}{\partial \dot{x}_2}\right) - \frac{\partial L}{\partial x_2} = \frac{3}{2}m_2\ddot{x}_2 + \frac{1}{2}m_2r\ddot{\varphi} - m_2g = 0$$

$$\frac{\mathrm{d}}{\mathrm{d}t}\left(\frac{\partial L}{\partial \dot{\varphi}}\right) - \frac{\partial L}{\partial \varphi} =-\frac{1}{2}m_1\ddot{x}_1 + \frac{1}{2}m_2\ddot{x}_2 + \frac{1}{2}(m_1 + m_2 + m)r\ddot{\varphi} = 0$$

联立以上三式，最终求得

$$\ddot{\varphi} = \frac{m_1 - m_2}{m_1 + m_2 + \frac{3}{2}m}\frac{g}{r}, \quad \ddot{x}_1 = \frac{3m_1 + m_2 + 3m}{3\left(m_1 + m_2 + \frac{3}{2}m\right)}g, \quad \ddot{x}_2 = \frac{m_1 + 3m_2 + 3m}{3\left(m_1 + m_2 + \frac{3}{2}m\right)}g$$

此结果与应用动力学普遍方程求解的结果相同。对比发现，使用拉格朗日方程只需补充运动学中的速度关系，而无须进行加速度分析，求解简单。

4.2 动能的结构及拉格朗日方程的显式

应用拉格朗日方程建立系统的动力学微分方程时，必须首先确定系统动能对广义坐标和广义速度的依赖关系。下面将会看到，系统的动能表达式间具有类似的结构。

仍然考察由 n 个质点组成、各质点间有 r 个非定常完整约束的系统，选择与自由度数 f 相同个数的位形参数为其广义坐标 $q_k(k=1,2,\cdots,l)$。

4.2.1 动能的广义速度齐次结构

式(4.1.2)给出了系统中任意一点的速度矢，由式(4.1.18)，系统的动能可表示为

$$T=\sum_{i=1}^{n}\frac{1}{2}m_i\dot{\boldsymbol{r}}_i\cdot\dot{\boldsymbol{r}}_i=\sum_{i=1}^{n}\frac{1}{2}m_i\left(\sum_{k=1}^{l}\frac{\partial\boldsymbol{r}_i}{\partial q_k}\dot{q}_k+\frac{\partial\boldsymbol{r}_i}{\partial t}\right)\cdot\left(\sum_{k=1}^{l}\frac{\partial\boldsymbol{r}_i}{\partial q_k}\dot{q}_k+\frac{\partial\boldsymbol{r}_i}{\partial t}\right)$$
$$=\frac{1}{2}\sum_{k=1}^{l}\sum_{j=1}^{l}\left(\sum_{i=1}^{n}m_i\frac{\partial\boldsymbol{r}_i}{\partial q_k}\cdot\frac{\partial\boldsymbol{r}_i}{\partial q_j}\right)\dot{q}_k\dot{q}_j+\sum_{k=1}^{l}\left(\sum_{i=1}^{n}m_i\frac{\partial\boldsymbol{r}_i}{\partial q_k}\cdot\frac{\partial\boldsymbol{r}_i}{\partial t}\right)\dot{q}_k+\frac{1}{2}\sum_{i=1}^{n}m_i\frac{\partial\boldsymbol{r}_i}{\partial t}\cdot\frac{\partial\boldsymbol{r}_i}{\partial t}\tag{4.2.1}$$

令

$$a_{kj}=a_{jk}=\sum_{i=1}^{n}m_i\frac{\partial\boldsymbol{r}_i}{\partial q_k}\cdot\frac{\partial\boldsymbol{r}_i}{\partial q_j},\quad a_k=\sum_{i=1}^{n}m_i\frac{\partial\boldsymbol{r}_i}{\partial q_k}\cdot\frac{\partial\boldsymbol{r}_i}{\partial t},\quad a_0=\sum_{i=1}^{n}m_i\frac{\partial\boldsymbol{r}_i}{\partial t}\cdot\frac{\partial\boldsymbol{r}_i}{\partial t}\tag{4.2.2}$$

显然，由于$\boldsymbol{r}_i=\boldsymbol{r}_i(q_1,q_2,\cdots,q_l;\ t)$是广义坐标$q_k$和时间$t$的函数，$a_{kj}$、$a_k$和$a_0$也是$q_k$和$t$的函数。设

$$T_2=\frac{1}{2}\sum_{k=1}^{l}\sum_{j=1}^{l}a_{kj}\dot{q}_k\dot{q}_j,\quad T_1=\sum_{k=1}^{l}a_k\dot{q}_k,\quad T_0=\frac{1}{2}a_0\tag{4.2.3}$$

于是，系统的动能可表示为

$$T=T_2+T_1+T_0\tag{4.2.4}$$

式中，T_2、T_1和T_0分别为广义速度的二次、一次和零次齐次函数[①]。质点系的动能可以看成由以上三种不同次的广义速度的代数齐次式构成。

上式中，T_1和T_0是与系统的非定常性有关的动能的一部分，在定常约束的情况下，$\boldsymbol{r}_i$不显含时间t，因此$\partial\boldsymbol{r}_i/\partial t=\boldsymbol{0}$，于是有

$$a_k=a_0=0,\quad T_1=T_0=0,\quad T=T_2=\frac{1}{2}\sum_{k=1}^{l}\sum_{j=1}^{l}a_{kj}\dot{q}_k\dot{q}_j\tag{4.2.5}$$

即系统的动能是广义速度的二次齐次函数。

由此可知，式(4.2.5)中的$T=T_2$必须是正定的，因为它等于式(4.1.18)；此外，根据式(4.2.2)中a_0的定义，T_0也必定是非负的，而且式(4.2.4)中所有三项之和也必定是非负的。所以，尽管对于某些q_k、$\dot{q}_k$和t的值，T_1可能是负的，但它绝不可能使T本身成为负的。

4.2.2 拉格朗日方程的显式

引入欧拉算子后，第二类拉格朗日方程可写成式(4.1.22)的形式，将式(4.2.4)代入，有

$$\Lambda_k(T_2)+\Lambda_k(T_1)+\Lambda_k(T_0)=Q_k\quad(k=1,2,\cdots,f)\tag{4.2.6}$$

为得到拉格朗日方程的显式，可分别计算上式左边的三项。将式(4.2.3)代入并整理得

---

① 一般地，称函数$f(q_1,q_2,\cdots,q_l)$为n次**齐次函数**，如果它满足：$f(\lambda q_1,\lambda q_2,\cdots,\lambda q_l)=\lambda^n f(q_1,q_2,\cdots,q_l)$，$\lambda$为某个常数。

欧拉齐次函数定理：齐次函数对所有变量的偏导数与这些变量的乘积之和等于该函数与它的次数的乘积。设$f(q_1,q_2,\cdots,q_l)$是l个变量$q_k(k=1,2,\cdots,l)$的n次齐次函数，则有$\sum_{k=1}^{l}\frac{\partial f}{\partial q_k}q_k=nf(q_1,q_2,\cdots,q_l)$。

$$\Lambda_k(T_2)=\sum_{j=1}^{l}a_{kj}\ddot{q}_j+\sum_{j=1}^{l}\sum_{m=1}^{l}[j,m;\ k]\dot{q}_j\dot{q}_m+\sum_{j=1}^{l}\frac{\partial a_{kj}}{\partial t}\dot{q}_j\quad(k=1,2,\cdots,f)\tag{4.2.7}$$

$$\Lambda_k(T_1)=\frac{\partial a_k}{\partial t}-\sum_{j=1}^{l}\left(\frac{\partial a_j}{\partial q_k}-\frac{\partial a_k}{\partial q_j}\right)\dot{q}_j\quad(k=1,2,\cdots,f)\tag{4.2.8}$$

$$\Lambda_k(T_0)=-\frac{\partial T_0}{\partial q_k}=-\frac{1}{2}\frac{\partial a_0}{\partial q_k}\quad(k=1,2,\cdots,f)\tag{4.2.9}$$

其中

$$[j,m;\ k]=\frac{1}{2}\left(\frac{\partial a_{kj}}{\partial q_m}+\frac{\partial a_{mk}}{\partial q_j}-\frac{\partial a_{jm}}{\partial q_k}\right)\tag{4.2.10}$$

为对 T_2 的系数矩阵的克里斯托费尔(Christoffel)第一类记号。将式(4.2.7)～式(4.2.9)代入到式(4.2.6),便得到一般形式的运动微分方程

$$\sum_{j=1}^{l}a_{kj}\ddot{q}_j+\sum_{j=1}^{l}\sum_{m=1}^{l}[j,m;\ k]\dot{q}_j\dot{q}_m+\sum_{j=1}^{l}g_{kj}\dot{q}_j+\sum_{j=1}^{l}\frac{\partial a_{kj}}{\partial t}\dot{q}_j+\frac{\partial a_k}{\partial t}-\frac{1}{2}\frac{\partial a_0}{\partial q_k}=Q_k$$
$$(k=1,2,\cdots,f)\tag{4.2.11}$$

特别地,如果 $\boldsymbol{r}_i$ 中不显含时间,即 $\boldsymbol{r}_i=\boldsymbol{r}_i(q_1,q_2,\cdots,q_l)$,则上式变为

$$\sum_{j=1}^{l}a_{kj}\ddot{q}_j+\sum_{j=1}^{l}\sum_{m=1}^{l}[j,m;\ k]\dot{q}_j\dot{q}_m=Q_k\quad(k=1,2,\cdots,f)\tag{4.2.12}$$

方程(4.2.11)及方程(4.2.12)称为**拉格朗日方程的显式**。因此,拉格朗日方程是以广义坐标 $q_k(k=1,2,\cdots,f)$ 为未知变量的 $2f$ 阶微分方程。

式(4.2.11)中 g_{kj} 与 T_1 有关,称为**陀螺系数**,定义为

$$g_{kj}=-g_{jk}=\frac{\partial a_k}{\partial q_j}-\frac{\partial a_j}{\partial q_k}\tag{4.2.13}$$

它们对于下标 k 与 j 是反对称的。式(4.2.11)中那些带有反对称系数的线性项 $g_{kj}\dot{q}_j$ 叫作**陀螺力**,而称

$$\Gamma_k=\sum_{j=1}^{l}g_{kj}\dot{q}_j\quad(k=1,2,\cdots,f)\tag{4.2.14}$$

为**广义陀螺力**,它为广义速度的一次式,通常由旋转运动产生的科氏惯性力所引起。

陀螺力的特殊性在于它在系统的任何真实位移中的总功率为零。即

$$\sum_{k=1}^{l}\Gamma_k\dot{q}_k=\sum_{k=1}^{l}\sum_{j=1}^{l}g_{kj}\dot{q}_j\dot{q}_k=0\quad(k=1,2,\cdots,f)\tag{4.2.15}$$

换句话说,陀螺力可以改变质点系中每个质点的运动状态,但不能改变系统的总能量。这就是 T_1 项在 Jacobi 积分(见 4.3 节)中不出现的原因。

例 4.8 质量为 m 的无约束质点在直角坐标系中的动能可表示为

$$T=\frac{1}{2}m(\dot{x}^2+\dot{y}^2+\dot{z}^2)$$

试分别写出该质点在柱坐标(见图 4.2.1(a))和球坐标(见图 4.2.1(b))中运动时的动能表达式。

解:直角坐标和柱坐标间的变换关系为

$$x=r\cos\varphi,\quad y=r\sin\varphi,\quad z=z$$

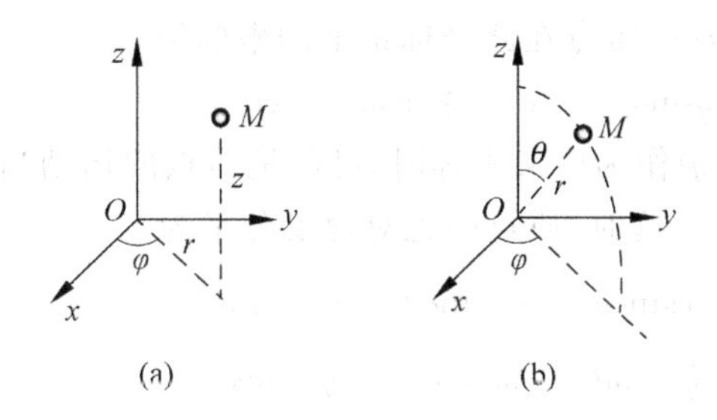

图　4.2.1

将以上三式分别对时间求导并将它们的平方相加，可得

$$T=\frac{1}{2}m(\dot{r}^2+r^2\dot{\varphi}^2+\dot{z}^2)$$

类似地，将直角坐标和球坐标间的变换关系

$$x=r\sin\theta\cos\varphi,\quad y=r\sin\theta\sin\varphi,\quad z=r\cos\theta$$

代入到直角坐标表示的动能表达式中，得到

$$T=\frac{1}{2}m(\dot{r}^2+r^2\dot{\theta}^2+r^2\sin^2\theta\dot{\varphi}^2)$$

不管用哪种坐标表示，质点的动能仅是速度的二次齐次函数。但是可以看出，用广义坐标表示的动能的一般表达式比用直角坐标表示的要复杂得多，如用球坐标表示的动能中，第二项的系数是广义坐标 r 的函数，第三项的系数是广义坐标 r 和 θ 的函数。这是应用非直角坐标必须付出的代价。尽管如此，在分析力学中还是使用广义坐标，因为它可以将位形坐标的数目减到最少，同时用它建立的各种方程具有一般性。

例 4.9　如图 4.2.2 所示，一光滑细管与水平面的倾角为 θ，此细管以匀加速度 $\boldsymbol{a}$ 在铅直平面内作水平直线平动。管内有一质量为 m 的质点沿管内壁运动，求此质点的动能。

解：此质点只有一个自由度，取质点的 y 坐标为广义坐标。假定运动开始时，A 点距 O 点为 x_0，则

$$x=x_0+\frac{1}{2}at^2+y\cot\theta,\quad \dot{x}=at+\dot{y}\cot\theta$$

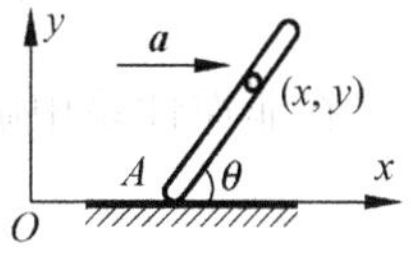

图　4.2.2

于是，质点动能的广义坐标表达式为

$$T=\frac{1}{2}m(\dot{x}^2+\dot{y}^2)=\frac{1}{2}m(\dot{y}^2\csc^2\theta+a^2t^2+2at\dot{y}\cot\theta)$$

动能表达式中包含广义速度 $\dot{y}$ 的二次齐次函数、一次齐次函数和零次齐次函数项，同时还明显包含时间 t，有

$$T_2=\frac{1}{2}m\csc^2\theta\cdot\dot{y}^2,\quad T_1=mat\cot\theta\cdot\dot{y},\quad T_0=\frac{1}{2}ma^2t^2$$

这显然是由于约束的非定常性所致。

例 4.10　如图 4.2.3 所示，一质量为 m 的质点在光滑平面 $O\xi\eta$ 上运动，此平面又绕过 O 点的水平轴以角速度 ω 作匀速转动，质点受到的力有势(势能决定于质点在转动平面中的位置)。试分析质点动能的结构，指出陀螺力，并列写质点相对转动平面的运动微分方程。

解：此质点有两个自由度，取质点在转动坐标系下的坐标(ξ,η)为广义坐标。则在惯性

参考系中取平面坐标系 Oxy，质点在此坐标系下的坐标为

$$x=\xi\cos\omega t-\eta\sin\omega t,\quad y=\xi\sin\omega t+\eta\cos\omega t$$

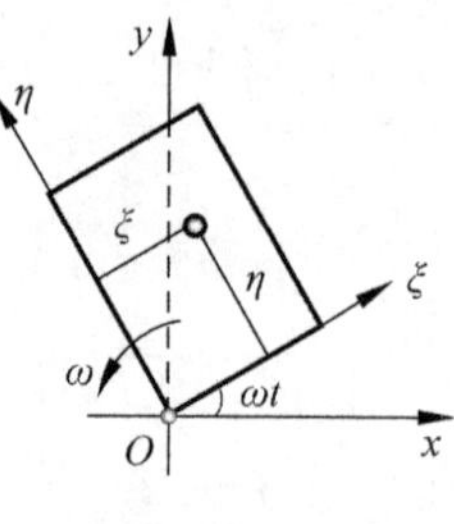

图 4.2.3

上式说明，当选择坐标(ξ,η)作为广义坐标时，已经把质点的运动当作一种非定常约束来看待。这时，质点的绝对速度分量为

$$\dot{x}=\dot{\xi}\cos\omega t-\dot{\eta}\sin\omega t-\xi\omega\sin\omega t-\eta\omega\cos\omega t$$

$$\dot{y}=\dot{\xi}\sin\omega t+\dot{\eta}\cos\omega t+\xi\omega\cos\omega t-\eta\omega\sin\omega t$$

于是，质点动能的广义坐标表达式为

$$T=\frac{1}{2}m(\dot{x}^2+\dot{y}^2)=\frac{1}{2}m(\dot{\xi}^2+\dot{\eta}^2+2\omega\xi\dot{\eta}-2\omega\eta\dot{\xi}+\omega^2\xi^2+\omega^2\eta^2)$$

动能表达式中包含广义速度的二次、一次和零次项，有

$$T_2=\frac{1}{2}m(\dot{\xi}^2+\dot{\eta}^2),\quad T_1=m\omega(\xi\dot{\eta}-\eta\dot{\xi}),\quad T_0=\frac{1}{2}m\omega^2(\xi^2+\eta^2)$$

设势能函数为 $V=V(\xi,\eta)$，则系统的拉格朗日函数为

$$L=\frac{1}{2}m(\dot{\xi}^2+\dot{\eta}^2+2\omega\xi\dot{\eta}-2\omega\eta\dot{\xi}+\omega^2\xi^2+\omega^2\eta^2)-V(\xi,\eta)$$

将上式代入势力场的拉格朗日方程中，经整理后得到

$$m\ddot{\xi}-2m\omega\dot{\eta}-m\omega^2\xi=-\frac{\partial V}{\partial\xi}$$

$$m\ddot{\eta}+2m\omega\dot{\xi}-m\omega^2\eta=-\frac{\partial V}{\partial\eta}$$

这里含反对称系数的速度线性项 $-2m\omega\dot{\eta}$ 和 $2m\omega\dot{\xi}$ 就是陀螺力。将 T_1 的表达式与式(4.2.3)对照，应有

$$a_1=-m\omega\eta,\quad a_2=m\omega\xi$$

将上式代入式(4.2.13)，得到陀螺系数为

$$g_{12}=\frac{\partial a_1}{\partial\eta}-\frac{\partial a_2}{\partial\xi}=-2m\omega,\quad g_{21}=\frac{\partial a_2}{\partial\xi}-\frac{\partial a_1}{\partial\eta}=2m\omega$$

在非惯性系中解释所得拉格朗日方程时，可将其写为

$$m\ddot{\xi}=2m\omega\dot{\eta}+m\omega^2\xi-\frac{\partial V}{\partial\xi}$$

$$m\ddot{\eta}=-2m\omega\dot{\xi}+m\omega^2\eta-\frac{\partial V}{\partial\eta}$$

于是 $m\omega^2\xi$ 和 $m\omega^2\eta$ 两项是离心惯性力的分量，$2m\omega\dot{\eta}$ 和 $-2m\omega\dot{\xi}$ 两项由 T_1 而来，是科氏惯性力的分量。可见，所谓陀螺力是和科氏力有关的项。所有陀螺力所做功的总和等于零，这是因为

$$\sum\mathrm{d}W=2m\omega\dot{\eta}\mathrm{d}\xi-2m\omega\dot{\xi}\mathrm{d}\eta=2m\omega(\dot{\eta}\dot{\xi}-\dot{\xi}\dot{\eta})\mathrm{d}t=0$$

这一结果再次说明，陀螺力可改变质点系中每个质点的运动状态，但不能改变系统的总能量。

4.3 拉格朗日方程的初积分

拉格朗日为建立完整系统的运动微分方程提供了有效方法，但没有涉及方程的求解问题。一般情况下，用拉格朗日方程得到的二阶常微分方程组是非线性的，有耦合项，结构复

杂,数学上求解困难。但是,在某些物理条件下,可以不必通过拉格朗日方程而直接写出方程积分一次的结果,这一结果称为拉格朗日方程的初积分。常见的拉格朗日方程的初积分有广义能量积分和广义动量积分。

拉格朗日方程经过初积分后将得到联系广义坐标、广义速度和时间的一个关系式。初积分的重要性在于它们不仅能使部分微分方程降阶,使得动力学问题的求解过程进一步简化,而且具有明确的物理意义。

4.3.1　广义能量积分

若所考察的系统中,**主动力皆有势,且拉格朗日函数 L 中不显含时间 t**,即

$$L = T - V = L(q_k, \dot{q}_k) \quad (k = 1, 2, \cdots, l) \tag{4.3.1}$$

则计算函数 L 对时间 t 的全导数,由于 $\partial L/\partial t = 0$,导出

$$\frac{\mathrm{d}L}{\mathrm{d}t} = \sum_{k=1}^{l}\left(\frac{\partial L}{\partial q_k}\dot{q}_k + \frac{\partial L}{\partial \dot{q}_k}\ddot{q}_k\right) \tag{4.3.2}$$

将势力场的拉格朗日方程(4.1.27)中的每个方程乘以广义速度 $\dot{q}_k$ 后相加,得到

$$\sum_{k=1}^{l}\left[\frac{\mathrm{d}}{\mathrm{d}t}\left(\frac{\partial L}{\partial \dot{q}_k}\right)\dot{q}_k - \frac{\partial L}{\partial q_k}\dot{q}_k\right] = 0 \tag{4.3.3}$$

将式(4.3.2)与式(4.3.3)相加,有

$$\frac{\mathrm{d}L}{\mathrm{d}t} = \sum_{k=1}^{l}\left[\frac{\mathrm{d}}{\mathrm{d}t}\left(\frac{\partial L}{\partial \dot{q}_k}\right)\dot{q}_k + \frac{\partial L}{\partial \dot{q}_k}\ddot{q}_k\right] = \sum_{k=1}^{l}\frac{\mathrm{d}}{\mathrm{d}t}\left(\frac{\partial L}{\partial \dot{q}_k}\dot{q}_k\right) \tag{4.3.4}$$

交换上式中求导和求和次序并移项,得

$$\frac{\mathrm{d}}{\mathrm{d}t}\left(\sum_{k=1}^{l}\frac{\partial L}{\partial \dot{q}_k}\dot{q}_k - L\right) = 0 \tag{4.3.5}$$

积分上式,得到

$$\sum_{k=1}^{l}\frac{\partial L}{\partial \dot{q}_k}\dot{q}_k - L = E \tag{4.3.6}$$

其中 E 为积分常数。上式称为**广义能量积分**、**广义能量守恒**或**雅可比**(Carl Gustav Jacob Jacobi,1804—1851)**积分**,而称左端项为**广义能量**。

为研究广义能量积分的意义,令

$$L_2 = T_2, \quad L_1 = T_1, \quad L_0 = T_0 - V$$

式中 T_2、T_1 和 T_0 的定义如前。由于势能函数仅是广义坐标和时间的函数,即为广义速度的零次函数,因此,L_2、L_1 和 L_0 分别为广义速度的二次、一次和零次齐次函数。将拉格朗日函数写为

$$L = T - V = T_2 + T_1 + (T_0 - V) = L_2 + L_1 + L_0 \tag{4.3.7}$$

由欧拉齐次函数定理,式(4.3.6)中的第一项可表示为

$$\sum_{k=1}^{l}\frac{\partial L}{\partial \dot{q}_k}\dot{q}_k = \sum_{k=1}^{l}\frac{\partial L_2}{\partial \dot{q}_k}\dot{q}_k + \sum_{k=1}^{l}\frac{\partial L_1}{\partial \dot{q}_k}\dot{q}_k + \sum_{k=1}^{l}\frac{\partial L_0}{\partial \dot{q}_k}\dot{q}_k = 2L_2 + L_1 \tag{4.3.8}$$

将上式代入式(4.3.6),得到

$$(2L_2 + L_1) - (L_2 + L_1 + L_0) = E \tag{4.3.9}$$

最终,广义能量可写为

$$L_2 - L_0 = E, T_2 + (V - T_0) = E \tag{4.3.10}$$

广义能量积分常出现在相对于非惯性系运动的质点系中。例 4.10 中，质点相对转动平面运动，就存在着这类广义能量积分：

$$\frac{1}{2}m(\dot{\xi}^2 + \dot{\eta}^2) - \frac{1}{2}m\omega^2(\xi^2 + \eta^2) + V(\xi, \eta) = E$$

如果**质点系具有定常约束**，则

$$T = T_2, \quad T_0 = 0$$

于是，式(4.3.10)成为

$$T + V = E \tag{4.3.11}$$

广义能量积分退化为**能量积分**，其物理意义是保守系统的机械能守恒。可见，机械能守恒是广义能量守恒的特殊情形。

将式(4.3.10)的第二式与式(4.3.11)相比较可知，两者结构相似。从形式上，广义能量积分也可以看作“动能”和“势能”的和保持不变。只不过这里的“动能”专指广义速度引起的动能，不含非定常性引起的动能；“势能”包括主动力势能与非定常性引起的一部分动能之差。

需要指出的是，拉格朗日函数 L 中不显含时间并不要求约束一定是定常的。

例 4.11 如图 4.3.1 所示，半径为 R 的圆环以匀角速度 ω 绕铅垂轴转动，质量为 m 的小球在重力作用下可沿圆环的光滑内壁自由滑动。已知圆环对铅垂轴的转动惯量为 J，忽略摩擦力，试分析系统的广义能量积分。

解：当 $\omega=\text{const.}$ 时，小球受到旋转圆环的非定常约束 $\varphi=\omega t+\varphi_0$（$\varphi$ 为圆环绕垂直轴的转角）作用，系统具有 1 个自由度，可取 θ 为广义坐标。

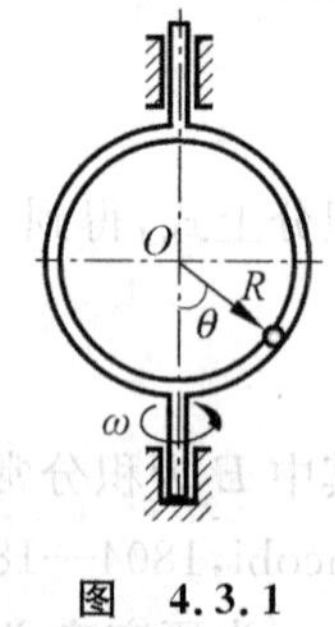

系统的动能

$$T = \frac{1}{2}J\omega^2 + \frac{1}{2}m[(R\sin\theta)^2\omega^2 + (R\dot{\theta})^2] = \frac{1}{2}mR^2\dot{\theta}^2 + \frac{1}{2}(J + mR^2\sin^2\theta)\omega^2$$

即

$$T_2 = \frac{1}{2}mR^2\dot{\theta}^2, \quad T_1 = 0, \quad T_0 = \frac{1}{2}(J + mR^2\sin^2\theta)\omega^2$$

图 4.3.1

以 $\theta=90°$ 为小球的零势能位，则系统的势能

$$V = -mgR\cos\theta$$

系统的拉格朗日函数

$$L = T - V = \frac{1}{2}mR^2\dot{\theta}^2 + \frac{1}{2}(J + mR^2\sin^2\theta)\omega^2 + mgR\cos\theta$$

拉格朗日函数 L 中不显含时间 t，因此系统有广义能量积分

$$T_2 + (V - T_0) = \frac{1}{2}mR^2\dot{\theta}^2 - \frac{1}{2}(J + mR^2\sin^2\theta)\omega^2 - mgR\cos\theta = E$$

本题的非定常系统尽管存在广义能量积分，但并不意味着它一定是保守系统。非定常系统往往本质上是非保守系统，系统的能量（机械能）往往并不守恒，而是和外界有能量交换。本例中，使系统作匀角速度转动所必须施加的力矩做了正功或负功，而正是这个转动力矩的功改变了系统的机械能。

当铅垂轴的运动没有预先规定，圆环以任意角速度转动时，由于角位移未知，系统具有两个自由度，且为完整定常约束。除原有广义坐标 θ 外，还应引入圆环的转角 φ，因此，小球的矢径 $\boldsymbol{r}=\boldsymbol{r}(\theta,\varphi)$。这时，在无外力偶作用的情况下，存在能量积分(即系统机械能守恒)：

$$L = T - V = \frac{1}{2}mR^2\dot{\theta}^2 + \frac{1}{2}(J + mR^2\sin^2\theta)\dot{\varphi}^2 + mgR\cos\theta$$

$$T + V = \frac{1}{2}mR^2\dot{\theta}^2 + \frac{1}{2}(J + mR^2\sin^2\theta)\dot{\varphi}^2 - mgR\cos\theta = E$$

例 4.12 如图 4.3.2 所示，椭圆摆由质量为 m_1 的滑块 A 与质量为 m_2 的小球 B 组成。小球通过长为 l 的无重杆与滑块铰接，水平面光滑。今在滑块 A 上作用力 $\boldsymbol{F}(x)$，使之以速度 $\boldsymbol{v}_A$ 作等速直线运动。试分析系统的初积分。

解：系统为带有非定常完整约束的单自由度系统，根据所给条件，$x_A=v_At$，由于约束力 $\boldsymbol{F}(x)$的作用，系统的机械能并不守恒，即不是保守系统。但系统的主动力有势，若取 θ 为广义坐标，则系统的动能

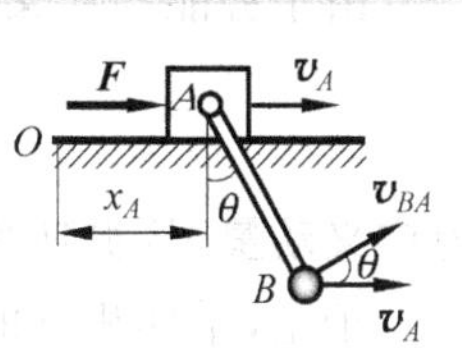

图 4.3.2

$$\begin{aligned} T &= \frac{1}{2}m_1v_A^2 + \frac{1}{2}m_2[v_A^2 + (l\dot{\theta})^2 + 2lv_A\dot{\theta}\cos\theta] \\ &= \frac{1}{2}(m_1 + m_2)v_A^2 + \frac{1}{2}m_2l^2\dot{\theta}^2 + m_2lv_A\dot{\theta}\cos\theta \end{aligned}$$

即

$$T_2 = \frac{1}{2}m_2l^2\dot{\theta}^2, \quad T_1 = m_2lv_A\dot{\theta}\cos\theta, \quad T_0 = \frac{1}{2}(m_1 + m_2)v_A^2$$

以 A 块的质心所在的水平面为重力的零势能位，则系统在一般位置上的势能为

$$V = - m_2gl\cos\theta$$

系统的拉格朗日函数

$$L = T - V = \frac{1}{2}(m_1 + m_2)v_A^2 + \frac{1}{2}m_2l^2\dot{\theta}^2 + m_2lv_A\dot{\theta}\cos\theta + m_2gl\cos\theta$$

拉格朗日函数 L 中不显含时间 t，因此系统有广义能量积分

$$T_2 + (V - T_0) = \frac{1}{2}m_2l^2\dot{\theta}^2 - \frac{1}{2}(m_1 + m_2)v_A^2 - m_2gl\cos\theta = E$$

也可以直接利用式(4.3.6)求出广义能量积分：

$$\sum_{k=1}^{l}\frac{\partial L}{\partial \dot{q}_k}\dot{q}_k - L = \frac{\partial L}{\partial\dot{\theta}}\dot{\theta} - L = E$$

4.3.2 循环积分

若所考察的系统中，**主动力皆有势，且拉格朗日函数 L 中不显含某些广义坐标** $q_k(k=1,2,\cdots,m)$，即

$$L = L(q_{m+1}, q_{m+2}, \cdots, q_l;\ \dot{q}_1, \dot{q}_2, \cdots, \dot{q}_l;\ t) \tag{4.3.12}$$

则将这 m 个不包含在拉格朗日函数 L 中的广义坐标称为系统的**循环坐标**，对应的速度($\dot{q}_1$，$\dot{q}_2,\cdots,\dot{q}_m$)称为**循环速度**。显然，拉格朗日函数 L 对循环坐标的偏导数都应等于零，即

$$\frac{\partial L}{\partial q_k}=0 \quad (k=1,2,\cdots,m) \tag{4.3.13}$$

于是，对应于 m 个循环坐标的势力场的拉格朗日方程变为

$$\frac{\mathrm{d}}{\mathrm{d}t}\left(\frac{\partial L}{\partial \dot{q}_k}\right)=0 \quad (k=1,2,\cdots,m) \tag{4.3.14}$$

由此得出

$$\frac{\partial L}{\partial \dot{q}_k}=C_k \quad (k=1,2,\cdots,m) \tag{4.3.15}$$

其中 C_k 为积分常数。上式是拉格朗日方程的又一初积分，称为与循环坐标相对应的循环积分。显然，系统有几个循环坐标就存在几个相应的循环积分。

由于势能与广义速度无关，$\partial V/\partial \dot{q}_k=0$，因此定义

$$p_k=\frac{\partial L}{\partial \dot{q}_k}=\frac{\partial T}{\partial \dot{q}_k} \quad (k=1,2,\cdots,m) \tag{4.3.16}$$

为**广义动量**，故循环积分又称为**广义动量积分**或**广义动量守恒**。

于是，循环积分的物理含义可以理解为：受有势力作用的完整系统，当存在循环坐标 q_k 时，对应的广义动量 p_k 保持不变，或广义动量守恒。

广义动量表达式的物理意义如下：将拉格朗日方程写成下列形式，即

$$\frac{\mathrm{d}}{\mathrm{d}t}\left(\frac{\partial T}{\partial \dot{q}_k}\right)=Q_k+\frac{\partial T}{\partial q_k} \quad (k=1,2,\cdots,f)$$

显然，$\partial T/\partial q_k$ 与广义力 Q_k 具有相同的量纲，即力或者力矩的量纲。再将上式与牛顿方程

$$\frac{\mathrm{d}}{\mathrm{d}t}(m\boldsymbol{v})=\boldsymbol{F}$$

作比较，可见$\partial T/\partial \dot{q}_k$ 或$\partial L/\partial \dot{q}_k$ 与动量 $m\boldsymbol{v}$ 在方程中具有相当的位置，故称为广义动量。需要注意的是，广义动量的量纲不一定是动量的量纲，在具体的问题中，它可以是动量、动量矩以及具有更广泛的物理意义。矢量力学中的动量守恒和动量矩守恒均为广义动量积分的特例。

例 4.13 如图 4.3.3 所示，两轮小车的车轮在水平地面上作纯滚动，每个轮子的质量为 m_1，半径为 r，车架质量不计。车上有一弹簧质量系统，弹簧劲度系数为 k，物块质量为 m_2。试分析拉格朗日方程的初积分。

解：系统含有两个自由度，根据所给条件，车轮在水平面上纯滚动，静滑动摩擦力属理想约束力。取广义坐标为 x 和 x_r，其中 Ox 为定坐标系，O_rx_r 为固结于小车上的动坐标系，坐标原点取在弹簧的原长处。

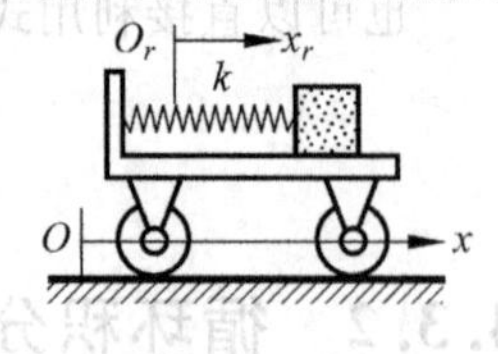

图 4.3.3

系统的动能

$$T=2\left[\frac{1}{2}m_1\dot{x}^2+\frac{1}{2}\frac{1}{2}m_1r^2\left(\frac{\dot{x}}{r}\right)^2\right]+\frac{1}{2}m_2(\dot{x}+\dot{x}_r)^2=\frac{3}{2}m_1\dot{x}^2+\frac{1}{2}m_2(\dot{x}+\dot{x}_r)^2$$

以弹簧的原长处为弹性势能的零势能位，则系统的势能

$$V=\frac{1}{2}kx_r^2$$

系统的拉格朗日函数

$$L = T - V = \frac{3}{2}m_1\dot{x}^2 + \frac{1}{2}m_2(\dot{x}+\dot{x}_r)^2 - \frac{1}{2}kx_r^2$$

拉格朗日函数 L 中不显含时间 t，且主动力有势，约束为定常，因而系统属于保守系统，存在能量积分

$$T_2 + (V - T_0) = \frac{3}{2}m_1\dot{x}^2 + \frac{1}{2}m_2(\dot{x}+\dot{x}_r)^2 + \frac{1}{2}kx_r^2 = E$$

拉格朗日函数 L 中不显含变量 x，故 x 为循环坐标，存在循环积分

$$p_x = \frac{\partial L}{\partial \dot{x}} = \frac{\partial T}{\partial \dot{x}} = 3m_1\dot{x} + m_2(\dot{x}+\dot{x}_r) = C_x$$

注意，由于车轮在水平地面上作纯滚动，按照矢量力学的观点，轮与地面之间存在摩擦力，所以，上式决不表示系统在 x 方向有动量守恒。一般地，当系统有动量或动量矩守恒时，只要广义坐标选择恰当，就一定有循环积分。但反之不成立，对于一般情形，广义动量守恒不一定有物理意义。

由于系统只有两个自由度，循环积分和能量积分给出了全部的初积分。

例 4.14　如图 4.3.4 所示，小球 A、B、C 均视为质点，质量均为 m。A、B 球由长度为 l 的不可伸长细绳连接，B、C 球由原长为 l_0，劲度系数为 k 的弹簧相连。小球 A 放置在光滑水平圆盘上，细绳穿过光滑小孔 O，OB 与弹簧保持铅垂。起始时，$OA=r_0$，小球 A 的初速度为 $\boldsymbol{v}_{A0}$（沿水平面上任意方向）。试列写系统的动能与势能表达式；分析系统的初积分，并说明其物理意义。

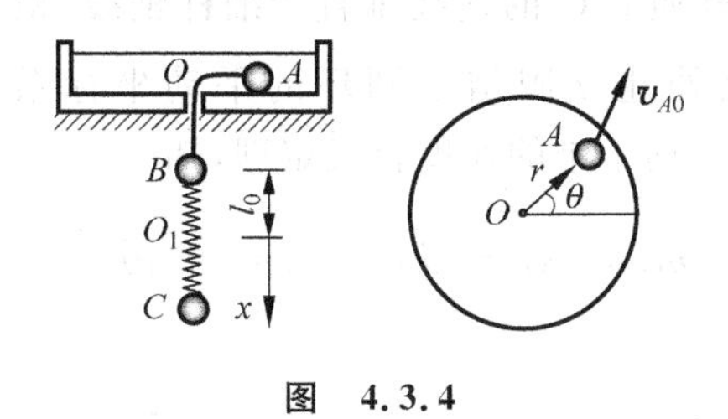

图　4.3.4

解：系统含有 3 个自由度，取广义坐标为 r、θ 和 x，其中 x 为 C 相对于 B 或相对于弹簧上 O_1 点的位置。

系统的动能为

$$T = \frac{1}{2}m[\dot{r}^2 + (r\dot{\theta})^2] + \frac{1}{2}m\dot{r}^2 + \frac{1}{2}m(\dot{r} - \dot{x})^2$$
$$= \frac{1}{2}m(3\dot{r}^2 + r^2\dot{\theta}^2 - 2\dot{r}\dot{x} + \dot{x}^2)$$

以圆盘所在的水平面为重力的零势能位，弹性势能的零势能位选在 O_1 处，则系统的势能为

$$V = \frac{1}{2}kx^2 - mg(l-r) - mg(l-r+l_0+x) = -mg[2(l-r)+l_0+x] + \frac{1}{2}kx^2$$

系统的拉格朗日函数

$$L = T - V = \frac{m}{2}(3\dot{r}^2 + r^2\dot{\theta}^2 - 2\dot{r}\dot{x} + \dot{x}^2) + mg[2(l-r)+l_0+x] - \frac{1}{2}kx^2$$

拉格朗日函数 L 中不显含时间 t，且主动力有势，约束为定常，故存在能量积分（机械能守恒）

$$T+V=\frac{1}{2}m(3\dot{r}^2+r^2\dot{\theta}^2-2\dot{r}\dot{x}+\dot{x}^2)-mg[2(l-r)+l_0+x]+\frac{1}{2}kx^2=E$$

拉格朗日函数 L 中不显含变量 θ，故 θ 为循环坐标，存在循环积分

$$p_\theta=\frac{\partial L}{\partial\dot{\theta}}=\frac{\partial T}{\partial\dot{\theta}}=mr^2\dot{\theta}=C_\theta \quad 或 \quad r^2\dot{\theta}=r_0 v_{A0\theta}$$

其中，$v_{A0\theta}$ 为 $\boldsymbol{v}_{A0}$ 在位矢 $\boldsymbol{e}_\theta$ 上的投影，此循环积分的物理意义为系统对铅直轴的动量矩守恒。

本题中选择极坐标而不是直角坐标描述 A 的运动，不但对 A 非常方便，更主要的是由于绳子的约束作用，B 的运动（也包括 C 的牵连运动）只由极坐标 r 决定即可；对于 C 的运动描述，既可像现在这样取相对坐标，也可取绝对坐标。前者写出的势能简单，动能要利用合成运动的概念；后者则反之。

例 4.15 如图 4.3.5 所示，质量为 m、半径为 r 的均质薄圆环沿直线轨道作纯滚动，质量为 M、长为 $l=\sqrt{2}r$ 的均质细杆 AB 在圆环内滑动。忽略圆环与杆间的摩擦。(1)写出系统的运动微分方程；(2)分析初积分；(3)当系统在平衡位置附近作微振动时，求微振动的圆频率。

解：系统含有两个自由度，取广义坐标为圆环中心 O 在水平方向的位移 x 和细杆与水平线的夹角 θ。

由几何关系，O 点到细杆质心 C 的连线垂直于细杆轴线，距离为 $OC=\sqrt{2}r/2$。在 O 点处建立固结于圆环的平动坐标系（图 4.3.5 中未画出），根据运动学中的速度合成定理，知

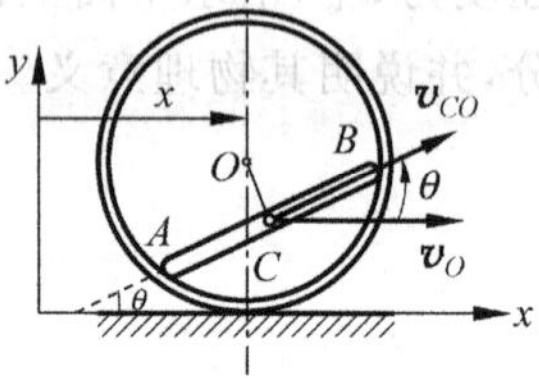

$$\boldsymbol{v}_C=\boldsymbol{v}_e+\boldsymbol{v}_r=\boldsymbol{v}_O+\boldsymbol{v}_{CO},\quad v_O=\dot{x},\quad v_{CO}=\frac{\sqrt{2}}{2}r\dot{\theta}$$

图 4.3.5

系统的动能

$$T=\frac{1}{2}m\dot{x}^2+\frac{1}{2}(mr^2)\left(\frac{\dot{x}}{r}\right)^2+\frac{1}{2}\frac{1}{12}M(\sqrt{2}r)^2\dot{\theta}^2+\frac{1}{2}M\left[\left(\dot{x}+\frac{\sqrt{2}}{2}r\dot{\theta}\cos\theta\right)^2+\left(\frac{\sqrt{2}}{2}r\dot{\theta}\sin\theta\right)^2\right]$$

$$=\left(m+\frac{1}{2}M\right)\dot{x}^2+Mr\left(\frac{\sqrt{2}}{2}\dot{\theta}\,\dot{x}\cos\theta+\frac{1}{3}r\dot{\theta}^2\right)$$

以圆环中心所在的平面为零势能位，则系统的势能为

$$V=-mg\cdot\frac{\sqrt{2}}{2}r\cos\theta$$

系统的拉格朗日函数

$$L=T-V=\left(m+\frac{1}{2}M\right)\dot{x}^2+Mr\left(\frac{\sqrt{2}}{2}\dot{\theta}\,\dot{x}\cos\theta+\frac{1}{3}r\dot{\theta}^2\right)+\frac{\sqrt{2}}{2}mgr\cos\theta$$

(1) 列写系统的运动微分方程

将拉格朗日函数代入势力场的拉格朗日方程得

$$(M+2m)\ddot{x}+\frac{\sqrt{2}}{2}Mr(\ddot{\theta}\cos\theta-\dot{\theta}^2\sin\theta)=0$$

$$\ddot{x}\cos\theta+\frac{2\sqrt{2}}{3}r\ddot{\theta}+g\sin\theta=0$$

(2) 系统初积分

拉格朗日函数 L 中不显含时间 t，且主动力有势，约束为定常，故存在能量积分(机械能守恒)

$$T+V=\left(m+\frac{M}{2}\right)\dot{x}^2+\frac{\sqrt{2}}{2}Mr\,\dot{x}\dot{\theta}\cos\theta+\frac{1}{3}Mr^2\dot{\theta}^2-\frac{\sqrt{2}}{2}mgr\cos\theta=E$$

拉格朗日函数 L 中不显含变量 x，故 x 为循环坐标，存在循环积分

$$p_x=\frac{\partial L}{\partial\dot{x}}=\frac{\partial T}{\partial\dot{x}}=(M+2m)\dot{x}+\frac{\sqrt{2}}{2}Mr\dot{\theta}\cos\theta=C_x$$

(3) 微振动的圆频率

由于运动微分方程中含有非线性项$\ddot{\theta}\cos\theta$、$\dot{\theta}^2\sin\theta$、$\ddot{x}\cos\theta$ 等，故它们是二阶非线性常微分方程，只有线性化后才能求得解析解。为此，把 θ、$\dot{\theta}$、$\ddot{\theta}$、$\ddot{x}$看成一阶小量，将 $\sin\theta$、$\cos\theta$ 按 θ 展成级数，并略去二阶以上的小量，便得

$$(M+2m)\ddot{x}+\frac{\sqrt{2}}{2}Mr\ddot{\theta}=0$$

$$\ddot{x}+\frac{2\sqrt{2}}{3}r\ddot{\theta}+g\theta=0$$

由此消去$\ddot{x}$得

$$\ddot{\theta}+\frac{6M+12m}{M+8m}\frac{g}{\sqrt{2}r}\theta=0$$

此式为简谐振动的微分方程，其固有圆频率为

$$\omega_n=\sqrt{\frac{6M+12m}{M+8m}\frac{g}{\sqrt{2}r}}$$

例 4.16 如图 4.3.6 所示，抛物线 $x^2=2az$ 形状的框架可绕铅直轴 Oz 转动，转动惯量为 J，框架上作用有力偶 M。一质量为 m 的小球沿框架内壁光滑滑动。试对以下两种情况列写系统的运动微分方程，并给出系统的初积分：(1)设力偶矩 M 是框架转角 φ 的已知函数，即 $M=M(\varphi)$；(2)设转角 φ 是时间 t 的已知函数，即 $\varphi=f(t)$。

解：取框架连同小球一起作为质点系。

(1) 当 $M=M(\varphi)$已知时：质点系为含有两个自由度的定常完整系统，可取 x 和 φ 作为广义坐标。

由已知条件，有

$$z=\frac{1}{2}\frac{x^2}{a},\quad \dot{z}=\frac{x\dot{x}}{a}$$

于是，系统的动能为

$$T=\frac{1}{2}J\dot{\varphi}^2+\frac{1}{2}m(\dot{x}^2+\dot{z}^2+x^2\dot{\varphi}^2)=\frac{1}{2}(J+mx^2)\dot{\varphi}^2+\frac{1}{2}m\left(1+\frac{x^2}{a^2}\right)\dot{x}^2$$

以 $z=0$ 为重力的零势能位，以 $\varphi=0$ 为力偶的零势能位，则系统的势

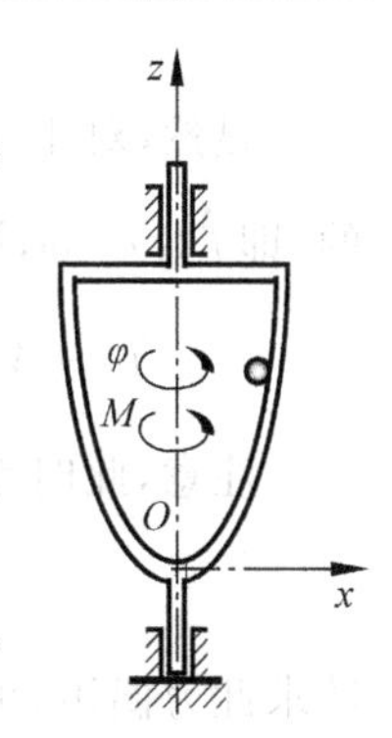

图 4.3.6

能为

$$V(x,\varphi)=mgz+\int_{\varphi}^{0}M(\varphi)\mathrm{d}\varphi=mg\,\frac{x^2}{2a}-\int_{0}^{\varphi}M(\varphi)\mathrm{d}\varphi$$

系统的拉格朗日函数

$$L=T-V=\frac{1}{2}(J+mx^2)\,\dot{\varphi}^2+\frac{1}{2}m\left(1+\frac{x^2}{a^2}\right)\dot{x}^2-mg\,\frac{x^2}{2a}+\int_{0}^{\varphi}M(\varphi)\mathrm{d}\varphi$$

将拉格朗日函数代入势力场的拉格朗日方程中,经整理后得到系统的运动微分方程为

$$\frac{\mathrm{d}}{\mathrm{d}t}[(J+mx^2)\,\dot{\varphi}]=M(\varphi)$$

$$(x^2+a^2)\,\ddot{x}+x\,\dot{x}^2+xa(g-a\,\dot{\varphi}^2)=0$$

拉格朗日函数 L 中不显含时间 t,且主动力有势,约束为定常,故存在能量积分(机械能守恒)

$$T+V=\frac{1}{2}(J+mx^2)\,\dot{\varphi}^2+\frac{1}{2}m\left(1+\frac{x^2}{a^2}\right)\dot{x}^2+mg\,\frac{x^2}{2a}-\int_{0}^{\varphi}M(\varphi)\mathrm{d}\varphi=E$$

由于函数 L 显含 x 和 φ,故不存在循环积分。如果作用在框架上的力偶矩 $M(\varphi)$ 恒为零,则存在着对 φ 的循环积分,其物理意义是质点系对转轴的动量矩守恒,即

$$p_{\varphi}=\frac{\partial T}{\partial\,\dot{\varphi}}=(J+mx^2)\,\dot{\varphi}=C_{\varphi}$$

(2) 当 φ 已知时:框架的转角 φ 是一个预先给定的函数 $\varphi=f(t)$,质点系为具有非定常约束的单自由度系统。这时,可取 x 作为广义坐标。由于 $\delta\varphi=\delta f(t)=0$,$M\delta\varphi=0$,即力偶矩 M 的虚功为零,则 M 可以看作理想约束力(偶)。

系统的动能表达式为

$$T=\frac{1}{2}(J+mx^2)[\dot{f}(t)]^2+\frac{1}{2}m\left(1+\frac{x^2}{a^2}\right)\dot{x}^2$$

而系统的势能为

$$V(x,\varphi)=mg\,\frac{x^2}{2a}$$

系统的拉格朗日函数

$$L=T-V=\frac{1}{2}(J+mx^2)[\dot{f}(t)]^2+\frac{1}{2}m\left(1+\frac{x^2}{a^2}\right)\dot{x}^2-mg\,\frac{x^2}{2a}$$

将拉格朗日函数代入势力场的拉格朗日方程中,化简后得

$$(x^2+a^2)\,\ddot{x}+x\,\dot{x}^2+xa(g-a\dot{f}^2)=0$$

显然,对于一般的转动规律 $\varphi=f(t)$,系统不存在符合条件的初积分。如果转动是匀速的,即 $\dot{f}(t)=\omega$,那么 L 中不显含时间 t,约束为非定常的,故存在广义能量守恒。即

$$T_2+V-T_0=-\frac{1}{2}(J+mx^2)[\dot{f}(t)]^2+\frac{1}{2}m\left(1+\frac{x^2}{a^2}\right)\dot{x}^2+mg\,\frac{x^2}{2a}=E$$

注意,此时系统的机械能并不守恒,这是因为外力偶矩 M 在实位移中的功不为零,而是

$$\int M\mathrm{d}\varphi=\int M\,\dot{f}(t)\,\mathrm{d}t$$

欲求此力偶矩,可利用解除约束原理,增加系统自由度的方法。将框架的转角 φ 变为非预先设定的函数,如本例的第一种情形,进而得到

$$M(t)=\frac{\mathrm{d}}{\mathrm{d}t}[(J+mx^2)\dot{\varphi}]$$

如为匀速转动，$\dot{\varphi}=\omega$，则有

$$M(t)=2m\omega x(t)\dot{x}(t)$$

除非 x 不变化(这是否可能?)，否则，要维持框架的匀速转动，必须有外力偶的作用。

4.4 耗散问题的拉格朗日方程

前面介绍的有势力是一种依赖于位形的力，可以用一个单值连续的势能函数 V 来表示。实际工程中，除了依赖于位形的力以外，还存在依赖于速度的力，其中最典型的两种力就是耗散力和陀螺力，这里仅讨论将拉格朗日方程应用于耗散系统的问题。

4.4.1 耗散力与耗散函数

如果非有势力的功率恒小于零，即

$$P=\sum_{i=1}^{n}\boldsymbol{F}_i\cdot\boldsymbol{v}_i<0 \tag{4.4.1}$$

则称这种力为**耗散力**。式中，$\boldsymbol{v}_i$ 表示第 i 个质点的速度，$\boldsymbol{F}_i$ 表示第 i 个质点所受的耗散力，n 为系统包含的质点数。

耗散系统的主要特征就是系统在运动中有单纯的能量耗散，或者说，系统中作用有把系统的机械能转变为非机械能的力，即耗散力，使系统的机械能单调递减。

工程中经常遇到的各种阻尼(库仑摩擦、黏性阻尼等)都是耗散力的实例，可表达成下列近似形式：

$$\boldsymbol{F}_i=-\mu_i f_i(v_i)\frac{\boldsymbol{v}_i}{v_i}\quad(i=1,2,\cdots,n) \tag{4.4.2}$$

式中，μ_i 是广义坐标和时间的正值函数，$f_i(v_i)$是广义坐标和速度 v_i 的正值函数，v_i 为 $\boldsymbol{v}_i$ 的模。显然，它符合耗散力的定义式(4.4.1)，即

$$P=\sum_{i=1}^{n}\boldsymbol{F}_i\cdot\boldsymbol{v}_i=-\sum_{i=1}^{n}\mu_i f_i(v_i)\frac{\boldsymbol{v}_i}{v_i}\cdot\boldsymbol{v}_i=-\sum_{i=1}^{n}\mu_i f_i(v_i)v_i<0 \tag{4.4.3}$$

应用拉格朗日方程求解耗散系统的动力学问题，主要是如何计算耗散力的广义力的问题。一般称耗散力对应的广义力 Q_k' 为**广义耗散力**。根据广义力的定义有

$$Q_k'=\sum_{i=1}^{n}\boldsymbol{F}_i\cdot\frac{\partial\boldsymbol{r}_i}{\partial q_k}=-\sum_{i=1}^{n}\mu_i f_i(v_i)\frac{\boldsymbol{v}_i}{v_i}\cdot\frac{\partial\boldsymbol{r}_i}{\partial q_k}\quad(k=1,2,\cdots,f) \tag{4.4.4}$$

利用拉格朗日的第一个经典关系(消点式)，并注意到$\dot{\boldsymbol{r}}_i=\boldsymbol{v}_i$，上式写为

$$Q_k'=-\sum_{i=1}^{n}\mu_i f_i(v_i)\frac{\boldsymbol{v}_i}{v_i}\cdot\frac{\partial\boldsymbol{v}_i}{\partial\dot{q}_k} \tag{4.4.5}$$

式中，两矢量的标积可写为

$$\boldsymbol{v}_i\cdot\frac{\partial\boldsymbol{v}_i}{\partial\dot{q}_k}=\frac{1}{2}\frac{\partial}{\partial\dot{q}_k}(\boldsymbol{v}_i\cdot\boldsymbol{v}_i)=\frac{1}{2}\frac{\partial v_i^2}{\partial\dot{q}_k}=v_i\frac{\partial v_i}{\partial\dot{q}_k}$$

因此有

$$Q'_k = -\sum_{i=1}^{n}\mu_i f_i(v_i)\frac{\partial v_i}{\partial \dot{q}_k} = -\frac{\partial}{\partial \dot{q}_k}\sum_{i=1}^{n}\mu_i\int_0^{v_i} f_i(v_i)\mathrm{d}v_i \tag{4.4.6}$$

令

$$\Psi = \sum_{i=1}^{n}\mu_i\int_0^{v_i} f_i(v_i)\mathrm{d}v_i \tag{4.4.7}$$

称为路尔叶(Anatolii Isakovich Lurie，1901—1980)耗散函数(非线性阻尼)，它是瑞利(Lord Rayleigh，1842—1919)提出的黏性阻尼耗散函数的推广，在路尔叶耗散函数中取 $f_i(v_i)=v_i$ 即为瑞利耗散函数。显然，由于被积函数为正值函数，耗散函数也总是一个正值函数。于是广义耗散力可表示为

$$Q'_k = -\frac{\partial \Psi}{\partial \dot{q}_k} \quad (k=1,2,\cdots,f) \tag{4.4.8}$$

其形式如同广义保守力，犹如广义保守力可由一个势能函数 V 来表达一样，广义耗散力同样可由一个耗散函数 Ψ 来概括。

4.4.2 含耗散函数的拉格朗日方程

将式(4.4.8)代入含非有势力的拉格朗日方程中，得到同时受到有势力及耗散力作用系统的拉格朗日方程，即

$$\frac{\mathrm{d}}{\mathrm{d}t}\left(\frac{\partial L}{\partial \dot{q}_k}\right) - \frac{\partial L}{\partial q_k} + \frac{\partial \Psi}{\partial \dot{q}_k} = 0 \quad (k=1,2,\cdots,f) \tag{4.4.9}$$

显然，对作用于系统的阻力来说，在给定 μ_i 和 $f_i(v_i)$ 以后，即可写出耗散函数 Ψ。

4.4.3 耗散函数的物理意义

为了说明耗散函数的物理意义，考虑单项速度幂函数的阻尼力，设

$$f_i(v_i) = v_i^m \quad (i=1,2,\cdots,n) \tag{4.4.10}$$

并假定系统的约束是定常的，且 $\partial L/\partial t=0$，则由式(4.4.7)，得到耗散函数

$$\Psi = \sum_{i=1}^{n}\mu_i\int_0^{v_i} f_i(v_i)\mathrm{d}v_i = \frac{1}{m+1}\sum_{i=1}^{n}\mu_i v_i^{m+1} = \frac{1}{m+1}\sum_{i=1}^{n}\mu_i\sum_{k=1}^{l}\left|\frac{\partial \boldsymbol{r}_i}{\partial q_k}\dot{q}_k\right|^{m+1} \tag{4.4.11}$$

可见，耗散函数 Ψ 是广义速度 $\dot{q}_k$ 的 $(m+1)$ 次齐次函数。对于定常约束系统，动能仅是广义速度的二次齐次函数。将式(4.4.9)两边乘以 $\dot{q}_k$，然后对 l 个方程求总和得

$$\sum_{k=1}^{l}\frac{\mathrm{d}}{\mathrm{d}t}\left(\frac{\partial L}{\partial \dot{q}_k}\right)\dot{q}_k - \sum_{k=1}^{l}\frac{\partial L}{\partial q_k}\dot{q}_k = -\sum_{k=1}^{l}\frac{\partial \Psi}{\partial \dot{q}_k}\dot{q}_k$$

将上式改写为

$$\frac{\mathrm{d}}{\mathrm{d}t}\sum_{k=1}^{l}\left(\frac{\partial L}{\partial \dot{q}_k}\dot{q}_k\right) - \sum_{k=1}^{l}\left(\frac{\partial L}{\partial \dot{q}_k}\ddot{q}_k + \frac{\partial L}{\partial q_k}\dot{q}_k\right) = -\sum_{k=1}^{l}\frac{\partial \Psi}{\partial \dot{q}_k}\dot{q}_k$$

由于 $L=T-V$，且 V 仅是广义坐标的函数，因此，应用欧拉齐次函数定理，有

$$\frac{\mathrm{d}}{\mathrm{d}t}(2T) - \frac{\mathrm{d}L}{\mathrm{d}t} = -(m+1)\Psi \quad 或 \quad \frac{\mathrm{d}}{\mathrm{d}t}(T+V) = -(m+1)\Psi \tag{4.4.12}$$

上式表明，系统机械能损失率的绝对值等于耗散函数的 $(m+1)$ 倍，同时反映了耗散力的本质是使系统的总能量不断减少。比例常数 m 则与耗散力的类型有关，$m=0$ 相当于库仑摩

擦；$m=1$ 相当于黏性阻尼，物体在流体介质中的低速运动所受的阻尼属此类型；当物体在流体介质中的运动速度较大时，m 可能为2、3或更大值。

可见，瑞利耗散函数是广义速度的二次齐次函数，黏性阻尼的机械能损失率正好为耗散函数的两倍。

例4.17 如图4.4.1所示空间弹簧摆，质点的质量为 m，弹簧的劲度系数为 k，作用在质点上的耗散力 $F=\mu v^n$，v 为质点的速度。试写出摆的运动微分方程。

解：系统含有3个自由度，取球坐标 r、θ 及 φ 为广义坐标。

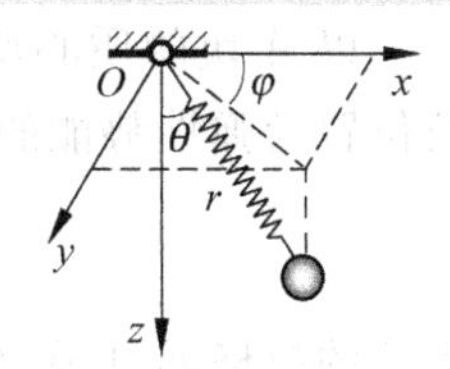

图 4.4.1

由于质点的速度为

$$v^2=\dot{r}^2+r^2\dot{\theta}^2+r^2\sin^2\theta\,\dot{\varphi}^2$$

因此，系统的动能为

$$T=\frac{1}{2}mv^2=\frac{1}{2}m(\dot{r}^2+r^2\dot{\theta}^2+r^2\sin^2\theta\,\dot{\varphi}^2)$$

设弹簧原长为 r_0，以 $z=0$ 为重力的零势能位，弹性势能取弹簧原长为零势能位，则系统的势能为

$$V=-mgr\cos\theta+\frac{1}{2}k(r-r_0)^2$$

由式(4.4.11)，取 $m=n$，耗散函数为

$$\Psi=\frac{1}{n+1}\mu v^{n+1}=\frac{1}{n+1}\mu(\dot{r}^2+r^2\dot{\theta}^2+r^2\sin^2\theta\,\dot{\varphi}^2)^{\frac{n+1}{2}}$$

于是

$$\frac{\mathrm{d}}{\mathrm{d}t}\left(\frac{\partial L}{\partial\dot{r}}\right)=m\ddot{r},\quad \frac{\partial L}{\partial r}=mr\dot{\theta}^2+mr\sin^2\theta\,\dot{\varphi}^2+mg\cos\theta-k(r-r_0)$$

$$\frac{\partial\Psi}{\partial\dot{r}}=\mu\dot{r}(\dot{r}^2+r^2\dot{\theta}^2+r^2\sin^2\theta\,\dot{\varphi}^2)^{\frac{n-1}{2}}$$

将相关表达式代入耗散问题的拉格朗日方程中并整理得

$$m\ddot{r}+\mu\dot{r}(\dot{r}^2+r^2\dot{\theta}^2+r^2\dot{\varphi}^2\sin^2\theta)^{\frac{n-1}{2}}-mr(\dot{\theta}^2+\dot{\varphi}^2\sin^2\theta)+k(r-r_0)-mg\cos\theta=0$$

同理得到对应于 θ 和 φ 的方程

$$mr\ddot{\theta}+2m\dot{r}\dot{\theta}-mr\dot{\varphi}^2\sin\theta\cos\theta+\mu r\dot{\theta}(\dot{r}^2+r^2\dot{\theta}^2+r^2\dot{\varphi}^2\sin^2\theta)^{\frac{n-1}{2}}+mg\sin\theta=0$$

$$mr\ddot{\varphi}\sin^2\theta+2m\dot{r}\dot{\varphi}\sin^2\theta+mr\dot{\theta}\dot{\varphi}\sin2\theta+\mu r\dot{\varphi}\sin^2\theta(\dot{r}^2+r^2\dot{\theta}^2+r^2\dot{\varphi}^2\sin^2\theta)^{\frac{n-1}{2}}=0$$

从本例可以看出，应用耗散系统的拉格朗日方程时，只需把耗散函数表示成广义速度的函数即可。

例4.18 如图4.4.2所示，物块 A 与球 B 的质量分别为 m_1 及 m_2，用长为 l 的无重杆相连。物块受弹簧的约束且受黏性摩擦力作用，弹簧的劲度系数为 k，黏性摩擦因数为 c，试建立系统的运动微分方程。

解：以整体为研究对象，系统含有两个自由度，选 A 块相对于弹簧未变形的位移 x 和小球的摆角 θ 为广义坐标，坐标起始位置在系统静平衡位置。

AB 杆作平面运动，小球的速度为

$$v_B^2 = \dot{x}^2 + (l\dot{\theta})^2 + 2l\dot{x}\dot{\theta}\cos\theta$$

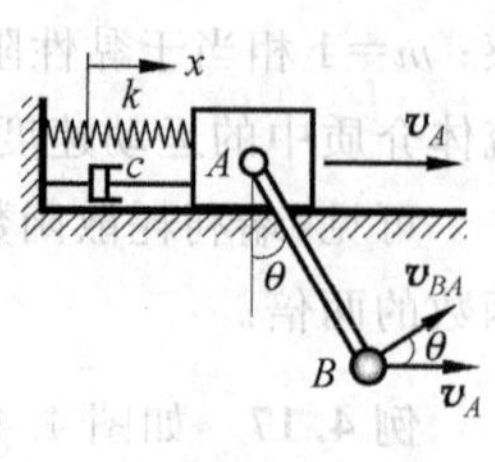

图 4.4.2

这样，系统的动能为

$$\begin{aligned} T &= \frac{1}{2}m_1\dot{x}^2 + \frac{1}{2}m_2[\dot{x}^2 + (l\dot{\theta})^2 + 2l\dot{x}\dot{\theta}\cos\theta] \\ &= \frac{1}{2}(m_1 + m_2)\dot{x}^2 + \frac{1}{2}m_2 l^2\dot{\theta}^2 + m_2 l\dot{x}\dot{\theta}\cos\theta \end{aligned}$$

以 A 块的质心所在的水平面为重力的零势能位，以弹簧的原长位置为弹性势能的零势能位，则系统在一般位置上的势能为

$$V = \frac{1}{2}kx^2 - m_2 gl\cos\theta$$

系统的拉格朗日函数为

$$L = \frac{1}{2}(m_1 + m_2)\dot{x}^2 + \frac{1}{2}m_2 l^2\dot{\theta}^2 + m_2 l\dot{x}\dot{\theta}\cos\theta - \frac{1}{2}kx^2 + m_2 gl\cos\theta$$

系统受黏性阻尼的作用，$m=1$，耗散函数为

$$\Psi = \frac{1}{m+1}\sum_{i=1}^{n}\mu_i v_i^{m+1} = \frac{1}{2}c\dot{x}^2$$

将以上两式代入耗散问题的拉格朗日方程中，得到

$$(m_1 + m_2)\ddot{x} + c\dot{x} + kx + m_2 l(\ddot{\theta}\cos\theta - \dot{\theta}^2\sin\theta) = 0$$

$$\ddot{x}\cos\theta + l\ddot{\theta} + g\sin\theta = 0$$

若系统只在平衡位置附近作微幅振动，略去所有二阶以上的小量即可得到微振动有阻尼线性微分方程。

例 4.19 如图 4.4.3 所示的弹簧-质量系统中，已知两物块的质量分别为 m_1 及 m_2，弹簧的劲度系数分别为 k_1 及 k_2，阻尼系数分别为 c_1 及 c_2，且阻尼与相对速度的大小成正比。试写出系统的耗散函数及运动微分方程。

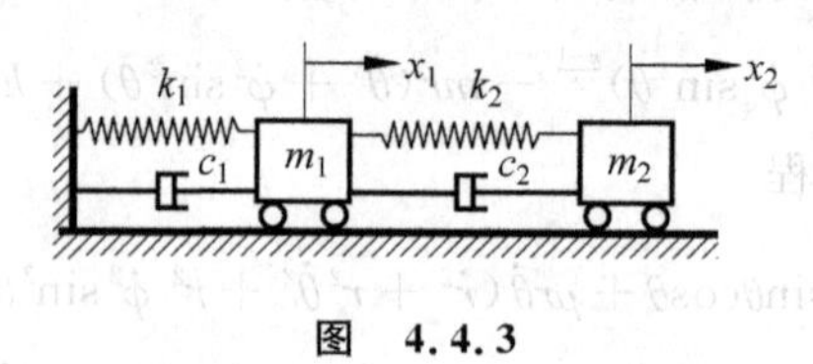

图 4.4.3

解：以整体为研究对象，系统含有两个自由度，取质点偏离各自静平衡位置的位移 x_1 及 x_2 作为广义坐标。

系统的动能为

$$T = \frac{1}{2}(m_1\dot{x}_1^2 + m_2\dot{x}_2^2)$$

势能取决于每个弹簧两端的相对位移：

$$V = \frac{1}{2}[k_1 x_1^2 + k_2(x_2 - x_1)^2]$$

耗散函数取决于阻尼器端点的相对速度，取 $m=1$，有

$$\Psi = \frac{1}{2}\sum_{i=1}^{n} c_i(\Delta v_i)^2 = \frac{1}{2}[c_1\dot{x}_1^2 + c_2(\dot{x}_2 - \dot{x}_1)^2]$$

将相关表达式代入耗散问题的拉格朗日方程中，得到

$$m_1\ddot{x}_1 + (c_1 + c_2)\dot{x}_1 - c_2\dot{x}_2 + (k_1 + k_2)x_1 - k_2x_2 = 0$$

$$m_2\ddot{x}_2 - c_2\dot{x}_1 + c_2\dot{x}_2 - k_2x_1 + k_2x_2 = 0$$

在机械振动问题中，尤其对于多自由度振动问题，常常将所得运动微分方程写成矩阵的形式：

$$\begin{bmatrix} m_1 & 0 \\ 0 & m_2 \end{bmatrix}\begin{bmatrix} \ddot{x}_1 \\ \ddot{x}_2 \end{bmatrix} + \begin{bmatrix} c_1 + c_2 & -c_2 \\ -c_2 & c_2 \end{bmatrix}\begin{bmatrix} \dot{x}_1 \\ \dot{x}_2 \end{bmatrix} + \begin{bmatrix} k_1 + k_2 & -k_2 \\ -k_2 & k_2 \end{bmatrix}\begin{bmatrix} x_1 \\ x_2 \end{bmatrix} = \begin{bmatrix} 0 \\ 0 \end{bmatrix}$$

令

$$\boldsymbol{M} = \begin{bmatrix} m_1 & 0 \\ 0 & m_2 \end{bmatrix},\quad \boldsymbol{C} = \begin{bmatrix} c_1 + c_2 & -c_2 \\ -c_2 & c_2 \end{bmatrix},\quad \boldsymbol{K} = \begin{bmatrix} k_1 + k_2 & -k_2 \\ -k_2 & k_2 \end{bmatrix}$$

分别称为质量矩阵、阻尼矩阵及刚度矩阵，它们均为对称矩阵。这一特点有助于分析结果的正确性。

4.5　碰撞问题的拉格朗日方程

碰撞是一种常见的力学现象。当物体受到急剧的冲击时就会发生碰撞。与一般的动力学问题相比，碰撞问题的基本特征是碰撞力巨大而碰撞时间极短，速度变化为有限值，加速度变化相当大。碰撞过程是一个十分复杂的物理过程，为研究碰撞过程的动力学问题，必须进行简化，以获得较简单的物理模型。

碰撞过程的研究中，与碰撞力相比，**忽略非碰撞力的影响**，但约束力与摩擦力则不能忽略，它们随主动力的加大而加大，在碰撞情况下也属碰撞力；碰撞过程的时间极短，由于物体的速度有限，在很短的时间间隔内来不及运动，位移极小，因而碰撞过程的研究中**忽略系统位置的变化**，但碰撞力的冲量是巨大的碰撞力在极短时间上的累积，是有限量，不能忽略。

碰撞过程的研究中，一般不涉及物体运动的细节，只研究物体的运动速度或动量（动量矩）在很短时间内发生的有限改变。在矢量力学中通常应用冲量定理和冲量矩定理来研究碰撞前后系统的动量和动量矩的变化，但这样做会在方程中出现未知的约束力的冲量。由于拉格朗日方程中不含未知的理想约束力，因此，如能将拉格朗日方程应用于碰撞问题的分析，就可以避免出现未知的理想约束力的冲量。

4.5.1　碰撞阶段的拉格朗日方程

在受完整、理想、双面约束的质点系中，系统主动力与运动之间的关系可用第二类拉格朗日方程来描述，即

$$\frac{\mathrm{d}}{\mathrm{d}t}\left(\frac{\partial T}{\partial \dot{q}_k}\right) - \frac{\partial T}{\partial q_k} = Q_k \quad (k = 1,2,\cdots,f) \tag{4.5.1}$$

上式两端乘以 $\mathrm{d}t$，并在碰撞阶段 $[0,\Delta t]$ 内积分，得到

$$\int_0^{\Delta t}\frac{\mathrm{d}}{\mathrm{d}t}\left(\frac{\partial T}{\partial \dot{q}_k}\right)\mathrm{d}t - \int_0^{\Delta t}\frac{\partial T}{\partial q_k}\mathrm{d}t = \int_0^{\Delta t} Q_k\,\mathrm{d}t \quad (k = 1,2,\cdots,f) \tag{4.5.2}$$

上式左端第一项可表达为

$$\int_0^{\Delta t}\frac{\mathrm{d}}{\mathrm{d}t}\left(\frac{\partial T}{\partial \dot{q}_k}\right)\mathrm{d}t=\int_0^{\Delta t}\mathrm{d}\left(\frac{\partial T}{\partial \dot{q}_k}\right)=\frac{\partial T}{\partial \dot{q}_k}\bigg|_0^{\Delta t}=p_k\bigg|_0^{\Delta t}=\Delta p_k\quad(k=1,2,\cdots,f)\tag{4.5.3}$$

其中

$$p_k=\frac{\partial T}{\partial \dot{q}_k}\quad(k=1,2,\cdots,f)\tag{4.5.4}$$

为对应于广义坐标 q_k 的**广义动量**，Δp_k 表示广义动量 p_k 在碰撞前后的有限变化量。

考虑到式(4.5.2)左端第二项的被积函数$\partial T/\partial q_k$ 为有限量，而积分区间(即碰撞时间间隔)Δt 又极短，故由中值定理，有

$$\int_0^{\Delta t}\frac{\partial T}{\partial q_k}\mathrm{d}t\leqslant\int_0^{\Delta t}\left|\frac{\partial T}{\partial q_k}\right|\mathrm{d}t\leqslant M\Delta t\approx 0\quad(k=1,2,\cdots,f)\tag{4.5.5}$$

这里的 M 为$|\partial T/\partial q_k|$的最大值。

式(4.5.2)右端的广义力 Q_k 实则为碰撞力的广义力。在碰撞阶段，Q_k 非常大，因此尽管积分区间 Δt 极短，但是积分

$$\int_0^{\Delta t}Q_k\mathrm{d}t=\hat{Q}_k\quad(k=1,2,\cdots,f)\tag{4.5.6}$$

却为有限量，称为碰撞阶段对应于广义坐标 q_k 的**广义冲量**。将式(4.5.3)、式(4.5.5)及式(4.5.6)代入式(4.5.2)中，得到

$$\Delta p_k=\hat{Q}_k\quad(k=1,2,\cdots,f)\tag{4.5.7}$$

此即**碰撞问题的拉格朗日方程**。该方程表明：对于受理想约束的完整系统，碰撞前后广义动量的增量等于碰撞阶段的广义冲量。

4.5.2 碰撞阶段的广义冲量

注意到广义力的定义式(2.2.6)，即

$$Q_k=\sum_{i=1}^{n}\boldsymbol{F}_i\cdot\frac{\partial \boldsymbol{r}_i}{\partial q_k}\quad(k=1,2,\cdots,l)\tag{4.5.8}$$

则有

$$\hat{Q}_k=\int_0^{\Delta t}Q_k\mathrm{d}t=\int_0^{\Delta t}\sum_{i=1}^{n}\boldsymbol{F}_i\cdot\frac{\partial \boldsymbol{r}_i}{\partial q_k}\mathrm{d}t=\sum_{i=1}^{n}\int_0^{\Delta t}\boldsymbol{F}_i\cdot\frac{\partial \boldsymbol{r}_i}{\partial q_k}\mathrm{d}t\quad(k=1,2,\cdots,f)\tag{4.5.9}$$

考虑到碰撞阶段系统的位置不变，所以$\partial \boldsymbol{r}_i/\partial q_k$ 为一常量，于是上式变为

$$\hat{Q}_k=\sum_{i=1}^{n}\left(\int_0^{\Delta t}\boldsymbol{F}_i\mathrm{d}t\right)\cdot\frac{\partial \boldsymbol{r}_i}{\partial q_k}=\sum_{i=1}^{n}\boldsymbol{I}_i\cdot\frac{\partial \boldsymbol{r}_i}{\partial q_k}\quad(k=1,2,\cdots,f)\tag{4.5.10}$$

其中

$$\boldsymbol{I}_i=\int_0^{\Delta t}\boldsymbol{F}_i\mathrm{d}t\quad(i=1,2,\cdots,n)\tag{4.5.11}$$

为**碰撞冲量**。将式(4.5.10)与式(4.5.8)对比发现，对广义冲量可以按广义力的计算方法进行类比计算，即将碰撞力 $\boldsymbol{F}_i$ 用相应的冲量 $\boldsymbol{I}_i$ 代替即可。特别是广义冲量也可通过如下的“虚功”表达形式得到：

$$\sum_{i=1}^{n}\boldsymbol{I}_i\cdot\delta\boldsymbol{r}_i=\sum_{k=1}^{l}\hat{Q}_k\delta q_k\tag{4.5.12}$$

例 4.20　如图 4.5.1 所示的双复摆由质量皆为 m、杆长皆为 l 的两均质杆 OA 和 AB 铰接而成。开始时，两杆铅直静止，今在 AB 杆的中点 D 作用一与杆垂直的水平冲量 $\boldsymbol{I}$，求冲击后两杆的角速度。

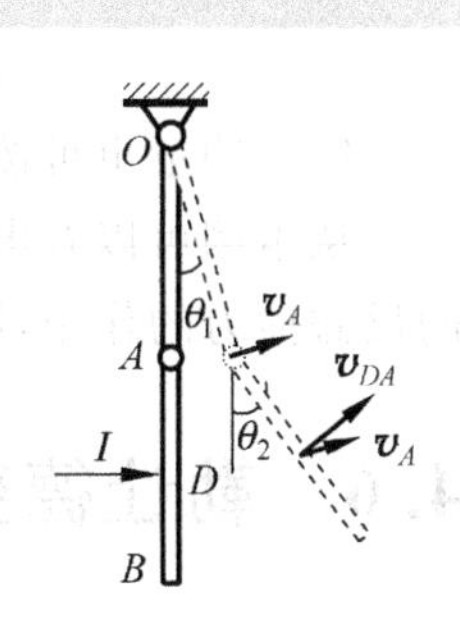

图　4.5.1

解：以两杆组成的系统为研究对象，系统含有两个自由度，取转角 θ_1 及 θ_2 为广义坐标。

先求系统的动能。由基点法，因 $v_A=l\dot{\theta}_1$，

$$\boldsymbol{v}_D=\boldsymbol{v}_A+\boldsymbol{v}_{DA}$$

$$v_D^2=l^2\dot{\theta}_1^2+\frac{1}{4}l^2\dot{\theta}_2^2+2l\dot{\theta}_1\cdot\frac{1}{2}l\dot{\theta}_2\cos(\theta_1-\theta_2)$$

于是，系统的动能为

$$\begin{aligned}T&=\frac{1}{2}\frac{1}{3}ml^2\dot{\theta}_1^2+\frac{1}{2}mv_D^2+\frac{1}{2}\frac{1}{12}ml^2\dot{\theta}_2^2\\&=\frac{1}{6}ml^2[4\dot{\theta}_1^2+3\dot{\theta}_1\dot{\theta}_2\cos(\theta_1-\theta_2)+\dot{\theta}_2^2]\end{aligned}$$

由于冲击过程中系统的位形变化可以忽略不计，所以两杆可视为在冲击过程中始终处于铅直位置，即 $\theta_1=\theta_2=0$，代入上式得

$$T=\frac{1}{6}ml^2(4\dot{\theta}_1^2+3\dot{\theta}_1\dot{\theta}_2+\dot{\theta}_2^2)$$

广义动量

$$p_{\theta_1}=\frac{\partial T}{\partial\dot{\theta}_1}=\frac{1}{6}ml^2(8\dot{\theta}_1+3\dot{\theta}_2),\quad p_{\theta_2}=\frac{\partial T}{\partial\dot{\theta}_2}=\frac{1}{6}ml^2(3\dot{\theta}_1+2\dot{\theta}_2)$$

冲击初始，系统静止，即 $t=0$ 时，$\dot{\theta}_1=\dot{\theta}_2=0$，对应于广义坐标 θ_1 及 θ_2 的广义动量为

$$p_{\theta_1}\big|_{t=0}=p_{\theta_2}\big|_{t=0}=0$$

冲击末，两杆的角速度分别为 $\dot{\theta}_1$ 和 $\dot{\theta}_2$，因此，冲击过程中广义动量的增量为

$$\Delta p_{\theta_1}=p_{\theta_1}\big|_{t=\Delta t}-p_{\theta_1}\big|_{t=0}=\frac{1}{6}ml^2(8\dot{\theta}_1+3\dot{\theta}_2)$$

$$\Delta p_{\theta_2}=p_{\theta_2}\big|_{t=\Delta t}-p_{\theta_2}\big|_{t=0}=\frac{1}{6}ml^2(3\dot{\theta}_1+2\dot{\theta}_2)$$

冲击过程的广义冲量可根据式(4.5.12)来计算，即有

$$\boldsymbol{I}\cdot\delta\boldsymbol{r}_D=I\left(l\delta\theta_1+\frac{1}{2}l\delta\theta_2\right)=Il\delta\theta_1+\frac{1}{2}Il\delta\theta_2$$

因此求得广义冲量为

$$\hat{Q}_{\theta_1}=Il,\quad\hat{Q}_{\theta_2}=\frac{1}{2}Il$$

将有关表达式代入碰撞阶段的拉格朗日方程

$$\Delta p_k=\hat{Q}_k\quad(k=\theta_1,\theta_2)$$

有

$$\frac{1}{6}ml^2(8\dot{\theta}_1+3\dot{\theta}_2)=Il$$

$$\frac{1}{6}ml^2(3\dot{\theta}_1+2\dot{\theta}_2)=\frac{1}{2}Il$$

联立以上两式，解得冲击后两杆的角速度分别为

$$\dot{\theta}_1=\frac{3I}{7ml},\quad \dot{\theta}_2=\frac{6I}{7ml}$$

广义冲量也可按照与求解广义力类似的几何法获得。

从本例可以看出，应用拉格朗日方程求解碰撞问题时，可不必考虑支座 O 和铰链 A 处的反碰撞力的作用，因而求解简单。

4.6 勒让德变换与劳斯方程

利用循环积分和能量积分，可以将二阶的拉格朗日方程部分地降为一阶的微分方程，在一定程度上简化了方程的求解。这种利用初积分的降阶方法是积分拉格朗日方程的重要手段。1876 年，英国学者劳斯(Edward John Routh，1831—1907)利用循环积分消去循环变量使拉格朗日方程降阶，而降阶后的方程仍保持拉格朗日方程的形式，称为劳斯方程。劳斯方程推导的数学基础是勒让德(Adrien Marie Legendre，1752—1833)变换。勒让德变换是使函数由一组独立变量变换为另一组独立变量，而变换函数变量时函数也随之改变，即建立一个新函数，使两个函数满足同样的微分关系。

4.6.1 勒让德变换

勒让德变换是把以 $x_1,x_2,\cdots,x_N$ 为变量的多元函数 $\Phi(x_1,x_2,\cdots,x_N)$ 变换成以 $y_1,y_2,\cdots,y_N$ 为新变量的函数 $\Phi^*(y_1,y_2,\cdots,y_N)$ 的一种特殊变换，Φ^* 称为 Φ 的**勒让德变换**。

设给定一个二次可微的函数 $\Phi(x_1,x_2,\cdots,x_N)$，按下列方式引入一组新变量：

$$y_s=\frac{\partial \Phi}{\partial x_s}\quad (s=1,2,\cdots,N)\tag{4.6.1}$$

此式给出一个 x_s 与 y_s 之间的变量变换。如这种变换的雅可比行列式 $J(y)$ 或 Φ 的海塞(Ludwig Otto Hesse，1811—1874)行列式 $H(\Phi)$ 不为零，即

$$J(y)=\left|\frac{\partial y_i}{\partial x_j}\right|=\left|\frac{\partial^2\Phi}{\partial x_i\partial x_j}\right|=H(\Phi)\neq 0\quad (i,j=1,2,\cdots,N)\tag{4.6.2}$$

则必有式(4.6.1)的逆变换存在，即可通过反演把 x_s 表示成 y_s 的函数：

$$x_s=x_s(y_1,y_2,\cdots,y_N)\quad (s=1,2,\cdots,N)\tag{4.6.3}$$

定义一个函数 $\Phi^*(y_1,y_2,\cdots,y_N)$，它和原函数 $\Phi(x_1,x_2,\cdots,x_N)$ 之间满足的关系规定为

$$\Phi^*(y_1,y_2,\cdots,y_N)=\sum_{s=1}^{N}x_sy_s-\Phi(x_1,x_2,\cdots,x_N)\tag{4.6.4}$$

上式右端中的 x_s 均通过式(4.6.3)而视为 $y_1,y_2,\cdots,y_N$ 的函数。将式(4.6.4)两边对 y_s 求偏导数，得

$$\frac{\partial \Phi^*}{\partial y_s}=x_s+\sum_{r=1}^{N}\frac{\partial x_r}{\partial y_s}y_r-\sum_{r=1}^{N}\frac{\partial \Phi}{\partial x_r}\frac{\partial x_r}{\partial y_s}\tag{4.6.5}$$

利用式(4.6.1)，将上式右端第三项所含 $\partial\Phi/\partial x_r$ 用 y_r 代替，有

$$\frac{\partial \Phi^*}{\partial y_s} = x_s \quad (s = 1,2,\cdots,N) \tag{4.6.6}$$

由此可见,由勒让德变换建立起来的新旧变量之间存在一种**互换关系**,即**新变量是旧函数的导数,而旧变量则是新函数的导数**。

如果函数 Φ 还含有 M 个变量 $\tilde{x}_r (r=1,2,\cdots,M)$,其中部分变量 $x_s (s=1,2,\cdots,N)$ 将用新变量 y_s 代替,而 $\tilde{x}_r$ 是作为参数而出现的,是不参与变换的自变量,称为**保留变量**,即设 Φ 为

$$\Phi = \Phi(x_1, x_2, \cdots, x_N;\ \tilde{x}_1, \tilde{x}_2, \cdots, \tilde{x}_M) \tag{4.6.7}$$

则 Φ^* 也一定含有这些参数。在此情形下,定义 Φ 的勒让德变换

$$\Phi^*(y_1, y_2, \cdots, y_N;\ \tilde{x}_1, \tilde{x}_2, \cdots, \tilde{x}_M) = \sum_{s=1}^{N} x_s y_s - \Phi(x_1, x_2, \cdots, x_N;\ \tilde{x}_1, \tilde{x}_2, \cdots, \tilde{x}_M) \tag{4.6.8}$$

于是有

$$y_s = \frac{\partial \Phi}{\partial x_s}, \quad x_s = \frac{\partial \Phi^*}{\partial y_s} \quad (s = 1,2,\cdots,N) \tag{4.6.9}$$

由此得到反演后的 x_s 也含有保留变量:

$$x_s = x_s(y_1, y_2, \cdots, y_N;\ \tilde{x}_1, \tilde{x}_2, \cdots, \tilde{x}_M) \quad (s = 1,2,\cdots,N) \tag{4.6.10}$$

勒让德变换中还存在另一个新旧函数对保留变量求导的重要性质,即

$$\frac{\partial \Phi^*}{\partial \tilde{x}_r} = -\frac{\partial \Phi}{\partial \tilde{x}_r} \quad (r = 1,2,\cdots,M) \tag{4.6.11}$$

现在来证明这一性质。将式(4.6.7)与式(4.6.10)联系起来可以看出,Φ 是保留变量 $\tilde{x}_r (r=1,2,\cdots,M)$ 的复合函数。现将式(4.6.8)两边对 $\tilde{x}_r$ 求导,有

$$\frac{\partial \Phi^*}{\partial \tilde{x}_r} = \frac{\partial}{\partial \tilde{x}_r}\left(\sum_{s=1}^{N} \hat{x}_s y_s - \hat{\Phi}\right) = \sum_{s=1}^{N} \frac{\partial \hat{x}_s}{\partial \tilde{x}_r} y_s - \frac{\partial \hat{\Phi}}{\partial \tilde{x}_r} \tag{4.6.12}$$

符号 $\hat{x}_s$ 和 $\hat{\Phi}$ 表示已将它们表为变量 y_s 的函数。于是上式变为

$$\frac{\partial \Phi^*}{\partial \tilde{x}_r} = -\left(\frac{\partial \Phi}{\partial \tilde{x}_r} + \sum_{s=1}^{N} \frac{\partial \Phi}{\partial x_s}\frac{\partial \hat{x}_s}{\partial \tilde{x}_r}\right) + \sum_{s=1}^{N} \frac{\partial \hat{x}_s}{\partial \tilde{x}_r} y_s \tag{4.6.13}$$

将 $y_s = \partial\Phi/\partial x_s$ 代入上式,有

$$\frac{\partial \Phi^*}{\partial \tilde{x}_r} = -\frac{\partial \Phi}{\partial \tilde{x}_r} \tag{4.6.14}$$

勒让德变换在分析力学中有很多应用,在推导劳斯方程、哈密尔顿方程及正则变换时都会用到。

4.6.2　劳斯方程与劳斯能量积分

1. 劳斯方程

设一受有势力的完整系统,在 l 个广义坐标中有 m 个循环坐标$(q_1, q_2, \cdots, q_m)$,于是系统的拉格朗日函数为

$$L = L(q_{m+1}, q_{m+2}, \cdots, q_l;\ \dot{q}_1, \dot{q}_2, \cdots, \dot{q}_l;\ t) \tag{4.6.15}$$

同时存在 m 个循环积分:

$$p_k = \frac{\partial L}{\partial \dot{q}_k} = C_k \quad (k = 1,2,\cdots,m) \tag{4.6.16}$$

式中,C_k 是积分常数。由于拉格朗日函数 L 含有广义速度$\dot{q}_k$的二次项,因而 C_k 为广义速度的线性函数且不显含循环坐标。进一步,式(4.6.16)是与循环坐标对应的广义速度即循环速度($\dot{q}_1,\dot{q}_2,\cdots,\dot{q}_m$)的线性代数方程。若满足 L 的海塞行列式不为零,也就是

$$H(L) = \left|\frac{\partial^2 L}{\partial \dot{q}_i \partial \dot{q}_j}\right| \neq 0 \quad (i,j = 1,2,\cdots,m) \tag{4.6.17}$$

即可以解出($\dot{q}_1,\dot{q}_2,\cdots,\dot{q}_m$)作为非循环坐标及其导数和时间,以及积分常数 C_k 的函数,即求得

$$\dot{q}_k = \dot{q}_k(q_{m+1},q_{m+2},\cdots,q_l;\ \dot{q}_{m+1},\dot{q}_{m+2},\cdots,\dot{q}_l;\ t;\ C_1,C_2,\cdots,C_m) \quad (k = 1,2,\cdots,m) \tag{4.6.18}$$

为了利用循环积分使方程降阶,可以将拉格朗日函数 L 中的循环速度$\dot{q}_k$与广义动量积分常数 $C_k(k=1,2,\cdots,m)$两组变量之间进行变换。即以 C_k 为新变量替换$\dot{q}_k$,构造 L 的勒让德变换

$$L^* = R = \sum_{k=1}^{m} \dot{q}_k C_k - L \tag{4.6.19}$$

式中,R 称为**劳斯函数**。利用式(4.6.18),可以将 R 中的全部 m 个循环速度$\dot{q}_k$消掉,并表示为

$$R = R(q_{m+1},q_{m+2},\cdots,q_l;\ \dot{q}_{m+1},\dot{q}_{m+2},\cdots,\dot{q}_l;\ t;\ C_1,C_2,\cdots,C_m) \tag{4.6.20}$$

同时有变换

$$\frac{\partial L}{\partial \dot{q}_k} = C_k, \quad \frac{\partial R}{\partial C_k} = \dot{q}_k \quad (k = 1,2,\cdots,m) \tag{4.6.21}$$

而且对于保留变量,包括非循环坐标及其导数以及时间,由式(4.6.14),劳斯函数和拉格朗日函数之间满足

$$\frac{\partial R}{\partial q_k} = -\frac{\partial L}{\partial q_k}, \quad \frac{\partial R}{\partial \dot{q}_k} = -\frac{\partial L}{\partial \dot{q}_k}, \quad \frac{\partial R}{\partial t} = -\frac{\partial L}{\partial t} \quad (k = m+1,m+2,\cdots,l) \tag{4.6.22}$$

将上式代入拉格朗日方程,可得对应于 $l-m$ 个非循环坐标的拉格朗日方程,即**劳斯方程**:

$$\frac{\mathrm{d}}{\mathrm{d}t}\left(\frac{\partial R}{\partial \dot{q}_k}\right) - \frac{\partial R}{\partial q_k} = 0 \quad (k = m+1,m+2,\cdots,l) \tag{4.6.23}$$

如系统中存在非有势力,且该力与循环坐标无关(非有势力只存在于非循环坐标中),则有

$$\frac{\mathrm{d}}{\mathrm{d}t}\left(\frac{\partial R}{\partial \dot{q}_k}\right) - \frac{\partial R}{\partial q_k} = Q_k \quad (k = m+1,m+2,\cdots,l) \tag{4.6.24}$$

至于循环坐标,则可通过对式(4.6.21)求积分而得:

$$q_k = \int \frac{\partial R}{\partial C_k}\mathrm{d}t \quad (k = 1,2,\cdots,m) \tag{4.6.25}$$

劳斯方程与拉格朗日方程有相同的形式,但有明显的区别。拉格朗日函数 L 的变量为非循环坐标及其导数、循环坐标的导数和时间,而劳斯函数 R 的变量除非循环坐标及其导数和时

间外，不含循环坐标的导数，代替它的是积分常数 C_k，从而使方程阶数从 $2f$ 降为 $2(f-m)$。

循环坐标也称为**可遗坐标**(ignorable coordinates)，其得名是因为劳斯方程不显含循环坐标的导数，在研究非循环坐标的规律时，已将循环坐标及其导数排除在外。若将非循环坐标表示的运动称为**显运动**，则可将循环坐标表示的运动称为**隐运动**。

2. 劳斯能量积分

由于劳斯方程与拉格朗日方程有相同形式的数学表达式，因而劳斯方程也存在着广义能量积分。当拉格朗日函数 L 中不显含时间 t 时，**劳斯函数 R 中亦不显含时间** t，于是当主动力有势，即 $Q_k=0$ 时，可导出类似于拉格朗日方程的初积分形式，即

$$\sum_{k=m+1}^{l}\frac{\partial R}{\partial \dot{q}_k}\dot{q}_k - R = h \tag{4.6.26}$$

其中 h 为积分常数。上式称为**劳斯广义能量积分**。与拉格朗日函数 L 一样，劳斯函数 R 亦可分解为非循环速度 $\dot{q}_k(k=m+1,m+2,\cdots,l)$ 的二次、一次和零次齐次函数：

$$R = R_2 + R_1 + R_0 - V \tag{4.6.27}$$

同理，根据欧拉齐次函数定理，导出

$$\sum_{k=m+1}^{l}\frac{\partial R}{\partial \dot{q}_k}\dot{q}_k = 2R_2 + R_1 \tag{4.6.28}$$

将式(4.6.27)和式(4.6.28)代入式(4.6.26)，则能量积分又可表示为

$$R_2 + (V - R_0) = h \tag{4.6.29}$$

将劳斯能量积分和机械能守恒相比，可以认为，R_2 起了非循环变量的动能作用(显运动的动能)，$(V-R_0)$ 起势能的作用，但这个“势能”除主动力势能外，还包括相应于循环变量的那部分运动的动能，称为**劳斯势能**。因此劳斯能量积分的物理意义是**显运动动能与劳斯势能之和守恒**。

例 4.21　试求出

$$T = \frac{1}{2}\frac{\dot{q}_1^2}{a+bq_2^2} + \frac{1}{2}\dot{q}_2^2,\quad V = c + dq_2^2$$

系统的运动，其中 a、b、c 和 d 均为实正常数，q_1、q_2 为广义坐标。

解：系统的拉格朗日函数为

$$L = T - V = \frac{1}{2}\frac{\dot{q}_1^2}{a+bq_2^2} + \frac{1}{2}\dot{q}_2^2 - c - dq_2^2$$

可见，q_1 为循环坐标，因此

$$p_1 = \frac{\partial L}{\partial \dot{q}_1} = \frac{\dot{q}_1}{a+bq_2^2} = C_1$$

其中，C_1 为常量。从上式中反演出 $\dot{q}_1$，即

$$\dot{q}_1 = C_1(a+bq_2^2)$$

构造劳斯函数，并利用上式消去 $\dot{q}_1$，得

$$R = \dot{q}_1 p_1 - L = \frac{1}{2}C_1^2(a+bq_2^2) - \frac{1}{2}\dot{q}_2^2 + c + dq_2^2$$

于是，对于非循环坐标，利用劳斯方程，有

$$\ddot{q}_2+(2d+bC_1^2)q_2=0$$

其通解为

$$q_2=A\sin[(2d+bC_1^2)^{1/2}t+\alpha]$$

其中 A 和 α 是积分常数。对于循环坐标，由式(4.6.25)得

$$\begin{aligned}q_1&=\int\frac{\partial R}{\partial C_1}\mathrm{d}t=\int(a+bq_2^2)C_1\,\mathrm{d}t\\&=C_1\left(a+\frac{1}{2}bA^2\right)t-\frac{C_1ba^2}{4(2d+bC_1^2)^{1/2}}\sin[2(2d+bC_1^2)^{1/2}t+\alpha]+\beta\end{aligned}$$

式中，β 是积分常数。

例 4.22 如图 4.6.1 所示，椭圆摆由质量为 m_1 的滑块 A 与质量为 m_2 的小球 B 组成。小球通过长为 l 的无重杆与滑块铰接，水平面光滑。试用劳斯函数列出系统的运动微分方程。

解：系统为两自由度完整系统，取 x 和 θ 为广义坐标，则系统的动能

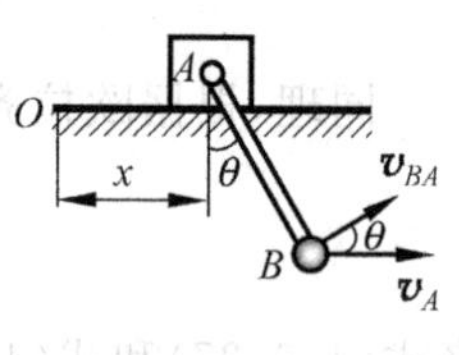

图 4.6.1

$$\begin{aligned}T&=\frac{1}{2}m_1\dot{x}^2+\frac{1}{2}m_2[\dot{x}^2+(l\dot{\theta})^2+2l\dot{x}\dot{\theta}\cos\theta]\\&=\frac{1}{2}(m_1+m_2)\dot{x}^2+\frac{1}{2}m_2l^2\dot{\theta}^2+m_2l\dot{x}\dot{\theta}\cos\theta\end{aligned}$$

以 A 块的质心所在的水平面为重力的零势能位，则系统在一般位置上的势能为

$$V=-m_2gl\cos\theta$$

系统的拉格朗日函数为

$$L=\frac{1}{2}(m_1+m_2)\dot{x}^2+\frac{1}{2}m_2l^2\dot{\theta}^2+m_2l\dot{x}\dot{\theta}\cos\theta+m_2gl\cos\theta$$

拉格朗日函数 L 中不显含坐标 x，存在循环积分

$$p_x=\frac{\partial L}{\partial\dot{x}}=(m_1+m_2)\dot{x}+m_2l\dot{\theta}\cos\theta=C_x$$

从上式中反演出

$$\dot{x}=\frac{1}{m_1+m_2}(C_x-m_2l\dot{\theta}\cos\theta)$$

建立劳斯函数

$$R=\frac{C_x^2}{2(m_1+m_2)}-\frac{m_2l^2\dot{\theta}^2}{2(m_1+m_2)}(m_1+m_2\sin^2\theta)-\frac{C_xm_2l\dot{\theta}\cos\theta}{m_1+m_2}-m_2gl\cos\theta$$

并代入劳斯方程，解得

$$(m_1+m_2\sin^2\theta)\ddot{\theta}+m_2\dot{\theta}^2\cos\theta\sin\theta+(m_1+m_2)\frac{g}{l}\sin\theta=0$$

例 4.23 如图 4.6.2 所示，质量为 M、半径为 R 的均质细圆环绕铅垂轴转动，质量为 m 的小球在重力作用下可沿圆环的光滑内壁自由滑动。试按劳斯方程建立系统的运动微分方程。

解：系统具有两个自由度，可取 θ 和 φ 为广义坐标。

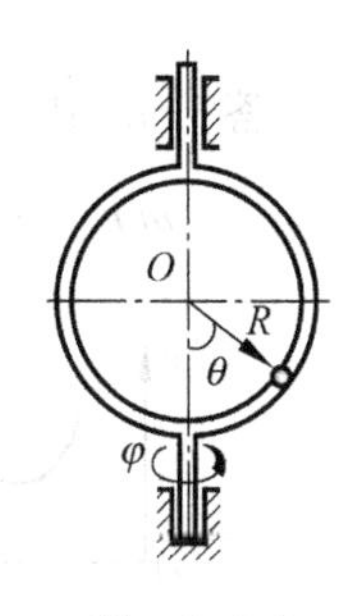

图　4.6.2

系统的动能

$$T=\frac{1}{2}mR^2\dot{\theta}^2+\frac{1}{2}\left(\frac{1}{2}MR^2+mR^2\sin^2\theta\right)\dot{\varphi}^2$$

以 $\theta=90°$ 为小球的零势能位，则系统的势能

$$V=-mgR\cos\theta$$

系统的拉格朗日函数

$$L=T-V=\frac{1}{2}mR^2\dot{\theta}^2+\frac{1}{2}\left(\frac{1}{2}MR^2+mR^2\sin^2\theta\right)\dot{\varphi}^2+mgR\cos\theta$$

因拉格朗日函数 L 中不显含 φ，φ 为循环坐标，有循环积分

$$p_\varphi=\frac{\partial L}{\partial\dot{\varphi}}=\left(\frac{1}{2}MR^2+mR^2\sin^2\theta\right)\dot{\varphi}=C_\varphi$$

因此解得

$$\dot{\varphi}=\frac{C_\varphi}{\frac{1}{2}MR^2+mR^2\sin^2\theta}$$

建立劳斯函数

$$R=\frac{C_\varphi^2}{R^2(M+2m\sin^2\theta)}-\frac{1}{2}mR^2\dot{\theta}^2-mgR\cos\theta$$

并代入劳斯方程，解得

$$mR^2\ddot{\theta}-\frac{2mC_\varphi^2\sin2\theta}{R^2(M+2m\sin^2\theta)}+mgR\sin\theta=0$$

或

$$\ddot{\theta}-\frac{2C_\varphi^2\sin2\theta}{R^4(M+2m\sin^2\theta)}+\frac{g}{R}\sin\theta=0$$

习题

4.1　如题 4.1 图所示，一质点可在铅垂面内沿曲线 $y=f(x)$ 作无摩擦的滑动。试用拉格朗日方程建立系统的运动微分方程。

答：$\ddot{x}\left[1+\left(\frac{\mathrm{d}f}{\mathrm{d}x}\right)^2\right]+\dot{x}^2\frac{\mathrm{d}f}{\mathrm{d}x}\frac{\mathrm{d}^2f}{\mathrm{d}x^2}+g\frac{\mathrm{d}f}{\mathrm{d}x}=0$。

4.2　如题 4.2 图所示，一质点在方程为

$$x=a(\theta-\sin\theta),\quad y=a(1+\cos\theta)$$

的摆线形状的金属线上作无摩擦滑动，其中：a 为常数，$0\leqslant\theta\leqslant2\pi$。试用拉格朗日方程建立小球的运动微分方程。

答：$(1-\cos\theta)\ddot{\theta}+\frac{1}{2}\dot{\theta}^2\sin\theta-\frac{g}{2a}\sin\theta=0$。

4.3　题 4.3 图所示为一个在铅直平面内由弹性绳悬挂的摆，已知摆锤质量为 m，弹性绳的劲度系数为 k，绳子原长为 r_0。假定摆锤运动时弹性绳始终受拉且不计绳子质量，试建立摆锤的运动微分方程。

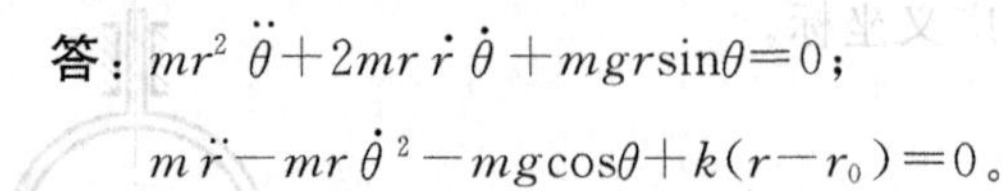

答：$mr^2\ddot{\theta}+2mr\dot{r}\dot{\theta}+mgr\sin\theta=0$；

$m\ddot{r}-mr\dot{\theta}^2-mg\cos\theta+k(r-r_0)=0$。

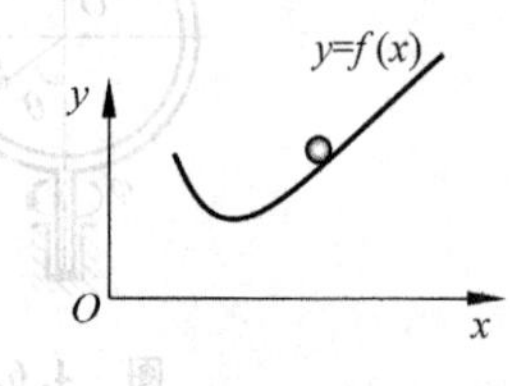

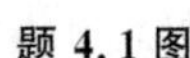
题 4.1 图

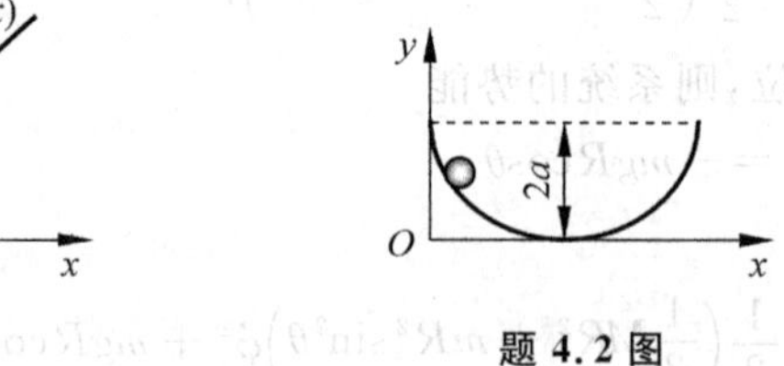

题 4.2 图

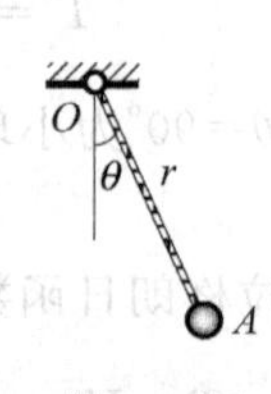

题 4.3 图

4.4 如题 4.4 图所示弹簧-质量系统，其两弹簧的劲度系数均为 k，质量为 m_1 的物块 A 用长度为 l 的无重摆杆 AB 与质量为 m_2 的摆锤 B 相连，A 处为光滑铰接。试用拉格朗日方程建立系统的运动微分方程。

答：$(m_1+m_2)\ddot{x}+m_2l\ddot{\theta}\cos\theta-m_2l\dot{\theta}^2\sin\theta+2kx=0$；

$l\ddot{\theta}+\ddot{x}\cos\theta+g\sin\theta=0$。

4.5 如题 4.5 图所示双摆系统由两个摆长均为 l、质量均为 m 的单摆组成。双摆上端用铰悬挂，中间距悬挂点为 a 处用劲度系数为 k 的弹簧相连。不计摆杆自重与各种摩擦，试以两摆离开铅垂平衡位置的角位移 θ_1 与 θ_2 为广义坐标，用拉格朗日方程建立系统微振动的运动微分方程。

答：$ml^2\ddot{\theta}_1+mgl\theta_1+ka^2(\theta_1-\theta_2)=0$；

$ml^2\ddot{\theta}_2+mgl\theta_2+ka^2(\theta_2-\theta_1)=0$。

4.6 如题 4.6 图所示，两个质量均为 m 的质点由劲度系数为 k 的弹簧联结，可沿半径为 r 的竖直固定圆环无摩擦地滑动，弹簧原长为 r。求系统的运动微分方程。

答：$mr^2\ddot{\theta}_1+mgr\cos\theta_1-kr^2\left(2\cos\dfrac{\theta_1+\theta_2}{2}-1\right)\sin\dfrac{\theta_1+\theta_2}{2}=0$；

$mr^2\ddot{\theta}_2+mgr\cos\theta_2-kr^2\left(2\cos\dfrac{\theta_1+\theta_2}{2}-1\right)\sin\dfrac{\theta_1+\theta_2}{2}=0$。

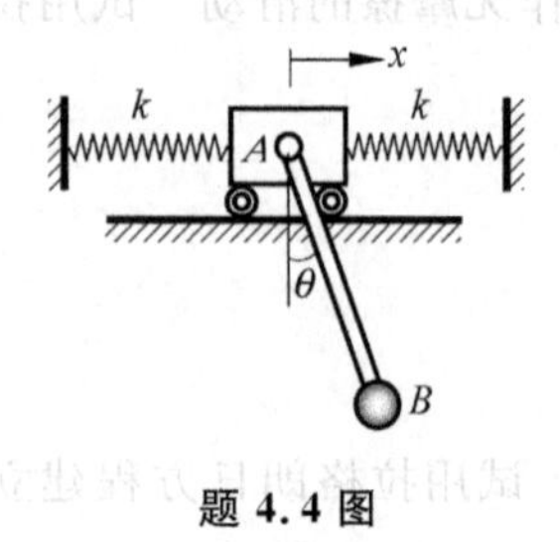

题 4.4 图

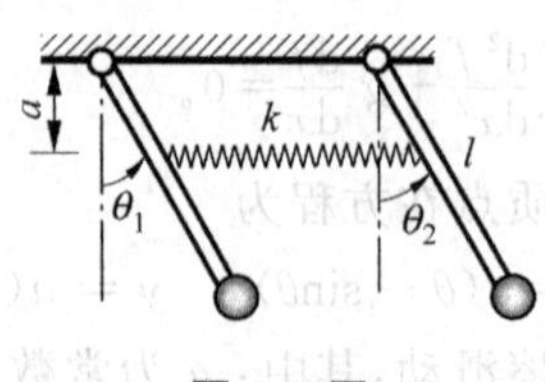

题 4.5 图

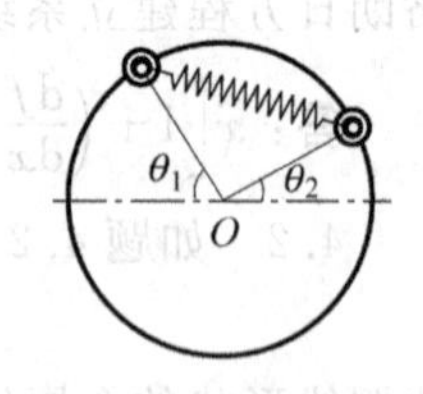

题 4.6 图

4.7 如题 4.7 图所示为一放置在水平面内的行星齿轮机构，质量为 m_1 的均质曲柄 OA 带动质量为 m_2、半径为 r 的小齿轮在半径为 R 的固定大齿轮上纯滚动，小齿轮可视为均质圆盘。今在曲柄上作用一不变的力偶 M，求曲柄的角加速度。

答：$\ddot{\theta}=\dfrac{6M}{(2m_1+9m_2)(R+r)^2}$。

4.8　如题4.8图所示飞轮在水平面内绕铅直轴 O 以匀角速度 ω 转动，质量均为 m 的两滑块 A 和 B 套在过轴心的轮辐上，并用劲度系数为 k 的弹簧相连。已知飞轮对转轴的转动惯量为 J，弹簧原长为 a。设滑块 A 和 B 的相对平衡位置和运动初始条件对于中心轴 O 是对称的，试以弹簧的伸长 x 为广义坐标，建立系统的运动微分方程。

答：$2m\ddot{x}-2m(a+x)\omega^2+2kx=0$。

4.9　如题4.9图所示，一质量为 m 的小环套在半径为 r 的竖直光滑金属圈上，并用原长为 l_0、劲度系数为 k 的轻质弹簧悬挂在金属圈的最高点。如金属圈绕其铅直直径以匀角速度 ω 转动，试建立小环相对于金属圈的运动微分方程。

答：$2mr^2\ddot{\theta}-mr^2\omega^2\sin2\theta+2r(mg-kr)\sin\theta+2krl_0\sin\dfrac{\theta}{2}=0$。

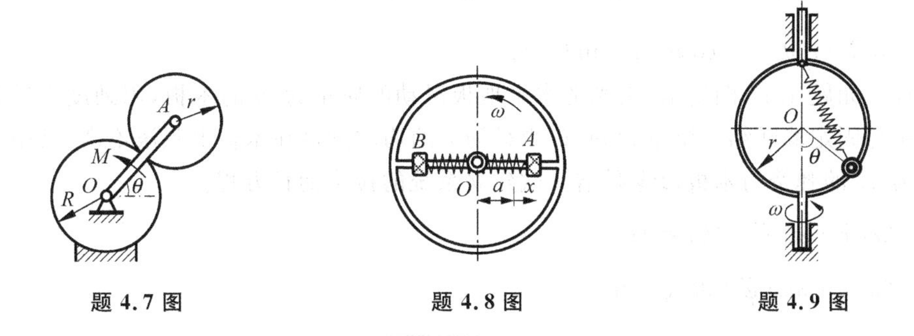

题4.7图　　题4.8图　　题4.9图

4.10　如题4.10图所示，质量为 m_1、半径为 R 的均质圆盘无滑动地沿水平直线滚动。圆盘内有半径为 r 的光滑圆槽，其中心与圆盘中心重合，槽内有质量为 m 的小球在运动。若不计小球的大小，试建立系统的拉格朗日方程。

答：$(3m_1+2m)R\ddot{\theta}-2mr\ddot{\varphi}\cos\varphi+2mr\dot{\varphi}^2\sin\varphi=0$；

$r\ddot{\varphi}-R\ddot{\theta}\cos\varphi+g\sin\varphi=0$。

4.11　如题4.11图所示，半径为 R、质量为 m 的圆环挂在一半径为 r 的固定圆柱上。设圆环与圆柱间有足够大的摩擦力阻止相对滑动，试写出圆环的运动微分方程，并求微幅振动的圆频率。

答：$2(R-r)\ddot{\theta}+g\sin\theta=0$，$\omega_n^2=\dfrac{g}{2(R-r)}$。

4.12　如题4.12图所示，一质量为 m 的质点由长为 l 的无重摆杆支承而构成铅垂面内的倒立摆。销轴 O 按已知规律 $z=A\sin\omega t$ 作铅垂运动，试写出其拉格朗日函数，并求出运动微分方程。

答：$ml^2\ddot{\theta}+mlA\omega^2\sin\omega t\sin\theta-mgl\sin\theta=0$。

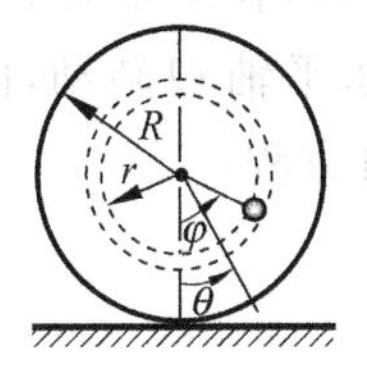

题4.10图

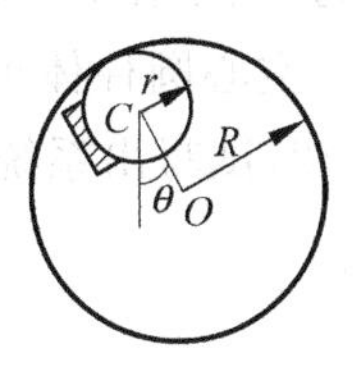

题4.11图

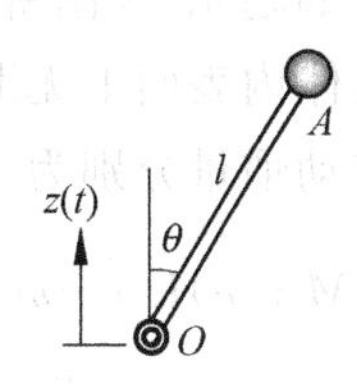

题4.12图

4.13 如题4.13图所示行星轮系位于水平面内，各齿轮可视为均质圆盘，质量均为m、半径均为r，其中齿轮Ⅰ固定不动，曲柄O_1O_3上作用有常力偶M，以带动齿轮Ⅱ、Ⅲ运动。如不计曲柄的质量，各轮在接触点只滚不滑，试用拉格朗日方程求曲柄的角加速度。

答：$\ddot{\theta}=\dfrac{M}{22mr^2}$。

4.14 如题4.14图所示，质量为m_1的方木用劲度系数为k的水平弹簧与固定墙联结，并在水平导板上作无摩擦运动。在方木内挖出半径为R的圆柱形空腔，空腔内有一质量为m、半径为$r(r<R)$的均质圆柱作无滑动地滚动，试由拉格朗日方程建立系统的运动微分方程。

答：$(m+m_1)\ddot{x}+m(R-r)(\ddot{\theta}\cos\theta-\dot{\theta}^2\sin\theta)+kx=0$；

$3(R-r)\ddot{\theta}+2\ddot{x}\cos\theta+2g\sin\theta=0$。

4.15 如题4.15图所示，沿光滑水平地板滑动的质量为m的木板，用劲度系数为k的两根弹簧与固定墙联结。质量为$m/2$、半径为r的均质圆盘在木板上只滚不滑，其中心用劲度系数为$2k$的弹簧与木板边缘联结。试建立系统的拉格朗日方程。

答：$3m\ddot{x}+mr\ddot{\varphi}+4kx=0$；

$2m\ddot{x}+3mr\ddot{\varphi}+8kr\varphi=0$。

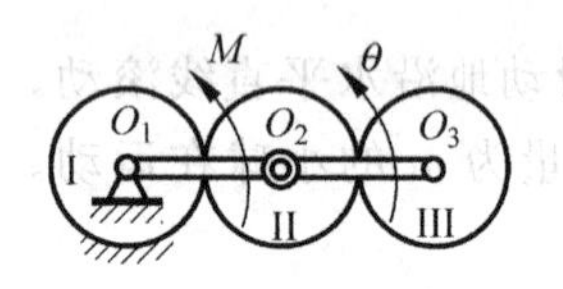

题4.13图

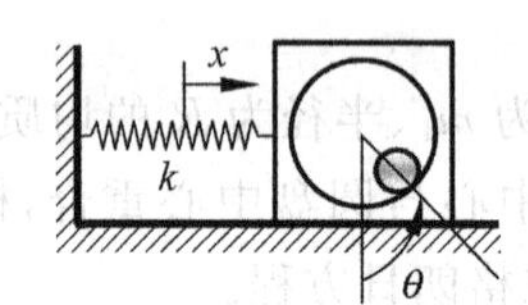

题4.14图

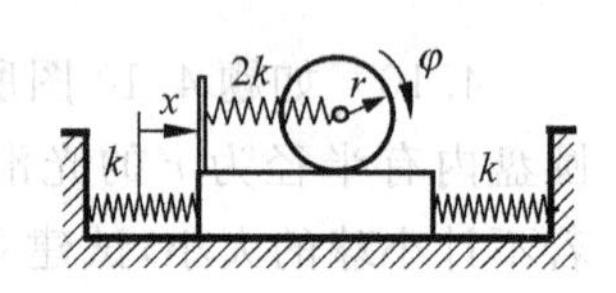

题4.15图

4.16 如题4.16图所示导杆机构带动单摆的支点O按已知规律$x=x_0\sin\omega t$作水平运动。不计杆的质量，试用拉格朗日方程导出质点M的运动微分方程。

答：$l\ddot{\theta}-x_0\omega^2\sin\omega t\cos\theta+g\sin\theta=0$。

4.17 如题4.17图所示，质量为m_1、半径为r的均质圆盘沿水平直线无滑动地滚动，其中心一方面与质量为m、长度为l的摆铰接，同时又用劲度系数为k的水平弹簧与固定墙联结。试建立系统的运动微分方程。

答：$(3m_1+2m)\ddot{x}+2ml\ddot{\theta}\cos\theta-2ml\dot{\theta}^2\sin\theta+2kx=0$；

$l\ddot{\theta}+\ddot{x}\cos\theta+g\sin\theta=0$。

4.18 如题4.18图所示，一质量为m、半径为r的粗糙圆柱体，在质量为M、半径为R的空心圆柱体内表面上无滑动地滚动。空心圆柱体可绕自身的水平轴O转动，两圆柱对各自轴线的转动惯量分别为MR^2和$mr^2/2$，试写出系统的运动微分方程。

答：$(2M+m)R\ddot{\theta}-m(R-r)\ddot{\varphi}=0$；

$3(R-r)\ddot{\varphi}-R\ddot{\theta}+2g\sin\varphi=0$。

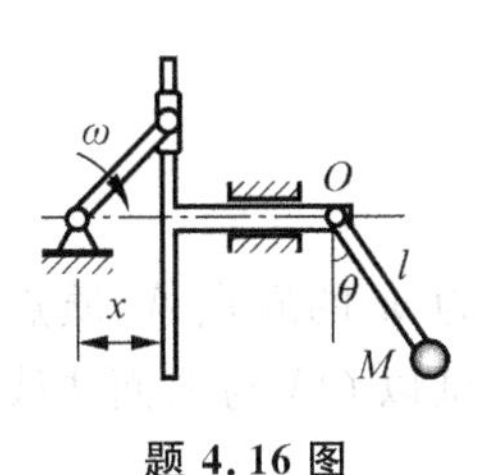

题 4.16 图

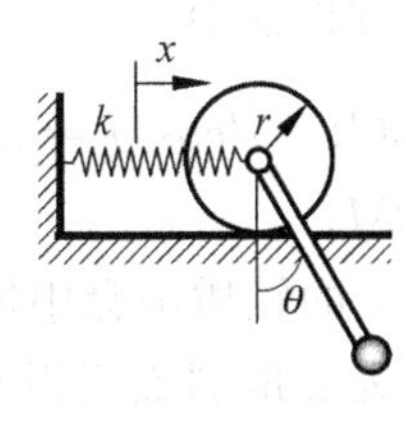

题 4.17 图

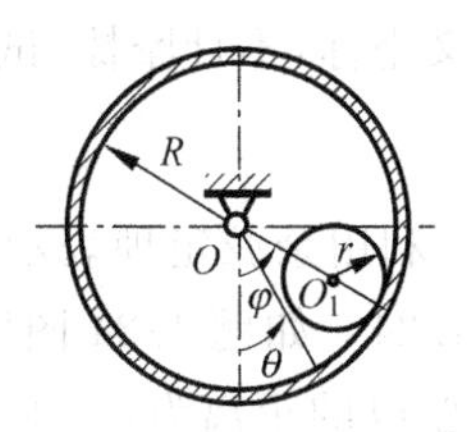

题 4.18 图

4.19　如题 4.19 图所示，两个滑轮Ⅰ和Ⅱ的质量分别为 m_1 和 m_2，而物块 A 的质量为 m。物块 A 下降时解开轮Ⅰ上的绳并且无滑动地带动两轮旋转。设两轮均为实心均质圆柱，试求物块 A 的加速度。

答：$a=\dfrac{2m}{m_1+m_2+2m}g$。

4.20　如题 4.20 图所示，一均质圆盘的半径为 r、质量为 m_1，可绕垂直于盘面并通过盘心 O 的水平轴转动，在圆盘上以长为 l 的绳 AB 悬一质量为 m 的质点。试建立系统的运动微分方程。

答：$(2m+m_1)r^2\ddot{\varphi}+2mrl\ddot{\theta}\cos(\varphi-\theta)+2mrl\dot{\theta}^2\sin(\varphi-\theta)+2mgr\sin\varphi=0$；

$ml^2\ddot{\theta}+mrl\ddot{\varphi}\cos(\varphi-\theta)-mrl\dot{\varphi}^2\sin(\varphi-\theta)+mgl\sin\theta=0$。

4.21　如题 4.21 图所示，半径为 r 的滑轮可绕水平轴 O 转动，其对转轴的转动惯量为 J。在滑轮上跨过一段不可伸长的细绳，绳的一端连接在劲度系数为 k_1 的铅垂弹簧上，另一端与劲度系数为 k_2 的弹簧相连并悬挂一质量为 m 的重物。设绳与轮间无滑动，试建立系统的运动微分方程。

答：$J\ddot{\varphi}+(k_1+k_2)r^2\varphi-k_2rx=0$；

$m\ddot{x}+k_2x-k_2r\varphi=0$。

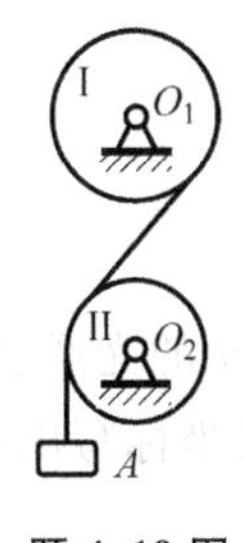

题 4.19 图

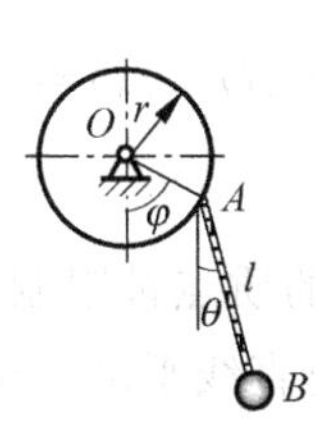

题 4.20 图

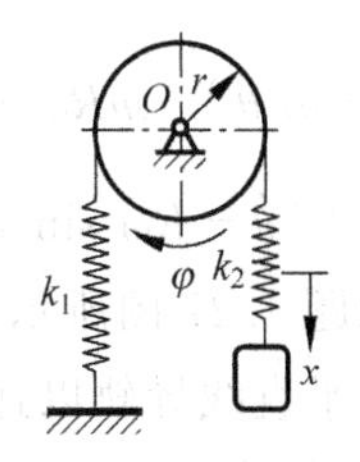

题 4.21 图

4.22　如题 4.22 图所示，长为 l 的无重刚杆 OA 刚性地连接质量均为 m 的均质圆轮 O 和质点 A，圆轮半径为 r，可在水平面上作无滑动滚动，质点则下垂作摆动。试以杆与铅垂线的夹角 θ 为广义坐标，建立系统的运动微分方程。

答：$\left(\dfrac{5}{2}r^2+l^2-2rl\cos\theta\right)\ddot{\theta}+rl\dot{\theta}^2\sin\theta+gl\sin\theta=0$。

4.23　如题 4.23 图所示，半径为 R 的水平金属环，绕通过 O 点且垂直于环平面的竖直轴以角速度 $\omega(t)$ 转动，$OC=d$，C 为金属环的中心。金属环上有质点 M，如果取 $\angle OCM=\theta$

为广义坐标，不计摩擦，试由拉格朗日方程证明

$$R\ddot{\theta}+\dot{\omega}(R-d\cos\theta)=d\omega^2\sin\theta$$

提示：利用余弦定理表示出 $\cos\varphi$ 及 OM。

4.24 如题 4.24 图所示，半径为 r 的轻质圆盘中嵌入一质量为 m 的质点 A，质点到圆盘中心 O 的距离为 d。圆盘沿倾斜角为 φ 的斜面无滑动地滚动。试以 OA 与斜面法线间的夹角 θ 为广义坐标，用拉格朗日方程建立系统的运动微分方程。

答：$m(r^2+d^2-2rd\cos\theta)\ddot{\theta}+mrd\dot{\theta}^2\sin\theta+mgd\sin(\theta+\varphi)-mgr\sin\theta=0$。

题 4.22 图　　题 4.23 图　　题 4.24 图

4.25 如题 4.25 图所示，质量均为 m、长度均为 l 的两均质杆铰接于 C 点，另一端 A 和 B 置于光滑的水平面上。试以两杆与铅垂线的夹角 θ 为广义坐标，写出系统的拉格朗日函数和运动微分方程。

答：$L=\frac{1}{3}ml^2\dot{\theta}^2-mgl\cos\theta$；

$l\ddot{\theta}-\frac{3}{2}g\sin\theta=0$。

4.26 如题 4.26 图所示，水平面上质量为 m 的质点 M 由原长为 r_0、劲度系数为 k 的弹簧与同平面内半径为 R 的圆盘边缘上一点 A 相连。圆盘以匀角速度 ω 绕过盘心 O 的竖直轴转动。试以弹簧长度 r 和弹簧轴线与某固定直线的夹角 θ 为广义坐标，建立质点的运动微分方程。

答：$m\ddot{r}-mr\dot{\theta}^2-mR\omega^2\cos(\omega t-\theta)+k(r-r_0)=0$；

$r\ddot{\theta}+2\dot{r}\dot{\theta}-R\omega^2\sin(\omega t-\theta)=0$。

4.27 如题 4.27 图所示，质量为 m 的质点被限制在倾斜角为 θ 的光滑斜面上运动，斜面自身又沿水平直线导轨以速度 v 作匀速直线平动。试以 s 为广义坐标写出质点的动能表达式，并分析其结构。

答：$T_2=\frac{1}{2}m\dot{s}^2$，$T_1=mv\cos\theta\cdot\dot{s}$，$T_0=\frac{1}{2}mv^2$。

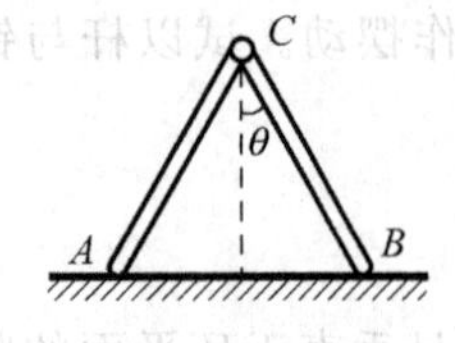

题 4.25 图

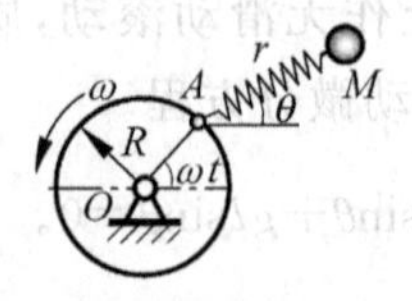

题 4.26 图

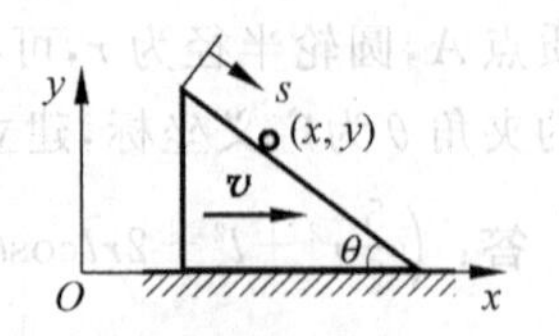

题 4.27 图

4.28　已知一完整有势系统，其动能中的 T_1 部分有如下形式：

$$T_1=\sum_{k=1}^{l}\frac{\partial f}{\partial q_k}\dot{q}_k=\frac{\mathrm{d}f}{\mathrm{d}t}$$

其中 $f=f(q_1,q_2,\cdots,q_l)$，并且是二次可微的。试证明凡是具有这种形式的 T_1 对运动方程均没有影响。

提示：将 $L=T_2+T_1+T_0-V$ 直接代入势力场中的拉格朗日方程即可证得。

4.29　如题 4.29 图所示，一质量为 m 的质点 M 在坐标系 $O\xi\eta\zeta$ 内运动，此坐标系又以角速度 ω 绕竖直轴作匀速转动，作用在质点上的力 $\boldsymbol{F}$ 在三个坐标轴上的投影分别为 F_ξ、F_η 和 F_ζ。试分析质点动能的结构，指出陀螺力，并列写质点相对此转动坐标系的动力学方程。

答：$T_2=\frac{1}{2}m(\dot{\xi}^2+\dot{\eta}^2+\dot{\zeta}^2)$，$T_1=m\omega(\xi\dot{\eta}-\eta\dot{\xi})$，$T_0=\frac{1}{2}m\omega^2(\xi^2+\eta^2)$；

陀螺力：$-2m\omega\dot{\eta}$，$2m\omega\dot{\xi}$；

$m(\ddot{\xi}-2\omega\dot{\eta}-\omega^2\xi)=F_\xi$，$m(\ddot{\eta}+2\omega\dot{\xi}-\omega^2\eta)=F_\eta$，$m\ddot{\zeta}=F_\zeta$。

4.30　如题 4.30 图所示旋转摆，摆长为 l、摆锤质量为 m，用光滑铰链连接在铅垂轴上。试建立以下两种情况下系统的初积分：(1)铅垂轴以等角速度 ω 转动；(2)铅垂轴以任意角速度转动。

答：(1) $\frac{1}{2}ml^2\dot{\theta}^2-\frac{1}{2}ml^2\omega^2\sin^2\theta-mgl\cos\theta=E$；

(2) $\frac{1}{2}m(l^2\dot{\theta}^2+\dot{\varphi}^2l^2\sin^2\theta)-mgl\cos\theta=E$。

$p_\varphi=\dot{\varphi}ml^2\sin^2\theta=C_\varphi$，$\varphi$ 为铅垂轴转动的角位移。

4.31　如题 4.31 图所示，长为 l 的无重摆杆在铅垂面内运动，其一端悬挂于 O 点，另一端固结一质量为 m 的摆锤。试列写以下两种情况下系统的初积分：(1)悬挂点 O 在水平方向以位移 $x(t)=vt$（v 为常数，t 为时间变量）运动；(2)悬挂点 O 在水平方向以任意位移 $x(t)$ 运动。

答：(1) $\frac{1}{2}ml^2\dot{\theta}^2-\frac{1}{2}mv^2-mgl\cos\theta=E$；

(2) $\frac{1}{2}m(\dot{x}^2+l^2\dot{\theta}^2+2l\dot{x}\dot{\theta}\cos\theta)-mgl\cos\theta=E$。

$p_x=m(\dot{x}+l\dot{\theta}\cos\theta)=C_x$。

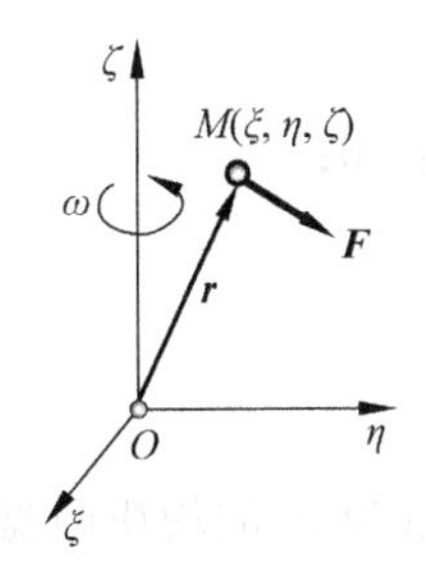

题 4.29 图

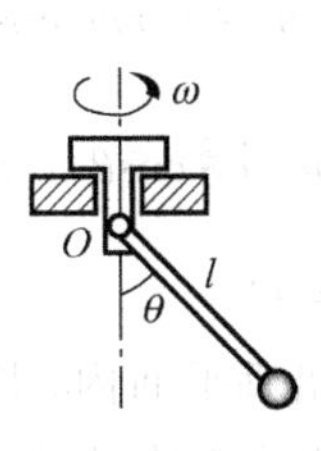

题 4.30 图

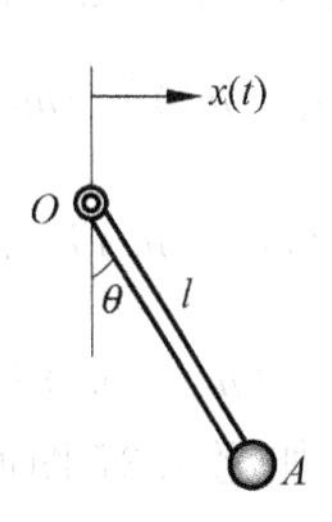

题 4.31 图

4.32 如题 4.32 图所示,质量为 m_1 的质点 A 被限制在水平固定的光滑直线 Ox 上滑动,并与另一质量为 m_2 的质点 B 以一长为 l 的轻杆相连,轻杆只能在通过固定直线的铅直平面内运动。设两质点仅受重力的作用,试用拉格朗日方程证明系统运动时有如下关系:

$$(m_1+m_2)\dot{x}-m_2 l\sin\theta\dot{\theta}=C$$

式中 C 为常数。

提示:利用拉格朗日方程的某种初积分。

4.33 如题 4.33 图所示,设在水平面上,一质量为 m 的质点用劲度系数为 k 的弹簧和固定点 O 联结,弹簧原长为 l,可绕 O 点转动。若以质点的极坐标为广义坐标,试讨论系统的循环积分。

答:$p_\theta=mr^2\dot{\theta}=C_\theta$。

4.34 如题 4.34 图所示,质量为 m 的小环 M 套在半径为 r 的光滑圆圈上并可沿着圆圈滑动。如圆圈在水平面内以等角速度 ω 绕圈上某点 O 转动,试建立小环沿圆圈切线方向的运动微分方程,求出其初积分。

答:$\ddot{\theta}+\omega^2\sin\theta=0$;

$$mr^2\left[\frac{1}{2}\dot{\theta}^2-\omega^2(1+\cos\theta)\right]=E。$$

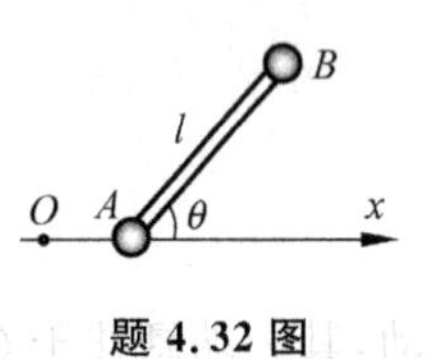

题 4.32 图

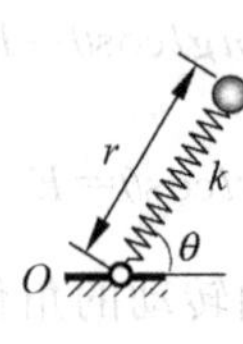

题 4.33 图

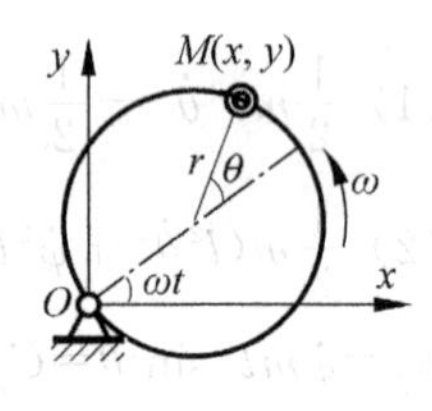

题 4.34 图

4.35 如题 4.35 图所示,质量为 m、半径为 r 的均质细圆环在圆心 A 上铰接一长度为 l、质量亦为 m 的单摆 B,圆环在水平面上作纯滚动,试写出系统的初积分。

答:$\frac{1}{2}m(3\dot{x}^2+l^2\dot{\theta}^2+2l\dot{x}\dot{\theta}\cos\theta)-mgl\cos\theta=E$;

$p_x=m(3\dot{x}+l\dot{\theta}\cos\theta)=C_x$。

4.36 如题 4.36 图所示,光滑的水平面上放置一个质量为 m_1 的楔形体 A,质量为 m_2 的均质圆柱体沿楔形体的斜面只滚不滑,斜面的倾角为 θ。试由拉格朗日方程建立系统的运动微分方程,并讨论其初积分。

答:$(m_1+m_2)\ddot{x}-m_2\ddot{\xi}\cos\theta=0$,$\frac{3}{2}m_2\ddot{\xi}-\ddot{x}m_2\cos\theta-m_2 g\sin\theta=0$;

$$\frac{1}{2}(m_1+m_2)\dot{x}^2+\frac{3}{4}m_2\dot{\xi}^2-m_2\dot{x}\dot{\xi}\cos\theta-m_2 g\xi\sin\theta=E;$$

$$p_x=(m_1+m_2)\dot{x}-m_2\dot{\xi}\cos\theta=C_x。$$

4.37 如题 4.37 图所示机构在铅垂平面内,半径为 r、质量为 m 的均质圆盘 A 可在半径为 R、质量为 $2m$ 的均质圆盘 O 的边缘上作纯滚动。均质杆 OA 的质量亦为 m,所有铰链约束均为理想约束。试建立系统的运动微分方程,并求其初积分。

答：$3R\ddot{\varphi}-(R+r)\ddot{\theta}=0, 11(R+r)\ddot{\theta}-3R\ddot{\varphi}+9g\sin\theta=0$；

$$\frac{3}{4}mR^2\dot{\varphi}^2+\frac{11}{12}m(R+r)^2\dot{\theta}^2-\frac{1}{2}mR(R+r)\dot{\theta}\dot{\varphi}-\frac{3}{2}mg(R+r)\cos\theta=E;$$

$$p_\varphi=\frac{3}{2}mR^2\dot{\varphi}-\frac{1}{2}mR(R+r)\dot{\theta}=C_\varphi。$$

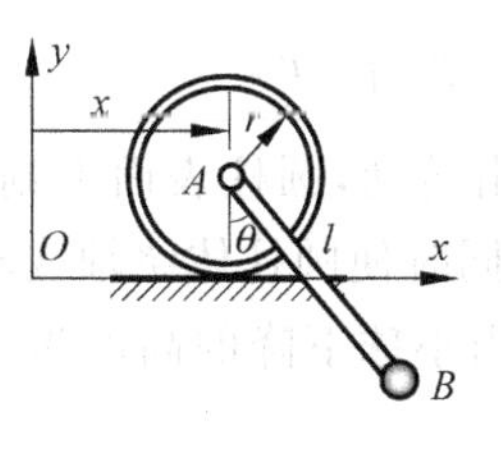

题 4.35 图

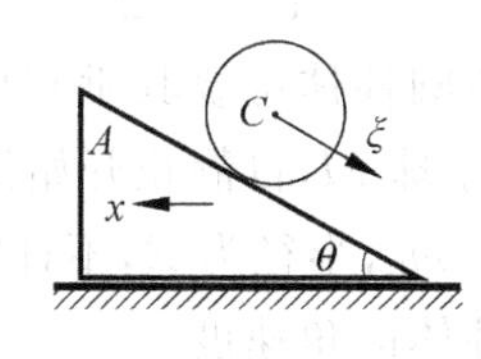

题 4.36 图

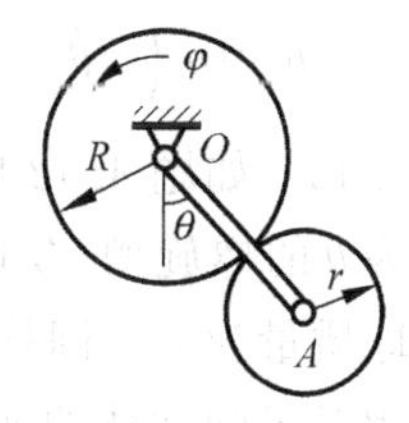

题 4.37 图

4.38　如题 4.38 图所示，质量为 m_1、半径为 R 的齿轮Ⅰ在水平力 $F(t)=F_0\cos\omega t$ 作用下可沿水平轴无摩擦滑动，通过不计质量的曲柄 OA 带动质量为 m_2、半径为 r 的齿轮Ⅱ在齿轮Ⅰ上作纯滚动，两齿轮均可视为均质圆盘。试建立系统的运动微分方程，并写出 $F=0$ 时系统的初积分。

答：$(m_1+m_2)\ddot{x}-m_2(R+r)\ddot{\varphi}\cos\varphi+m_2(R+r)\dot{\varphi}^2\sin\varphi=F(t)$；

$$\frac{3}{2}m_2(R+r)\ddot{\varphi}-m_2\cos\varphi\,\ddot{x}+m_2g\sin\varphi=0;$$

$$\frac{1}{2}(m_1+m_2)\dot{x}^2+\frac{3}{4}m_2(R+r)^2\dot{\varphi}^2-m_2(R+r)\dot{x}\dot{\varphi}\cos\varphi-m_2g(R+r)\cos\varphi=E;$$

$$p_x=(m_1+m_2)\dot{x}-m_2(R+r)\dot{\varphi}\cos\varphi=C_x。$$

4.39　如题 4.39 图所示，半径为 R 的半圆环以匀角速度 ω 绕铅直轴转动，一质量为 m、半径为 r 的均质圆盘相对圆环作纯滚动。不计半圆环的转动惯量，试讨论系统的初积分。

答：$\frac{1}{2}m(R-r)^2\left(\frac{3}{2}\dot{\theta}^2-\omega^2\sin^2\theta\right)-mg(R-r)\cos\theta=E$。

4.40　如题 4.40 图所示，质量为 m_2 的滑块 B 沿与水平方向成倾角 θ 的光滑斜面下滑，长为 l、质量为 m_1 的均质细杆 OA 借助铰链 O 和劲度系数为 k 的螺旋弹簧与滑块 B 相连。试求系统的初积分。

答：$3(m_1+m_2)\dot{s}^2+m_1l^2\dot{\varphi}^2-3m_1l\dot{\varphi}\dot{s}\cos(\theta+\varphi)+3k\varphi^2-6(m_1+m_2)gs\sin\theta+3m_1gl\cos\varphi=E$。

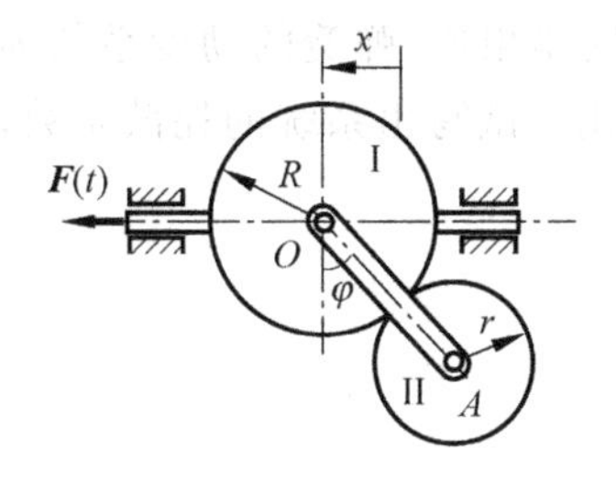

题 4.38 图

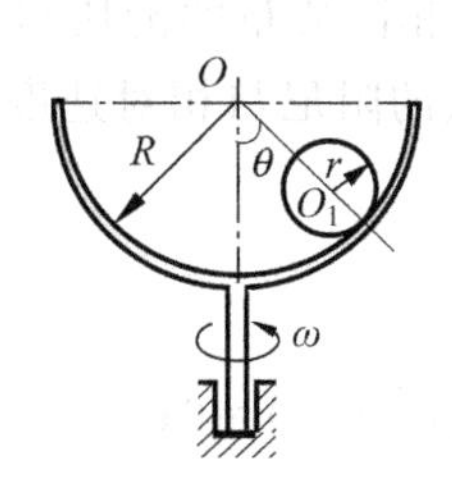

题 4.39 图

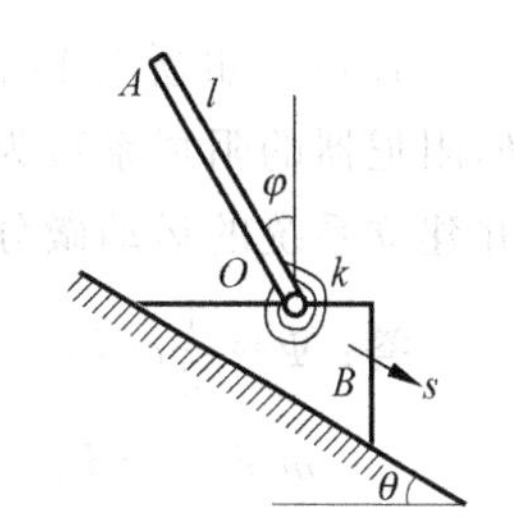

题 4.40 图

4.41　如题4.41图所示，质量均为m、半径均为r的两相同的均质圆盘A和B，用一根不计质量且不可伸长的柔索缠绕连接。试用拉格朗日方程求圆盘A的角加速度和B下落时质心的加速度，并讨论系统的初积分。

答：$\ddot{y}=\dfrac{4}{5}g$，$\ddot{\theta}=\dfrac{2}{5}\dfrac{g}{r}$；

$$p_\theta=m\left(r^2\dot{\theta}-\frac{1}{2}r\dot{y}\right)=C_\theta,\quad m\left(\frac{3}{4}\dot{y}^2+\frac{1}{2}r^2\dot{\theta}^2-\frac{1}{2}r\dot{y}\dot{\theta}-gy\right)=E。$$

4.42　如题4.42图所示，均质圆柱体可绕其垂直中心轴自由转动，圆柱表面上刻有一倾角为θ的螺旋槽，今在槽中放一小球M，自静止开始沿槽下滑，同时使圆柱体绕轴线转动。设小球质量为m_1，圆柱体的质量为m_2，半径为R，不计摩擦。求当小球下降的高度为h时，小球相对于圆柱体的速度以及圆柱体的角速度。

答：$v_r=\dot{s}=\sqrt{\dfrac{2m_1+m_2}{2m_1\sin^2\theta+m_2}2gh}$；

$$\omega=\dot{\varphi}=\frac{2m_1\cos\theta}{R}\sqrt{\frac{2gh}{(2m_1+m_2)(2m_1\sin^2\theta+m_2)}}。$$

4.43　如题4.43图所示离心式调速器绕铅直轴转动，两飞球的质量各为m，四根连杆长均为l，质量略去不计，套筒C的质量为m_1。试由拉格朗日方程建立系统的运动微分方程，并讨论其初积分。

答：$2ml^2\sin^2\theta\ddot{\varphi}+2ml^2\sin2\theta\dot{\varphi}\dot{\theta}=0$；

$$(2m+4m_1\sin^2\theta)l^2\ddot{\theta}+2m_1l^2\dot{\theta}^2\sin2\theta-ml^2\dot{\varphi}^2\sin2\theta+2(m+m_1)gl\sin\theta=0；$$

$$ml^2(\dot{\theta}^2+\dot{\varphi}^2\sin^2\theta)+2m_1l^2\dot{\theta}^2\sin^2\theta-2(m+m_1)gl\cos\theta=E；$$

$$p_\varphi=2ml^2\dot{\varphi}\sin^2\theta=C_\varphi。$$

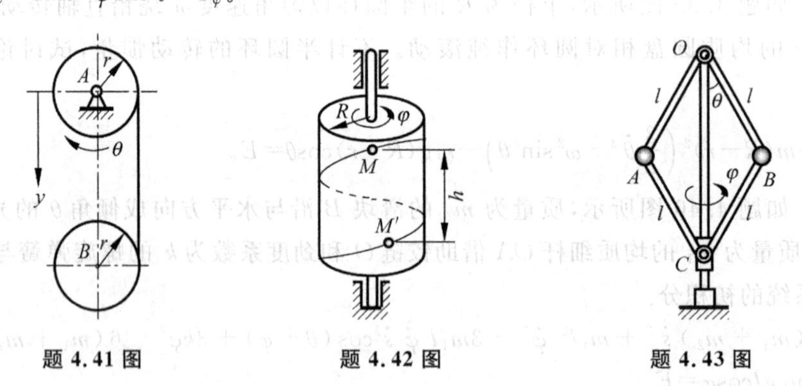

题4.41图　　题4.42图　　题4.43图

4.44　如题4.44图所示，两相同质量的滑块与弹簧和阻尼器相连，弹簧的劲度系数为k，阻尼器的阻尼系数为c，所提供的阻尼与相对速度大小成正比。试写出系统的耗散函数，并建立系统的运动微分方程。

答：$\Psi=\dfrac{1}{2}c(\dot{x}_1-\dot{x}_2)^2$；

$$m\ddot{x}_1+c(\dot{x}_1-\dot{x}_2)+k(2x_1-x_2)=0；$$

$$m\ddot{x}_2+c(\dot{x}_2-\dot{x}_1)+k(2x_2-x_1)=0。$$

4.45　如题 4.45 图所示，质量为 m 的小球置于长为 l 的无重细杆端点，杆的另一端 O 为铰接。在距 O 点为 a 的点 A 处，杆与铅直弹簧和阻尼器相联结，系统平衡时杆处于水平位置。已知弹簧劲度系数 k 及黏性阻尼系数 c。试以细杆转角 θ 为广义坐标写出系统的运动微分方程。

答：$\ddot{\theta}+\frac{ca^2}{ml^2}\dot{\theta}+\frac{ka^2}{ml^2}\theta=0$。

4.46　如题 4.46 图所示，无重细杆的一端 O 铰接，距 O 点为 a 处有一质量为 m 的小球，距 O 点 $2a$ 处有一阻尼系数为 c 的黏性阻尼器，距 O 点 $3a$ 处有一劲度系数为 k 的弹簧，并作用一简谐激振力 $F=F_0\sin\omega t$，细杆在水平位置平衡。试以细杆转角 θ 为广义坐标写出系统的运动微分方程。

答：$\ddot{\theta}+\frac{4c}{m}\dot{\theta}+\frac{9k}{m}\theta=\frac{3F_0}{ma}\sin\omega t$。

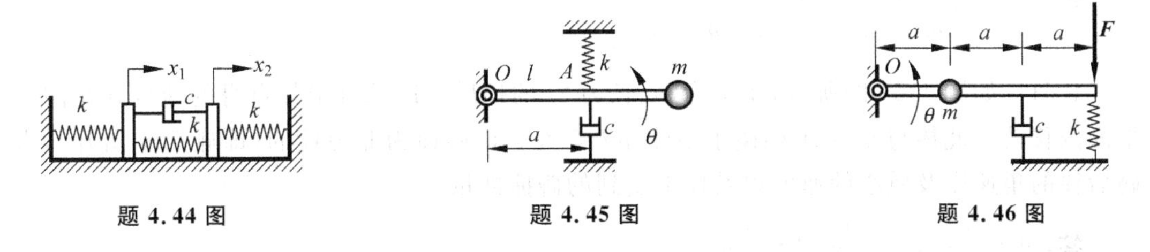

题 4.44 图　　题 4.45 图　　题 4.46 图

4.47　如题 4.47 图所示，均质滚子的质量为 m、半径为 r，弹簧的劲度系数为 k，阻尼器的阻尼系数为 c，滚子只滚不滑，试写出系统的运动微分方程。

答：$\frac{3}{2}m\ddot{x}+c\dot{x}+kx=0$。

4.48　如题 4.48 图所示为汽车悬架系统示意图，为研究其在铅垂面内的振动，将悬架系统简化成质量为 m，对质心 C 的惯性半径为 ρ 的刚性平板。已知质心距前后两轴的距离分别为 l_1 和 l_2，每个车轴的缓冲系统由具有阻尼特性的弹簧构成，弹簧的劲度系数和黏性阻尼系数分别为(k_1,c_1)和(k_2,c_2)。如不计轮胎的质量，且设静平衡时车架处于水平位置，试列写车架的振动微分方程。

答：$m\ddot{y}+(c_1+c_2)\dot{y}-(c_1l_1-c_2l_2)\dot{\theta}+(k_1+k_2)y-(k_1l_1-k_2l_2)\theta=0$；

$$m\rho^2\ddot{\theta}-(c_1l_1-c_2l_2)\dot{y}+(c_1l_1^2+c_2l_2^2)\dot{\theta}-(k_1l_1-k_2l_2)y+(k_1l_1^2+k_2l_2^2)\theta=0。$$

4.49　如题 4.49 图所示，质量为 m 的质点在旋转抛物面 $x^2=bz$ 上运动，关于 z 轴的转角为 θ。质点除受重力外，还受到与速度成正比的阻力 $\boldsymbol{F}=-\mu\boldsymbol{v}$ 的作用，$\boldsymbol{v}$ 为质点的速度，试写出系统的耗散函数，并以 x、θ 为广义坐标，建立系统的运动微分方程。

答：$\Psi=\frac{1}{2}\mu\left[\left(1+\frac{4}{b^2}x^2\right)\dot{x}^2+x^2\dot{\theta}^2\right]$；

$$\left(1+\frac{4}{b^2}x^2\right)\ddot{x}+\frac{4}{b^2}x\dot{x}^2-x\dot{\theta}^2+\frac{2g}{b}x+\frac{\mu}{m}\left(1+\frac{4}{b^2}x^2\right)\dot{x}=0；$$

$$x\ddot{\theta}+2\dot{x}\dot{\theta}+\frac{\mu}{m}x\dot{\theta}=0。$$

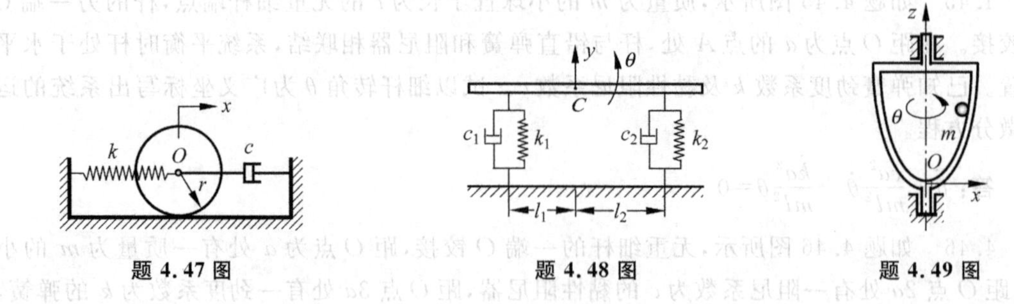

题 4.47 图　　题 4.48 图　　题 4.49 图

4.50　如题 4.50 图所示为一铰接平行四边形机构，其中 AB 杆和 CD 杆的质量均为 m_1，BC 杆的质量为 m_2，$\angle BAD=\theta$。今于 B 点处作用一沿 BC 方向的冲量 $\boldsymbol{I}$，试求 B 点的速度和整个系统所获得的动能。

答：$v_B=\dfrac{I\sin\theta}{\dfrac{2}{3}m_1+m_2}, T=\dfrac{I^2\sin^2\theta}{2\left(\dfrac{2}{3}m_1+m_2\right)}$。

4.51　如题 4.51 图所示，质量为 m、长为 $2l$ 的均质棒以垂直于其自身的速度 $\boldsymbol{v}$ 在图示平面内移动。此棒与支点 A 相碰于距棒端 $l/2$ 处。设碰撞为非弹性的(即碰后不离开)，求碰后棒的角速度及质心的速度以及棒上受到的碰撞冲量。

答：$\dot{\theta}=\dfrac{6}{7}\dfrac{v}{l}, \dot{y}=\dfrac{3}{7}v, I=\dfrac{4}{7}mv$。

4.52　如题 4.52 图所示，三根均质刚性杆彼此用铰链连接，$AB=BD=2CD=l$，AB 杆及 CD 杆铅垂，BD 杆水平。AB 杆及 BD 杆的质量均为 m，CD 杆的质量为 $m/2$。今在 AB 杆上作用一水平冲量 $\boldsymbol{I}$，求 AB 杆的角速度。

答：$\dot{\theta}=\dfrac{2Ih}{3ml^2}$。

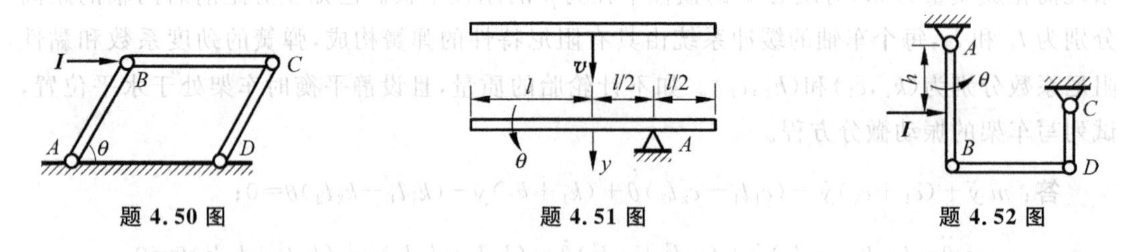

题 4.50 图　　题 4.51 图　　题 4.52 图

4.53　质量为 m 的质点在力 $\boldsymbol{F}=-f(r)\boldsymbol{r}/r$ 的作用下在水平面内运动，如取极坐标 (r,φ) 为广义坐标，试写出其劳斯函数。

答：$R=\dfrac{C_\varphi^2}{2mr^2}-\dfrac{1}{2}m\dot{r}^2+\int f(r)\mathrm{d}r$。

4.54　以悬点为坐标原点写出的球面摆的拉格朗日函数为

$$L=\frac{1}{2}ml^2(\dot{\theta}^2+\dot{\varphi}^2\sin^2\theta)-mgl\cos\theta$$

式中，l 为摆长，m 为摆锤质量，(θ,φ) 为两个球面角。试写出球面摆的劳斯函数和劳斯方程。

答：$R=-\frac{1}{2}ml^2\dot{\theta}^2+\frac{C_\varphi^2}{2ml^2\sin^2\theta}+mgl\cos\theta$；

$$ml^2\ddot{\theta}-\frac{C_\varphi^2\cos\theta}{ml^2\sin^3\theta}-mgl\sin\theta=0。$$

4.55　如题 4.55 图所示，质量分别为 m_1 与 m_2 的两个质点 A 与 B 用通过小孔 O 的柔软且不可伸长的绳索连接。质点 A 始终保持在一光滑水平面上运动，质点 B 则沿铅垂方向运动。若将 (r,θ) 取作广义坐标，试写出系统的劳斯函数。

答：$R=\frac{C_\theta^2}{2m_1r^2}-\frac{1}{2}(m_1+m_2)\dot{r}^2+m_2gr$。

4.56　如题 4.56 图所示，沿着半径为 R 的粗糙圆形圈的内壁，有一质量为 m、半径为 r 的均质圆盘在无滑动地滚动。假定圆形圈对 AB 轴的转动惯量为 J，试写出系统的劳斯函数。

答：$R=\frac{2C_\varphi^2}{4J+4m(R-r)^2\sin^2\theta+mr^2}-\frac{3}{4}m(R-r)^2\dot{\theta}^2-mg(R-r)\cos\theta$。

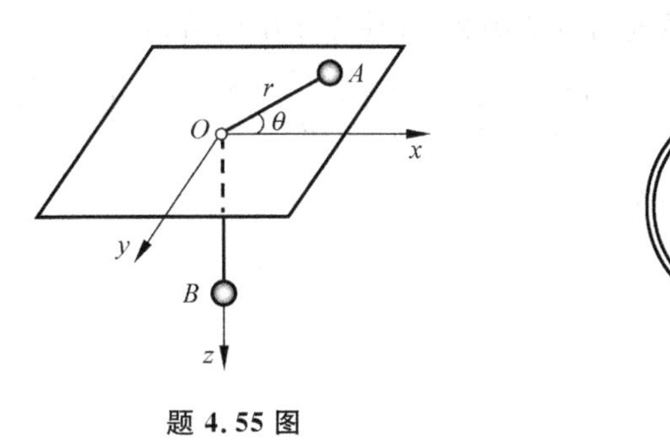

题 4.55 图

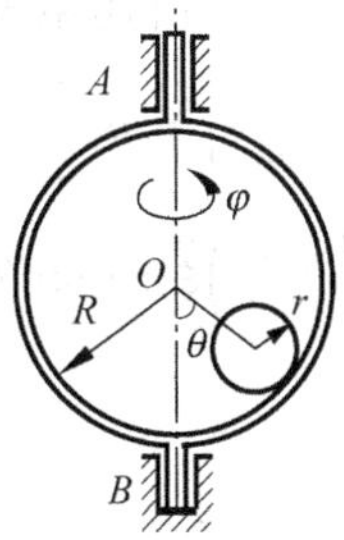

题 4.56 图

4.57　如题 4.57 图所示，质量为 m_1 与质量为 m_2 的两质点用一软绳连接。绳的中间连一劲度系数为 k 的弹簧，绳绕过一质量不计的滑轮，绳与弹簧的原长为 l_0。两质点可在光滑的水平管内自由滑动，而水平管可绕 AB 轴转动，对 AB 轴的转动惯量为 J。试用劳斯方程建立系统的运动微分方程。

答：$m_1\ddot{r}_1-\frac{m_1r_1C_\theta^2}{(m_1r_1^2+m_2r_2^2+J)^2}=-k(r_1+r_2-l_0)$；

$$m_2\ddot{r}_2-\frac{m_2r_2C_\theta^2}{(m_1r_1^2+m_2r_2^2+J)^2}=-k(r_1+r_2-l_0)；$$

$$\theta=\int_0^t\frac{C_\theta}{m_1r_1^2+m_2r_2^2+J}\mathrm{d}t。$$

4.58　如题 4.58 图所示，两均质杆 AB 和 AD 在 A 点铰接，每根杆的质量均为 m，长度均为 $2a$，两杆可在光滑的水平面上自由运动。设系统质心 C 的坐标为 (x,y)，两杆与 Ox 轴的夹角为 $\theta\pm\varphi$，Oxy 为平面上的固定直角坐标系。求证系统的动能为

$$T=m\left[\dot{x}^2+\dot{y}^2+\left(\frac{1}{3}+\sin^2\varphi\right)a^2\dot{\theta}^2+\left(\frac{1}{3}+\cos^2\varphi\right)a^2\dot{\varphi}^2\right]$$

并写出系统的劳斯函数。

答：$R=\frac{C_x^2+C_y^2}{4m}+\frac{3C_\theta^2}{4ma^2(1+3\sin^2\varphi)}-\frac{1}{3}(1+3\cos^2\varphi)ma^2\dot{\varphi}^2$。

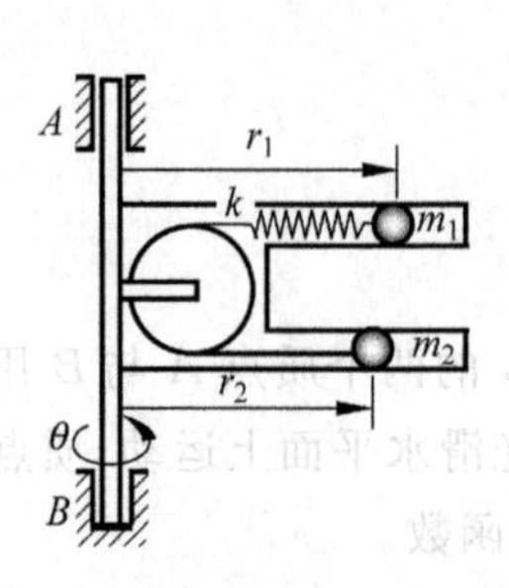

题 4.57 图

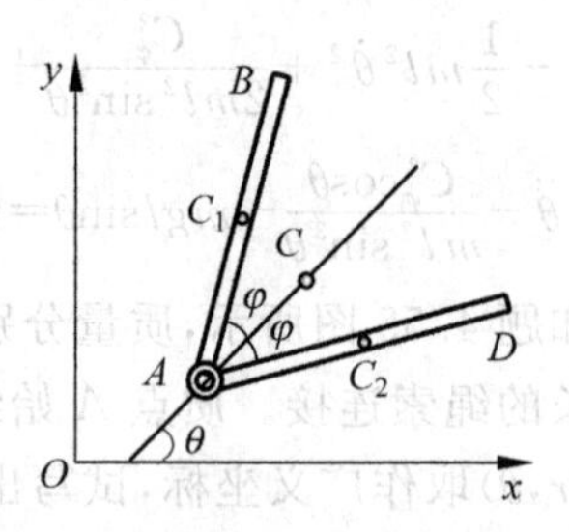

题 4.58 图

4.59 写出题 4.35 所述系统的劳斯函数，并建立系统的劳斯方程。

答：$R=\dot{x}p_x-L=\dfrac{(C_x-ml\,\dot{\theta}\cos\theta)^2}{6m}-\dfrac{1}{2}ml^2\dot{\theta}^2-mgl\cos\theta$；

$$\left(\frac{1}{3}\cos^2\theta-1\right)ml^2\ddot{\theta}-\frac{1}{6}ml^2\dot{\theta}^2\sin2\theta-mgl\sin\theta=0。$$

4.60 写出题 4.36 所述系统的劳斯函数，并建立系统的劳斯方程。

答：$R=\dfrac{C_x^2}{2(m_1+m_2)}+m_2\left[\dfrac{1}{2}\dot{\xi}^2\left(\dfrac{m_2\cos^2\theta}{m_1+m_2}-\dfrac{3}{2}\right)+\dfrac{C_x\cos\theta}{m_1+m_2}\dot{\xi}-g\xi\sin\theta\right]$；

$$\left(\frac{m_2\cos^2\theta}{m_1+m_2}-\frac{3}{2}\right)\ddot{\xi}+g\sin\theta=0。$$

第5章

哈密尔顿正则方程

对于自由度数 f 和广义坐标数 l 相等的完整系统，拉格朗日方程建立的是一组以广义坐标为独立变量的 f 个二阶常微分方程。哈密尔顿(William Rowan Hamilton，1805—1865)将广义坐标和广义动量作为新的独立变量，将拉格朗日 f 个二阶微分方程变换为 $2f$ 个一阶微分方程，而且结构对称、简洁，称为正则方程。哈密尔顿正则方程是分析力学中与拉格朗日方程等价的又一个重要的力学方程。

5.1 哈密尔顿正则方程的理论及其应用

5.1.1 哈密尔顿函数与正则方程

在主动力有势的情形下，具有 f 个自由度的完整系统，其拉格朗日方程为

$$\frac{\mathrm{d}}{\mathrm{d}t}\left(\frac{\partial L}{\partial \dot{q}_k}\right)-\frac{\partial L}{\partial q_k}=0 \quad (k=1,2,\cdots,f) \tag{5.1.1}$$

方程的建立完全依赖于以广义坐标、广义速度和时间为变量的拉格朗日函数，即 $L=L(\boldsymbol{q},\dot{\boldsymbol{q}},t)$，因此称 $\boldsymbol{q}$、$\dot{\boldsymbol{q}}$ 为**拉格朗日变量**。

引入**广义动量** p_k，其与系统的拉格朗日函数 L 或动能函数 T 的关系为

$$p_k=\frac{\partial L}{\partial \dot{q}_k}=\frac{\partial T}{\partial \dot{q}_k} \quad (k=1,2,\cdots,f) \tag{5.1.2}$$

该式在广义速度 $\dot{\boldsymbol{q}}$ 和广义动量 $\boldsymbol{p}$ 之间进行了变换。当拉格朗日函数 L 对 $\dot{\boldsymbol{q}}$ 的海塞行列式不为零，即当

$$H(L)=\left|\frac{\partial^2 L}{\partial \dot{q}_i \partial \dot{q}_j}\right|\neq 0 \quad (i,j=1,2,\cdots,f) \tag{5.1.3}$$

时，从广义动量的定义可以解出

$$\dot{q}_k=\dot{q}_k(\boldsymbol{q},\boldsymbol{p},t) \quad (k=1,2,\cdots,f) \tag{5.1.4}$$

根据勒让德变换的原则，欲使拉格朗日函数 L 中的变量由 $(\boldsymbol{q},\dot{\boldsymbol{q}},t)$ 变换成新变量 $(\boldsymbol{q},\boldsymbol{p},t)$，需要引入新的函数 $H(\boldsymbol{q},\boldsymbol{p},t)$，使得

$$H(\boldsymbol{q},\boldsymbol{p},t)=\sum_{k=1}^{f}\dot{q}_k p_k-L \tag{5.1.5}$$

称函数 $H=H(\boldsymbol{q},\boldsymbol{p},t)$ 为**哈密尔顿函数**，$\boldsymbol{q}$、$\boldsymbol{p}$ 为**哈密尔顿变量**或**正则变量**。上式构造了一个以正则变量和时间 t 为变量的新函数 H 以代替拉格朗日函数 L，新变量 $\boldsymbol{p}$ 代替了旧变量 $\dot{\boldsymbol{q}}$ 参与变换，同时保留了旧变量 $\boldsymbol{q}$ 及 t(作为变换中的参数)，其中 $\dot{\boldsymbol{q}}$ 以式(5.1.4)的形式代入。

根据对原变量进行部分变换的勒让德变换式，对于保留变量，由式(4.6.11)，应有如下

关系：

$$\frac{\partial L}{\partial q_k}=-\frac{\partial H}{\partial q_k},\quad \frac{\partial L}{\partial t}=-\frac{\partial H}{\partial t}\quad (k=1,2,\cdots,f) \tag{5.1.6}$$

此外，由式(5.1.5)得到式(5.1.2)的反演结果，即逆变换

$$\dot{q}_k=\frac{\partial H}{\partial p_k}\quad (k=1,2,\cdots,f) \tag{5.1.7}$$

将式(5.1.6)代入拉格朗方程(5.1.1)，并和式(5.1.7)联立，得到 $2f$ 个以$(\boldsymbol{q},\boldsymbol{p})$为独立变量的一阶微分方程组，即**哈密尔顿正则方程**

$$\begin{cases}\dot{q}_k=\dfrac{\partial H}{\partial p_k}\\ \dot{p}_k=-\dfrac{\partial H}{\partial q_k}\end{cases}\quad (k=1,2,\cdots,f) \tag{5.1.8}$$

由于哈密尔顿函数与拉格朗日函数有着确定的关系，所以二者都可以看作系统的描述函数。用广义坐标和广义速度描述系统的运动时，拉格朗日函数 $L(\boldsymbol{q},\dot{\boldsymbol{q}},t)$起支配作用，运动规律表示为拉格朗日方程的形式；用广义坐标和广义动量描述系统的运动时，哈密尔顿函数 $H(\boldsymbol{q},\boldsymbol{p},t)$代替拉格朗日函数起支配作用，运动规律表示为正则方程的形式。更确切地说，拉格朗日函数 $L(\boldsymbol{q},\dot{\boldsymbol{q}},t)$包含了位形空间中描述系统运动的全部特征，拉格朗日力学相当于位形空间中的几何学；而哈密尔顿函数 $H(\boldsymbol{q},\boldsymbol{p},t)$则包含了相空间中描述系统运动的全部特征，哈密尔顿力学相当于相空间中的几何学。因此，哈密尔顿正则方程和拉格朗日方程是等价的。

应该指出，正则方程中的第一组 f 个方程是由广义动量的定义经过纯数学意义上的勒让德变换得到的，它不代表系统运动所遵循的动力学规律，仅表示变量之间的变换关系。而另外一组 f 个方程则是直接由拉格朗日方程经过正则变量表达出来的，它反映了系统运动所遵循的动力学规律。两组方程联立，形成一对对称整齐且变量有同等地位的 $2f$ 个一阶方程组。

若系统所受主动力除有势力外还有非有势力，则其拉格朗日方程为

$$\frac{\mathrm{d}}{\mathrm{d}t}\left(\frac{\partial L}{\partial \dot{q}_k}\right)-\frac{\partial L}{\partial q_k}=Q'_k\quad (k=1,2,\cdots,f) \tag{5.1.9}$$

其中，Q'_k为非有势力对应的广义力。由式(5.1.2)，并考虑式(5.1.6)，将上式改写为

$$\dot{p}_k=-\frac{\partial H}{\partial q_k}+Q'_k \tag{5.1.10}$$

结合式(5.1.7)，得到含非有势力的完整系统的哈密尔顿正则方程为

$$\begin{cases}\dot{q}_k=\dfrac{\partial H}{\partial p_k}\\ \dot{p}_k=-\dfrac{\partial H}{\partial q_k}+Q'_k\end{cases}\quad (k=1,2,\cdots,f) \tag{5.1.11}$$

5.1.2 哈密尔顿函数的物理意义

从哈密尔顿函数的定义式(5.1.5)出发，有

$$H(\boldsymbol{q},\boldsymbol{p},t)=\sum_{k=1}^{l}\dot{q}_k p_k-L=\sum_{k=1}^{l}\frac{\partial L}{\partial \dot{q}_k}\dot{q}_k-L=\sum_{k=1}^{l}\frac{\partial T}{\partial \dot{q}_k}\dot{q}_k-L \tag{5.1.12}$$

利用欧拉齐次函数定理，有

$$H = (2T_2 + T_1) - (T_2 + T_1 + T_0 - V) = T_2 + (V - T_0) \tag{5.1.13}$$

将其与广义能量的定义式(4.3.6)对照可以看出，**哈密尔顿函数**的物理意义**就是系统的广义能量**。与式(4.3.6)表达的广义能量不同，在数学形式上它是以拉格朗日变量$(\boldsymbol{q},\dot{\boldsymbol{q}})$表达的，而哈密尔顿函数则是以正则变量$(\boldsymbol{q},\boldsymbol{p})$表达的。这里，$T_2$、$T_1$ 和 T_0 分别为动能 T 的展开式中广义速度$\dot{\boldsymbol{q}}$的二次、一次和零次齐次函数。如果约束是定常的，$T=T_2$，$T_0=0$，则上式简化为

$$H = T + V \tag{5.1.14}$$

即对定常系统，哈密尔顿函数退化为以正则变量表示的系统的机械能。

再来讨论哈密尔顿函数对时间的变化率。由于 $H=H(\boldsymbol{q},\boldsymbol{p},t)$，因此

$$\frac{\mathrm{d}H}{\mathrm{d}t} = \sum_{k=1}^{l}\left(\frac{\partial H}{\partial q_k}\dot{q}_k + \frac{\partial H}{\partial p_k}\dot{p}_k\right) + \frac{\partial H}{\partial t} \tag{5.1.15}$$

在上式中代入主动力有势的哈密尔顿正则方程(5.1.8)，有

$$\begin{aligned}\frac{\mathrm{d}H}{\mathrm{d}t} &= \sum_{k=1}^{l}\left(\frac{\partial H}{\partial q_k}\dot{q}_k + \frac{\partial H}{\partial p_k}\dot{p}_k\right) + \frac{\partial H}{\partial t} \\ &= \sum_{k=1}^{l}(-\dot{p}_k\dot{q}_k + \dot{q}_k\dot{p}_k) + \frac{\partial H}{\partial t} = \frac{\partial H}{\partial t}\end{aligned} \tag{5.1.16}$$

由此可知，哈密尔顿函数 H 对时间 t 的偏导数等于 H 对时间 t 的全导数。同时表明，哈密尔顿函数 H 随时间 t 的变化与系统的状态变量 $\boldsymbol{q}$ 和 $\boldsymbol{p}$ 无关，而只与 H 是否显含时间 t 有关。另外，从式(5.1.6)看出，H 是否显含时间完全视 L 是否显含时间而定。

例 5.1　试列写例 4.11 讨论的以匀角速度转动的圆环内小球运动的正则方程。

解：这是一个单自由度非定常完整系统，仍取 θ 为广义坐标。在例 4.11 中已经计算得系统的拉格朗日函数为

$$L = T - V = \frac{1}{2}mR^2\dot{\theta}^2 + \frac{1}{2}(J + mR^2\sin^2\theta)\omega^2 + mgR\cos\theta$$

系统的广义动量

$$p_\theta = \frac{\partial L}{\partial\dot{\theta}} = mR^2\dot{\theta}$$

其物理意义为小球相对于圆心 O 的动量矩。从上式中可解出广义速度

$$\dot{\theta} = \frac{p_\theta}{mR^2}$$

构造系统以正则变量表示的哈密尔顿函数

$$H = \sum_{k=1}^{f}\dot{q}_k p_k - L = \dot{\theta}p_\theta - L = \frac{p_\theta^2}{2mR^2} - \frac{1}{2}(J + mR^2\sin^2\theta)\omega^2 - mgR\cos\theta$$

将上式代入式(5.1.8)，得到系统的正则方程为

$$\begin{cases}\dot{\theta} = \dfrac{\partial H}{\partial p_\theta} = \dfrac{p_\theta}{mR^2} \\ \dot{p}_\theta = -\dfrac{\partial H}{\partial\theta} = mR\sin\theta(R\omega^2\cos\theta - g)\end{cases}$$

例 5.2 试分别用笛卡儿坐标、柱面坐标和球面坐标写出质量为 m 的一个自由质点在势力场 $V(\boldsymbol{r})$ 中的哈密尔顿函数 H。

解：系统的自由度为 3。

(1) 取笛卡儿坐标 $q=(x,y,z)$ 为广义坐标，则系统的拉格朗日函数为

$$L=T-V=\frac{1}{2}m(\dot{x}^2+\dot{y}^2+\dot{z}^2)-V(x,y,z)$$

系统的广义动量

$$p_x=\frac{\partial L}{\partial \dot{x}}=m\dot{x},\quad p_y=\frac{\partial L}{\partial \dot{y}}=m\dot{y},\quad p_z=\frac{\partial L}{\partial \dot{z}}=m\dot{z}$$

从上式中可解出广义速度

$$\dot{x}=\frac{p_x}{m},\quad \dot{y}=\frac{p_y}{m},\quad \dot{z}=\frac{p_z}{m}$$

于是可以构造系统以正则变量表示的哈密尔顿函数

$$H=\sum_{k=1}^{3}\dot{q}_k p_k-L=p_x\dot{x}+p_y\dot{y}+p_z\dot{z}-\frac{1}{2}m(\dot{x}^2+\dot{y}^2+\dot{z}^2)+V(x,y,z)$$

$$=\frac{1}{2m}(p_x^2+p_y^2+p_z^2)+V(x,y,z)$$

(2) 取柱面坐标 $q=(\rho,\varphi,z)$ 为广义坐标，则系统的拉格朗日函数为

$$L=T-V=\frac{1}{2}m(\dot{\rho}^2+\rho^2\dot{\varphi}^2+\dot{z}^2)-V(\rho,\varphi,z)$$

系统的广义动量

$$p_\rho=\frac{\partial L}{\partial \dot{\rho}}=m\dot{\rho},\quad p_\varphi=\frac{\partial L}{\partial \dot{\varphi}}=m\rho^2\dot{\varphi},\quad p_z=\frac{\partial L}{\partial \dot{z}}=m\dot{z}$$

从上式中可解出广义速度

$$\dot{\rho}=\frac{p_\rho}{m},\quad \dot{\varphi}=\frac{p_\varphi}{m\rho^2},\quad \dot{z}=\frac{p_z}{m}$$

于是可以构造系统以正则变量表示的哈密尔顿函数

$$H=\sum_{k=1}^{3}\dot{q}_k p_k-L=p_\rho\dot{\rho}+p_\varphi\dot{\varphi}+p_z\dot{z}-\frac{1}{2}m(\dot{\rho}^2+\rho^2\dot{\varphi}^2+\dot{z}^2)+V(\rho,\varphi,z)$$

$$=\frac{1}{2m}\left(p_\rho^2+\frac{p_\varphi^2}{\rho^2}+p_z^2\right)+V(\rho,\varphi,z)$$

(3) 取球坐标 $q=(r,\theta,\varphi)$ 为广义坐标，则系统的拉格朗日函数为

$$L=T-V=\frac{1}{2}m(\dot{r}^2+r^2\dot{\theta}^2+r^2\dot{\varphi}^2\sin^2\theta)-V(r,\theta,\varphi)$$

系统的广义动量

$$p_r=\frac{\partial L}{\partial \dot{r}}=m\dot{r},\quad p_\theta=\frac{\partial L}{\partial \dot{\theta}}=mr^2\dot{\theta},\quad p_\varphi=\frac{\partial L}{\partial \dot{\varphi}}=mr^2\dot{\varphi}\sin^2\theta$$

从上式中可解出广义速度

$$\dot{r}=\frac{p_r}{m},\quad \dot{\theta}=\frac{p_\theta}{mr^2},\quad \dot{\varphi}=\frac{p_\varphi}{mr^2\sin^2\theta}$$

于是可以构造系统以正则变量表示的哈密尔顿函数

$$H=\sum_{k=1}^{3}\dot{q}_k p_k-L=\frac{1}{2m}\left(p_r^2+\frac{p_\theta^2}{r^2}+\frac{p_\varphi^2}{r^2\sin^2\theta}\right)+V(r,\theta,\varphi)$$

例 5.3 如图 5.1.1 所示，一质量为 m 的自由质点，受指向固定点 O 的力 $\boldsymbol{F}=-k\boldsymbol{r}$ 的作用，其中 $\boldsymbol{r}$ 为质点的矢径，k 为大于零的常数。试求在直角坐标系中质点的运动微分方程。

解：系统的自由度数是 3。取直角坐标 $q=(x,y,z)$ 为广义坐标，则系统的动能为

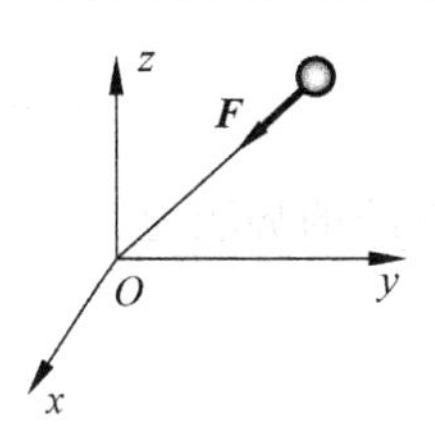

图 5.1.1

$$T=\frac{1}{2}m(\dot{x}^2+\dot{y}^2+\dot{z}^2)$$

取 $r=r_0=0$ 为零势能位，系统的势能为

$$V=\int_r^{r_0}\boldsymbol{F}\cdot\mathrm{d}\boldsymbol{r}=\int_r^0-kr\,\mathrm{d}r=\frac{1}{2}kr^2=\frac{1}{2}k(x^2+y^2+z^2)$$

系统的拉格朗日函数为

$$L=T-V=\frac{1}{2}m(\dot{x}^2+\dot{y}^2+\dot{z}^2)-\frac{1}{2}k(x^2+y^2+z^2)$$

系统的广义动量

$$p_x=\frac{\partial L}{\partial\dot{x}}=m\dot{x},\quad p_y=\frac{\partial L}{\partial\dot{y}}=m\dot{y},\quad p_z=\frac{\partial L}{\partial\dot{z}}=m\dot{z}$$

从上式中可解出广义速度

$$\dot{x}=\frac{p_x}{m},\quad\dot{y}=\frac{p_y}{m},\quad\dot{z}=\frac{p_z}{m}$$

构造系统以正则变量表示的哈密尔顿函数

$$\begin{aligned}H&=\sum_{k=1}^{3}\dot{q}_k p_k-L=p_x\dot{x}+p_y\dot{y}+p_z\dot{z}-\frac{1}{2}m(\dot{x}^2+\dot{y}^2+\dot{z}^2)+\frac{1}{2}k(x^2+y^2+z^2)\\&=\frac{1}{2m}(p_x^2+p_y^2+p_z^2)+\frac{1}{2}k(x^2+y^2+z^2)\end{aligned}$$

将上式代入式(5.1.8)，得到系统的正则方程为

$$\begin{cases}\dot{x}=\dfrac{\partial H}{\partial p_x}=\dfrac{p_x}{m},\quad\dot{y}=\dfrac{\partial H}{\partial p_y}=\dfrac{p_y}{m},\quad\dot{z}=\dfrac{\partial H}{\partial p_z}=\dfrac{p_z}{m}\\\dot{p}_x=-\dfrac{\partial H}{\partial x}=-kx,\quad\dot{p}_y=-\dfrac{\partial H}{\partial y}=-ky,\quad\dot{p}_z=-\dfrac{\partial H}{\partial z}=-kz\end{cases}$$

由上式的第一行可知

$$p_x=m\dot{x},\quad p_y=m\dot{y},\quad p_z=m\dot{z}$$

将其代入第二行并整理，得到质点的运动微分方程如下：

$$m\ddot{x}+kx=0,\quad m\ddot{y}+ky=0,\quad m\ddot{z}+kz=0$$

例 5.4 如图 5.1.2 所示，水平直管以匀速 ω 绕铅直轴旋转。管内放有两质量均为 m 的小球，可沿直管无摩擦地滑动。两小球用原长为 l_0、劲度系数为 k 的弹簧相连，不计小球尺寸。试建立两个小球相对运动的哈密尔顿正则方程。

解：系统为两自由度非定常完整系统，且主动力皆有势。选取系统质心相对于转轴的

坐标 x 和反映两球之间相对位置的参数 ξ 作为广义坐标，则两球相对于旋转直管的运动由各自的位置参数确定：

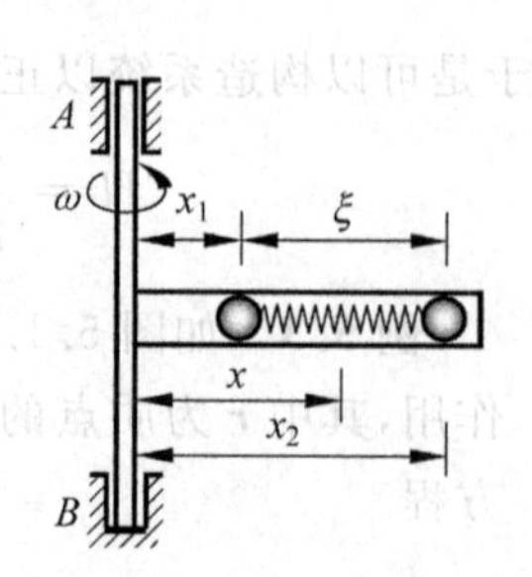

图 5.1.2

$$x_1 = x - \frac{\xi}{2}, \quad x_2 = x + \frac{\xi}{2}$$

系统的动能为

$$T = \frac{1}{2}m(\dot{x}_1^2 + x_1^2\omega^2) + \frac{1}{2}m(\dot{x}_2^2 + x_2^2\omega^2)$$

$$= m\left[\dot{x}^2 + \frac{\dot{\xi}^2}{4} + \omega^2\left(x^2 + \frac{\xi^2}{4}\right)\right]$$

系统的势能为

$$V = \frac{1}{2}k(x_2 - x_1 - l_0)^2 = \frac{1}{2}k(\xi - l_0)^2$$

系统的拉格朗日函数为

$$L = T - V = m\left[\dot{x}^2 + \frac{\dot{\xi}^2}{4} + \omega^2\left(x^2 + \frac{\xi^2}{4}\right)\right] - \frac{1}{2}k(\xi - l_0)^2$$

系统的广义动量

$$p_x = \frac{\partial L}{\partial \dot{x}} = 2m\dot{x}, \quad p_\xi = \frac{\partial L}{\partial \dot{\xi}} = \frac{1}{2}m\dot{\xi}$$

从上式中可解出广义速度

$$\dot{x} = \frac{p_x}{2m}, \quad \dot{\xi} = \frac{2p_\xi}{m}$$

构造系统以正则变量表示的哈密尔顿函数

$$H = \sum_{k=1}^{2}\dot{q}_k p_k - L = p_x\dot{x} + p_\xi\dot{\xi} - m\left[\dot{x}^2 + \frac{\dot{\xi}^2}{4} + \omega^2\left(x^2 + \frac{\xi^2}{4}\right)\right] + \frac{1}{2}k(\xi - l_0)^2$$

$$= \frac{p_x^2}{4m} + \frac{p_\xi^2}{m} - m\omega^2\left(x^2 + \frac{\xi^2}{4}\right) + \frac{1}{2}k(\xi - l_0)^2$$

将上式代入式(5.1.8)，得到系统的正则方程为

$$\begin{cases} \dot{x} = \dfrac{\partial H}{\partial p_x} = \dfrac{p_x}{2m}, \quad \dot{\xi} = \dfrac{\partial H}{\partial p_\xi} = \dfrac{2p_\xi}{m} \\ \dot{p}_x = -\dfrac{\partial H}{\partial x} = 2m\omega^2 x, \quad \dot{p}_\xi = -\dfrac{\partial H}{\partial \xi} = \dfrac{1}{2}m\omega^2\xi - k(\xi - l_0) \end{cases}$$

这是一组关于正则变量(x, ξ, p_x, p_ξ)的一阶常微分方程，在给定初始条件以后，不难解出各正则变量作为时间 t 的函数。

如果直接选定 $q=(x_1, x_2)$为广义坐标，则正则方程中的动力学方程不是解耦的。正则方程如下(读者可自行推导)：

$$\begin{cases} \dot{x}_1 = \dfrac{\partial H}{\partial p_{x_1}} = \dfrac{p_{x_1}}{m}, \quad \dot{x}_2 = \dfrac{\partial H}{\partial p_{x_2}} = \dfrac{p_{x_2}}{m} \\ \dot{p}_{x_1} = -\dfrac{\partial H}{\partial x_1} = m\omega^2 x_1 + k(x_2 - x_1 - l_0), \quad \dot{p}_{x_2} = -\dfrac{\partial H}{\partial x_2} = m\omega^2 x_2 - k(x_2 - x_1 - l_0) \end{cases}$$

另外，对哈密尔顿函数也可根据其物理意义直接代入广义能量表达式 $H = T_2 + (V - T_0)$，并将广义速度替换为广义动量而获得。

5.2 哈密尔顿正则方程的初积分

在一定条件下，正则方程也存在初积分，且与拉格朗日方程的初积分一一对应。

5.2.1 广义能量积分

若所考察的系统中，**主动力皆有势，且哈密尔顿函数 H 中不显含时间** t，即 $H=H(\boldsymbol{q},\boldsymbol{p})$，则

$$\frac{\mathrm{d}H}{\mathrm{d}t}=\frac{\partial H}{\partial t}=0 \tag{5.2.1}$$

将上式积分得 $H=h$，其中 h 为积分常数。结合式(5.1.13)，有

$$H=T_2+(V-T_0)=h \tag{5.2.2}$$

可见，在此种情形下，正则方程有**广义能量积分**，或者说有**广义能量守恒**。由式(5.1.6)可以看出，当函数 L 不显含时间时(即$\partial L/\partial t=0$)，函数 H 也不显含时间(即$\partial H/\partial t=0$)。因此，若以拉格朗日函数描述系统的运动时有广义能量积分，则以正则函数描述系统的运动时，同样有广义能量积分。

如果**约束是定常的**，则 $T=T_2$，$T_0=0$，因此

$$H=T+V=h \tag{5.2.3}$$

广义能量积分退化为**能量积分**，其物理意义是保守系统的机械能守恒。

5.2.2 循环积分

若所考察的系统中，**主动力皆有势，且哈密尔顿函数 H 中不显含某些广义坐标** q_k($k=1,2,\cdots,m$)，即

$$H=H(q_{m+1},q_{m+2},\cdots,q_l;\ p_1,p_2,\cdots,p_l;\ t) \tag{5.2.4}$$

根据正则方程有

$$\dot{p}_k=-\frac{\partial H}{\partial q_k}=0 \quad (k=1,2,\cdots,m) \tag{5.2.5}$$

于是得到 m 个正则方程的**循环积分**或**广义动量积分**

$$p_k=C_k \quad (k=1,2,\cdots,m) \tag{5.2.6}$$

根据哈密尔顿正则方程的对称性，在所考察的系统中，当**主动力皆有势，且哈密尔顿函数 H 中不显含某些广义动量** p_k($k=1,2,\cdots,m$)时，即当

$$H=H(q_1,q_2,\cdots,q_l;\ p_{m+1},p_{m+2},\cdots,p_l;\ t) \tag{5.2.7}$$

时，根据正则方程有

$$\dot{q}_k=\frac{\partial H}{\partial p_k}=0 \quad (k=1,2,\cdots,m) \tag{5.2.8}$$

因此，对称地得到 m 个初积分

$$q_k=C_k \quad (k=1,2,\cdots,m) \tag{5.2.9}$$

式(5.2.6)与式(5.2.9)中，C_k 为积分常数。

不显含于 $L(\boldsymbol{q},\dot{\boldsymbol{q}},t)$ 和 $H(\boldsymbol{q},\boldsymbol{p},t)$ 中的广义坐标叫作**循环坐标**。由式(5.1.6)可知，若

$q_k(k=1,2,\cdots,m)$为循环坐标，即当q_k不显含在函数L中，则q_k一定也不会出现在函数H中。因此，若以拉格朗日函数描述系统的运动时有广义动量积分，则以正则函数描述系统的运动时，同样有广义动量积分。

例 5.5 图 5.2.1 所示空心圆管OA绕铅垂轴O在水平面内转动。它对O轴的转动惯量为$J=md^2$，质量为m的质点M在圆管内运动，设质点受引力$\boldsymbol{F}_r=-\mu m\boldsymbol{r}/r^3$的作用，式中$\boldsymbol{r}$是质点$M$到转轴$O$的矢径，$r$为其长度，$\mu$为常数。试列写系统的哈密尔顿正则方程并求其初积分。

解：系统的自由度数是 2。可选择极坐标$q=(r,\varphi)$为广义坐标，则系统的动能为

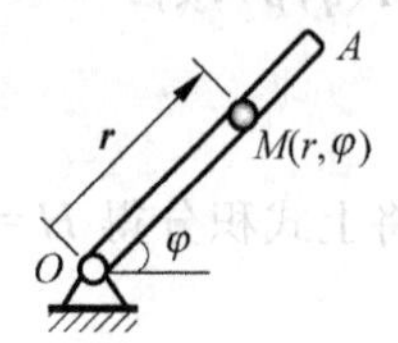

图 5.2.1

$$T=\frac{1}{2}J\dot{\varphi}^2+\frac{1}{2}m(\dot{r}^2+r^2\dot{\varphi}^2)=\frac{1}{2}m[\dot{r}^2+(r^2+d^2)\dot{\varphi}^2]$$

取$r_0=\infty$为系统的零势能位，系统的势能为

$$V=\int_r^{r_0}\boldsymbol{F}_r\cdot\mathrm{d}\boldsymbol{r}=\int_r^{\infty}-\frac{\mu m}{r^2}\mathrm{d}r=-\frac{\mu m}{r}$$

因系统为保守系统，则哈密尔顿函数为

$$H=T+V=\frac{1}{2}m[\dot{r}^2+(r^2+d^2)\dot{\varphi}^2]-\frac{\mu m}{r}$$

系统的广义动量

$$p_r=\frac{\partial T}{\partial\dot{r}}=m\dot{r},\quad p_\varphi=\frac{\partial T}{\partial\dot{\varphi}}=m(r^2+d^2)\dot{\varphi}$$

从上式中可解出广义速度

$$\dot{r}=\frac{p_r}{m},\quad \dot{\varphi}=\frac{p_\varphi}{m(r^2+d^2)}$$

于是，可以写出系统以正则变量表示的哈密尔顿函数

$$H=T+V=\frac{1}{2m}\left[p_r^2+\frac{p_\varphi^2}{r^2+d^2}\right]-\frac{\mu m}{r}$$

将上式代入式(5.1.8)，得到系统的正则方程为

$$\begin{cases}\dot{r}=\dfrac{\partial H}{\partial p_r}=\dfrac{p_r}{m},\quad \dot{\varphi}=\dfrac{\partial H}{\partial p_\varphi}=\dfrac{p_\varphi}{m(r^2+d^2)}\\ \dot{p}_r=-\dfrac{\partial H}{\partial r}=\dfrac{rp_\varphi^2}{m(r^2+d^2)^2}-\dfrac{\mu m}{r^2},\quad \dot{p}_\varphi=-\dfrac{\partial H}{\partial\varphi}=0\end{cases}$$

从哈密尔顿函数的表达式可知，φ为循环坐标，且主动力有势，则存在循环积分，即广义动量守恒，有

$$p_\varphi=m(r^2+d^2)\dot{\varphi}=C_\varphi$$

又因$\partial H/\partial t=0$，则存在能量积分，即机械能守恒：

$$\frac{1}{2m}\left(p_r^2+\frac{p_\varphi^2}{r^2+d^2}\right)-\frac{\mu m}{r}=h$$

例 5.6 如图 5.2.2 所示，半径为R的圆盘竖直放置，一根长为$l+\dfrac{\pi R}{2}$的不可伸长的轻绳，上段绕在圆盘边缘上，上端固定在圆盘最高点A，下端系着质量为m的质点。试导出质点的哈密尔顿正则方程，并讨论其初积分。

解：本例所述为单自由度系统，可取 θ 为广义坐标。

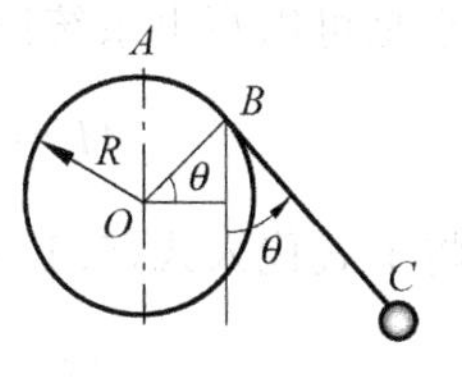

图　5.2.2

绳的 AB 段长为 $(\pi/2-\theta)R$，因而 BC 段的长为 $(l+\pi R/2)-(\pi/2-\theta)R$，即 $l+R\theta$。质点的动能为

$$T=\frac{1}{2}m(l+R\theta)^2\dot{\theta}^2$$

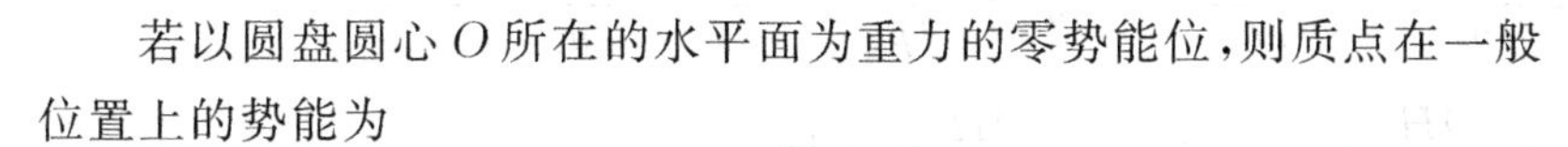

若以圆盘圆心 O 所在的水平面为重力的零势能位，则质点在一般位置上的势能为

$$V=mgR\sin\theta-mg(l+R\theta)\cos\theta$$

系统的拉格朗日函数为

$$L=T-V=\frac{1}{2}m(l+R\theta)^2\dot{\theta}^2-mgR\sin\theta+mg(l+R\theta)\cos\theta$$

根据定义，系统的广义动量

$$p_\theta=\frac{\partial T}{\partial\dot{\theta}}=m(l+R\theta)^2\dot{\theta}$$

从上式中可解出广义速度

$$\dot{\theta}=\frac{1}{m(l+R\theta)^2}p_\theta$$

于是可以写出系统以正则变量表示的哈密尔顿函数

$$H=\dot{\theta}p_\theta-L=\frac{1}{2m(l+R\theta)^2}p_\theta^2+mgR\sin\theta-mg(l+R\theta)\cos\theta$$

将上式代入式(5.1.8)，得到系统的正则方程为

$$\begin{cases}\dot{\theta}=\dfrac{1}{m(l+R\theta)^2}p_\theta\\ \dot{p}_\theta=-\dfrac{\partial H}{\partial\theta}=\dfrac{R}{m(l+R\theta)^3}p_\theta^2-mg(l+R\theta)\sin\theta\end{cases}$$

因主动力为有势力，约束定常，且从哈密尔顿函数的表达式可知 $\partial H/\partial t=0$，因此，系统存在能量积分，即机械能守恒，有

$$H=T+V=\frac{1}{2m(l+R\theta)^2}p_\theta^2+mgR\sin\theta-mg(l+R\theta)\cos\theta=h$$

例 5.7　已知某力学系统的拉格朗日函数为

$$L=\frac{1}{2}[(\dot{q}_1-\dot{q}_2)^2+a\,\dot{q}_1^2t^2]-a\cos q_2$$

式中 a 为常数。试建立系统的正则方程，写出运动的初积分。

解：本例所述为两自由度系统，(q_1,q_2) 为广义坐标。

根据定义，系统的广义动量

$$p_{q_1}=\frac{\partial L}{\partial\dot{q}_1}=(1+at^2)\dot{q}_1-\dot{q}_2,\quad p_{q_2}=\frac{\partial L}{\partial\dot{q}_2}=\dot{q}_2-\dot{q}_1$$

从上式中可解出广义速度

$$\dot{q}_1=\frac{p_{q_1}+p_{q_2}}{at^2},\quad \dot{q}_2=\frac{p_{q_1}+(1+at^2)p_{q_2}}{at^2}$$

于是可以写出系统以正则变量表示的哈密尔顿函数

$$H=\dot{q}_1 p_{q_1}+\dot{q}_2 p_{q_2}-L=\frac{1}{2at^2}(p_{q_1}+p_{q_2})^2+\frac{1}{2}p_{q_2}^2+a\cos q_2$$

将上式代入式(5.1.8)，得到系统的正则方程为

$$\begin{cases}\dot{q}_1=\dfrac{\partial H}{\partial p_{q_1}}=\dfrac{p_{q_1}+p_{q_2}}{at^2}, & \dot{q}_2=\dfrac{\partial H}{\partial p_{q_2}}=\dfrac{p_{q_1}+(1+at^2)p_{q_2}}{at^2}\\ \dot{p}_{q_1}=-\dfrac{\partial H}{\partial q_1}=0, & \dot{p}_{q_2}=-\dfrac{\partial H}{\partial q_2}=a\sin q_2\end{cases}$$

由哈密尔顿函数的表达式可知，q_1 为循环坐标，则存在循环积分，即广义动量守恒，有

$$p_{q_1}=(1+at^2)\dot{q}_1-\dot{q}_2,=C_{q_1}$$

又因$\partial H/\partial t\neq 0$，因此系统不存在广义能量积分。

5.3 泊松括号与泊松定理

系统的初积分为方程的求解提供了方便，除广义能量和广义动量初积分外，下面介绍一种能从已求出的一些初积分中找出新的初积分的方法，即泊松(Simeon-Denis Poisson，1781—1840)方法。

5.3.1 泊松括号的定义及性质

假设函数 φ 与 ψ 是正则变量($\boldsymbol{q},\boldsymbol{p}$)及时间 t 的函数，即

$$\begin{cases}\varphi=\varphi(q_k,p_k,t)\\ \psi=\psi(q_k,p_k,t)\end{cases}\quad(k=1,2,\cdots,l)\tag{5.3.1}$$

其偏导数组成的如下表达式记作(φ,ψ)，称为**泊松括号**：

$$(\varphi,\psi)=\sum_{k=1}^{l}\left(\frac{\partial\varphi}{\partial q_k}\frac{\partial\psi}{\partial p_k}-\frac{\partial\varphi}{\partial p_k}\frac{\partial\psi}{\partial q_k}\right)\tag{5.3.2}$$

根据上述定义，(φ,ψ)也可写成

$$(\varphi,\psi)=\frac{\partial(\varphi,\psi)}{\partial(q_k,p_k)}=\sum_{k=1}^{l}\begin{vmatrix}\dfrac{\partial\varphi}{\partial q_k} & \dfrac{\partial\varphi}{\partial p_k}\\ \dfrac{\partial\psi}{\partial q_k} & \dfrac{\partial\psi}{\partial p_k}\end{vmatrix}\tag{5.3.3}$$

泊松括号是一种重要的缩写符号，它在经典力学中定义，但被广泛应用于量子力学中。根据泊松括号的定义，可以得到如下的一些**性质**：

(1) $(C,\varphi)=-(\varphi,C)=0$，$C$ 为常数 (5.3.4)

(2) $(\varphi,\varphi)=(\psi,\psi)=0$ (5.3.5)

(3) $(\varphi,\psi)=-(\psi,\varphi)$ (5.3.6)

(4) $(\varphi,-\psi)=-(\varphi,\psi)$；$(-\varphi,\psi)=-(\varphi,\psi)$ (5.3.7)

(5) $(q_i,p_j)=\delta_{ij}$，δ_{ij}为克罗内克(Kronecker)记号 (5.3.8)

(6) $(\varphi,\psi_1+\psi_2)=(\varphi,\psi_1)+(\varphi,\psi_2)$ (5.3.9)

(7) 若 $\varphi=\sum\limits_{i=1}^{n}\varphi_i$，则$(\varphi,\psi)=\sum\limits_{i=1}^{n}(\varphi_i,\psi)$，$(\psi,\varphi)=\sum\limits_{i=1}^{n}(\psi,\varphi_i)$ (5.3.10)

(8) $(\varphi,\psi_1\psi_2)=(\varphi,\psi_1)\psi_2+(\varphi,\psi_2)\psi_1$　(5.3.11)

(9) $\frac{\partial}{\partial t}(\varphi,\psi)=\left(\frac{\partial\varphi}{\partial t},\psi\right)+\left(\varphi,\frac{\partial\psi}{\partial t}\right)$　(5.3.12)

此外,对于三个复合泊松括号,其中每一个复合括号由三个函数 θ、φ 和 ψ 用循环交换函数的方法所得到,则它们的和恒等于零,即

$$(\theta,(\varphi,\psi))+(\varphi,(\psi,\theta))+(\psi,(\theta,\varphi))\equiv 0 \tag{5.3.13}$$

这一等式称为**泊松恒等式**或**雅可比恒等式**。

如果两个正则函数 $\theta(\boldsymbol{q},\boldsymbol{p},t)$ 和 $\varphi(\boldsymbol{q},\boldsymbol{p},t)$ 所构成的泊松括号恒等于零,即

$$(\theta,\varphi)\equiv 0 \tag{5.3.14}$$

则称 θ 和 φ 为**相互内旋的**。

上面所列各条性质均可由泊松括号的定义直接推证,在此不作具体的证明,感兴趣的同学可参阅有关参考书。

5.3.2　用泊松括号表示的正则方程

根据泊松括号的定义,用某广义动量 $p_k(k=1,2,\cdots,l)$ 与哈密尔顿函数 $H(\boldsymbol{q},\boldsymbol{p},t)$ 构成泊松括号,有

$$(p_k,H)=\sum_{j=1}^{l}\left(\frac{\partial p_k}{\partial q_j}\frac{\partial H}{\partial p_j}-\frac{\partial p_k}{\partial p_j}\frac{\partial H}{\partial q_j}\right) \tag{5.3.15}$$

其中

$$\frac{\partial p_k}{\partial q_j}=0\quad(k=1,2,\cdots,l),\qquad\frac{\partial p_k}{\partial p_j}=\delta_{kj} \tag{5.3.16}$$

因此

$$(p_k,H)=-\frac{\partial H}{\partial q_k} \tag{5.3.17}$$

同理可得

$$(q_k,H)=\frac{\partial H}{\partial p_k} \tag{5.3.18}$$

当一完整系统受有势力的作用时,其正则方程为

$$\dot{q}_k=\frac{\partial H}{\partial p_k},\qquad\dot{p}_k=-\frac{\partial H}{\partial q_k}\quad(k=1,2,\cdots,l) \tag{5.3.19}$$

将式(5.3.17)和式(5.3.18)代入式(5.3.19),得到用**泊松括号表示的正则方程**

$$\begin{cases}\dot{q}_k=(q_k,H)\\ \dot{p}_k=(p_k,H)\end{cases}\quad(k=1,2,\cdots,l) \tag{5.3.20}$$

显然,正则变量 q_k、p_k 在数学上处于完全相同的地位。

假设哈密尔顿正则方程有形如

$$f(q_k,p_k,t)=C\quad(k=1,2,\cdots,l) \tag{5.3.21}$$

的初积分,为研究 $f(q_k,p_k,t)$ 应满足的条件,将上式对时间 t 求全导数,得

$$\frac{\mathrm{d}f}{\mathrm{d}t}=\frac{\partial f}{\partial t}+\sum_{k=1}^{l}\left(\frac{\partial f}{\partial q_k}\frac{\mathrm{d}q_k}{\mathrm{d}t}+\frac{\partial f}{\partial p_k}\frac{\mathrm{d}p_k}{\mathrm{d}t}\right)=0\quad(k=1,2,\cdots,l) \tag{5.3.22}$$

由于初积分是正则方程的一个解,因而上式中变量 q_k、p_k 满足正则方程,将正则方程(5.3.19)

代入得

$$\frac{\mathrm{d}f}{\mathrm{d}t}=\frac{\partial f}{\partial t}+\sum_{k=1}^{l}\left(\frac{\partial f}{\partial q_k}\frac{\partial H}{\partial p_k}-\frac{\partial f}{\partial p_k}\frac{\partial H}{\partial q_k}\right)=0\quad(k=1,2,\cdots,l)\tag{5.3.23}$$

利用泊松括号，上式可写成

$$\frac{\partial f}{\partial t}+(f,H)=0\tag{5.3.24}$$

此式即为正则方程的初积分所应满足的充要条件，称为初积分的**泊松条件**。

如果 f 不显含时间 t，则式(5.3.24)变为

$$(f,H)=0\tag{5.3.25}$$

因此，利用泊松括号可以判别系统的初积分，反之它也提供了求正则方程初积分的方法。

例 5.8 质量为 m 的质点 M 在定常有势力场中运动，其势能函数 $V=V(x,y,z)$，试求它对直角坐标系 $Oxyz$ 的三轴的动量矩 L_x、L_y、L_z 与哈密尔顿函数 H 所构成的泊松括号 (L_x,H)、(L_y,H)、(L_z,H)。

解：选择 $q=(x,y,z)$ 为广义坐标。由于是保守系统，哈密尔顿函数为

$$H=T+V=\frac{1}{2}m(\dot{x}^2+\dot{y}^2+\dot{z}^2)+V(x,y,z)$$

根据定义，系统的广义动量为

$$p_x=\frac{\partial T}{\partial\dot{x}}=m\dot{x},\quad p_y=\frac{\partial T}{\partial\dot{y}}=m\dot{y},\quad p_z=\frac{\partial T}{\partial\dot{z}}=m\dot{z}$$

于是可以写出系统以正则变量表示的哈密尔顿函数

$$H=\frac{1}{2m}(p_x^2+p_y^2+p_z^2)+V(x,y,z)$$

系统对 O 点的动量矩

$$\boldsymbol{L}_O=\boldsymbol{r}\times m\boldsymbol{v}=\begin{vmatrix}\boldsymbol{i}&\boldsymbol{j}&\boldsymbol{k}\\x&y&z\\m\dot{x}&m\dot{y}&m\dot{z}\end{vmatrix}=(ym\dot{z}-zm\dot{y})\boldsymbol{i}-(xm\dot{z}-zm\dot{x})\boldsymbol{j}+(xm\dot{y}-ym\dot{x})\boldsymbol{k}$$

其在 $Oxyz$ 的三轴上的投影即为对三轴的动量矩：

$$L_x=ym\dot{z}-zm\dot{y},\quad L_y=zm\dot{x}-xm\dot{z},\quad L_z=xm\dot{y}-ym\dot{x}$$

或用正则变量表示为

$$L_x=yp_z-zp_y,\quad L_y=zp_x-xp_z,\quad L_z=xp_y-yp_x$$

根据泊松括号的定义，有

$$\begin{aligned}(L_x,H)&=\frac{\partial L_x}{\partial x}\frac{\partial H}{\partial p_x}-\frac{\partial L_x}{\partial p_x}\frac{\partial H}{\partial x}+\frac{\partial L_x}{\partial y}\frac{\partial H}{\partial p_y}-\frac{\partial L_x}{\partial p_y}\frac{\partial H}{\partial y}+\frac{\partial L_x}{\partial z}\frac{\partial H}{\partial p_z}-\frac{\partial L_x}{\partial p_z}\frac{\partial H}{\partial z}\\&=0+0+\frac{1}{m}p_yp_z+\frac{\partial V}{\partial y}z-\frac{1}{m}p_yp_z-\frac{\partial V}{\partial z}y\end{aligned}$$

即

$$(L_x,H)=\frac{\partial V}{\partial y}z-\frac{\partial V}{\partial z}y$$

由于作用于质点 M 上的有势力 $\boldsymbol{F}$ 在三坐标轴上的投影 X、Y、Z 与势能函数 V 的关系为

$$X=-\frac{\partial V}{\partial x},\quad Y=-\frac{\partial V}{\partial y},\quad Z=-\frac{\partial V}{\partial z}$$

因此

$$(L_x,H)=\frac{\partial V}{\partial y}z-\frac{\partial V}{\partial z}y=-Yz+Zy=M_x(\boldsymbol{F})$$

同理可得

$$(L_y,H)=M_y(\boldsymbol{F}),\quad (L_z,H)=M_z(\boldsymbol{F})$$

式中,$M_x(\boldsymbol{F})$、$M_y(\boldsymbol{F})$、$M_z(\boldsymbol{F})$分别为有势力 $\boldsymbol{F}$ 对三坐标轴的矩。如果有势力 $\boldsymbol{F}$ 为有心力,并令坐标原点取在力心,则

$$M_x(\boldsymbol{F})=0,\quad M_y(\boldsymbol{F})=0,\quad M_z(\boldsymbol{F})=0$$

因此

$$(L_x,H)=0,\quad (L_y,H)=0,\quad (L_z,H)=0$$

由式(5.3.25)可知,

$$L_x=C_x,\quad L_y=C_y,\quad L_z=C_z$$

为正则方程的初积分,即质点 M 在运动过程中对三坐标轴的动量矩都保持守恒。这实际上就是熟知的质点在有心力作用下运动时,对力心的动量矩在三个坐标轴方向分别守恒。

例 5.9 试用泊松条件证明函数

$$\varphi_1=p_1^2+q_2^2,\quad \varphi_2=p_2^2+q_1^2,\quad \varphi_3=(\varphi_1,\varphi_2)$$

是哈密尔顿函数为 $H=p_1p_2+q_1q_2$ 的力学系统的初积分。

证明:本例所述为两自由度系统,(q_1,q_2)为广义坐标。

由泊松括号的定义计算 φ_3:

$$\varphi_3=(\varphi_1,\varphi_2)=\sum_{k=1}^{2}\left(\frac{\partial\varphi_1}{\partial q_k}\frac{\partial\varphi_2}{\partial p_k}-\frac{\partial\varphi_1}{\partial p_k}\frac{\partial\varphi_2}{\partial q_k}\right)=4(p_2q_2-p_1q_1)$$

可用泊松条件(5.3.24)或(5.3.25)证明 φ_1、φ_2 和 φ_3 均为系统的初积分。以 φ_1 为例,计算其与 H 构成的泊松括号,即

$$\frac{\partial\varphi_1}{\partial t}+(\varphi_1,H)=(\varphi_1,H)=\sum_{k=1}^{2}\left(\frac{\partial\varphi_1}{\partial q_k}\frac{\partial H}{\partial p_k}-\frac{\partial\varphi_1}{\partial p_k}\frac{\partial H}{\partial q_k}\right)=-2p_1q_2+2q_2p_1=0$$

同理推得

$$\frac{\partial\varphi_2}{\partial t}+(\varphi_2,H)=(\varphi_2,H)=0,\quad \frac{\partial\varphi_3}{\partial t}+(\varphi_3,H)=(\varphi_3,H)=0$$

因此,由泊松条件可知 φ_1、φ_2 和 φ_3 均为系统的初积分。

实际上,由于 φ_1 和 φ_2 是不处于相互内旋的,当 φ_1 和 φ_2 为系统的初积分时,可直接由下面介绍的泊松定理推知$(\varphi_1,\varphi_2)=\varphi_3$ 也是系统的初积分。

5.3.3 泊松定理

如果函数 $\varphi(\boldsymbol{q},\boldsymbol{p},t)=C_1$ 和函数 $\psi(\boldsymbol{q},\boldsymbol{p},t)=C_2$ 是哈密尔顿正则方程的不处于相互内旋的两个初积分,则函数$(\varphi,\psi)=C_3$ 也是它的初积分。此即**泊松定理**,又称**雅可比-泊松定理**。

泊松定理是分析力学中占重要地位的一个定理,下面对该定理进行证明。

证明:由于 $\varphi(\boldsymbol{q},\boldsymbol{p},t)=C_1$ 和 $\psi(\boldsymbol{q},\boldsymbol{p},t)=C_2$ 是正则方程的两个初积分,因此满足泊松

条件(5.3.24)，即

$$\frac{\partial \varphi}{\partial t}+(\varphi,H)=0,\quad \frac{\partial \psi}{\partial t}+(\psi,H)=0$$

于是有

$$(\varphi,H)=-\frac{\partial \varphi}{\partial t},\quad (\psi,H)=-\frac{\partial \psi}{\partial t} \tag{5.3.26}$$

研究三个正则函数 H、φ、ψ 构成的泊松恒等式，有

$$(H,(\varphi,\psi))+(\varphi,(\psi,H))+(\psi,(H,\varphi))\equiv 0 \tag{5.3.27}$$

将式(5.3.26)代入上式，并利用泊松括号的性质(3)和性质(4)可得

$$(H,(\varphi,\psi))+\left(\frac{\partial \psi}{\partial t},\varphi\right)+\left(\psi,\frac{\partial \varphi}{\partial t}\right)\equiv 0 \tag{5.3.28}$$

再由泊松括号的性质(9)合并上式的后两项得

$$(H,(\varphi,\psi))+\frac{\partial}{\partial t}(\psi,\varphi)=0 \quad 或 \quad ((\varphi,\psi),H)+\frac{\partial}{\partial t}(\varphi,\psi)=0 \tag{5.3.29}$$

如果函数 φ 和 ψ 不是相互内旋的，即 $(\varphi,\psi)\neq 0$，则由上式知，(φ,ψ) 满足初积分的泊松条件(5.3.24)。因此，$(\varphi,\psi)=C_3$ 也是正则方程的初积分。定理得证。

泊松定理说明，由正则方程的两个已知初积分可找出第三个初积分，然后再由第三个初积分和第一个或第二个初积分找出第四个初积分，再继续配合找出更多的初积分，这种方法称为**泊松方法**。

例如，若系统存在广义能量积分 $H=h$，且已知另一初积分 $\varphi(\boldsymbol{q},\boldsymbol{p},t)=C$，则由泊松定理可知，$(\varphi,H)=C_1$ 也是正则方程的初积分。由于 $\varphi(\boldsymbol{q},\boldsymbol{p},t)=C$ 是初积分，则有

$$\frac{\partial \varphi}{\partial t}+(\varphi,H)=0$$

即

$$\frac{\partial \varphi}{\partial t}=-(\varphi,H)=-C_1=C_2$$

上式说明，若系统存在广义能量积分，则正则方程的初积分对时间的偏导数 $\partial\varphi/\partial t=C_2$ 也是其初积分。将上式中的 φ 以 $\partial\varphi/\partial t$ 替换，得 $\partial^2\varphi/\partial t^2=C_3$；如此推广下去，$\partial^3\varphi/\partial t^3=C_4$，…，也都是初积分。

值得注意的是，应用泊松定理求解初积分时，似乎只要已知正则方程的初积分，便可连续应用泊松定理求出正则方程的全部初积分，但事实并非如此。因为用这样的方法得到的积分常常为原初积分的线性组合或恒等式，与原来的两个初积分不独立，因此，不能由它再求出新的初积分。再者，如果已知初积分是相互内旋的，也不可能得到新的初积分。

例如，若初积分 $H=h$ 和 $\varphi(\boldsymbol{q},\boldsymbol{p},t)=C$ 均不显含时间，则

$$(\varphi,H)=0$$

此式为一恒等式，不能提供任何初积分。

例 5.10 质量为 m 的质点 M 受有心力的作用，如取力心为坐标原点 O，则质点运动时对 Ox 及 Oy 轴的动量矩守恒，试用泊松定理证明质点 M 对 Oz 轴的动量矩也守恒。

证明：选择 $q=(x,y,z)$ 为广义坐标。按质点对 Ox 及 Oy 轴的动量矩守恒条件，得到它的正则方程的两个初积分

$$L_x = ym\dot{z} - zm\dot{y} = yp_z - zp_y = C_x,\quad L_y = zm\dot{x} - xm\dot{z} = zp_x - xp_z = C_y$$

式中 L_x、L_y 分别表示质点对 Ox 及 Oy 轴的动量矩。根据泊松定理知,(L_x, L_y)必定是其初积分,即

$$\begin{aligned}(L_x, L_y) &= \frac{\partial L_x}{\partial x}\frac{\partial L_y}{\partial p_x} - \frac{\partial L_x}{\partial p_x}\frac{\partial L_y}{\partial x} + \frac{\partial L_x}{\partial y}\frac{\partial L_y}{\partial p_y} - \frac{\partial L_x}{\partial p_y}\frac{\partial L_y}{\partial y} + \frac{\partial L_x}{\partial z}\frac{\partial L_y}{\partial p_z} - \frac{\partial L_x}{\partial p_z}\frac{\partial L_y}{\partial z} \\ &= xp_y - yp_x = L_z\end{aligned}$$

式中 L_z 为质点对 Oz 轴的动量矩,因此证明了 $L_z = C_z$,即质点 M 对 Oz 轴的动量矩也守恒。

然而,由于

$$(L_y, L_z) = L_x,\quad (L_z, L_x) = L_y$$

所以,不可能有第四个初积分。所有的初积分都是这三个初积分的轮换。

由例 5.8 可知,由于 H 函数不显含时间,因而 $H = h$ 也是一个初积分。但 H 和三坐标轴的动量矩积分的泊松括号恒等于零,由此也不能得到新的初积分。

习题

5.1　已知某力学系统受定常约束,其哈密尔顿函数 H 为

$$H = \frac{1}{2}\left(p_1^2 + \frac{p_2^2}{\sin^2 q_1}\right) - a\cos q_1$$

式中 a 为常数。试求该系统的拉格朗日函数 L。

答:$L = \frac{1}{2}(\dot{q}_1^2 + \dot{q}_2\sin^2 q_1) + a\cos q_1$。

5.2　已知某力学系统受定常约束,其哈密尔顿函数 H 为

$$H = \frac{1}{6}p_1^2 + \frac{1}{2}p_2^2 + q_1^2 + \frac{1}{2}q_2^2 + q_1 q_2$$

试求该系统的拉格朗日函数 L。

答:$L = \frac{3}{2}\dot{q}_1^2 + \frac{1}{2}\dot{q}_2^2 - q_1^2 - \frac{1}{2}q_2^2 - q_1 q_2$。

5.3　已知某力学系统的拉格朗日函数 L 为

$$L = a\dot{q}_1^2 + (c^2 + b^2\cos^2 q_1)\dot{q}_2^2$$

式中 a、b 与 c 为常数。试求该系统的哈密尔顿函数 H。

答:$H = \frac{1}{4a}p_1^2 + \frac{p_2^2}{4(c^2 + b^2\cos^2 q_1)}$。

5.4　已知某力学系统的拉格朗日函数 L 为

$$L = \frac{1}{2}(q_1^2 + q_2^2)(\dot{q}_1^2 + \dot{q}_2^2 - 2a)$$

式中 a 为常数。试求该系统的哈密尔顿函数 H。

答:$H = \frac{1}{2}\frac{p_1^2 + p_2^2}{q_1^2 + q_2^2} + a(q_1^2 + q_2^2)$。

5.5　如题 5.5 图所示,质量为 m 的物块放在光滑水平面上,并用劲度系数为 k 的水平弹簧连接,弹簧的另一端固结在竖直墙面上。试写出物块振动的哈密尔顿正则方程。

答：$\dot{x}=\frac{p_x}{m},\dot{p}_x=-kx$。

5.6　如题5.6图所示，质量为m、半径为r的两均质圆轮A、B的轮心用原长为l、劲度系数为k的弹簧相连，并在水平面上作纯滚动。试以两轮轮心的水平位移x_1与x_2为广义坐标，用哈密尔顿正则方程建立系统微振动的运动微分方程。

答：$\dot{x}_1=\frac{2}{3}\frac{p_{x_1}}{m},\dot{p}_{x_1}=k(x_2-x_1-l)$；

$\dot{x}_2=\frac{2}{3}\frac{p_{x_2}}{m},\dot{p}_{x_2}=-k(x_2-x_1-l)$。

5.7　如题5.7图所示，质量为m、半径为r的均质圆柱体置于质量为m的平板上，平板又置于光滑的水平面上，在圆柱周围绕以柔线，用力$\boldsymbol{F}$水平向右拉动。设圆柱与板间有足够的摩擦而不致发生滑动，求圆柱中心和水平板的加速度。

答：$\ddot{x}_1=\frac{5}{4}\frac{F}{m},\ddot{x}_2=-\frac{1}{4}\frac{F}{m}$。

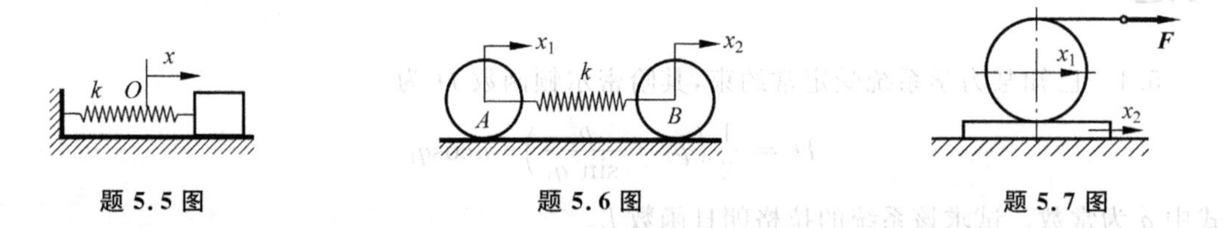

题5.5图　　题5.6图　　题5.7图

5.8　写出习题4.5中双摆系统微振动的哈密尔顿正则方程。

答：$\dot{\theta}_1=\frac{p_{\theta_1}}{ml^2},\dot{p}_{\theta_1}=-mgl\sin\theta_1+ka^2(\theta_2-\theta_1)$；

$\dot{\theta}_2=\frac{p_{\theta_2}}{ml^2},\dot{p}_{\theta_2}=-mgl\sin\theta_2-ka^2(\theta_2-\theta_1)$。

5.9　如题5.9图所示，质量为m、半径为r的均质圆柱体A，自半径为R的固定圆柱的顶端在重力作用下无滑动地滚下，初始时小圆柱静止。试以θ为广义坐标建立哈密尔顿正则方程并求圆柱中心A的加速度。

答：$\dot{\theta}=\frac{2}{3}\frac{p_\theta}{m(R+r)^2},\dot{p}_\theta=mg(R+r)\sin\theta$；

$a^\tau=\frac{2}{3}g\sin\theta,a^n=\frac{4}{3}g(1-\cos\theta)$。

5.10　如题5.10图所示，长度为l的均质杆AB两端分别靠在光滑竖直墙和光滑水平地板上。初始时杆静止，$\theta=\theta_0$，运动时杆保持在竖直平面内。试用哈密尔顿正则方程求杆在任意位置的角速度ω和角加速度α(杆不脱离墙时)。

答：$\alpha=\frac{3g}{2l}\cos\theta,\omega=\sqrt{\frac{3g}{l}(\sin\theta_0-\sin\theta)}$。

5.11　如题5.11图所示，质量为m的复摆悬挂于O点，其质心在C点，$OC=l$，相对于质心的回转半径为ρ_C。初始时杆静止，$\theta=\theta_0$，运动时杆保持在竖直平面内。试建立复摆的哈密尔顿正则方程。

答：$\dot{\theta}=\dfrac{p_\theta}{m(\rho_C^2+l^2)}$，$\dot{p}_\theta=-mgl\sin\theta$。

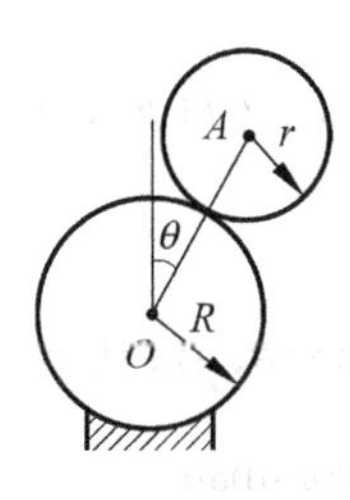

题 5.9 图

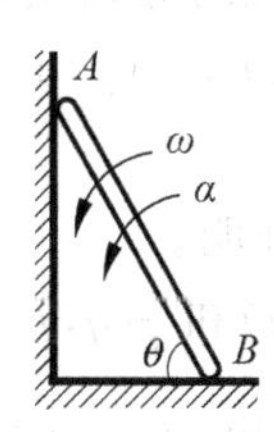

题 5.10 图

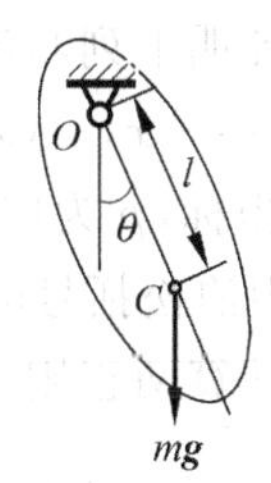

题 5.11 图

5.12　如题 5.12 图所示飞轮在水平面内绕铅直轴 O 转动，质量为 m 的滑块 A 套在过轴心的轮辐上，并用劲度系数为 k 的弹簧与轴心相连。已知飞轮对转轴的转动惯量为 J_O，弹簧原长为 a。试以飞轮的转角 θ 和弹簧的伸长 x 为广义坐标，建立系统运动的哈密尔顿正则方程。

答：$\dot{\theta}=\dfrac{p_\theta}{J_O+m(a+x)^2}$，$\dot{x}=\dfrac{p_x}{m}$；

$\dot{p}_\theta=0$，$\dot{p}_x=-kx+\dfrac{m(a+x)p_\theta^2}{[J_O+m(a+x)^2]^2}$。

5.13　如题 5.13 图所示，一质量为 m 的质点在球坐标系中运动，其势能为 $V=-b/r$，其中 b 为常数。试列写质点在球坐标 $q=(r,\theta,\varphi)$ 中的哈密尔顿正则函数并讨论其初积分。

答：$H=\dfrac{1}{2m}\left(p_r^2+\dfrac{p_\theta^2}{r^2}+\dfrac{p_\varphi^2}{r^2\sin^2\theta}\right)-\dfrac{b}{r}=h$，$p_\varphi=mr^2\dot{\varphi}\sin^2\theta=C_\varphi$。

5.14　如题 5.14 图所示，不计转动惯量的刚架以匀角速度 ω 绕铅垂的 AB 轴转动。质量为 m 的小环 M 与套在光滑杆上的弹簧相连，弹簧的另一端固定在轴上。已知：弹簧的劲度系数为 k，原长为 l_0，质量不计，光滑杆与铅垂轴的夹角为 θ。试用哈密尔顿正则方程求出小环 M 相对于杆的运动微分方程并讨论其初积分。

答：$\dot{r}=\dfrac{p_r}{m}$，$\dot{p}_r=-k(r-l_0)+mg\cos\theta+mr(\omega\sin\theta)^2$；

$H=\dfrac{p_r^2}{2m}+\dfrac{1}{2}k(r-l_0)^2-mgr\cos\theta-\dfrac{1}{2}m(r\omega\sin\theta)^2=h$。

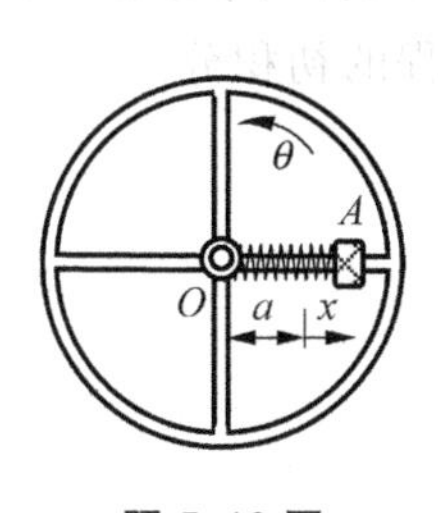

题 5.12 图

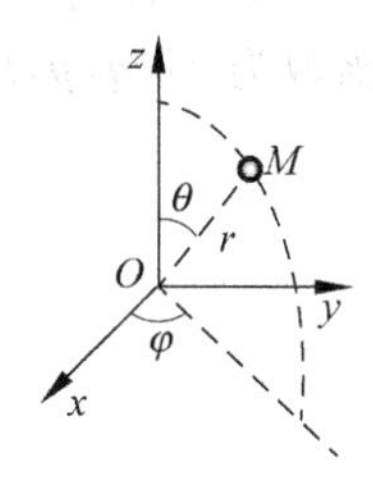

题 5.13 图

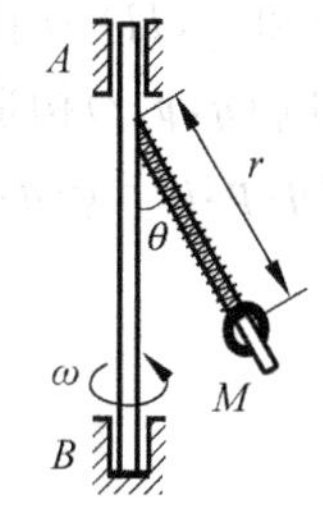

题 5.14 图

5.15　写出习题 4.34 中小环的哈密尔顿正则方程及其初积分。

答：$\dot{\theta}=\dfrac{p_\theta}{mr^2}-\omega(1+\cos\theta)$，$\dot{p}_\theta=\omega\sin\theta(-p_\theta+mr^2\omega\cos\theta)$；

$$\frac{1}{2}\left[\frac{p_\theta}{mr^2}-\omega(1+\cos\theta)\right]^2-\omega^2(1+\cos\theta)=h。$$

5.16 试证明下列与泊松括号有关的等式成立：

$$(xp,x)=-x,\quad (x^2,p^2)=4xp,\quad (f(x),g(x))=0,\quad (f(p),g(p))=0$$

式中 x 为广义坐标，p 为广义动量。

提示：利用泊松括号的定义直接证明。

5.17 试计算两正则函数 $\theta(q,p,t)$ 和 $\varphi(q,p,t)$ 的泊松括号 (θ,φ)，其中

$$\theta = q\cos\omega t + \frac{p}{\omega}\sin\omega t,\quad \varphi = p\cos\omega t - q\omega\sin\omega t$$

式中 q 为广义坐标，p 为广义动量，t 为时间变量。

答：$(\theta,\varphi)=1$。

5.18 试计算两正则函数 $\theta(\boldsymbol{q},\boldsymbol{p},t)$ 和 $\varphi(\boldsymbol{q},\boldsymbol{p},t)$ 的泊松括号 (θ,φ)，其中

$$\theta = \theta\left[\sum_{k=1}^{l}(p_k^2+q_k^3)\right],\quad \varphi = \varphi\left[\sum_{k=1}^{l}(p_k^2+q_k^3)\right]$$

式中 $\boldsymbol{q}$ 为广义坐标，$\boldsymbol{p}$ 为广义动量，t 为时间变量。

答：$(\theta,\varphi)=0$。

5.19 试计算 $\theta(\boldsymbol{q},\boldsymbol{p},t)=q_k$，$\varphi(\boldsymbol{q},\boldsymbol{p},t)=\varphi(q_1,q_2,\cdots,q_l;\ p_1,p_2,\cdots,p_l;\ t)$ 的泊松括号 (θ,φ)，其中 $\boldsymbol{q}$ 为广义坐标，$\boldsymbol{p}$ 为广义动量，t 为时间变量。

答：$(\theta,\varphi)=\dfrac{\partial\varphi}{\partial p_k}$。

5.20 试证明正则函数

$$\varphi_k(q_k,p_k)\quad (k=1,2,\cdots,l)$$

是哈密尔顿函数为

$$H=H[\varphi_1(q_1,p_1),\cdots,\varphi_l(q_l,p_l);\ t]$$

的系统的初积分。

提示：利用泊松条件证明。

5.21 给定两个正则函数 $\theta(\boldsymbol{q},\boldsymbol{p},t)$ 和 $\varphi(\boldsymbol{q},\boldsymbol{p},t)$，满足关系式

$$\frac{\partial\theta}{\partial t}+(\theta,H)=\frac{\partial\varphi}{\partial t}+(\varphi,H)$$

式中 (θ,H) 和 (φ,H) 为泊松括号，$\boldsymbol{q}$ 为广义坐标，$\boldsymbol{p}$ 为广义动量，t 为时间变量。试利用函数 $\theta(\boldsymbol{q},\boldsymbol{p},t)$ 和 $\varphi(\boldsymbol{q},\boldsymbol{p},t)$ 构造哈密尔顿函数为 $H(\boldsymbol{q},\boldsymbol{p},t)$ 的正则方程的初积分。

答：$\theta(\boldsymbol{q},\boldsymbol{p},t)-\varphi(\boldsymbol{q},\boldsymbol{p},t)$。

第6章 变分法及哈密尔顿原理

力学原理是建立在实践基础上的、反映机械运动普遍规律的最基本的命题。不同的力学原理反映不同范畴的力学规律。力学的变分原理是古典力学发展到成熟阶段的产物，它对力学及理论物理的发展起了非常重要的作用。为了说明原理一词的含义，下面对定律、定理及原理分别进行阐述①。

定律：对物理或其他领域内的现象进行观察、实验，在大量观察事实或实验结果的基础上，经过归纳和概括而得到一门科学的基本规律。如牛顿定律、热力学定律等。总之，定律直接来自实践，其正确性直接由实验来检验。

定理：从基本定律出发，用数学演绎和逻辑推理方法得到的事物间的进一步联系。这种内在联系往往由定量的数学关系表达出来，如动能定理等。定理的应用范围只是局部的、个别的命题，如果说定律是根，定理便是枝和干。在科学的理论体系中，定理处于从属基本定律的地位。

原理：也是从基本定律出发，经过演绎和推理得到的带有根本性的命题。原理在发展过程中，直接的观察和实验有时也起了重要作用，但最终严格地建立起来，仍必须依靠演绎和推理的决定性作用。原理不同于定理之处在于：**原理具有高度的概括性**。在这点上，可以认为原理和基本定律是等价的。如力学的变分原理蕴含了在各种条件下力学问题所需的全部方程，它可以作为整个古典力学的基本原则。原理是不予证明的普遍成立的公理式命题，其正确性和适用范围往往不易由实践直接检验，但可由它所推导出的定理、方程及结论是否符合实践予以验证。在建立基本方程的功能上，虽然原理和基本定律是等价的，但原理所揭示出来的事物之间的本质联系往往要比基本定律更深刻。如虚功原理比几何静力学公理不仅更普遍，而且所包含的物理内容也要深刻得多。

力学的原理从数学表达的形式上，可以分为不变分原理和变分原理两大类。每类又可分为微分形式和积分形式两种。

不变分原理反映系统真实运动的普遍规律。这种方法以动力学普遍方程作为基本原理，推导出各种形式的运动微分方程，求解以得到系统的运动规律。或者说，该方法研究系统在主动力作用和给定初始条件下真实运动所遵从的规律。如果原理本身只说明某一瞬时状态系统的运动规律，则称之为微分原理，如达朗贝尔原理就是不变分的微分原理等；如果原理能够说明一有限运动过程的规律，则称之为积分原理，如能量守恒原理就是不变分的积分原理。

变分原理的特征在于提供了一种将真实运动与同样条件下的可能运动区分出来的准则

---

① 黄昭度，纪辉玉. 分析力学[M]. 北京：清华大学出版社，1985.

或判据,从而找到系统的真实运动。这种方法不需要建立运动微分方程,而是寻求真实运动与同样的主动力和约束条件下的可能运动在力学上的差别。如虚位移原理就是区别非自由质点系的真实平衡位置和约束所允许的可能位置的准则。如果准则是对于某一瞬时状态而言的,则称之为微分型变分原理,如动力学普遍方程和高斯原理;如果准则是对于一有限运动过程而言的,则称之为积分型变分原理,如哈密尔顿原理。有的变分原理既有微分型又有积分型,如赫兹(Heinrich Rudolf Hertz,1857—1894)最小曲率原理。

本章及下一章将要介绍的变分原理不仅给出了在满足一定条件下从可能运动中区分出真实运动的准则,而且给出这个准则在数学上表现为某个由系统运动的物理量组成的泛函(作用量或拘束)具有驻值的条件。简言之,归结为泛函的极值问题。

6.1 变分法简介

变分原理是变分法在力学中的应用,归结为泛函的极值问题的变分原理和作为数学分支的变分法的理论有密切的关系。因此,这里将就变分法及泛函的一些基本概念和基本运算作一简要介绍。

6.1.1 两个经典问题

变分的基本问题是泛函极值问题,泛函是函数概念的推广。求泛函极值问题的基本思想与求函数的极值问题相同,为了说明问题的性质,下面讨论两个对变分法发展有巨大影响的经典问题。

1. 最速降线问题

最速降线问题(the brachistochrone problem)也叫最速落径问题,是约翰·伯努利(Johann Bernoulli,1667—1748)于1696年提出的一个难题:如图6.1.1所示,**在所有联结不在同一铅直线上的两点 A 和 B 的平面曲线中,找出一条曲线,使得初速度为零的质点在仅受重力作用下,沿此曲线从 A 滑行至 B 的时间最短(不计摩擦)**。

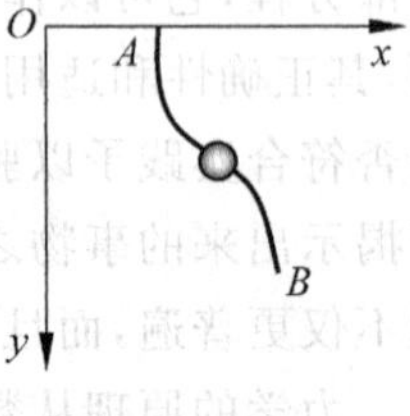

O A x B y

图 6.1.1

最速降线问题是历史上变分法的第一个问题,其难点在于和普通的极大极小值求法不同,它是要求出一个未知函数(曲线),来满足所给的条件。由于问题的新颖和别出心裁,许多杰出的数学家都尝试着来研究这个问题。下面来看最速降线问题的数力学提法。

如图,根据能量守恒定律,质量为 m 的质点在曲线 $y(x)$ 上任一点的速度 $\mathrm{d}s/\mathrm{d}t$ 满足(s 为弧长)

$$\frac{1}{2}m\left(\frac{\mathrm{d}s}{\mathrm{d}t}\right)^2 = mgy \tag{6.1.1}$$

于是,质点沿曲线下滑时的速度为

$$\frac{\mathrm{d}s}{\mathrm{d}t} = \sqrt{2gy} \tag{6.1.2}$$

又 $\mathrm{d}t$ 时间内质点滑过的弧长为

$$ds = \sqrt{(dx)^2 + (dy)^2} = \sqrt{1 + \left(\frac{dy}{dx}\right)^2}\, dx = \sqrt{1 + y'^2}\, dx \tag{6.1.3}$$

因此有

$$dt = \frac{ds}{\sqrt{2gy}} = \sqrt{\frac{1 + y'^2}{2gy}}\, dx \tag{6.1.4}$$

这样质点从 A 滑行到 B 所需时间为

$$t = J[y(x)] = \int_{x_A}^{x_B} \sqrt{\frac{1 + y'^2}{2gy}}\, dx \tag{6.1.5}$$

最速降线问题是求上式表达的时间 t 的极值。但是，上式表达的时间 t 区别于以前所遇到的具有多个自变量的一个因变量（函数），时间 t 因曲线 $y(x)$ 的选取不同而不同，是随函数 $y(x)$ 变化而变化的变量。

2. 悬链线势能最小问题

1691 年，雅各布·伯努利（Jakob Bernoulli，1654—1705）证明：**悬挂于两个固定点 A 和 B 之间的同一链条，在所有可能的形状中，以悬链线的重心最低，具有最小势能。**

如图 6.1.2 所示，雅各布·伯努利问题的数力学提法是：考虑通过 A、B 两点的各种等长曲线。令曲线 $y = f(x)$ 的长度为 L，则

$$L = \int_{x_A}^{x_B} ds = \int_{x_A}^{x_B} \sqrt{(dx)^2 + (dy)^2} = \int_{x_A}^{x_B} \sqrt{1 + y'^2}\, dx \tag{6.1.6}$$

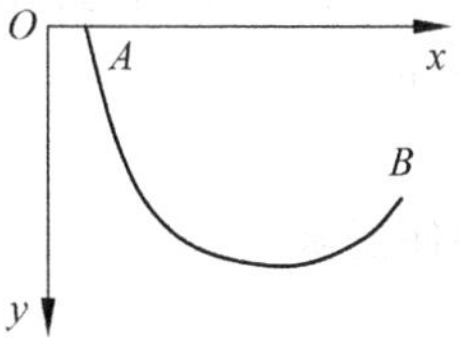

图　6.1.2

由重心坐标公式有

$$\bar{x} = \frac{\int_{x_A}^{x_B} x \sqrt{1 + y'^2}\, dx}{L}, \quad \bar{y} = \frac{\int_{x_A}^{x_B} y \sqrt{1 + y'^2}\, dx}{L} \tag{6.1.7}$$

由于只需探讨曲线重心的高低，所以只对重心的纵坐标公式进行分析。注意到问题的表述，说明 L 是常数。不难看出，当

$$J[y(x)] = \int_{x_A}^{x_B} y \sqrt{1 + y'^2}\, dx \tag{6.1.8}$$

具有极小值时，曲线重心最低，势能最小。由上式知，重心坐标因曲线形状 $y(x)$ 的选取不同而不同，是随函数 $y(x)$ 变化而变化的变量，给定一个函数（即一条曲线），即对应一个 J 值。雅各布·伯努利证明，在所有可能的形状中，以悬链线的重心最低。

6.1.2　泛函和泛函的极值问题与变分法

1. 泛函的概念

上面两个例子都涉及了在一定范围内可变化的函数，以及依赖于这些可变化的函数的量。这些可变化的函数称为**自变函数**。**依赖于自变函数的量，称为自变函数的泛函**。通俗地讲，泛函就是函数的函数。

设 S 为一**函数集合**，若对于每一个函数 $y(x) \in S$ 都有一个实数 J 与之对应，则称 J 是

定义在 S 上的**泛函**，记作 $J=J[y(x)]$。S 称为 J 的**容许函数集**。

必须注意，泛函不同于通常讲的函数，决定通常函数的值的因素是自变量的取值，而决定泛函的值的因素则是函数的取形。如上面两个例子中的泛函 J 的变化是由函数 $y(x)$ 本身的变化（即从 $A\sim B$ 的不同曲线）所引起的，它的值既不取决于某一个 x 值，也不取决于某一个 y 值，而是决定于容许函数集 S 中 y 与 x 的函数关系。

在 $x\in[a,b]$ 的区间内，我们称形如

$$J[y(x)]=\int_a^b F[x,y(x),y'(x)]\mathrm{d}x \tag{6.1.9}$$

的泛函为**最简泛函**，其被积函数 F 包含自变量 x、未知函数 $y(x)$ 及其导数，并在 x、y 的定义域内 F 对 x、y、y' 都是二阶连续可导。

引入泛函的概念后，前述两例都变为泛函 $J[y(x)]$ 的极小值问题。所谓变分法就是求泛函极值的理论与方法。下面研究如何把一类简单泛函的极值问题转换为微分方程的边值问题。通过这类问题的分析，可以建立变分法的基本概念，并明了把变分问题化为微分问题的主要步骤。

讨论如下问题：在自变量 x 的区间 $a\leqslant x\leqslant b$ 内，确定一个函数 $y(x)$，使它满足边界条件

$$y\,|_{x=a}=y_a,\quad y\,|_{x=b}=y_b \tag{6.1.10}$$

并使泛函

$$J[y(x)]=\int_a^b F(x,y,y')\mathrm{d}x \tag{6.1.11}$$

具有极大（或极小）值。

2. 函数的变分与微分及对易法则

如图 6.1.3 所示，$G(x=a,y=y_a)$ 与 $H(x=b,y=y_b)$ 是已知的两点，问题是要在 G、H 间连接一条曲线使泛函 J 取极大（或极小）值，设想已选取了一条曲线 $GACH$，它的方程是

$$y=y(x)$$

在曲线 $GACH$ 的附近另取一条曲线 $GBDH$，令这条曲线的纵坐标为

$$y(x)+\delta y(x)$$

其中，$\delta y(x)$ 是一个无穷小量。**这种自变量不变（即 x 不变）而仅仅由于曲线（函数）的无穷小变化而引起的纵坐标的增量称为自变函数的变分**，记作 δy。如果在函数 $y=y(x)$ 中的自变量 x 是时间（通常用变量 t 表示），则该函数的变分称为**等时变分**。另外，由高等数学的定义，曲线不变，由于自变量 x 的变化所引起的纵坐标的增量称为**函数的微分**，记为 $\mathrm{d}y$。这样，图 6.1.3 中 A、B、C 三点的纵坐标各为

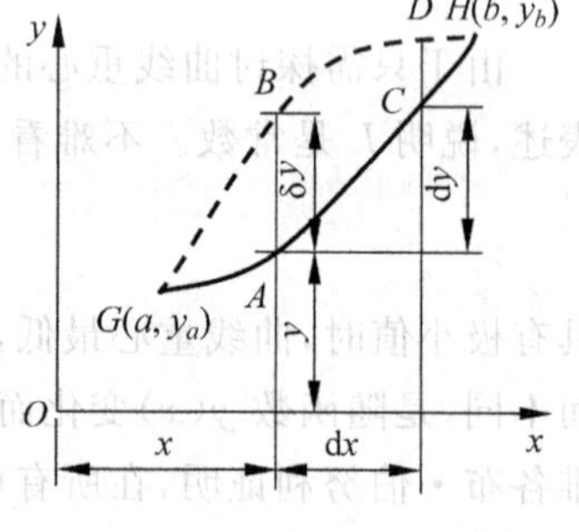

图 6.1.3

$$A:\ y;\quad B:\ y+\delta y;\quad C:\ y+\mathrm{d}y=y+y'\mathrm{d}x$$

而 D 点的纵坐标，若从 C 点算过去应是

$$y+y'\mathrm{d}x+\delta(y+y'\mathrm{d}x)=y+\delta y+(y'+\delta y')\mathrm{d}x$$

若从 B 点算过去则是

$$y+\delta y+\mathrm{d}(y+\delta y)=y+\delta y+\frac{\mathrm{d}}{\mathrm{d}x}(y+\delta y)\mathrm{d}x=y+\delta y+[y'+(\delta y)']\mathrm{d}x$$

这两个纵坐标是相等的，故有

$$\delta y'=(\delta y)' \quad 或 \quad \delta\left(\frac{\mathrm{d}y}{\mathrm{d}x}\right)=\frac{\mathrm{d}}{\mathrm{d}x}(\delta y) \quad 或 \quad \delta\mathrm{d}y=\mathrm{d}(\delta y) \tag{6.1.12}$$

这个公式表明，**一个函数的微分运算和变分运算的顺序是可以交换的**。类似的另一个运算规则是**一个函数的积分运算和变分运算的顺序是可以交换的**，即

$$\int_a^b \delta y(x)\mathrm{d}x=\delta\int_a^b y(x)\mathrm{d}x \tag{6.1.13}$$

上述交换关系是在研究泛函极值问题即变分法中必然遇到的问题，称为**对易法则**。

3. 泛函极值条件——欧拉(Leonhard Euler，1707—1783)方程

相应于图 6.1.3 中两条非常接近的曲线 $GACH$ 与 $GBDH$，可以求得泛函的两个值

$$J=\int_a^b F(x,y,y')\mathrm{d}x \tag{6.1.14}$$

$$J+\Delta J=\int_a^b F[x,y+\delta y,y'+(\delta y)']\mathrm{d}x \tag{6.1.15}$$

式中，ΔJ 代表泛函的增量。利用对易法则，即式(6.1.12)，$J+\Delta J$ 的算式可写成

$$J+\Delta J=\int_a^b F[x,y+\delta y,y'+\delta y']\mathrm{d}x \tag{6.1.16}$$

于是有

$$\Delta J=\int_a^b \{F[x,y+\delta y,y'+\delta y']-F(x,y,y')\}\mathrm{d}x \tag{6.1.17}$$

对于力学或工程上经常遇到的泛函，被积函数 $F(x,y,y')$ 是 x、y、y' 的连续可导函数，因此，当 δy、$\delta y'$ 很小时，ΔJ 也很小；当 δy、$\delta y'$ 是无穷小量时，ΔJ 也是无穷小量。如果取出等式两端的一阶无穷小量，则有

$$\delta J=\int_a^b\left[\frac{\partial F}{\partial y}\delta y+\frac{\partial F}{\partial y'}\delta y'\right]\mathrm{d}x \tag{6.1.18}$$

式中 δJ 称为 J 的一阶变分，简称**变分**。如同函数的微分是增量的线性主部(即略去高阶无穷小量的部分)，泛函的变分是泛函增量的线性主部。用不严格的通俗话讲，泛函的一阶变分便是泛函增量中的一阶小量部分(把自变函数的变分作为一阶小量)。所以，变分的运算服从无穷小量的运算规则。

上式右端出现的变分项 δy 和 $\delta y'$ 有内在的联系，并不能独立地变化。可以设法把与 $\delta y'$ 有关的项转换为也只与 δy 有关，为此可以利用分部积分公式使上式右端第二项变为

$$\int_a^b \frac{\partial F}{\partial y'}\delta y'\mathrm{d}x=\int_a^b \frac{\partial F}{\partial y'}\frac{\mathrm{d}\delta y}{\mathrm{d}x}\mathrm{d}x=\int_a^b \frac{\partial F}{\partial y'}\mathrm{d}\delta y=\frac{\partial F}{\partial y'}\delta y\bigg|_a^b-\int_a^b \delta y\frac{\mathrm{d}}{\mathrm{d}x}\left(\frac{\partial F}{\partial y'}\right)\mathrm{d}x \tag{6.1.19}$$

将此式代入式(6.1.18)，得到

$$\delta J=\int_a^b\left[\frac{\partial F}{\partial y}\delta y+\frac{\partial F}{\partial y'}\delta y'\right]\mathrm{d}x=\frac{\partial F}{\partial y'}\delta y\bigg|_a^b+\int_a^b\left[\frac{\partial F}{\partial y}-\frac{\mathrm{d}}{\mathrm{d}x}\left(\frac{\partial F}{\partial y'}\right)\right]\delta y\mathrm{d}x \tag{6.1.20}$$

边界条件(6.1.10)已经规定了函数 $y(x)$ 在两端为已知，那么 δy 在两端不能有变化，即

在 $x=a$ 与 $x=b$ 处 $\delta y=0$，这样，算式(6.1.20)可简化为

$$\delta J=\int_a^b\left[\frac{\partial F}{\partial y}-\frac{\mathrm{d}}{\mathrm{d}x}\left(\frac{\partial F}{\partial y'}\right)\right]\delta y\mathrm{d}x \tag{6.1.21}$$

为了便于比较不同的容许函数，从中找出使泛函取极值的条件，最巧妙的方法是将泛函极值问题转变为微分学中函数的极值问题来研究。为此，将容许函数写成依赖于小参数 ε 的函数族，有

$$\tilde{y}(x,\varepsilon)=y(x)+\delta y=y(x)+\varepsilon\eta(x) \tag{6.1.22}$$

这里，$\eta(x)$是在自变量 x 的区间$[a,b]$上任意给定的连续可微函数。这样，函数$\tilde{y}(x,\varepsilon)$就是一个与函数 $y(x)$无限邻近的任意函数。当 $\varepsilon=0$ 时，

$$\tilde{y}(x,0)=y(x) \tag{6.1.23}$$

就是所求的函数 $y(x)$。对于任一条邻近的曲线，泛函为

$$J=J(\varepsilon)=\int_a^b F[x,\tilde{y}(x,\varepsilon),\tilde{y}'(x,\varepsilon)]\mathrm{d}x \tag{6.1.24}$$

由于上式右边经积分后仅保留小参数 ε，所以泛函是 ε 的函数。这样，泛函 J 的极值问题就转变为函数的极值问题。由函数取极值的必要条件，应有

$$\left.\frac{\partial J}{\partial\varepsilon}\right|_{\varepsilon=0}=0 \tag{6.1.25}$$

也即

$$\left.\frac{\partial J}{\partial\varepsilon}\right|_{\varepsilon=0}\delta\varepsilon=0 \tag{6.1.26}$$

因此，有

$$\delta J=0 \tag{6.1.27}$$

此即泛函取极值的**必要条件**。即**若具有变分的泛函** $J[y(x)]$**在** $y=y(x)$**上达到极大或极小值，则在** $y=y(x)$**上泛函的变分等于零。**

注意式(6.1.21)，$y=y(x)$能使 J 取极值的条件可写为

$$\int_a^b\left[\frac{\partial F}{\partial y}-\frac{\mathrm{d}}{\mathrm{d}x}\left(\frac{\partial F}{\partial y'}\right)\right]\delta y\mathrm{d}x=0 \tag{6.1.28}$$

上式对任意给定的自变量 x 的区间$[a,b]$和任意的 δy 都成立，所以

$$\frac{\partial F}{\partial y}-\frac{\mathrm{d}}{\mathrm{d}x}\left(\frac{\partial F}{\partial y'}\right)=0 \tag{6.1.29}$$

即泛函(6.1.11)有极值的必要条件，又可表示为方程(6.1.29)，此方程称为泛函(6.1.11)的极值问题的**欧拉方程**。会同边界条件，通常能够确定出 $y(x)$。由于式(6.1.29)是一个必要条件，而并非一个充分条件，所以上式确定的函数 $y(x)$是否真的能使泛函取极值，还须辅以其他的考虑。对于大多数力学或工程问题，问题的背景常常能提供许多直观的启发。

欧拉方程是一个关于 $y(x)$的二阶常微分方程，但未必是常系数线性微分方程，其通解一般不易求得。然而在有些情况下，欧拉方程可以得到简化。

(1) 如果 $F(x,y,y')$不显含自变函数 y，即 $F=F(x,y')$，$\partial F/\partial y=0$，显然有

$$\frac{\partial F}{\partial y'}=C \tag{6.1.30}$$

(2) 如果 $F(x,y,y')$ 不显含自变量 x，即 $F=F(y,y')$，$\partial F/\partial x=0$，由于

$$\frac{\mathrm{d}}{\mathrm{d}x}\left(F-y'\frac{\partial F}{\partial y'}\right)=\frac{\partial F}{\partial y}\frac{\mathrm{d}y}{\mathrm{d}x}+\frac{\partial F}{\partial y'}\frac{\mathrm{d}y'}{\mathrm{d}x}-\frac{\mathrm{d}y'}{\mathrm{d}x}\frac{\partial F}{\partial y'}-y'\frac{\mathrm{d}}{\mathrm{d}x}\frac{\partial F}{\partial y'}=y'\left(\frac{\partial F}{\partial y}-\frac{\mathrm{d}}{\mathrm{d}x}\frac{\partial F}{\partial y'}\right)=0$$

因此有

$$F-y'\frac{\partial F}{\partial y'}=C \tag{6.1.31}$$

式(6.1.30)及式(6.1.31)称为**欧拉方程的初积分**，其中 C 为积分常数。

以上介绍的是依赖于单个自变量 x 和单个自变函数 $y(x)$ 的最简泛函 $J[y(x)]$ 取极值的欧拉方程，较复杂的泛函欧拉方程可仿照上述方法导出。如：

(1) 取决于单个自变量 x 和多个函数 $y_k(x)(k=1,2,\cdots,l)$ 的泛函

$$J[y_1(x),y_2(x),\cdots,y_l(x)]=\int_a^b F[x,y_1,y_2,\cdots,y_l;\ y_1',y_2',\cdots,y_l']\mathrm{d}x \tag{6.1.32}$$

取极值的必要条件为

$$\delta J[y_1(x),y_2(x),\cdots,y_l(x)]=\delta\int_a^b F[x,y_1,y_2,\cdots,y_l;\ y_1',y_2',\cdots,y_l']\mathrm{d}x=0 \tag{6.1.33}$$

对应的欧拉方程为

$$\frac{\partial F}{\partial y_k}-\frac{\mathrm{d}}{\mathrm{d}x}\left(\frac{\partial F}{\partial y_k'}\right)=0\quad(k=1,2,\cdots,l) \tag{6.1.34}$$

(2) 取决于单个自变量 x、单个自变函数 $y(x)$ 及其高阶导数 $y^{(k)}(k=1,2,\cdots,n)$ 的泛函

$$J[y(x)]=\int_a^b F[x,y,y',y'',\cdots,y^{(n)}]\mathrm{d}x \tag{6.1.35}$$

其变分问题对应的欧拉方程为

$$\sum_{k=0}^{n}(-1)^k\frac{\mathrm{d}^k}{\mathrm{d}x^k}\left(\frac{\partial F}{\partial y^{(k)}}\right) \tag{6.1.36}$$

式(6.1.34)与式(6.1.36)的证明以及依赖于多个自变量的泛函与欧拉方程可参阅有关数学物理方程方面的论著，这里不再赘述。

下面用求泛函极值问题的方法来求本节开始时提出的最速降线问题和悬链线势能最小问题。

例 6.1　求最速降线方程。

解：式(6.1.5)已将质点滑行时间表示为 $y(x)$ 的泛函，

$$J[y(x)]=\int_{x_A}^{x_B}F(y,y')\mathrm{d}x,\quad F(y,y')=\sqrt{\frac{1+y'^2}{2gy}}$$

因 $F=F(y,y')$ 不显含 x，所以最速降线满足欧拉方程的初积分，即

$$F-y'\frac{\partial F}{\partial y'}=\frac{\sqrt{1+y'^2}}{\sqrt{2gy}}-y'\frac{y'}{\sqrt{2gy}\sqrt{1+y'^2}}=\frac{1}{\sqrt{2gy(1+y'^2)}}=C$$

或有

$$y(1+y'^2)=C_1$$

将上式改写为

$$dx = \frac{\sqrt{y}}{\sqrt{C_1 - y}} dy$$

引入参数 θ，使 $y = C_1 \sin^2 \frac{\theta}{2}$，则得

$$dx = C_1 \sin^2 \frac{\theta}{2} d\theta = \frac{C_1}{2}(1 - \cos\theta) d\theta$$

将其积分，得

$$x = \int dx = \int \frac{C_1}{2}(1 - \cos\theta) d\theta = \frac{C_1}{2}(\theta - \sin\theta) + C_2$$

于是得到最速降线的参数方程为

$$\begin{cases} x = \dfrac{C_1}{2}(\theta - \sin\theta) + C_2 \\ y = \dfrac{C_1}{2}(1 - \cos\theta) \end{cases}$$

此为旋轮线（摆线）的参数方程，积分常数 C_1 与 C_2 可由两端边界条件（即 A 与 B 的位置）确定。

例 6.2　悬链线势能最小的证明。

解：式(6.1.8)已将曲线重心的纵坐标表示为 $y(x)$ 的泛函，

$$J[y(x)] = \int_{x_A}^{x_B} F(y, y') dx, \quad F(y, y') = y\sqrt{1 + y'^2}$$

因 $F = F(y, y')$ 不显含 x，所以能使 J 取极值的曲线 $y(x)$ 满足欧拉方程的初积分，即

$$\frac{d}{dx}\left(F - y' \frac{\partial F}{\partial y'}\right) = 0$$

或有

$$\frac{d}{dx}\left(y\sqrt{1 + y'^2} - \frac{yy'^2}{\sqrt{1 + y'^2}}\right) = 0$$

进一步有

$$1 + y'^2 - yy'' = 0$$

令 $p = dy/dx$，解得

$$y^2 = k(1 + p^2) \quad (k > 0)$$

进而得

$$y = \frac{1}{\sqrt{k}} \cosh[\sqrt{k}(x + c)]$$

此即悬链线方程，它使重心最低，势能最小。大自然中许多结构是符合最小势能的，人们称之为最小势能原理。

6.2　哈密尔顿原理及其应用

前面所讨论的虚位移原理和动力学普遍方程，是确定质点系的平衡位置或运动情况的判据。前者用来比较的是某一位置及其邻近位置，后者用来比较的是某一瞬时质点系的运

动及其相近的运动。本节所述的哈密尔顿原理是哈密尔顿于 1834 年提出的积分型变分原理，用来比较的则是在某一时间间隔内质点系的真实运动及其相近的运动的某一特征量——哈密尔顿作用量。

6.2.1　哈密尔顿原理

设有由 n 个质点组成、各质点间有 r 个非定常完整约束的系统，系统在任一瞬时的位形可用 $l=3n-r$ 个广义坐标 $q_k=q_k(t)(k=1,2,\cdots,l)$ 来表征，系统的自由度为 $f=l$，各质点的矢径由广义坐标完全确定：

$$\boldsymbol{r}_i=\boldsymbol{r}_i(q_1,q_2,\cdots,q_l;\ t)\quad(i=1,2,\cdots,n)\tag{6.2.1}$$

引入位形空间的概念，将 l 个广义坐标 $(q_1,q_2,\cdots,q_l)$ 张成的 l 维空间称为**位形空间**，这个空间中的每一个点表示系统某一时刻的位置。为了形象而简洁地表示系统的运动，将 l 个广义坐标和时间 t 张成的 $l+1$ 维空间 $(t;\ q_1,q_2,\cdots,q_l)$ 称为**增广位形空间**。这样，增广位形空间中的每一个点就表示系统在任一瞬时的位置。

为方便起见，将真实运动在增广位形空间中的轨迹称为**真实路径**或简称**正路**，可用图 6.2.1 中的实线 AMB 表示。对约束允许的可能运动在增广位形空间中的轨迹称为**可能路径**或简称**旁路**，可用图 6.2.1 中的虚线 $AM'B$ 表示。并且规定：在瞬时 t_1，正路和旁路都经过增广位形空间的 A 点，在瞬时 t_2，正路和旁路都经过增广位形空间的 B 点，满足以上端点条件的旁路有无限多条，而正路只有一条。旁路只满足约束几何条件，而正路除满足约束几何条件外，还要满足动力学的基本定律。

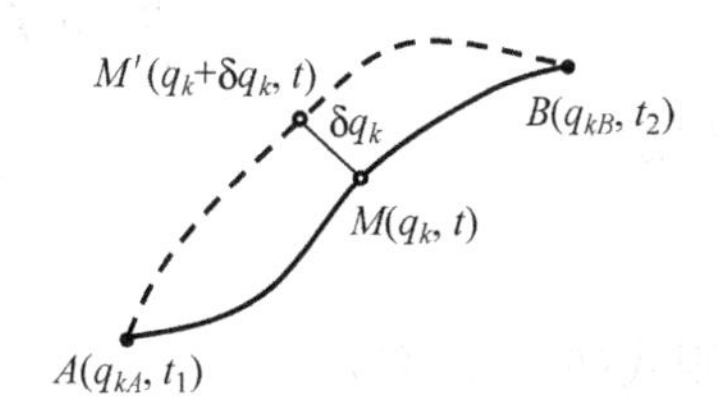

图　6.2.1

旁路非常接近正路，而且与正路具有相同的起始和终止位形。在任一瞬时 t，旁路对正路的偏离用等时变分 $\delta q_k(k=1,2,\cdots,l)$ 表示。哈密尔顿指出，为了从许多旁路中挑出一条正路，可以采用变分的方法。下面从泛函的极值条件来引入哈密尔顿原理。

对于形如式(6.1.32)包含多个自变函数及其一阶导数的泛函，其取极值的必要条件如式(6.1.33)。将对应的欧拉方程(6.1.34)与完整有势系统的拉格朗日方程

$$\frac{\mathrm{d}}{\mathrm{d}t}\left(\frac{\partial L}{\partial\dot{q}_k}\right)-\frac{\partial L}{\partial q_k}=0\quad(k=1,2,\cdots,l)\tag{6.2.2}$$

对比可见，若改变变量的记法，则二者的形式完全一样。这意味着拉格朗日方程其实就是下面犹如式(6.1.33)那样的式子

$$\delta\int_{t_1}^{t_2}L[t;\ q_1,q_2,\cdots,q_l;\ \dot{q}_1,\dot{q}_2,\cdots,\dot{q}_l]\mathrm{d}t=0\tag{6.2.3}$$

化出的欧拉方程。引入**拉格朗日函数的积分**

$$I=\int_{t_1}^{t_2}L[t;\ q_1,q_2,\cdots,q_l;\ \dot{q}_1,\dot{q}_2,\cdots,\dot{q}_l]\mathrm{d}t\tag{6.2.4}$$

称为**哈密尔顿作用量**，则式(6.2.3)变为

$$\delta I=\delta\int_{t_1}^{t_2}L[t,\boldsymbol{q},\dot{\boldsymbol{q}}]\mathrm{d}t=0\tag{6.2.5}$$

这样，若再考虑物理意义，完整系统的动力学问题就归结为由上式表达的一个变分原理：**完整有势系统在任一时间间隔内的真实运动与同一时间内具有同一起迄位形的可能运**

动相比较，真实运动的哈密尔顿作用量取极值。或者说，正路与旁路相比，沿正路的哈密尔顿作用量的变分为零。此即完整有势系统的哈密尔顿原理。

哈密尔顿原理揭示了系统的真实运动与条件相同的所有可能运动的不同，即相对于所有其他旁路而言，哈密尔顿作用量沿正路取极值，而旁路与正路端点相同，但相差一虚位移。

6.2.2 应用动力学普遍方程推导哈密尔顿原理

鉴于哈密尔顿原理的重要性，这里再用虚功形式的动力学普遍方程（达朗贝尔-拉格朗日原理）

$$\sum_{i=1}^{n}\boldsymbol{F}_i\cdot\delta\boldsymbol{r}_i-\sum_{i=1}^{n}m_i\ddot{\boldsymbol{r}}_i\cdot\delta\boldsymbol{r}_i=0 \tag{6.2.6}$$

来导出哈密尔顿原理。动力学普遍方程属微分型变分原理，是一个较普遍的变分原理，对完整系统与非完整系统都成立。首先对上式中的第二项作一些变化：

$$\begin{aligned}m_i\ddot{\boldsymbol{r}}_i\cdot\delta\boldsymbol{r}_i&=\frac{\mathrm{d}}{\mathrm{d}t}(m_i\dot{\boldsymbol{r}}_i\cdot\delta\boldsymbol{r}_i)-m_i\dot{\boldsymbol{r}}_i\cdot\frac{\mathrm{d}}{\mathrm{d}t}\delta\boldsymbol{r}_i\\&=\frac{\mathrm{d}}{\mathrm{d}t}(m_i\dot{\boldsymbol{r}}_i\cdot\delta\boldsymbol{r}_i)-m_i\dot{\boldsymbol{r}}_i\cdot\delta\dot{\boldsymbol{r}}_i+m_i\dot{\boldsymbol{r}}_i\cdot\delta\dot{\boldsymbol{r}}_i-m_i\dot{\boldsymbol{r}}_i\cdot\frac{\mathrm{d}}{\mathrm{d}t}\delta\boldsymbol{r}_i\end{aligned} \tag{6.2.7}$$

注意

$$m_i\dot{\boldsymbol{r}}_i\cdot\delta\dot{\boldsymbol{r}}_i=\frac{1}{2}\delta(m_i\dot{\boldsymbol{r}}_i\cdot\dot{\boldsymbol{r}}_i) \tag{6.2.8}$$

则式(6.2.7)变为

$$m_i\ddot{\boldsymbol{r}}_i\cdot\delta\boldsymbol{r}_i=\frac{\mathrm{d}}{\mathrm{d}t}(m_i\dot{\boldsymbol{r}}_i\cdot\delta\boldsymbol{r}_i)-\frac{1}{2}\delta(m_i\dot{\boldsymbol{r}}_i\cdot\dot{\boldsymbol{r}}_i)+m_i\dot{\boldsymbol{r}}_i\cdot\left(\delta\dot{\boldsymbol{r}}_i-\frac{\mathrm{d}}{\mathrm{d}t}\delta\boldsymbol{r}_i\right) \tag{6.2.9}$$

将上式代入动力学普遍方程中，有

$$\frac{\mathrm{d}}{\mathrm{d}t}\sum_{i=1}^{n}(m_i\dot{\boldsymbol{r}}_i\cdot\delta\boldsymbol{r}_i)=\sum_{i=1}^{n}\boldsymbol{F}_i\cdot\delta\boldsymbol{r}_i+\sum_{i=1}^{n}\frac{1}{2}\delta(m_i\dot{\boldsymbol{r}}_i\cdot\dot{\boldsymbol{r}}_i)-\sum_{i=1}^{n}m_i\dot{\boldsymbol{r}}_i\cdot\left(\delta\dot{\boldsymbol{r}}_i-\frac{\mathrm{d}}{\mathrm{d}t}\delta\boldsymbol{r}_i\right) \tag{6.2.10}$$

显然，上式右端第一项和第二项分别为主动力的虚功 δW 与系统动能的变分 δT：

$$\sum_{i=1}^{n}\boldsymbol{F}_i\cdot\delta\boldsymbol{r}_i=\delta W,\quad\sum_{i=1}^{n}\frac{1}{2}\delta(m_i\dot{\boldsymbol{r}}_i\cdot\dot{\boldsymbol{r}}_i)=\delta T \tag{6.2.11}$$

因此，式(6.2.10)又可写成

$$\frac{\mathrm{d}}{\mathrm{d}t}\sum_{i=1}^{n}(m_i\dot{\boldsymbol{r}}_i\cdot\delta\boldsymbol{r}_i)=\delta W+\delta T+\sum_{i=1}^{n}m_i\dot{\boldsymbol{r}}_i\cdot\left(\frac{\mathrm{d}}{\mathrm{d}t}\delta\boldsymbol{r}_i-\delta\dot{\boldsymbol{r}}_i\right) \tag{6.2.12}$$

此方程称为**普遍的中心方程**，是动力学普遍方程的另一种表达形式。其适用范围与动力学普遍方程完全相同，即适用于完整及非完整、定常及非定常系统。

普遍的中心方程是动力学普遍方程的变形。其特点在于方程中含有系统的动能及主动力的功，这就为过渡到拉格朗日方程及哈密尔顿原理准备了很有利的条件。由普遍的中心方程推导拉格朗日方程及哈密尔顿原理比其他任何方法都更简洁、更自然。因此，普遍的中心方程在分析力学中占有重要的地位。

将式(6.2.12)各项在$[t_1,t_2]$的时间间隔内积分，得到

$$\int_{t_1}^{t_2}\left[\delta W+\delta T+\sum_{i=1}^{n}m_i\dot{\boldsymbol{r}}_i\cdot\left(\frac{\mathrm{d}}{\mathrm{d}t}\delta\boldsymbol{r}_i-\delta\dot{\boldsymbol{r}}_i\right)\right]\mathrm{d}t=\sum_{i=1}^{n}(m_i\dot{\boldsymbol{r}}_i\cdot\delta\boldsymbol{r}_i)\Big|_{t_1}^{t_2} \tag{6.2.13}$$

若规定所有可能运动在初始和终了时刻都有同一位形，则起讫时刻的虚位移为零，即

$$\delta \boldsymbol{r}_i \big|_{t_1} = \delta \boldsymbol{r}_i \big|_{t_2} = \boldsymbol{0} \tag{6.2.14}$$

则式(6.2.13)的右边项为零。由此导出

$$\int_{t_1}^{t_2} \left[\delta W + \delta T + \sum_{i=1}^{n} m_i \dot{\boldsymbol{r}}_i \cdot \left(\frac{\mathrm{d}}{\mathrm{d}t} \delta \boldsymbol{r}_i - \delta \dot{\boldsymbol{r}}_i \right) \right] \mathrm{d}t = 0 \tag{6.2.15}$$

此方程称为**普遍形式的哈密尔顿原理**。即**对于任意非完整、非有势系统，在满足端点条件(6.2.14)的所有旁路中，正路应使上式成立**。

6.1 节中的对易法则指出，任意可微函数的等时变分和微分的顺序是可以互换的，而在分析力学中，由于非完整约束的存在而使交换关系变得复杂起来。对于完整系统，当 $\delta t=0$ 时，存在矢径的微分与变分的交换关系，即

$$\mathrm{d}(\delta \boldsymbol{r}_i) = \delta(\mathrm{d}\boldsymbol{r}_i) \quad 或 \quad \frac{\mathrm{d}}{\mathrm{d}t}(\delta \boldsymbol{r}_i) = \delta \dot{\boldsymbol{r}}_i \quad (i = 1,2,\cdots,n) \tag{6.2.16}$$

以此为前提，也存在对广义坐标的对易法则

$$\mathrm{d}(\delta q_k) = \delta(\mathrm{d}q_k) \quad (k = 1,2,\cdots,l) \tag{6.2.17}$$

而对于非完整系统来说，对矢径的交换关系一般说来不成立，即 $\mathrm{d}(\delta \boldsymbol{r}_i) \neq \delta(\mathrm{d}\boldsymbol{r}_i)$，因此可以肯定，对广义坐标的对易法则 $\mathrm{d}(\delta q_k)=\delta(\mathrm{d}q_k)$ 一般来说也不成立。俄罗斯力学家苏斯洛夫(Gavriil Konstantinovich Suslov，1857—1935)建议，$\mathrm{d}\leftrightarrow\delta$ 交换关系仅对完整系统或非完整系统中的独立变分(其数目等于自由度数)才能运用。类似的讨论也适用于变分与定积分的次序互易。本书对此不作进一步论述及证明。

对于完整系统，由于微分-变分对易法则(6.2.16)恒成立，因此，式(6.2.15)成为如下**完整系统哈密尔顿原理的普遍形式**：

$$\int_{t_1}^{t_2} (\delta W + \delta T) \mathrm{d}t = 0 \tag{6.2.18}$$

如果作用在系统上的所有主动力都是有势力，即存在一依赖于广义坐标 $q_k(k=1,2,\cdots,l)$ 及时间 t 的势能函数 $V=V(q_1,q_2,\cdots,q_l;\ t)$，使得广义力 Q_k 可由 V 决定，于是

$$\delta W = \sum_{k=1}^{l} Q_k \delta q_k = \sum_{k=1}^{l} -\frac{\partial V}{\partial q_k} \delta q_k = -\delta V \tag{6.2.19}$$

这时，主动力的虚功可表示为势能函数的变分。将上式代入式(6.2.18)，有

$$\int_{t_1}^{t_2} (\delta T - \delta V) \mathrm{d}t = \int_{t_1}^{t_2} \delta L \mathrm{d}t = 0 \tag{6.2.20}$$

式中 L 是拉格朗日函数。由变分法可知，当 t_1 及 t_2 为固定值时，积分与变分的次序可以互易，于是上式又可变为

$$\delta \int_{t_1}^{t_2} L \mathrm{d}t = 0 \tag{6.2.21}$$

此即**完整有势系统的哈密尔顿原理**。

例 6.3　一质量为 m 的质点仅受重力的作用，被约束在一光滑曲面 $z=f(x,y)$ 上运动。试写出在此情况下的哈密尔顿原理表达式。

解：系统为有势力作用下的两自由度完整系统，取广义坐标为 $q=(x,y)$。质点具有的动能为

$$T=\frac{1}{2}m(\dot{x}^2+\dot{y}^2+\dot{z}^2)$$

其中

$$\dot{z}=\frac{\partial f}{\partial x}\dot{x}+\frac{\partial f}{\partial y}\dot{y}$$

设 z 轴垂直向上为正，重力势能为

$$V=mgz$$

系统的拉格朗日函数为

$$L=T-V=\frac{1}{2}m\left[\dot{x}^2+\dot{y}^2+\left(\frac{\partial f}{\partial x}\dot{x}+\frac{\partial f}{\partial y}\dot{y}\right)^2\right]-mgf(x,y)$$

于是哈密尔顿原理在此例中的具体表达形式为

$$\delta\int_{t_1}^{t_2}\frac{1}{2}m\left\{\left[\dot{x}^2+\dot{y}^2+\left(\frac{\partial f}{\partial x}\dot{x}+\frac{\partial f}{\partial y}\dot{y}\right)^2\right]-2gf(x,y)\right\}\mathrm{d}t=0$$

例 6.4 一具有单位质量的质点受到一有势力作用，该力可由势函数导出，并设该质点受到的约束使其轨迹的斜率与时间 t 成正比，即 $t\dot{x}-\dot{y}=0$。试写出该质点的哈密尔顿原理表达式。

解：$t\dot{x}-\dot{y}=0$ 是不可积分的运动约束，该质点受一非完整约束，使得系统为含两个广义坐标的单自由度系统，取 $q=(x,y)$。因此，宜应用式(6.2.15)形式的哈密尔顿原理。

由约束方程

$$\dot{y}=t\dot{x},\quad \delta y=t\delta x,\quad \frac{\mathrm{d}}{\mathrm{d}t}\delta y=\delta x+t\frac{\mathrm{d}}{\mathrm{d}t}\delta x \tag{a}$$

质点具有的动能为

$$T=\frac{1}{2}(\dot{x}^2+\dot{y}^2)$$

所以

$$\delta T=\dot{x}\delta\dot{x}+\dot{y}\delta\dot{y}$$

质点受有势力作用，$V=V(x,y,t)$，故而

$$\delta W=-\delta V=-\left(\frac{\partial V}{\partial x}\delta x+\frac{\partial V}{\partial y}\delta y\right)=-\left(\frac{\partial V}{\partial x}+t\frac{\partial V}{\partial y}\right)\delta x$$

拉格朗日函数的变分

$$\delta L=\delta(T-V)=\dot{x}\delta\dot{x}+\dot{y}\delta\dot{y}-\left(\frac{\partial V}{\partial x}+t\frac{\partial V}{\partial y}\right)\delta x \tag{b}$$

同时考虑式(a)，则式(6.2.15)中被积函数的第二部分变为

$$\begin{aligned}\sum_{i=1}^{n}m_i\dot{\boldsymbol{r}}_i\cdot\left(\frac{\mathrm{d}}{\mathrm{d}t}\delta\boldsymbol{r}_i-\delta\dot{\boldsymbol{r}}_i\right)&=\dot{\boldsymbol{r}}\cdot\left(\frac{\mathrm{d}}{\mathrm{d}t}\delta\boldsymbol{r}-\delta\dot{\boldsymbol{r}}\right)=\dot{x}\left(\frac{\mathrm{d}}{\mathrm{d}t}\delta x-\delta\dot{x}\right)+\dot{y}\left(\frac{\mathrm{d}}{\mathrm{d}t}\delta y-\delta\dot{y}\right)\\&=\dot{x}\frac{\mathrm{d}}{\mathrm{d}t}\delta x+\dot{y}\frac{\mathrm{d}}{\mathrm{d}t}\delta y-(\dot{x}\delta\dot{x}+\dot{y}\delta\dot{y})\\&=(1+t^2)\dot{x}\frac{\mathrm{d}}{\mathrm{d}t}\delta x+t\dot{x}\delta x-(\dot{x}\delta\dot{x}+\dot{y}\delta\dot{y})\end{aligned} \tag{c}$$

将(b)、(c)两式共同代入式(6.2.15)并整理，最终得到哈密尔顿原理在此例中的具体表达式为

$$\int_{t_1}^{t_2}\left[\left(t\dot{x}-\frac{\partial V}{\partial x}-t\frac{\partial V}{\partial y}\right)\delta x+(1+t^2)\dot{x}\frac{\mathrm{d}}{\mathrm{d}t}\delta x\right]\mathrm{d}t=0$$

本题若直接应用方程(6.2.20)也能得到相同的结果,但却隐含了微分-变分对易法则。事实上,在推导非完整系统的某些形式(主要是一阶线性非完整约束)的方程时,虽然使用了对易法则,仍能得出正确的结果。但这并不能成为非完整系统中对易法则“$\mathrm{d}\delta=\delta\mathrm{d}$”合法化的论据,在推导一些非线性非完整系统动力学方程时,问题就会暴露出来。本例在推导过程中,有关 $\mathrm{d}\delta-\delta\mathrm{d}$ 的项会互相抵消、自动消失,也就是说,$\mathrm{d}\delta-\delta\mathrm{d}$ 项是否等于零对方程的推导不起作用。

例6.5 试用哈密尔顿原理建立习题4.3所述单摆的运动微分方程。已知:弹簧的劲度系数为 k,原长为 r_0,摆锤质量为 m,如题4.3图所示。

解:系统含有两个自由度,取极坐标 $q=(r,\theta)$ 为广义坐标。

以悬挂点所在平面为重力的零势能位,取弹簧原长处为弹性势能的零势能位,则

$$V=-mgr\cos\theta+\frac{1}{2}k(r-r_0)^2$$

单摆具有的动能为

$$T=\frac{1}{2}mv^2=\frac{1}{2}m(\dot{r}^2+r^2\dot{\theta}^2)$$

则系统的拉格朗日函数为

$$L=T-V=\frac{1}{2}m(\dot{r}^2+r^2\dot{\theta}^2)+mgr\cos\theta-\frac{1}{2}k(r-r_0)^2$$

哈密尔顿作用量为

$$I=\int_{t_1}^{t_2}L\mathrm{d}t=\int_{t_1}^{t_2}\left[\frac{1}{2}m(\dot{r}^2+r^2\dot{\theta}^2)+mgr\cos\theta-\frac{1}{2}k(r-r_0)^2\right]\mathrm{d}t$$

根据哈密尔顿原理,$\delta I=0$,有

$$\delta\int_{t_1}^{t_2}L\mathrm{d}t=\int_{t_1}^{t_2}[m(\dot{r}\delta\dot{r}+r\delta r\dot{\theta}^2+r^2\dot{\theta}\delta\dot{\theta})+mg\delta r\cos\theta-mgr\sin\theta\delta\theta-k(r-r_0)\delta r]\mathrm{d}t=0 \quad (*)$$

因为

$$\int_{t_1}^{t_2}m\dot{r}\delta\dot{r}\mathrm{d}t=\int_{t_1}^{t_2}m\dot{r}\frac{\mathrm{d}}{\mathrm{d}t}(\delta r)\mathrm{d}t=m\dot{r}\delta r\Big|_{t_1}^{t_2}-\int_{t_1}^{t_2}m\ddot{r}\delta r\mathrm{d}t$$

$$\int_{t_1}^{t_2}mr^2\dot{\theta}\delta\dot{\theta}\mathrm{d}t=\int_{t_1}^{t_2}mr^2\dot{\theta}\frac{\mathrm{d}}{\mathrm{d}t}(\delta\theta)\mathrm{d}t=mr^2\dot{\theta}\delta\theta\Big|_{t_1}^{t_2}-\int_{t_1}^{t_2}m\delta\theta(2r\dot{r}\dot{\theta}+r^2\ddot{\theta})\mathrm{d}t$$

代入式(*)中,得到

$$\delta\int_{t_1}^{t_2}L\mathrm{d}t=m\dot{r}\delta r\Big|_{t_1}^{t_2}-\int_{t_1}^{t_2}[m\ddot{r}-mr\dot{\theta}^2-mg\cos\theta+k(r-r_0)]\delta r\mathrm{d}t+$$

$$mr^2\dot{\theta}\delta\theta\Big|_{t_1}^{t_2}-\int_{t_1}^{t_2}m(r^2\ddot{\theta}+2r\dot{r}\dot{\theta}+gr\sin\theta)\delta\theta\mathrm{d}t=0$$

考虑到

$$\delta r\Big|_{t_1}=\delta r\Big|_{t_2}=0,\quad \delta\theta\Big|_{t_1}=\delta\theta\Big|_{t_2}=0$$

上式成为

$$\int_{t_1}^{t_2}[m\ddot{r}-mr\dot{\theta}^2-mg\cos\theta+k(r-r_0)]\delta r\mathrm{d}t+\int_{t_1}^{t_2}m(r^2\ddot{\theta}+2r\dot{r}\dot{\theta}+gr\sin\theta)\delta\theta\mathrm{d}t=0$$

由于 δr、$\delta\theta$ 是独立的变分，因此，欲使上式成立，应有

$$\begin{cases} m\ddot{r} - mr\dot{\theta}^2 - mg\cos\theta + k(r - r_0) = 0 \\ r^2\ddot{\theta} + 2r\dot{r}\dot{\theta} + gr\sin\theta = 0 \end{cases}$$

即为所求的运动微分方程。

例 6.6 试用哈密尔顿原理建立习题 5.12 所述系统的运动微分方程。

解：如题 5.12 图所示，系统含有两个自由度，取飞轮的转角 θ 和弹簧的伸长量 x 为广义坐标。系统的动能为

$$T = \frac{1}{2}J_O\dot{\theta}^2 + \frac{1}{2}m[\dot{x}^2 + (a+x)^2\dot{\theta}^2] = \frac{1}{2}m\dot{x}^2 + \frac{1}{2}[J_O + m(a+x)^2]\dot{\theta}^2$$

取弹簧原长处为弹性势能的零势能位，则

$$V = \frac{1}{2}kx^2$$

系统的拉格朗日函数为

$$L = T - V = \frac{1}{2}m\dot{x}^2 + \frac{1}{2}[J_O + m(a+x)^2]\dot{\theta}^2 - \frac{1}{2}kx^2$$

哈密尔顿作用量为

$$I = \int_{t_1}^{t_2} L\mathrm{d}t = \int_{t_1}^{t_2}\left\{\frac{1}{2}m\dot{x}^2 + \frac{1}{2}[J_O + m(a+x)^2]\dot{\theta}^2 - \frac{1}{2}kx^2\right\}\mathrm{d}t$$

根据哈密尔顿原理，$\delta I=0$，有

$$\int_{t_1}^{t_2}\{m\dot{x}\delta\dot{x} + [J_O + m(a+x)^2]\dot{\theta}\delta\dot{\theta} + m(a+x)\dot{\theta}^2\delta x - kx\delta x\}\mathrm{d}t = 0 \qquad (*)$$

因为

$$\int_{t_1}^{t_2} m\dot{x}\delta\dot{x}\mathrm{d}t = \int_{t_1}^{t_2} m\dot{x}\frac{\mathrm{d}}{\mathrm{d}t}(\delta x)\mathrm{d}t = m\dot{x}\delta x\Big|_{t_1}^{t_2} - \int_{t_1}^{t_2} m\ddot{x}\delta x\mathrm{d}t$$

$$\begin{aligned}\int_{t_1}^{t_2}[J_O + m(a+x)^2]\dot{\theta}\delta\dot{\theta}\mathrm{d}t &= \int_{t_1}^{t_2}[J_O + m(a+x)^2]\dot{\theta}\mathrm{d}(\delta\theta) \\ &= [J_O + m(a+x)^2]\dot{\theta}\delta\theta\Big|_{t_1}^{t_2} - \int_{t_1}^{t_2}\delta\theta\frac{\mathrm{d}}{\mathrm{d}t}[J_O\dot{\theta} + m(a+x)^2\dot{\theta}]\mathrm{d}t\end{aligned}$$

代入式（$*$）中，得到

$$\begin{aligned}\delta\int_{t_1}^{t_2} L\mathrm{d}t = {} & m\dot{x}\delta x\Big|_{t_1}^{t_2} - \int_{t_1}^{t_2}[m\ddot{x} - m(a+x)\dot{\theta}^2 + kx]\delta x\mathrm{d}t + \\ & [J_O + m(a+x)^2]\dot{\theta}\delta\theta\Big|_{t_1}^{t_2} - \int_{t_1}^{t_2}\frac{\mathrm{d}}{\mathrm{d}t}[J_O\dot{\theta} + m(a+x)^2\dot{\theta}]\delta\theta\mathrm{d}t = 0\end{aligned}$$

考虑到

$$\delta x\Big|_{t_1} = \delta x\Big|_{t_2} = 0, \quad \delta\theta\Big|_{t_1} = \delta\theta\Big|_{t_2} = 0$$

因此上式成为

$$\int_{t_1}^{t_2}[m\ddot{x} - m(a+x)\dot{\theta}^2 + kx]\delta x\mathrm{d}t + \int_{t_1}^{t_2}\frac{\mathrm{d}}{\mathrm{d}t}[J_O\dot{\theta} + m(a+x)^2\dot{\theta}]\delta\theta\mathrm{d}t = 0$$

由于 δx、$\delta\theta$ 是独立的变分，欲使上式成立，应有

$$\begin{cases}\dfrac{\mathrm{d}}{\mathrm{d}t}[J_O\dot\theta + m(a+x)^2\dot\theta] = 0\\ m\ddot x - m(a+x)\dot\theta^2 + kx = 0\end{cases}$$

即为所求的运动微分方程。

例 6.7　试用哈密尔顿原理建立例 4.2 所述系统的运动微分方程。

解：如图 4.1.2 所示，系统含有两个自由度，选 A 块相对于弹簧未变形的位移 x 和小球的摆角 θ 为广义坐标，坐标起始位置在系统静平衡位置。

在例 4.2 中已经求得系统的拉格朗日函数为

$$L = T - V = \frac{1}{2}(m_1+m_2)\dot x^2 + \frac{1}{2}m_2 l^2\dot\theta^2 + m_2 l\dot x\dot\theta\cos\theta - \frac{1}{2}kx^2 + m_2 gl\cos\theta$$

哈密尔顿作用量为

$$I = \int_{t_1}^{t_2} L\mathrm{d}t = \int_{t_1}^{t_2}\left[\frac{1}{2}(m_1+m_2)\dot x^2 + \frac{1}{2}m_2 l^2\dot\theta^2 + m_2 l\dot x\dot\theta\cos\theta - \frac{1}{2}kx^2 + m_2 gl\cos\theta\right]\mathrm{d}t$$

根据哈密尔顿原理，$\delta I=0$，有

$$\int_{t_1}^{t_2}\{[(m_1+m_2)\dot x + m_2 l\dot\theta\cos\theta]\delta\dot x + m_2 l(l\dot\theta + \dot x\cos\theta)\delta\dot\theta - m_2 l\sin\theta(\dot x\dot\theta + g)\delta\theta - kx\delta x\}\mathrm{d}t$$
$$=0$$

因为

$$\int_{t_1}^{t_2}[(m_1+m_2)\dot x + m_2 l\dot\theta\cos\theta]\delta\dot x\mathrm{d}t = [(m_1+m_2)\dot x + m_2 l\dot\theta\cos\theta]\delta x\Big|_{t_1}^{t_2} - \int_{t_1}^{t_2}[(m_1+m_2)\ddot x + m_2 l(\ddot\theta\cos\theta - \dot\theta^2\sin\theta)]\delta x\mathrm{d}t$$

$$\int_{t_1}^{t_2} m_2 l(l\dot\theta + \dot x\cos\theta)\delta\dot\theta\mathrm{d}t = m_2 l(l\dot\theta + \dot x\cos\theta)\delta\theta\Big|_{t_1}^{t_2} - \int_{t_1}^{t_2} m_2 l(l\ddot\theta + \ddot x\cos\theta - \dot x\dot\theta\sin\theta)\delta\theta\mathrm{d}t$$

代入前式，并考虑到

$$\delta x\Big|_{t_1} = \delta x\Big|_{t_2} = 0,\quad \delta\theta\Big|_{t_1} = \delta\theta\Big|_{t_2} = 0$$

整理后得到

$$\int_{t_1}^{t_2}[(m_1+m_2)\ddot x + m_2 l(\ddot\theta\cos\theta - \dot\theta^2\sin\theta) + kx]\delta x\mathrm{d}t + \int_{t_1}^{t_2} m_2 l(\ddot x\cos\theta + l\ddot\theta + g\sin\theta)\delta\theta\mathrm{d}t = 0$$

由于 δx、$\delta\theta$ 是独立的变分，因此，欲使上式成立，应有

$$\begin{cases}(m_1+m_2)\ddot x + m_2 l(\ddot\theta\cos\theta - \dot\theta^2\sin\theta) + kx = 0\\ \ddot x\cos\theta + l\ddot\theta + g\sin\theta = 0\end{cases}$$

即为所求的运动微分方程。

例 6.8　试用哈密尔顿原理建立例 4.5 所述系统的运动微分方程。

解：如图 4.1.5 所示，系统含有 3 个自由度，取广义坐标为 x、φ_1 和 φ_2，其中 x 的坐标原点取系统位于初始位置时滑轮的中心。

在例 4.5 中已经求得系统的拉格朗日函数为

$$L = \frac{1}{2}m\dot x^2 + \frac{1}{4}mr^2\dot\varphi_1^2 + \frac{1}{2}m(\dot x + r\dot\varphi_1 + r\dot\varphi_2)^2 + \frac{1}{4}mr^2\dot\varphi_2^2 - \frac{1}{2}kx^2 + mg(x + r\varphi_1 + r\varphi_2)$$

哈密尔顿作用量为

$$I=\int_{t_1}^{t_2}\left[\frac{1}{2}m\dot{x}^2+\frac{1}{4}mr^2\dot{\varphi}_1^2+\frac{1}{2}m(\dot{x}+r\dot{\varphi}_1+r\dot{\varphi}_2)^2+\frac{1}{4}mr^2\dot{\varphi}_2^2-\right.$$

$$\left.\frac{1}{2}kx^2+mg(x+r\varphi_1+r\varphi_2)\right]\mathrm{d}t$$

根据哈密尔顿原理，$\delta I=0$，有

$$\int_{t_1}^{t_2}\left\{m[2\dot{x}+r(\dot{\varphi}_1+\dot{\varphi}_2)]\delta\dot{x}+mr\left(\dot{x}+\frac{3}{2}r\dot{\varphi}_1+r\dot{\varphi}_2\right)\delta\dot{\varphi}_1+mr\left(\dot{x}+r\dot{\varphi}_1+\frac{3}{2}r\dot{\varphi}_2\right)\delta\dot{\varphi}_2-\right.$$

$$\left.(kx-mg)\delta x+mgr(\delta\varphi_1+\delta\varphi_2)\right\}\mathrm{d}t=0$$

考虑到

$$\delta x\big|_{t_1}=\delta x\big|_{t_2}=0,\quad \delta\varphi_1\big|_{t_1}=\delta\varphi_1\big|_{t_2}=0,\quad \delta\varphi_2\big|_{t_1}=\delta\varphi_2\big|_{t_2}=0$$

所以

$$\int_{t_1}^{t_2}m[2\dot{x}+r(\dot{\varphi}_1+\dot{\varphi}_2)]\delta\dot{x}\mathrm{d}t=m[2\dot{x}+r(\dot{\varphi}_1+\dot{\varphi}_2)]\delta x\Big|_{t_1}^{t_2}-\int_{t_1}^{t_2}m[2\ddot{x}+r(\ddot{\varphi}_1+\ddot{\varphi}_2)]\delta x\mathrm{d}t$$

$$=-\int_{t_1}^{t_2}m[2\ddot{x}+r(\ddot{\varphi}_1+\ddot{\varphi}_2)]\delta x\mathrm{d}t$$

$$\int_{t_1}^{t_2}mr\left(\dot{x}+\frac{3}{2}r\dot{\varphi}_1+r\dot{\varphi}_2\right)\delta\dot{\varphi}_1\mathrm{d}t=-\int_{t_1}^{t_2}mr\left(\ddot{x}+\frac{3}{2}r\ddot{\varphi}_1+r\ddot{\varphi}_2\right)\delta\varphi_1\mathrm{d}t$$

$$\int_{t_1}^{t_2}mr\left(\dot{x}+r\dot{\varphi}_1+\frac{3}{2}r\dot{\varphi}_2\right)\delta\dot{\varphi}_2\mathrm{d}t=-\int_{t_1}^{t_2}mr\left(\ddot{x}+r\ddot{\varphi}_1+\frac{3}{2}r\ddot{\varphi}_2\right)\delta\varphi_2\mathrm{d}t$$

则有

$$-\int_{t_1}^{t_2}[2m\ddot{x}+mr(\ddot{\varphi}_1+\ddot{\varphi}_2)+kx-mg]\delta x\mathrm{d}t-\int_{t_1}^{t_2}\left(mr\ddot{x}+\frac{3}{2}mr^2\ddot{\varphi}_1+mr^2\ddot{\varphi}_2-mgr\right)\delta\varphi_1\mathrm{d}t$$

$$-\int_{t_1}^{t_2}\left(mr\ddot{x}+mr^2\ddot{\varphi}_1+\frac{3}{2}mr^2\ddot{\varphi}_2-mgr\right)\delta\varphi_2\mathrm{d}t=0$$

由于 δx、$\delta\varphi_1$、$\delta\varphi_2$ 是独立的变分，因此，欲使上式成立，必须满足

$$\begin{cases}2m\ddot{x}+mr(\ddot{\varphi}_1+\ddot{\varphi}_2)+kx-mg=0\\ mr\ddot{x}+\dfrac{3}{2}mr^2\ddot{\varphi}_1+mr^2\ddot{\varphi}_2-mgr=0\\ mr\ddot{x}+mr^2\ddot{\varphi}_1+\dfrac{3}{2}mr^2\ddot{\varphi}_2-mgr=0\end{cases}$$

此即为所求的运动微分方程。

例 6.9 如图 6.2.2 所示，一质量为 m 的质点可在光滑铅垂面 xz 内运动，而平面以匀角速度 ω 绕 z 轴转动。试证明在真实运动 $x(t)$、$z(t)$ 上的哈密尔顿作用量 I 和可能运动 $x(t)+\delta x(t)$、$z(t)+\delta z(t)$ 上的哈密尔顿作用量 $\widetilde{I}$，当 $\delta x(t_1)=\delta x(t_2)=\delta z(t_1)=\delta z(t_2)=0$ 时，它们的关系可表示为

$$\widetilde{I}=I+\frac{1}{2}\int_{t_1}^{t_2}[(\delta\dot{x})^2+\omega^2(\delta x)^2+(\delta\dot{z})^2]\mathrm{d}t$$

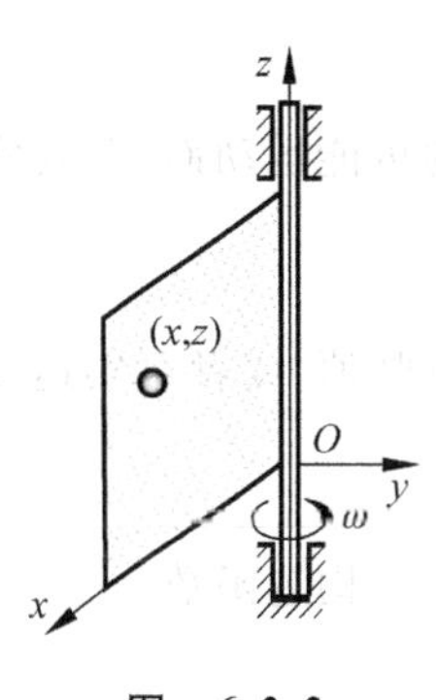

图　6.2.2

证明：当 $\omega=\text{const.}$ 时，系统为带有非定常完整约束的两自由度系统，取广义坐标为 $q=(x,z)$。系统的动能

$$T=\frac{1}{2}m(\dot{x}^2+\dot{z}^2+x^2\omega^2)+\frac{1}{2}J\omega^2$$

其中，J 为平面绕 z 轴转动的转动惯量。以 $z=0$ 为零势能位，则

$$V=mgz$$

于是，系统的拉格朗日函数为

$$L=T-V=\frac{1}{2}m(\dot{x}^2+\dot{z}^2+x^2\omega^2)+\frac{1}{2}J\omega^2-mgz$$

由拉格朗日方程可得到真实运动应满足的微分方程

$$m\ddot{x}-mx\omega^2=0,\quad m\ddot{z}+mg=0$$

真实运动的哈密尔顿作用量为

$$I=\int_{t_1}^{t_2}L\mathrm{d}t=\int_{t_1}^{t_2}\left[\frac{1}{2}m(\dot{x}^2+\dot{z}^2+x^2\omega^2)+\frac{1}{2}J\omega^2-mgz\right]\mathrm{d}t$$

可能运动的哈密尔顿作用量为

$$\widetilde{I}=\int_{t_1}^{t_2}\widetilde{L}\mathrm{d}t=\int_{t_1}^{t_2}\left[\frac{1}{2}m(\dot{\tilde{x}}^2+\dot{\tilde{z}}^2+\tilde{x}^2\omega^2)+\frac{1}{2}J\omega^2-mg\tilde{z}\right]\mathrm{d}t$$

其中

$$\tilde{x}(t)=x(t)+\delta x(t),\quad \tilde{z}(t)=z(t)+\delta z(t)$$

代入前式，并整理后得

$$\widetilde{I}=I+\int_{t_1}^{t_2}\frac{1}{2}m[(\delta\dot{x})^2+\omega^2(\delta x)^2+(\delta\dot{z})^2]\mathrm{d}t+$$
$$\int_{t_1}^{t_2}\frac{1}{2}m(\dot{x}\delta\dot{x}+x\omega^2\delta x+\dot{z}\delta\dot{z}-g\delta z)\mathrm{d}t$$

由分部积分法并同时考虑时间端点条件及真实运动满足的微分方程，上式中的后一积分式可进一步化为

$$\widetilde{I}^*=m\dot{x}\delta x\Big|_{t_1}^{t_2}+m\dot{z}\delta z\Big|_{t_1}^{t_2}-\int_{t_1}^{t_2}m(\ddot{x}-x\omega^2)\delta x\mathrm{d}t-\int_{t_1}^{t_2}m(\ddot{z}+g)\delta z\mathrm{d}t=0$$

因此有如下哈密尔顿作用量关系：

$$\widetilde{I}=I+\int_{t_1}^{t_2}\frac{1}{2}m[(\delta\dot{x})^2+\omega^2(\delta x)^2+(\delta\dot{z})^2]\mathrm{d}t$$

证毕。

6.2.3　变分问题的直接方法(渐近法)

哈密尔顿原理作为变分学原理，不仅能推导系统的运动方程，而且还能提供动力学问题的直接解法，或渐近法，它可以回避运动微分方程的建立而直接求得系统动力学问题的数值解。

哈密尔顿原理提供的真实运动条件表现为某个泛函的极值问题。可用多种方法将泛函极值问题化为函数极值问题，求得近似解。常用的一种极值法就是里兹(Walter Ritz，1878—1909)直接法。

由哈密尔顿原理，在 l 个广义坐标 q_k 表示的完整保守系统中，对所有满足端点条件

$$q_k(t_1) = q_{k1}, \quad q_k(t_2) = q_{k2} \quad (k = 1,2,\cdots,l) \tag{6.2.22}$$

的可能运动而言，真实的运动应使泛函

$$I = \int_{t_1}^{t_2} L[t,\boldsymbol{q},\dot{\boldsymbol{q}}]\mathrm{d}t \tag{6.2.23}$$

取驻值，或者真实运动满足

$$\delta I = \delta\int_{t_1}^{t_2} L[t,\boldsymbol{q},\dot{\boldsymbol{q}}]\mathrm{d}t = 0 \tag{6.2.24}$$

构造函数

$$q_k = \sum_{j=1}^{N} a_{kj}\varphi_{kj}(t) \quad (k = 1,2,\cdots,l) \tag{6.2.25}$$

式中，φ_{kj} 为事先选定的满足端点条件的试函数；a_{kj} 为待定系数，给 a_{kj} 以不同的值，就得到不同的可能运动。N 的取值可根据计算要求的精度确定。

将假定的近似解 q_k 代入哈密尔顿作用量 I 的被积函数，积分得到泛函 $I=I(a_{kj})$，选择系数 a_{kj}，使 I 满足多元函数的极值条件，即

$$\delta I = \sum_{k=1}^{l}\sum_{j=1}^{N}\frac{\partial I(a_{kj})}{\partial a_{kj}}\delta a_{kj} = 0 \tag{6.2.26}$$

因 δa_{kj} 是独立变化的，故 I 的极值条件归结为

$$\frac{\partial I(a_{kj})}{\partial a_{kj}} = 0 \quad (k = 1,2,\cdots,l;\ j = 1,2,\cdots,N) \tag{6.2.27}$$

解此 $l\times N$ 元线性代数方程组，可求得 $l\times N$ 个 a_{kj}，代入式(6.2.25)后则可进一步获得系统的近似解。

里兹直接法的本质就是把泛函极值问题近似地化为多元函数的极值问题。近似解中取的项数越多，相当于在更广的范围中取可能运动，得到的近似解就更接近于精确解。

例 6.10 已知单自由度谐振子的拉格朗日函数为

$$L(x,\dot{x}) = \frac{1}{2}\dot{x}^2 - \frac{1}{2}x^2$$

求满足端点条件 $x(0)=0$，$x(1)=1$ 的近似解。

解：构造满足端点条件的函数作为系统运动的近似解，令

$$x(t) = t + at(1-t^2)$$

其中 a 为待定系数。将上式对 t 求导，得到

$$\dot{x}(t) = 1 + a(1-3t^2)$$

进一步有

$$\delta x(t) = t(1-t^2)\delta a, \quad \delta\dot{x}(t) = (1-3t^2)\delta a$$

哈密尔顿作用量的变分为

$$\begin{aligned}\delta I &= \delta\int_0^1 L[t,x,\dot{x}]\mathrm{d}t = \int_0^1(\dot{x}\delta\dot{x} - x\delta x)\mathrm{d}t \\ &= \int_0^1[1+a(1-3t^2)](1-3t^2)\delta a\mathrm{d}t - \int_0^1[t+at(1-t^2)]t(1-t^2)\delta a\mathrm{d}t\end{aligned}$$

整理得

$$\delta I = \left(-\frac{2}{15} + \frac{76}{105}a\right)\delta a$$

由哈密尔顿原理，a 值的选取应使 $\delta I=0$，因此有

$$-\frac{2}{15}+\frac{76}{105}a=0,\quad a=\frac{7}{38}$$

于是求得一次近似解为

$$x(t)=t+\frac{7}{38}t(1-t^2)$$

为了求得更好的近似结果，也可取二次近似形式的解，即选取

$$x(t)=t+at(1-t^2)+bt^3(1-t^2)$$

其中 a、b 为两个待定系数。将上式对 t 求导，得到

$$\dot{x}(t)=1+a(1-3t^2)+b(3t^2-5t^4)$$

以上两式的变分为

$$\delta x(t)=t(1-t^2)\delta a+t^3(1-t^2)\delta b,\quad \delta\dot{x}(t)=(1-3t^2)\delta a+(3t^2-5t^4)\delta b$$

将 δx、$\delta\dot{x}$ 代入哈密尔顿作用量的变分式

$$\delta I=\delta\int_0^1 L[t,x,\dot{x}]\mathrm{d}t=\int_0^1(\dot{x}\delta\dot{x}-x\delta x)\mathrm{d}t$$

整理并考虑到 δa、δb 相互独立，由 $\delta I=0$ 可给出以下两个方程：

$$\begin{cases}684a+300b=126\\1100a+972b=198\end{cases}$$

解此方程组，得到

$$a=0.188\,36,\quad b=-9.461\,01\times10^3$$

于是求得二次近似解为

$$x(t)=t+0.188\,36t(1-t^2)-9.461\,01\times10^3t^3(1-t^2)$$

本问题的质点运动微分方程为

$$\ddot{x}+x=0$$

满足端点条件的精确解极易求得：

$$x=\frac{\sin t}{\sin 1}$$

为了考察近似解的可靠度，将一阶与二阶近似解与精确解列表进行比较，见表 6.2.1。

表 6.2.1 近似结果比较

t	0.0	0.2	0.4	0.6	0.8	1.0
一阶近似	0.0	0.235 368	0.461 895	0.670 737	0.853 053	1.0
二阶近似	0.0	0.236 092	0.462 780	0.671 022	0.852 504	1.0
精确解	0.0	0.236 098	0.462 783	0.671 018	0.852 502	1.0

由表可见，精确解与近似解在端点 $t=0$ 及 $t=1$ 都是精确满足的。如近似解构造得当，一阶近似往往能给出很满意的结果，为获得更高的精度，可采用较高阶近似解。

6.2.4 哈密尔顿原理在连续体动力学中的应用

前面从普遍的中心方程出发，推导出**完整系统**哈密尔顿原理的两种形式，即普遍形式的哈密尔顿原理

$$\int_{t_1}^{t_2}(\delta W+\delta T)\mathrm{d}t=0 \tag{6.2.28}$$

以及用于有势系统的哈密尔顿原理

$$\delta\int_{t_1}^{t_2}L\mathrm{d}t=0 \tag{6.2.29}$$

对于完整系统的哈密尔顿原理，有如下几点需要说明。

(1) 虽然上两式都是哈密尔顿原理在不同条件下的不同形式，但是只有式(6.2.29)才是严格意义上的变分原理，由于它给出了泛函的极值条件，而式(6.2.28)只能认为是一般性的变分原理，而不是严格意义上的变分原理，因为它不代表泛函取极值的条件。

(2) 哈密尔顿原理只涉及系统的两个整体性状态函数，如系统的动能及功(或势能)，对于系统的几何特性并没有事先规定，也就是说，并没规定系统的位形必须用什么类型的坐标来描述，用多少个坐标(有限个或无限个)来表达系统的状态函数。因此，哈密尔顿原理不仅适用于有限个自由度的离散系统，也适用于无限个自由度的连续系统。这是哈密尔顿原理的优点之一，也是哈密尔顿原理比拉格朗日方程更具有普遍意义的原因。

将哈密尔顿原理应用于连续体时，只要写出连续体的动能和势能，建立哈密尔顿作用量后求其极值即可得到系统的动力学方程。下面以一均质弦在初始干扰下的微幅自由振动为例作一介绍。

如图 6.2.3 所示，一两端固定、用张力 $\boldsymbol{F}$ 拉紧的弦作横向自由振动。已知弦长为 l，单位长度的质量为 ρ。弦振动时有两个方向的位移，由于只考虑其横向微幅振动，因而略去纵向位移。

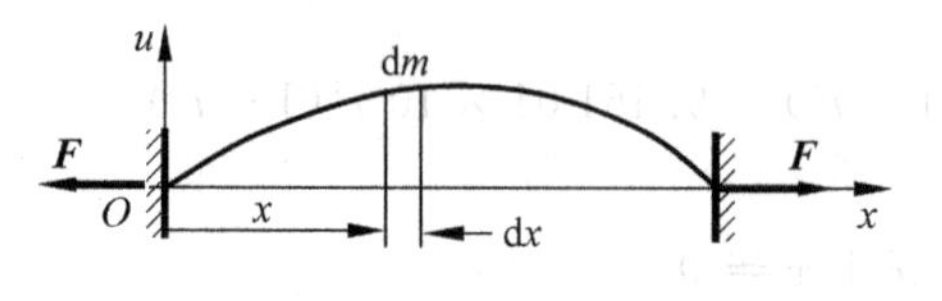

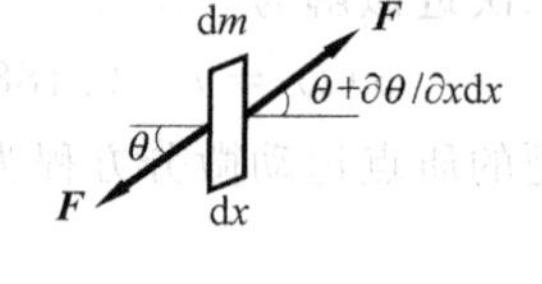

图 6.2.3

对于任一瞬时，分析弦的 $\mathrm{d}x$ 段，其质量为 $\mathrm{d}m=\rho\mathrm{d}x$。弦的横向位移 u 是 x 和 t 的函数，即 $u=u(x,t)$，速度为$\partial u/\partial t$，微段 $\mathrm{d}x$ 的动能为

$$\mathrm{d}T=\frac{1}{2}\rho\mathrm{d}x\left(\frac{\partial u}{\partial t}\right)^2 \tag{6.2.30}$$

则弦的动能为

$$T=\int_0^l\frac{1}{2}\rho\left(\frac{\partial u}{\partial t}\right)^2\mathrm{d}x \tag{6.2.31}$$

就弹性弦来讲，势能为内力的功，$\mathrm{d}x$ 段的弧长 $\mathrm{d}l$ 为

$$\mathrm{d}l=\sqrt{1+\left(\frac{\partial u}{\partial x}\right)^2}\mathrm{d}x \tag{6.2.32}$$

$\mathrm{d}x$ 段的伸长量 $\mathrm{d}l-\mathrm{d}x$ 为

$$\mathrm{d}l-\mathrm{d}x=\sqrt{1+\left(\frac{\partial u}{\partial x}\right)^2}\mathrm{d}x-\mathrm{d}x \tag{6.2.33}$$

由于伸长量较小，展开根式并略去高阶微量，得到

$$\mathrm{d}l-\mathrm{d}x=\frac{1}{2}\left(\frac{\partial u}{\partial x}\right)^2\mathrm{d}x \tag{6.2.34}$$

本问题中的弦是拉紧的，振动为微幅，则张力变化极小，可视张力 $\boldsymbol{F}$ 大小为常量。这样，$\mathrm{d}x$ 段的功(元功)为

$$\delta W=F\left[\frac{1}{2}\left(\frac{\partial u}{\partial x}\right)^2\mathrm{d}x\right] \tag{6.2.35}$$

弦的势能为

$$V=\int_0^l\frac{1}{2}F\left(\frac{\partial u}{\partial x}\right)^2\mathrm{d}x \tag{6.2.36}$$

于是得到哈密尔顿作用量为

$$I=\int_{t_1}^{t_2}L\mathrm{d}t=\int_{t_1}^{t_2}\int_0^l\left[\frac{1}{2}\rho\left(\frac{\partial u}{\partial t}\right)^2-\frac{1}{2}F\left(\frac{\partial u}{\partial x}\right)^2\right]\mathrm{d}x\mathrm{d}t \tag{6.2.37}$$

对于正路，哈密尔顿作用量的变分为零，即 $\delta I=0$，则

$$\int_{t_1}^{t_2}\int_0^l\delta\left[\frac{1}{2}\rho\left(\frac{\partial u}{\partial t}\right)^2-\frac{1}{2}F\left(\frac{\partial u}{\partial x}\right)^2\right]\mathrm{d}x\mathrm{d}t=0 \tag{6.2.38}$$

作变分运算：

$$\int_{t_1}^{t_2}\int_0^l\left[\rho\frac{\partial u}{\partial t}\delta\left(\frac{\partial u}{\partial t}\right)-F\frac{\partial u}{\partial x}\delta\left(\frac{\partial u}{\partial x}\right)\right]\mathrm{d}x\mathrm{d}t=0 \tag{6.2.39}$$

首先利用**时间端点条件**

$$\delta u(x,t_1)=\delta u(x,t_2)=0 \tag{6.2.40}$$

作上式第一项对时间 t 的积分，利用分部积分公式

$$\int_{t_1}^{t_2}\rho\frac{\partial u}{\partial t}\delta\left(\frac{\partial u}{\partial t}\right)\mathrm{d}t=\rho\frac{\partial u}{\partial t}\delta u\bigg|_{t_1}^{t_2}-\int_{t_1}^{t_2}\rho\delta u\frac{\partial^2 u}{\partial t^2}\mathrm{d}t=-\int_{t_1}^{t_2}\rho\delta u\frac{\partial^2 u}{\partial t^2}\mathrm{d}t \tag{6.2.41}$$

再利用**几何边界条件**

$$u(0,t)=u(l,t)=0 \tag{6.2.42}$$

进行式(6.2.39)第二项对 x 的积分，即

$$\int_0^l F\frac{\partial u}{\partial x}\delta\left(\frac{\partial u}{\partial x}\right)\mathrm{d}x=F\frac{\partial u}{\partial x}\delta u\bigg|_0^l-\int_0^l F\delta u\frac{\partial^2 u}{\partial x^2}\mathrm{d}x=-\int_0^l F\delta u\frac{\partial^2 u}{\partial x^2}\mathrm{d}x \tag{6.2.43}$$

将这两个积分代入式(6.2.39)有

$$\int_{t_1}^{t_2}\int_0^l\left[\rho\frac{\partial^2 u}{\partial t^2}-F\frac{\partial^2 u}{\partial x^2}\right]\delta u\mathrm{d}x\mathrm{d}t=0 \tag{6.2.44}$$

由 δu 的任意性，有

$$\rho\frac{\partial^2 u}{\partial t^2}-F\frac{\partial^2 u}{\partial x^2}=0 \tag{6.2.45}$$

此即弦的微振动微分方程，通常称形如式(6.2.45)的方程为一维**波动方程**。

哈密尔顿原理可用来推导各种形式的弹性结构(杆、板、壳)的运动微分方程及求动力学响应的近似解。

例 6.11　试用里兹法求两端固定弦横向自振的固有基频的近似值。

解：由式(6.2.38)，哈密尔顿作用量的变分为

$$\delta I=\delta\int_{t_1}^{t_2}\int_0^l\left[\frac{1}{2}\rho\left(\frac{\partial u}{\partial t}\right)^2-\frac{1}{2}F\left(\frac{\partial u}{\partial x}\right)^2\right]\mathrm{d}x\mathrm{d}t$$

可能运动应是满足几何边界条件且所有各点都有相同频率及相位的简谐振动，可设为

$$u(x,t)=U(x)\sin(pt+\varphi)$$

其中 p 与 φ 对所有可能运动而言都有相同的固定值，假定不同的 $U(x)$ 就得到不同的可能运动。由于运动的周期性，时间的积分限可取一个整周期，即

$$t_1=0,\quad t_2=\frac{2\pi}{p}$$

于是

$$\delta I=\delta\int_0^{\frac{2\pi}{p}}\int_0^l \frac{1}{2}\left[\rho p^2U^2\cos^2(pt+\varphi)-F\left(\frac{\mathrm{d}U}{\mathrm{d}x}\right)^2\sin^2(pt+\varphi)\right]\mathrm{d}x\mathrm{d}t$$

上式对时间变量积分后成为

$$\delta I=\frac{\pi}{2p}\delta\int_0^l\left[\rho p^2U^2-F\left(\frac{\mathrm{d}U}{\mathrm{d}x}\right)^2\right]\mathrm{d}x$$

哈密尔顿原理最终归结为泛函 I_1 的驻值，即 $\delta I_1=0$，其中

$$I_1=\int_0^l\left[\rho p^2U^2-F\left(\frac{\mathrm{d}U}{\mathrm{d}x}\right)^2\right]\mathrm{d}x$$

假设函数

$$U(x)=\sum_{j=1}^N a_j\varphi_j(x)$$

其中每一函数 $\varphi_j(x)$ 都满足几何边界条件，这就保证了 $U(x)$ 满足几何边界条件。

将试函数 $U(x)$ 代入 I_1 的表达式，则 I_1 为 a_j 的多元函数：

$$I_1=I_1(a_1,a_2,\cdots,a_N)$$

其驻值条件为

$$\frac{\partial I_1}{\partial a_j}=0\quad(j=1,2,\cdots,N)$$

以单项试函数为例，设弦的横向位移函数为

$$U(x)=a\sin\frac{\pi x}{l}$$

该式已使 $u(x,t)$ 满足 $u(0,t)=u(l,t)=0$，于是有

$$I_1=\int_0^l\left[\rho p^2a^2\sin^2\frac{\pi x}{l}-F\frac{a^2\pi^2}{l^2}\cos^2\frac{\pi x}{l}\right]\mathrm{d}x=\frac{1}{2}l\left(\rho p^2-\frac{\pi^2}{l^2}F\right)a^2$$

驻值条件为

$$\frac{\partial I_1}{\partial a}=l\left(\rho p^2-\frac{\pi^2}{l^2}F\right)a=0$$

其有非零解的条件是

$$\rho p^2-\frac{\pi^2}{l^2}F=0$$

解得

$$p=\frac{\pi}{l}\sqrt{\frac{F}{\rho}}$$

此为弦振动基频的精确解。

6.3　经典力学原理的一致性

前面已利用变分法理论中的欧拉微分方程，通过与完整有势系统的拉格朗日方程类比，得到了哈密尔顿原理，并用达朗贝尔-拉格朗日原理进行了再推导。实际上，力学中的原理并非一个，若以某一原理为基础，可演绎推理出其他原理或方程，表明经典力学原理在反映力学普遍规律上的一致性。下面再推导两个力学原理一致性的例子。

所研究的系统仍然假定为一个由 n 个质点组成的完整系统，其位形用 $l=f$ 个广义坐标 $q_k=q_k(t)(k=1,2,\cdots,l)$ 来表征，其中 f 为系统的自由度数。

6.3.1　应用哈密尔顿原理推导拉格朗日方程

对于完整有势系统，在第 4 章中已用达朗贝尔-拉格朗日原理推导出了第二类拉格朗日方程。实际上，拉格朗日方程也可从哈密尔顿原理出发导出。将拉格朗日函数

$$L=L(\boldsymbol{q},\dot{\boldsymbol{q}},t) \tag{6.3.1}$$

的变分展开后代入完整有势系统的哈密尔顿原理中，有

$$\int_{t_1}^{t_2}\delta L\mathrm{d}t=\int_{t_1}^{t_2}\sum_{k=1}^{f}\left(\frac{\partial L}{\partial q_k}\delta q_k+\frac{\partial L}{\partial \dot{q}_k}\delta \dot{q}_k\right)\mathrm{d}t=0 \tag{6.3.2}$$

改变求导和变分的顺序，上式括号中的第二项可化为

$$\frac{\partial L}{\partial \dot{q}_k}\delta \dot{q}_k=\frac{\partial L}{\partial \dot{q}_k}\frac{\mathrm{d}}{\mathrm{d}t}\delta q_k=\frac{\mathrm{d}}{\mathrm{d}t}\left(\frac{\partial L}{\partial \dot{q}_k}\delta q_k\right)-\delta q_k\frac{\mathrm{d}}{\mathrm{d}t}\left(\frac{\partial L}{\partial \dot{q}_k}\right) \tag{6.3.3}$$

将上式代入式(6.3.2)，整理后得到

$$\int_{t_1}^{t_2}\sum_{k=1}^{f}\left[\frac{\partial L}{\partial q_k}-\frac{\mathrm{d}}{\mathrm{d}t}\left(\frac{\partial L}{\partial \dot{q}_k}\right)\right]\delta q_k\mathrm{d}t+\int_{t_1}^{t_2}\sum_{k=1}^{f}\frac{\mathrm{d}}{\mathrm{d}t}\left(\frac{\partial L}{\partial \dot{q}_k}\delta q_k\right)\mathrm{d}t=0 \tag{6.3.4}$$

由于

$$\delta q_k\Big|_{t_1}=\delta q_k\Big|_{t_2}=0 \tag{6.3.5}$$

因此，式(6.3.4)的第二项化为

$$\int_{t_1}^{t_2}\sum_{k=1}^{f}\frac{\mathrm{d}}{\mathrm{d}t}\left(\frac{\partial L}{\partial \dot{q}_k}\delta q_k\right)\mathrm{d}t=\sum_{k=1}^{f}\int_{t_1}^{t_2}\frac{\mathrm{d}}{\mathrm{d}t}\left(\frac{\partial L}{\partial \dot{q}_k}\delta q_k\right)\mathrm{d}t=\sum_{k=1}^{f}\frac{\partial L}{\partial \dot{q}_k}\delta q_k\Big|_{t_1}^{t_2}=0 \tag{6.3.6}$$

考虑到式(6.3.6)，由式(6.3.4)导出

$$\int_{t_1}^{t_2}\sum_{k=1}^{f}\left[\frac{\partial L}{\partial q_k}-\frac{\mathrm{d}}{\mathrm{d}t}\left(\frac{\partial L}{\partial \dot{q}_k}\right)\right]\delta q_k\mathrm{d}t=0 \tag{6.3.7}$$

由于积分区间可任意选取，上式只有在被积函数等于零时才成立。又由于 δq_k 为独立变分，上式成立的充要条件是

$$\frac{\mathrm{d}}{\mathrm{d}t}\left(\frac{\partial L}{\partial \dot{q}_k}\right)-\frac{\partial L}{\partial q_k}=0\quad(k=1,2,\cdots,f) \tag{6.3.8}$$

此即完整有势系统的拉格朗日方程。

6.3.2　应用哈密尔顿原理推导哈密尔顿正则方程

前述哈密尔顿正则方程也可从哈密尔顿原理出发导出。由哈密尔顿函数的定义：

$$H(\boldsymbol{q},\boldsymbol{p},t)=\sum_{k=1}^{l}\dot{q}_k p_k-L(\boldsymbol{q},\dot{\boldsymbol{q}},t) \tag{6.3.9}$$

从而

$$L(\boldsymbol{q},\dot{\boldsymbol{q}},t)=\sum_{k=1}^{l}\dot{q}_k p_k-H(\boldsymbol{q},\boldsymbol{p},t) \tag{6.3.10}$$

将上式代入哈密尔顿原理，导出

$$\delta I=\delta\int_{t_1}^{t_2}L\mathrm{d}t=\delta\int_{t_1}^{t_2}\left(\sum_{k=1}^{l}\dot{q}_k p_k-H\right)\mathrm{d}t=\delta\left[\sum_{k=1}^{l}\int_{t_1}^{t_2}\dot{q}_k p_k\mathrm{d}t-\int_{t_1}^{t_2}H\mathrm{d}t\right]=0 \tag{6.3.11}$$

或展开成

$$\delta I=\sum_{k=1}^{l}\int_{t_1}^{t_2}\left(p_k\delta\dot{q}_k+\dot{q}_k\delta p_k-\frac{\partial H}{\partial q_k}\delta q_k-\frac{\partial H}{\partial p_k}\delta p_k\right)\mathrm{d}t=0 \tag{6.3.12}$$

上式被积函数的第一项可写作

$$p_k\delta\dot{q}_k=\frac{\mathrm{d}}{\mathrm{d}t}(p_k\delta q_k)-\dot{p}_k\delta q_k \tag{6.3.13}$$

将上式代入式(6.3.12)后，导出

$$\delta I=\sum_{k=1}^{l}\int_{t_1}^{t_2}\frac{\mathrm{d}}{\mathrm{d}t}(p_k\delta q_k)\mathrm{d}t+\sum_{k=1}^{l}\int_{t_1}^{t_2}\left[\left(\dot{q}_k-\frac{\partial H}{\partial p_k}\right)\delta p_k-\left(\dot{p}_k+\frac{\partial H}{\partial q_k}\right)\delta q_k\right]\mathrm{d}t=0 \tag{6.3.14}$$

由于起讫时刻虚位移为零，因此，上式第一项应为

$$\sum_{k=1}^{l}\int_{t_1}^{t_2}\frac{\mathrm{d}}{\mathrm{d}t}(p_k\delta q_k)\mathrm{d}t=\sum_{k=1}^{l}p_k\delta q_k\Big|_{t_1}^{t_2}=0 \tag{6.3.15}$$

这样，式(6.3.14)变为

$$\sum_{k=1}^{l}\int_{t_1}^{t_2}\left[\left(\dot{q}_k-\frac{\partial H}{\partial p_k}\right)\delta p_k-\left(\dot{p}_k+\frac{\partial H}{\partial q_k}\right)\delta q_k\right]\mathrm{d}t=0 \tag{6.3.16}$$

由于时间区间为任选，上式被积函数应为零。同时由于 δq_k 为独立变分，结合勒让德变换的反演关系式(5.1.7)，可以导出

$$\begin{cases}\dot{q}_k=\dfrac{\partial H}{\partial p_k}\\[2ex] \dot{p}_k=-\dfrac{\partial H}{\partial q_k}\end{cases}\quad(k=1,2,\cdots,f) \tag{6.3.17}$$

这正是哈密尔顿正则方程。

从上述相互推导的过程可以看出，无论是拉格朗日方程还是哈密尔顿正则方程以及哈密尔顿变分原理，它们在分析力学中的地位和作用是完全等价的。只不过，它们是从不同的角度来揭示共同的客观规律罢了。

习题

6.1 应用变分法求平面中连接两个固定点的最短曲线。

答：$y(x)=C_1x+C_2$。

6.2　在什么样的曲线上下列泛函可能达到极值？

$$\begin{cases} J[y(x)]=\int_0^{\frac{\pi}{2}}[(y')^2-y^2]\mathrm{d}x \\ y(0)=0,\quad y\left(\frac{\pi}{2}\right)=1 \end{cases}$$

答：$y=\sin x$。

6.3　质量为 m 的质点抛射运动的拉格朗日函数为 $L-\frac{1}{2}m(\dot{x}^2+\dot{y}^2+\dot{z}^2)-mgz$。试用哈密尔顿原理求质点的运动微分方程。

答：$\ddot{x}=0$，$\ddot{y}=0$，$\ddot{z}=-g$。

6.4　如题 6.4 图所示，单摆的摆长为 l，摆锤质量为 m。试用哈密尔顿原理建立摆的运动微分方程。

答：$ml^2\ddot{\theta}+mgl\sin\theta=0$。

6.5　如题 6.5 图所示，均质圆柱可沿倾角为 θ 的斜面无滑动滚下。试用哈密尔顿原理建立圆柱体的运动微分方程。

答：$\ddot{x}=\frac{2}{3}g\sin\theta$。

6.6　如题 6.6 图所示，质量为 $2m$ 的直角楔块置于水平面上，楔块倾角为 30°，物块 A 的质量为 $3m$，物块 C 的质量为 m。所有接触都是光滑的，不计滑轮 B 和绳子的质量。试用哈密尔顿原理求楔块的加速度。

答：$\ddot{x}=\frac{\sqrt{3}}{23}g$。

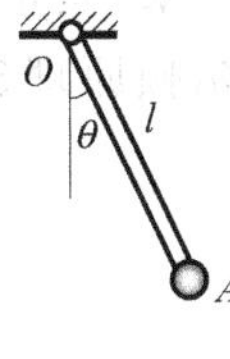

题 6.4 图

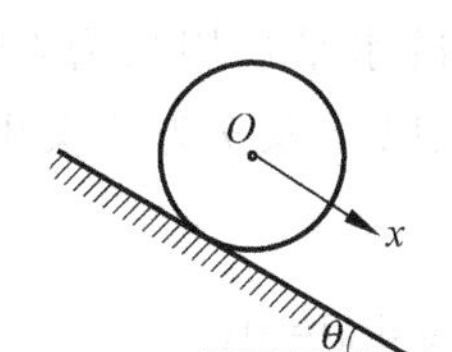

题 6.5 图

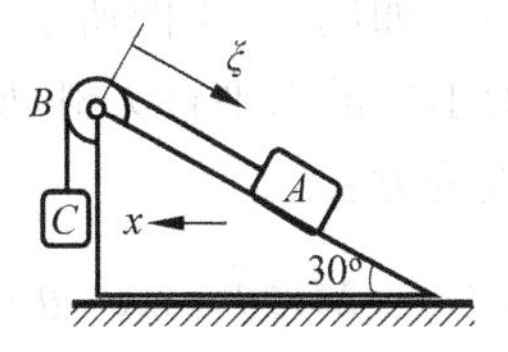

题 6.6 图

6.7　如题 6.7 图所示为在铅直平面内一个由两质点 M_1 和 M_2 构成的双摆。设两质点的质量分别为 m_1 和 m_2，两摆摆长分别为 l_1 和 l_2，不计杆重，略去摩擦。试用哈密尔顿原理建立系统在重力作用下的微分方程。

答：$(m_1+m_2)l_1^2\ddot{\theta}_1+m_2l_1l_2\cos(\theta_1-\theta_2)\ddot{\theta}_2+m_2l_1l_2\sin(\theta_1-\theta_2)\dot{\theta}_2^2+(m_1+m_2)gl_1\sin\theta_1=0$；

$m_2l_2^2\ddot{\theta}_2+m_2l_1l_2\cos(\theta_1-\theta_2)\ddot{\theta}_1-m_2l_1l_2\sin(\theta_1-\theta_2)\dot{\theta}_1^2+m_2gl_2\sin\theta_2=0$。

6.8　如题 6.8 图所示，半径为 R 的圆盘可绕水平轴 O 转动，其对 O 轴的转动惯量为 J。重物 A 的质量为 m，绳与圆盘间无相对滑动。系统在图示位置由劲度系数为 k 的水平弹簧维持平衡。若 a 已知，试用哈密尔顿原理建立系统微幅振动的微分方程。

答：$\frac{J+mR^2}{a^2}\ddot{x}+kx=0$。

6.9　如题 6.9 图所示，摆锤 A 受长为 l 的无重摆杆约束而在铅垂面内摆动。摆的悬挂

点 O_1 可沿铅垂方向向上运动。(1)若悬挂点 O_1 在铅垂方向以任意位移 $y(t)$ 运动，试用哈密尔顿原理建立系统的运动微分方程；(2)悬挂点 O_1 在铅垂方向以匀加速度 a 运动，写出单摆微幅摆动的周期。

答：(1) $\ddot{y}+l\cos\theta\dot{\theta}^2+l\sin\theta\ddot{\theta}+g=0$；

$l\ddot{\theta}+\sin\theta\ddot{y}+g\sin\theta=0$。

(2) $2\pi\sqrt{\dfrac{l}{a+g}}$。

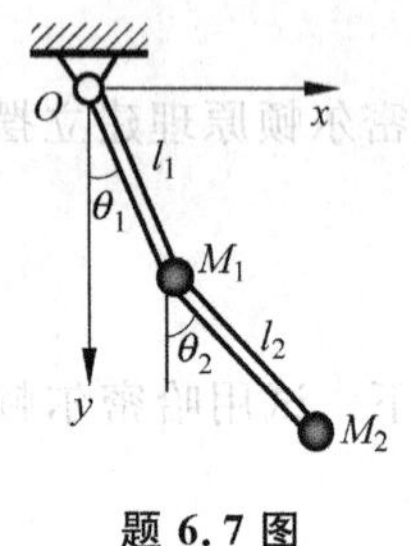

题 6.7 图

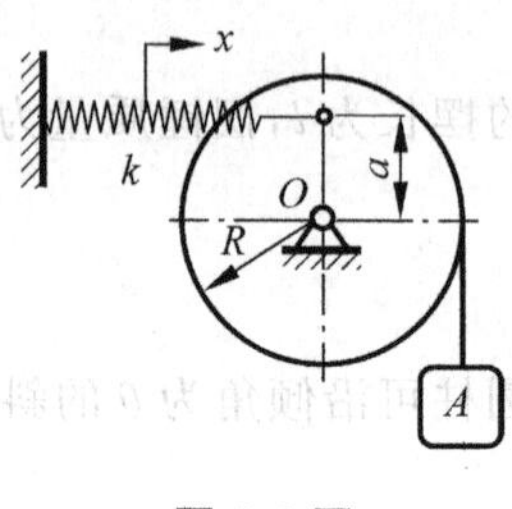

题 6.8 图

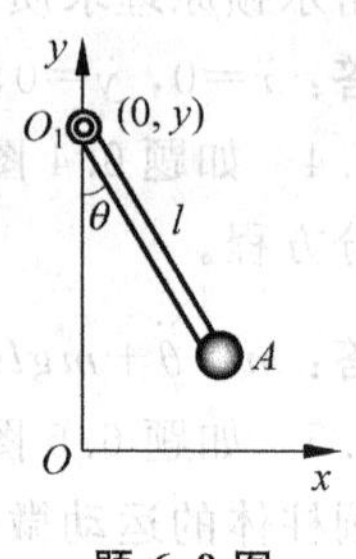

题 6.9 图

6.10　如题 6.10 图所示为两自由度无阻尼弹簧-质量系统。已知两物块的质量分别为 m_1 和 m_2，两弹簧的劲度系数分别为 k_1 和 k_2。试用哈密尔顿原理建立系统的运动微分方程。

答：$m_1\ddot{x}_1+(k_1+k_2)x_1-k_2x_2=0$；

$m_2\ddot{x}_2-k_2x_1+k_2x_2=0$。

6.11　如题 6.11 图所示，质量为 M 的水平台用长为 l 的绳子悬挂起来，质量为 m、半径为 r 的小球沿水平台无滑动地滚动。试以 x 及 θ 为广义坐标，用哈密尔顿原理建立系统的运动微分方程。

答：$(m+M)l\ddot{\theta}+m\cos\theta\ddot{x}+(m+M)g\sin\theta=0$；

$\dfrac{\mathrm{d}}{\mathrm{d}t}\left(\dot{x}+\dfrac{5}{7}l\dot{\theta}\cos\theta\right)=0$。

6.12　如题 6.12 图所示，一均质轮的半径为 R、质量为 m，在轮的中心有一半径为 r 的轴，轴上绕两条细绳，绳端各作用一不变的水平力 $\boldsymbol{F}_1$ 和 $\boldsymbol{F}_2$，其方向相反。如轮对其中心 O 的转动惯量为 J，且轮只滚不滑，试用普遍形式的哈密尔顿原理求轮心 O 的加速度。

答：$\ddot{x}=\dfrac{(F_1-F_2)R+(F_1+F_2)r}{J+mR^2}R$。

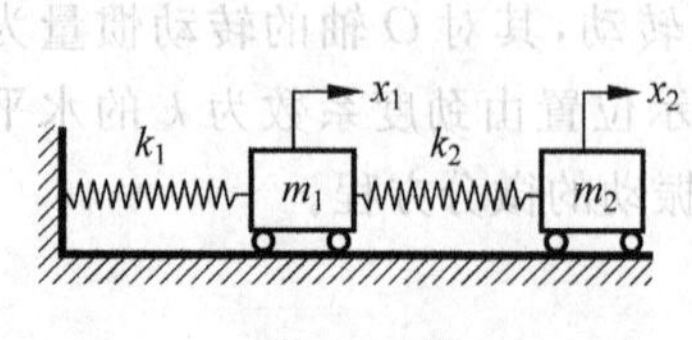

题 6.10 图

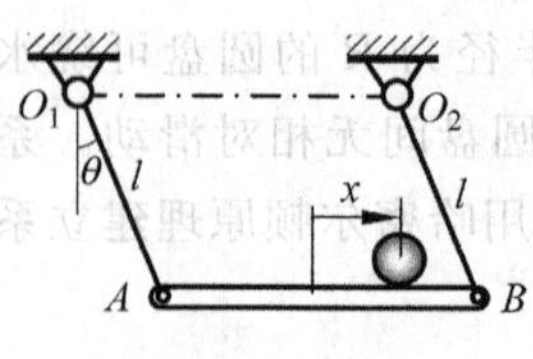

题 6.11 图

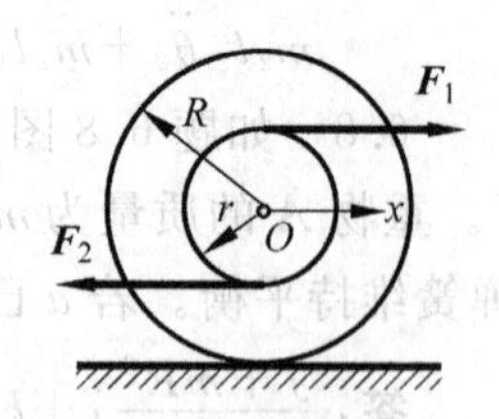

题 6.12 图

6.13　试用哈密尔顿原理建立题 4.2 所述系统的运动微分方程。

6.14　试用哈密尔顿原理建立题 4.17 所述系统的运动微分方程。

6.15　试用哈密尔顿原理建立例 4.1 所述系统的运动微分方程。

6.16　试用哈密尔顿原理建立例 4.13 所述系统的运动微分方程。

答：$3m_1\ddot{x}+m_2\ddot{x}+m_2\ddot{x}_r=0$；

$m_2(\ddot{x}+\ddot{x}_r)+kx_r=0$。

6.17　设限制在直线轨道上运动的质量为 m 的质点的位移为 x，受弹簧作用力 $-kx$、阻尼力 $-c\dot{x}$ 和随时间变化的外力 $F(t)$ 作用。试以质点为对象列出其哈密尔顿原理。

答：$\int_{t_1}^{t_2}\{m\dot{x}\delta\dot{x}-[kx+c\dot{x}-F(t)]\delta x\}\mathrm{d}t=0$。

6.18　设质点运动的拉格朗日函数为 $L=\frac{1}{2}(\dot{x}^2+\dot{y}^2)-xy$，已知 $t=0$ 时质点的坐标为 $(0,0)$，$t=1$ 时为 $(2,0)$。选 $x(t)$ 与 $y(t)$ 的形式为

$$x=2t+at(1-t),\quad y=bt(1-t^2)$$

其中 a 与 b 为参数。试用里兹法求其近似解，并与精确解

$$x=\frac{\sin t}{\sin 1}+\frac{\sinh t}{\sinh 1},\quad y=\frac{\sin t}{\sin 1}-\frac{\sinh t}{\sinh 1}$$

列表比较。

答：$x=2t+\frac{16}{317}t(1-t)$，$y=\frac{320}{951}t(1-t^2)$。

6.19　如题 6.19 图所示，长为 l、单位质量为 ρ 的绝对柔韧且不可伸长均质绳，其一端系于 O 点，在重力的作用下于铅垂线附近作微幅振动。求绳子的哈密尔顿作用量。

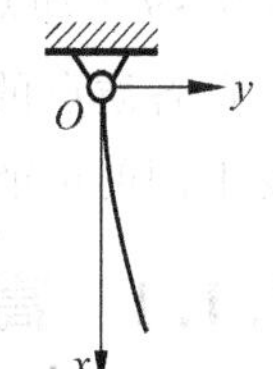

题 6.19 图

答：$I=\frac{1}{2}\rho\int_{t_1}^{t_2}\int_0^l\left[\left(\frac{\partial y}{\partial t}\right)^2-g(l-x)\left(\frac{\partial y}{\partial x}\right)^2\right]\mathrm{d}x\mathrm{d}t$。

6.20　试用哈密尔顿原理和上题解得的结果，写出悬挂于一端的均质绳作微幅振动的运动微分方程。

答：$\frac{\partial^2 y}{\partial t^2}=g\frac{\partial}{\partial x}\left[(l-x)\frac{\partial y}{\partial x}\right]$。

6.21　试应用完整有势系统的拉格朗日方程推导出对应的哈密尔顿正则方程。

6.22　试应用完整有势系统的拉格朗日方程推导出对应的哈密尔顿原理。

6.23　试应用完整有势系统的哈密尔顿正则方程推导出对应的哈密尔顿原理。

第7章 高斯最小拘束原理

哈密尔顿原理是任一有限时间间隔中区分真实运动与可能运动的准则,是积分型变分原理;高斯原理又称最小拘束原理,是在任一瞬时通过对真实运动与可能运动加速度的不同进行比较而得到的判别准则,是微分型变分原理。

高斯原理是高斯于1829年提出的,其适用范围与达朗贝尔-拉格朗日原理完全相同,即适用于理想的、完整及非完整约束的质点系。

7.1 高斯最小拘束原理及其应用

在第3章已经介绍了高斯形式的动力学普遍方程,即高斯原理

$$\sum_{i=1}^{n}(\boldsymbol{F}_i - m_i\ddot{\boldsymbol{r}}_i)\cdot\Delta\ddot{\boldsymbol{r}}_i = 0 \tag{7.1.1}$$

式中,n 为质点个数,m_i 为系统中各质点的质量,$\boldsymbol{r}_i$ 为各质点相对于某固定点的位置矢径,$\ddot{\boldsymbol{r}}_i$ 是各质点的加速度,$\boldsymbol{F}_i$ 为每一质点上作用的主动力。高斯原理表明,在所有的仅仅加速度不同的可能运动中,真实运动应使式(7.1.1)成立。下面给出该原理的另一种形式。

7.1.1 高斯最小拘束原理简介

因为在瞬时 t 的主动力是不变的,所以对于加速度变更取无限小的特殊情形,高斯原理可以改写成以下形式:

$$\sum_{i=1}^{n}(\boldsymbol{F}_i - m_i\ddot{\boldsymbol{r}}_i)\cdot\delta\left(\frac{\boldsymbol{F}_i - m_i\ddot{\boldsymbol{r}}_i}{m_i}\right) = 0 \tag{7.1.2}$$

或

$$\delta\sum_{i=1}^{n}\frac{1}{2m_i}(\boldsymbol{F}_i - m_i\ddot{\boldsymbol{r}}_i)\cdot(\boldsymbol{F}_i - m_i\ddot{\boldsymbol{r}}_i) = \delta\sum_{i=1}^{n}\frac{1}{2m_i}(\boldsymbol{F}_i - m_i\ddot{\boldsymbol{r}}_i)^2 = 0 \tag{7.1.3}$$

高斯将以下质点系加速度的函数

$$Z = \sum_{i=1}^{n}\frac{1}{2m_i}(\boldsymbol{F}_i - m_i\ddot{\boldsymbol{r}}_i)^2 \quad 或 \quad Z = \sum_{i=1}^{n}\frac{1}{2}m_i\left(\ddot{\boldsymbol{r}}_i - \frac{\boldsymbol{F}_i}{m_i}\right)^2 \tag{7.1.4}$$

定义为**系统的拘束**。于是,式(7.1.3)成为

$$\delta Z = 0 \tag{7.1.5}$$

这样,高斯原理就写成了泛函 Z 的变分形式,可叙述为:**在任一时刻,系统的真实运动与位形和速度相同,但加速度不同的可能运动相比较,其真实运动使拘束取驻值**。以下还可以证明,**真实运动对应的拘束取极小值**。因此,高斯原理也称为**高斯最小拘束原理**。下面证明高斯原理是极小值原理。

设$\ddot{\boldsymbol{r}}_i$是真实运动的加速度,$\ddot{\boldsymbol{r}}_i+\delta\ddot{\boldsymbol{r}}_i$是约束允许的可能运动的加速度,则可能运动的拘束$Z^*$与真实运动的拘束$Z$之差为

$$\begin{aligned}Z^*-Z&=\frac{1}{2}\sum_{i=1}^{n}\frac{1}{m_i}[(\boldsymbol{F}_i-m_i\ddot{\boldsymbol{r}}_i-m_i\delta\ddot{\boldsymbol{r}}_i)^2-(\boldsymbol{F}_i-m_i\ddot{\boldsymbol{r}}_i)^2]\\&=\frac{1}{2}\sum_{i=1}^{n}\frac{1}{m_i}[(m_i\delta\ddot{\boldsymbol{r}}_i)^2-2m_i(\boldsymbol{F}_i-m_i\ddot{\boldsymbol{r}}_i)\cdot\delta\ddot{\boldsymbol{r}}_i]\\&=\frac{1}{2}\sum_{i=1}^{n}m_i(\delta\ddot{\boldsymbol{r}}_i)^2-\sum_{i=1}^{n}(\boldsymbol{F}_i-m_i\ddot{\boldsymbol{r}}_i)\cdot\delta\ddot{\boldsymbol{r}}_i\end{aligned}\tag{7.1.6}$$

由于真实运动必须满足动力学普遍方程,由高斯原理知上式最后一项恒等于零,因此有

$$Z^*-Z=\frac{1}{2}\sum_{i=1}^{n}m_i(\delta\ddot{\boldsymbol{r}}_i)^2>0\tag{7.1.7}$$

从而证明了真实运动对应的拘束具有极小值,任意对应于可能运动的质点系的拘束总大于对应于真实运动的质点系的拘束。

将式(7.1.4)表示的拘束展开,化为

$$Z=\sum_{i=1}^{n}\frac{1}{2}m_i\ddot{\boldsymbol{r}}_i\cdot\ddot{\boldsymbol{r}}_i-\sum_{i=1}^{n}\ddot{\boldsymbol{r}}_i\cdot\boldsymbol{F}_i+(\cdots)\tag{7.1.8}$$

上式中省略号"…"表示与加速度无关的项①,而右边第二项表示加速度在主动力方向上的投影与主动力的乘积。引入物理量G,将第一项表示为

$$G=\sum_{i=1}^{n}\frac{1}{2}m_i\ddot{\boldsymbol{r}}_i\cdot\ddot{\boldsymbol{r}}_i=\sum_{i=1}^{n}\frac{1}{2}m_i(\ddot{x}_i^2+\ddot{y}_i^2+\ddot{z}_i^2)\tag{7.1.9}$$

称为**质点系的加速度能或吉布斯**(Josiah Willard Gibbs,1839—1903)**函数**,是系统的另一类动力学函数。加速度能具有与动能相似的表达形式,但并不具有能量的含义,只是用加速度代替了动能中的速度。

于是,高斯原理中的拘束又可表示为

$$Z=G-\sum_{i=1}^{n}\ddot{\boldsymbol{r}}_i\cdot\boldsymbol{F}_i+(\cdots)\tag{7.1.10}$$

对于高斯原理,强调以下几点:

(1) 高斯原理在推导过程中对约束的形式未作任何限制,只受理想约束的条件限制,因此它们的适用范围与达朗贝尔-拉格朗日原理一样,既适用于完整系统,也适用于非完整系统;

(2) 高斯原理中的可能运动是通过改变瞬时t的加速度得到的,该瞬时的位形与速度是不变的,这与哈密尔顿原理中的可能运动的得到方法是不同的;

(3) 由于所比较的各种运动中,位形相同、速度相同、加速度不同,即$\delta\boldsymbol{r}_i=\boldsymbol{0}$,$\delta\dot{\boldsymbol{r}}_i=\boldsymbol{0}$,但$\delta\ddot{\boldsymbol{r}}\neq\boldsymbol{0}$,因而$\delta Z$是只对加速度取变分时所对应的拘束$Z$的变分,这种**只对加速度所取的变分称为高斯变分**。

7.1.2 高斯最小拘束原理的物理解释

设系统中任一质点的质量为m_i,某瞬时t,该质点的矢径为$\boldsymbol{r}_i$,速度为$\boldsymbol{v}_i$,加速度为$\boldsymbol{a}_i$,

① 本章其他列式中出现的省略号均与此相同。

主动力为 $\boldsymbol{F}_i$。假想质点不受任何约束，只在主动力 $\boldsymbol{F}_i$ 作用下作自由运动，则运动应遵从牛顿定律：$m_i\boldsymbol{a}_i=\boldsymbol{F}_i$。经一微小时间间隔 Δt，质点从 A 点运动到 B 点，如图 7.1.1 所示，则质点的位移为

$$\overrightarrow{AB}=\boldsymbol{v}_i\Delta t+\frac{1}{2}\frac{\boldsymbol{F}_i}{m_i}(\Delta t)^2 \tag{7.1.11}$$

当有约束存在时，在主动力 $\boldsymbol{F}_i$ 和约束力 $\boldsymbol{F}_{\mathrm{N}i}$ 的共同作用下，引起的质点的加速度为 $\boldsymbol{a}_i$，经过微小时间间隔 Δt，质点沿约束曲面的切平面从 A 点运动到 C 点，质点的位移为

$$\overrightarrow{AC}=\boldsymbol{v}_i\Delta t+\frac{1}{2}\boldsymbol{a}_i(\Delta t)^2 \tag{7.1.12}$$

若上式中给加速度 $\boldsymbol{a}_i$ 以不同的值，则质点是从同一位形、同一速度，但不同加速度的运动，是约束允许的可能运动。将质点的可能运动位移(7.1.12)与假想的自由质点运动的位移(7.1.11)相比较，在 Δt 间隔内质点位移的偏离为

$$\overrightarrow{BC}=\overrightarrow{AC}-\overrightarrow{AB}=\frac{1}{2}\left(\boldsymbol{a}_i-\frac{\boldsymbol{F}_i}{m_i}\right)(\Delta t)^2 \tag{7.1.13}$$

显然，这一偏离是由约束引起的，上式中的$(\boldsymbol{a}_i-\boldsymbol{F}_i/m_i)$可以看作是约束对质点运动施加约束作用的度量，这一约束作用大小的度量具有方向性，为了消除各质点所受约束作用的方向不同的因素，可以取可能运动对自由运动的加速度总平方偏离的函数来衡量两运动的位形差：

$$Z'=\sum_{i=1}^{n}\frac{1}{2}\left(\boldsymbol{a}_i-\frac{\boldsymbol{F}_i}{m_i}\right)^2 \tag{7.1.14}$$

但上式仅提供了约束作用与位形的关系。事实上，约束作用还与相应的质量相关，故尚须补充以质量。因此，进一步取上式右端以质点质量为权函数进行加权求和的形式：

$$Z=\sum_{i=1}^{n}\frac{1}{2}m_i\left(\boldsymbol{a}_i-\frac{\boldsymbol{F}_i}{m_i}\right)^2 \tag{7.1.15}$$

此即高斯定义的系统拘束函数。由上可以理解到**拘束函数的物理意义为系统运动偏离自由运动的度量，也是约束作用大小的度量**。高斯原理的实质就是式(7.1.15)表示的加权总方差对真实运动应取极小值。

为了解释高斯原理的物理意义，讨论单个质点沿固定平面运动的特殊情形，仍以图 7.1.1 示意说明。在主动力 $\boldsymbol{F}_i$ 和约束力 $\boldsymbol{F}_{\mathrm{N}i}$ 共同作用下，质点的加速度为

$$\ddot{\boldsymbol{r}}_i=\frac{1}{m_i}(\boldsymbol{F}_i+\boldsymbol{F}_{\mathrm{N}i})$$

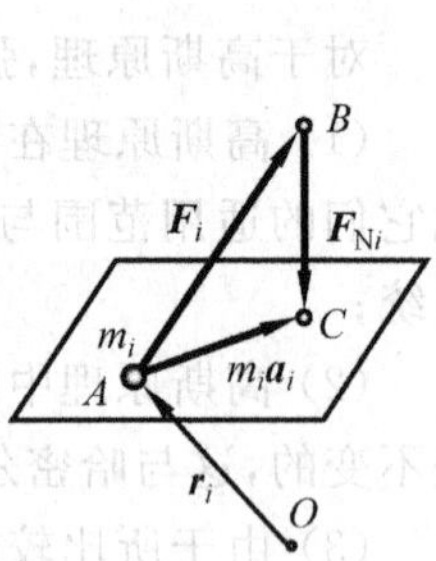

由式(7.1.15)，得质点的拘束函数为

$$Z=\frac{1}{2}m_i\left(\ddot{\boldsymbol{r}}_i-\frac{\boldsymbol{F}_i}{m_i}\right)^2=\frac{1}{2}m_i\left(\frac{\boldsymbol{F}_i+\boldsymbol{F}_{\mathrm{N}i}}{m_i}-\frac{\boldsymbol{F}_i}{m_i}\right)^2=\frac{\boldsymbol{F}_{\mathrm{N}i}^2}{2m_i}$$

图 7.1.1

即拘束 Z 正比于约束力模 $F_{\mathrm{N}i}$ 的平方。约束允许的可能加速度所对应的矢量端点 C 可为此约束平面内的任意位置，但由于约束力 $\boldsymbol{F}_{\mathrm{N}i}$ 沿平面法线方向，质点的真实运动所对应的 C 点必为 B 点的垂足，即 BC 长度最短的位置，相当于拘束 Z 的极小值。

例 7.1 试应用高斯最小拘束原理推导单摆的运动微分方程。

解：设单摆摆长为 l，摆锤质量为 m。采用直角坐标系描述质点的运动，如图 7.1.2 所

示。有

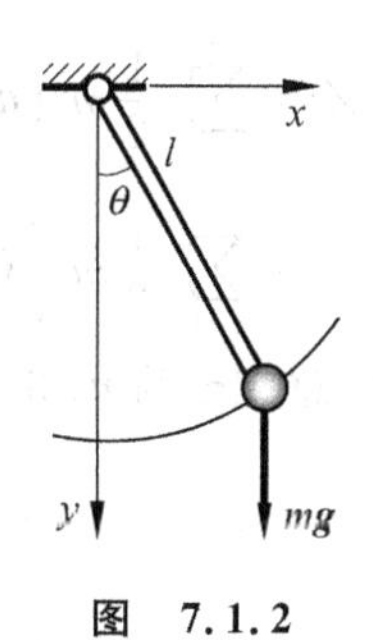

图　7.1.2

$$x = l\sin\theta,\quad y = l\cos\theta$$

$$\boldsymbol{a} = \ddot{x}\boldsymbol{i} + \ddot{y}\boldsymbol{j} = l(\ddot{\theta}\cos\theta - \dot{\theta}^2\sin\theta)\boldsymbol{i} - l(\ddot{\theta}\sin\theta + \dot{\theta}^2\cos\theta)\boldsymbol{j}$$

则系统的拘束函数为

$$Z = \frac{1}{2}m\left(\boldsymbol{a} - \frac{m\boldsymbol{g}}{m}\right)^2 = \frac{1}{2}m[\ddot{x}\boldsymbol{i} + (\ddot{y} - g)\boldsymbol{j}]^2$$

$$= \frac{1}{2}m[l(\ddot{\theta}\cos\theta - \dot{\theta}^2\sin\theta)\boldsymbol{i} - l(\ddot{\theta}\sin\theta + \dot{\theta}^2\cos\theta + g/l)\boldsymbol{j}]^2$$

或

$$Z = \frac{1}{2}m(l^2\ddot{\theta}^2 + 2lg\ddot{\theta}\sin\theta + \cdots)$$

对拘束 Z 取高斯变分并令其等于零，即

$$\delta Z = \frac{1}{2}m(2l^2\ddot{\theta} + 2lg\sin\theta)\delta\ddot{\theta} = 0$$

于是得到单摆的运动微分方程

$$l\ddot{\theta} + g\sin\theta = 0$$

例 7.2　如图 7.1.3 所示，质量为 m_1 和 m_2 的两物块 A、B 用一不可伸长的柔绳连接在倾角为 θ_1 和 θ_2 的固定光滑斜面上，柔绳跨在不计质量的定滑轮上，柔绳质量也可忽略。试用高斯最小拘束原理求两物块的加速度。

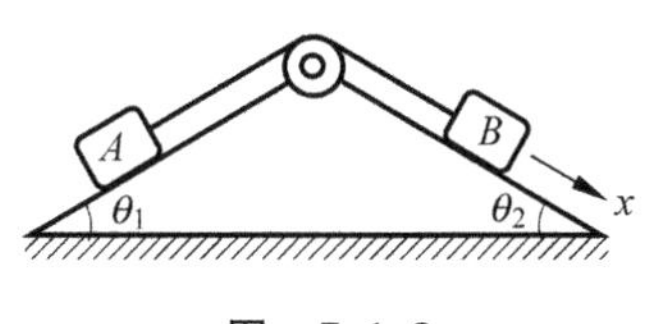

图　7.1.3

解：系统的拘束函数为

$$Z = \sum_{i=1}^{2}\frac{1}{2}m_i\left(\boldsymbol{a}_i - \frac{\boldsymbol{F}_i}{m_i}\right)^2 = \sum_{i=1}^{2}\frac{1}{2}m_i(\boldsymbol{a}_i - \boldsymbol{g})^2$$

或

$$Z = \frac{1}{2}[m_1(\ddot{x} + g\sin\theta_1)^2 + m_2(\ddot{x} - g\sin\theta_2)^2]$$

$$= \frac{1}{2}[(m_1 + m_2)\ddot{x}^2 + 2g(m_1\sin\theta_1 - m_2\sin\theta_2)\ddot{x} + \cdots]$$

对拘束 Z 取高斯变分并令其等于零，即

$$\delta Z = \frac{1}{2}[2(m_1 + m_2)\ddot{x} + 2g(m_1\sin\theta_1 - m_2\sin\theta_2)]\delta\ddot{x} = 0$$

于是求得物块的加速度为

$$\ddot{x} = \frac{(m_2\sin\theta_2 - m_1\sin\theta_1)}{m_1 + m_2}g$$

例 7.3　试用高斯最小拘束原理推导刚体绕定轴转动的微分方程。

解：如图 7.1.4 所示，设刚体的转角为 φ，其上任一质点的质量为 m_i，其与转轴之距为 r_i，作用于此点的主动力为 $\boldsymbol{F}_i$，加速度 $\boldsymbol{a}_i$ 为

$$\boldsymbol{a}_i = r_i\ddot{\varphi}\boldsymbol{\tau}_i + r_i\dot{\varphi}^2\boldsymbol{n}_i \tag{7.1.16}$$

其中 $\boldsymbol{\tau}_i$ 与 $\boldsymbol{n}_i$ 分别为切向与法向单位矢量。于是刚体的拘束函数为

$$Z=\sum_{i=1}^{n}\frac{1}{2}m_i\left(\boldsymbol{a}_i-\frac{\boldsymbol{F}_i}{m_i}\right)^2=\sum_{i=1}^{n}\frac{1}{2}m_i\left[(r_i\ddot{\varphi}\boldsymbol{\tau}_i+r_i\dot{\varphi}^2\boldsymbol{n}_i)-\frac{\boldsymbol{F}_i}{m_i}\right]^2$$

$$=\sum_{i=1}^{n}\frac{1}{2}m_i\left[(r_i\ddot{\varphi}\boldsymbol{\tau}_i+r_i\dot{\varphi}^2\boldsymbol{n}_i)^2-2(r_i\ddot{\varphi}\boldsymbol{\tau}_i+r_i\dot{\varphi}^2\boldsymbol{n}_i)\cdot\frac{\boldsymbol{F}_i}{m_i}+\left(\frac{\boldsymbol{F}_i}{m_i}\right)^2\right]$$

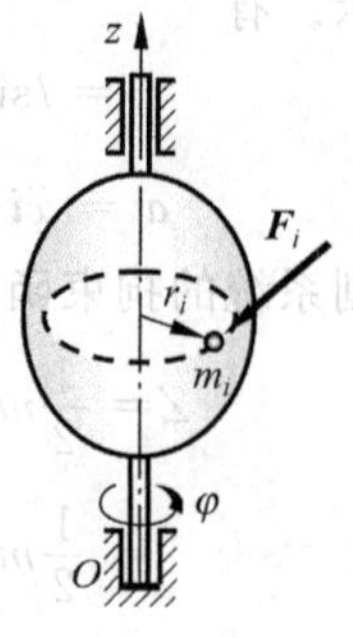

图 7.1.4

注意到$\boldsymbol{\tau}_i$ 与 $\boldsymbol{n}_i$ 的正交性，将上式展开后，有

$$Z=\sum_{i=1}^{n}\frac{1}{2}m_i\left[(r_i\ddot{\varphi})^2-2r_i\ddot{\varphi}\boldsymbol{\tau}_i\cdot\frac{\boldsymbol{F}_i}{m_i}\right]+\cdots$$

$$=\sum_{i=1}^{n}\left[\frac{1}{2}m_ir_i^2\ddot{\varphi}^2-r_i\ddot{\varphi}\boldsymbol{\tau}_i\cdot\boldsymbol{F}_i\right]+\cdots$$

对拘束 Z 取高斯变分并令其等于零，即

$$\delta Z=\sum_{i=1}^{n}[m_ir_i^2\ddot{\varphi}-r_i\boldsymbol{\tau}_i\cdot\boldsymbol{F}_i]\delta\ddot{\varphi}=0$$

于是得到

$$\sum_{i=1}^{n}m_ir_i^2\ddot{\varphi}-\sum_{i=1}^{n}r_i\boldsymbol{\tau}_i\cdot\boldsymbol{F}_i=0$$

上式中的第一项求和式表示刚体对 Oz 转轴的转动惯量 J_z，而第二项中$\boldsymbol{\tau}_i\cdot\boldsymbol{F}_i$ 项表示主动力在切向加速度方向上的投影 $F_{\tau i}$，因此

$$J_z=\sum_{i=1}^{n}m_ir_i^2,\ \sum_{i=1}^{n}r_i\boldsymbol{\tau}_i\cdot\boldsymbol{F}_i=\sum_{i=1}^{n}r_iF_{\tau_i}=\sum_{i=1}^{n}M_z(\boldsymbol{F}_i)$$

最终得到刚体绕定轴转动的微分方程

$$J_z\ddot{\varphi}=\sum_{i=1}^{n}M_z(\boldsymbol{F}_i)$$

7.2 平面运动刚体的加速度能与拘束

加速度能是应用高斯最小拘束原理及阿沛尔方程(一种处理非完整约束的经典方法)等方法时的重要动力学函数。本节讨论平面运动刚体的加速度能的计算方法及用加速度能表示的拘束函数。

7.2.1 平面运动刚体加速度能的计算

1. 平动刚体的加速度能

设刚体质心 C 的加速度为 $\boldsymbol{a}_C$，刚体总质量为 m，由于平动刚体各点具有相同的加速度，因此，加速度能为

$$G=\sum_{i=1}^{n}\frac{1}{2}m_i\ddot{\boldsymbol{r}}_i\cdot\ddot{\boldsymbol{r}}_i=\sum_{i=1}^{n}\frac{1}{2}m_ia_i^2=\frac{1}{2}a_C^2\sum_{i=1}^{n}m_i=\frac{1}{2}ma_C^2 \tag{7.2.1}$$

2. 定轴转动刚体的加速度能

设刚体转动的角速度和角加速度分别为 ω 和 α，对 Oz 转轴的转动惯量为 J_z。例 7.3 中的式(7.1.16)已经给出了转动刚体上任一点的加速度，因此，加速度能为

$$G=\sum_{i=1}^{n}\frac{1}{2}m_i\boldsymbol{a}_i\cdot\boldsymbol{a}_i=\sum_{i=1}^{n}\frac{1}{2}m_i(r_i\alpha\boldsymbol{\tau}_i+r_i\omega^2\boldsymbol{n}_i)\cdot(r_i\alpha\boldsymbol{\tau}_i+r_i\omega^2\boldsymbol{n}_i)\tag{7.2.2}$$

将上式展开，并考虑到$\boldsymbol{\tau}_i$ 与 $\boldsymbol{n}_i$ 的正交性，有

$$G=\sum_{i=1}^{n}\frac{1}{2}m_ir_i^2(\alpha^2+\omega^4)=\frac{1}{2}J_z(\alpha^2+\omega^4)=\frac{1}{2}J_z\alpha^2+\cdots\tag{7.2.3}$$

3. 平面运动刚体的加速度能

设平面运动刚体转动的角速度和角加速度分别为 ω 和 α。按加速度合成的基点法，刚体内质量为 m_i 的质点的加速度$\ddot{\boldsymbol{r}}_i$ 可分解为质心的加速度$\ddot{\boldsymbol{r}}_C=\boldsymbol{a}_C$ 和相对质心转动的加速度$\ddot{\boldsymbol{\rho}}_i$，即

$$\ddot{\boldsymbol{r}}_i=\ddot{\boldsymbol{r}}_C+\ddot{\boldsymbol{\rho}}_i\tag{7.2.4}$$

将质点的相对加速度$\ddot{\boldsymbol{\rho}}_i$ 在平面内分解为切向和法向分量，如图 7.2.1 所示，则有

$$\ddot{\boldsymbol{\rho}}_i=\rho_i\alpha\boldsymbol{\tau}_i+\rho_i\omega^2\boldsymbol{n}_i\tag{7.2.5}$$

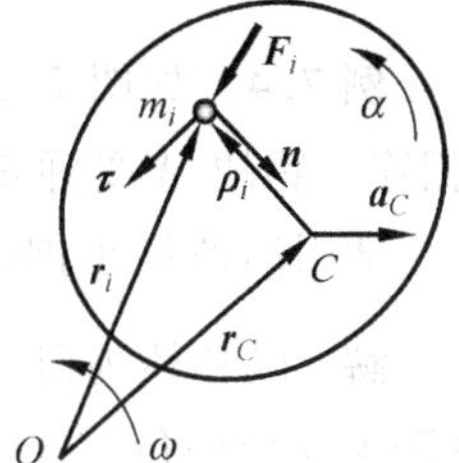

图 7.2.1

其中$\boldsymbol{\tau}_i$ 与 $\boldsymbol{n}_i$ 分别为质点相对质心的切向和法向单位矢量。将式(7.2.4)及式(7.2.5)代入式(7.1.9)，展开后考虑$\boldsymbol{\tau}_i$ 和 $\boldsymbol{n}_i$ 的正交性，有

$$\begin{aligned}G&=\sum_{i=1}^{n}\frac{1}{2}m_i\ddot{\boldsymbol{r}}_i\cdot\ddot{\boldsymbol{r}}_i=\sum_{i=1}^{n}\frac{1}{2}m_i(\ddot{\boldsymbol{r}}_C+\ddot{\boldsymbol{\rho}}_i)\cdot(\ddot{\boldsymbol{r}}_C+\ddot{\boldsymbol{\rho}}_i)=\sum_{i=1}^{n}\frac{1}{2}m_i[\boldsymbol{a}_C+\rho_i(\alpha\boldsymbol{\tau}_i+\omega^2\boldsymbol{n}_i)]^2\\&=\sum_{i=1}^{n}\frac{1}{2}m_i[a_C^2+2\rho_i\boldsymbol{a}_C\cdot(\alpha\boldsymbol{\tau}_i+\omega^2\boldsymbol{n}_i)+\rho_i^2(\alpha^2+\omega^4)]\end{aligned}\tag{7.2.6}$$

令

$$\sum_{i=1}^{n}m_i=m,\quad\sum_{i=1}^{n}m_i\rho_i^2=J_C,\quad\sum_{i=1}^{n}m_i\rho_i=0\tag{7.2.7}$$

其中 m 与 J_C 分别表示刚体的总质量和相对质心的转动惯量。上式最后一项由质心坐标公式而得。由上式最终可导出平面运动刚体加速度能的计算公式

$$G=\frac{1}{2}ma_C^2+\frac{1}{2}J_C(\alpha^2+\omega^4)\tag{7.2.8}$$

或

$$G=\frac{1}{2}ma_C^2+\frac{1}{2}J_C\alpha^2+\cdots\tag{7.2.9}$$

因此，**作平面运动刚体的加速度能等于质心运动与绕质心转动的加速度能之和**，这与计算刚体动能的柯尼希(Dénes König，1884—1944)定理相似。

7.2.2 平面运动刚体的拘束函数

现在研究式(7.1.10)的第二项。令

$$\boldsymbol{F}=\sum_{i=1}^{n}\boldsymbol{F}_i,\quad M_C=\sum_{i=1}^{n}M_C(\boldsymbol{F}_i)\tag{7.2.10}$$

分别表示主动力系的主矢和向质心简化的主矩，则

$$\sum_{i=1}^{n}\ddot{\boldsymbol r}_i\cdot\boldsymbol F_i=\sum_{i=1}^{n}(\ddot{\boldsymbol r}_C+\ddot{\boldsymbol\rho}_i)\cdot\boldsymbol F_i=\boldsymbol a_C\cdot\sum_{i=1}^{n}\boldsymbol F_i+\sum_{i=1}^{n}\rho_i(\alpha\boldsymbol\tau_i+\omega^2\boldsymbol n_i)\cdot\boldsymbol F_i$$

$$=\boldsymbol a_C\cdot\boldsymbol F+\alpha\sum_{i=1}^{n}\rho_i\boldsymbol\tau_i\cdot\boldsymbol F_i+\omega^2\sum_{i=1}^{n}\rho_i\boldsymbol n_i\cdot\boldsymbol F_i \tag{7.2.11}$$

或

$$\sum_{i=1}^{n}\ddot{\boldsymbol r}_i\cdot\boldsymbol F_i=\boldsymbol a_C\cdot\boldsymbol F+\alpha M_C+\cdots \tag{7.2.12}$$

最终得出作平面运动刚体的拘束计算公式为

$$Z=\frac{1}{2}ma_C^2+\frac{1}{2}J_C\alpha^2-\boldsymbol a_C\cdot\boldsymbol F-\alpha M_C+\cdots \tag{7.2.13}$$

例 7.4 如图 7.2.2 所示，物块 A 与球 B 的质量分别为 m_1 和 m_2，用长为 l 的无重杆相连。物块 A 受弹簧的约束且受黏性摩擦力作用，弹簧的劲度系数为 k，黏性摩擦因数为 c。试用高斯最小拘束原理建立系统的运动微分方程。

解：以整体为研究对象，系统含有两个自由度，选 A 块相对于弹簧未变形的位移 x 和小球的摆角 θ 为广义坐标，即 $q=(x,\theta)$。

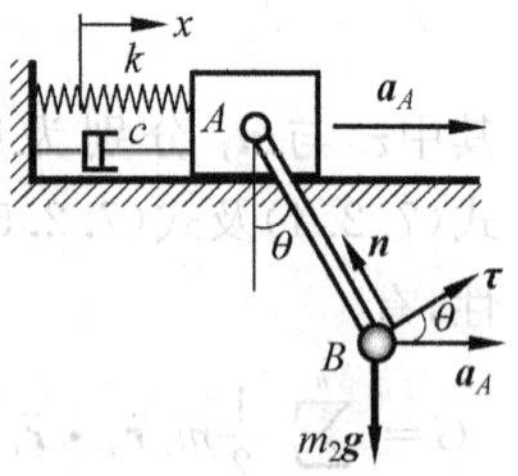

图 7.2.2

AB 作平面运动，小球的加速度为

$$\boldsymbol a_B=\boldsymbol a_A+\boldsymbol a_{BA}^n+\boldsymbol a_{BA}^\tau=(l\ddot\theta+\ddot x\cos\theta)\boldsymbol\tau+(l\dot\theta^2-\ddot x\sin\theta)\boldsymbol n$$

这样，系统的加速度能为

$$G=\sum_{i=1}^{n}\frac{1}{2}m_i\ddot{\boldsymbol r}_i\cdot\ddot{\boldsymbol r}_i$$

$$=\frac{1}{2}m_1\ddot x^2+\frac{1}{2}m_2[(l\ddot\theta+\ddot x\cos\theta)^2+(l\dot\theta^2-\ddot x\sin\theta)^2]$$

$$=\frac{1}{2}(m_1+m_2)\ddot x^2+\frac{1}{2}m_2[l^2\ddot\theta^2+2l\ddot x(\ddot\theta\cos\theta-\dot\theta^2\sin\theta)]+\frac{1}{2}m_2l^2\dot\theta^4$$

上式最后一项与加速度无关，可不必考虑。而式(7.1.10)中的第二项表示绝对加速度在主动力方向上投影后再与主动力相乘，因此

$$\sum_{i=1}^{n}\ddot{\boldsymbol r}_i\cdot\boldsymbol F_i=-a_A(c\dot x+kx)+\boldsymbol a_B\cdot[-m_2g(\boldsymbol n\cos\theta+\boldsymbol\tau\sin\theta)]$$

$$=-\ddot x(c\dot x+kx)-m_2gl\ddot\theta\sin\theta-m_2gl\dot\theta^2\cos\theta$$

上式最后一项也与加速度无关。将上两式代入式(7.1.10)后得到系统的拘束函数为

$$Z=\frac{1}{2}(m_1+m_2)\ddot x^2+\frac{1}{2}m_2[l^2\ddot\theta^2+2l\ddot x(\ddot\theta\cos\theta-\dot\theta^2\sin\theta)]+$$

$$\ddot x(c\dot x+kx)+m_2gl\ddot\theta\sin\theta+\cdots$$

对拘束 Z 取高斯变分并令其等于零，即

$$\delta Z=[(m_1+m_2)\ddot x+c\dot x+kx+m_2l(\ddot\theta\cos\theta-\dot\theta^2\sin\theta)]\delta\ddot x+$$

$$m_2l(\ddot x\cos\theta+l\ddot\theta+g\sin\theta)\delta\ddot\theta=0$$

于是得到系统的运动微分方程

$$(m_1+m_2)\ddot{x}+c\dot{x}+kx+m_2 l(\ddot{\theta}\cos\theta-\dot{\theta}^2\sin\theta)=0$$

$$\ddot{x}\cos\theta+l\ddot{\theta}+g\sin\theta=0$$

与用耗散系统的拉格朗日方程得到的结果一致。

例 7.5　如图 7.2.3 所示，一半径为 r 的小圆柱体，在半径为 R 的固定大圆柱筒内无滑动地滚动。试用高斯最小拘束原理建立系统的运动微分方程并求小圆柱质心的切向加速度。

解：系统为单自由度系统，选 θ 为广义坐标。

小圆柱体作平面运动，其质心加速度为

$$\boldsymbol{a}_C=\boldsymbol{a}_C^n+\boldsymbol{a}_C^\tau=(R-r)\ddot{\theta}\boldsymbol{\tau}+(R-r)\dot{\theta}^2\boldsymbol{n}$$

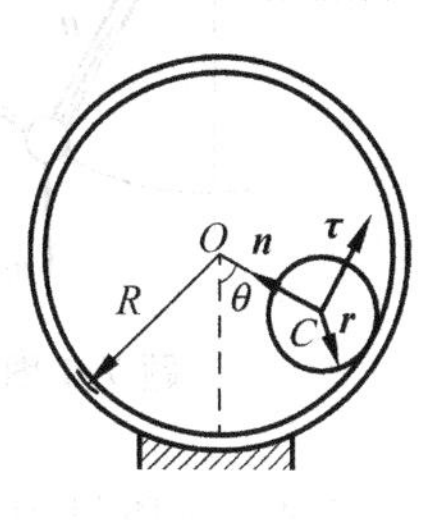

图　7.2.3

这样，系统的拘束为

$$Z=\frac{1}{2}m[(R-r)\ddot{\theta}\boldsymbol{\tau}+(R-r)\dot{\theta}^2\boldsymbol{n}]^2+\frac{1}{2}\cdot\frac{1}{2}mr^2\cdot\frac{(R-r)^2}{r^2}\ddot{\theta}^2-$$

$$[(R-r)\ddot{\theta}\boldsymbol{\tau}+(R-r)\dot{\theta}^2\boldsymbol{n}]\cdot m(-g\sin\theta\boldsymbol{\tau}-g\cos\theta\boldsymbol{n})+\cdots$$

整理后得

$$Z=\frac{3}{4}m(R-r)^2\ddot{\theta}^2+mg(R-r)\ddot{\theta}\sin\theta+\cdots$$

对拘束 Z 取高斯变分并令其等于零，即

$$\delta Z=\left[\frac{3}{2}m(R-r)^2\ddot{\theta}+mg(R-r)\sin\theta\right]\delta\ddot{\theta}=0$$

于是得到

$$\frac{3}{2}(R-r)\ddot{\theta}+g\sin\theta=0$$

此即小圆柱的运动微分方程。由此方程得

$$\ddot{\theta}=-\frac{2g}{3(R-r)}\sin\theta$$

则小圆柱质心的切向加速度为

$$a_C^\tau=(R-r)\ddot{\theta}=-\frac{2}{3}g\sin\theta$$

习题

7.1　采用自然法描述质点的运动，应用高斯最小拘束原理推导题 7.1 图所示单摆的运动微分方程。

答：$l\ddot{\theta}+g\sin\theta=0$。

7.2　试应用高斯最小拘束原理建立题 7.2 图所示变长度单摆的运动微分方程。已知摆长的变化规律为 $l=l_0-vt$，其中 l_0 为运动开始时的摆长，v 为常数。要求分别采用直角坐标法和自然法描述摆锤的运动。

答：$(l_0-vt)\ddot{\theta}-2v\dot{\theta}+g\sin\theta=0$。

7.3　质量为 m_1 和 m_2 的两物块 A、B 用一不可伸长的柔绳连接，柔绳跨过质量为 M 的均质定滑轮，如题 7.3 图所示。若不计柔绳质量，试用高斯最小拘束原理求物块的加速度。

答：$\ddot{x}=\dfrac{m_1-m_2}{m_1+m_2+\dfrac{M}{2}}g$。

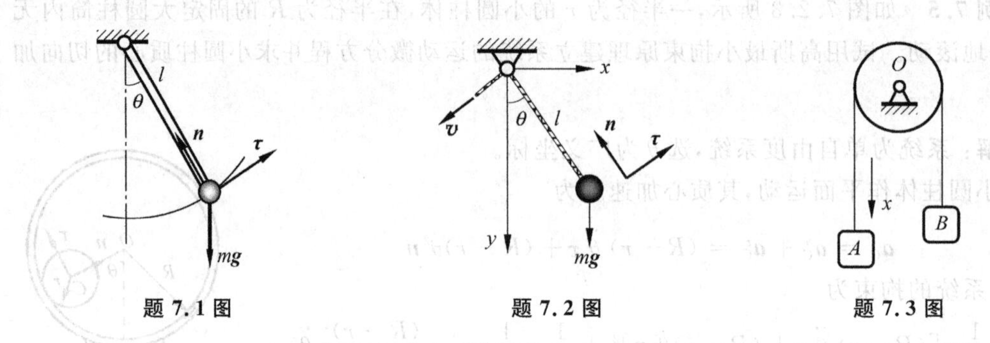

题 7.1 图　　题 7.2 图　　题 7.3 图

7.4　一质量为 m 的质点在力 $\boldsymbol{F}=F_x\boldsymbol{i}+F_y\boldsymbol{j}$ 作用下沿平面 Oxy 运动，所受约束为 $\dot{y}=t\dot{x}$，试用高斯最小拘束原理建立质点的运动微分方程。

答：$m[(1+t^2)\ddot{x}+t\dot{x}]=F_x+F_yt$。

7.5　一质量为 m 的质点在力 $\boldsymbol{F}=F_x\boldsymbol{i}+F_y\boldsymbol{j}+F_z\boldsymbol{k}$ 作用下在直角坐标系 $Oxyz$ 中运动，所受非完整约束为 $\dot{x}+x\dot{y}+y\dot{z}=0$，$y\dot{x}+z\dot{y}+\dot{z}=0$，试用高斯最小拘束原理建立质点的运动微分方程。

答：$(m\ddot{x}-F_x)(x-zy)+(m\ddot{y}-F_y)(y^2-1)+(m\ddot{z}-F_z)(z-xy)=0$。

7.6　试用高斯最小拘束原理建立题 4.2 所述系统的运动微分方程。

7.7　试用高斯最小拘束原理求例 3.2 中三棱柱 B 的加速度。

7.8　试用高斯最小拘束原理求例 3.3 中连杆运动的加速度。

7.9　试用高斯最小拘束原理求例 3.4 中两圆柱中心的加速度。

7.10　试用高斯最小拘束原理求题 6.12 中轮心 O 的加速度。

7.11　如题 7.11 图所示，均质圆轮的质量为 m_1，半径为 R，均质系杆的质量为 m_2，杆端 A 与轮心为光滑铰接。今在圆轮上加一逆时针力偶 M，使其沿水平面无滑动地滚动，而杆 AB 的 B 端刚好离开地面。试写出系统的加速度能 G，并用高斯最小拘束原理求轮心加速度 a。

答：$G=\dfrac{1}{2}\left(m_2+\dfrac{3}{2}m_1\right)a^2$，$a=\dfrac{2M}{R(3m_1+2m_2)}$。

7.12　如题 7.12 图所示，质量为 m 的均质平板水平放置在两质量同为 m 的均质圆轮 A 和 B 上，轮 A 作定轴转动，其半径为 r，轮 B 在水平地面上作纯滚动，其半径为 $2r$，平板与两轮间无相对滑动。今在平板上作用一水平力 $\boldsymbol{F}$，试用高斯最小拘束原理求平板的加速度 a。

答：$a=\dfrac{8}{15}\dfrac{F}{m}$。

7.13　如题 7.13 图所示，质量为 m 的均质平板置于两半径均为 r、质量均为 m 的均质圆轮上，设接触处都有摩擦而无相对滑动。今在圆轮 A 上作用一力偶矩为 M 的常力偶，试用高斯最小拘束原理求平板的加速度 a。

答：$a=\dfrac{2}{7}\dfrac{M}{mr}$。

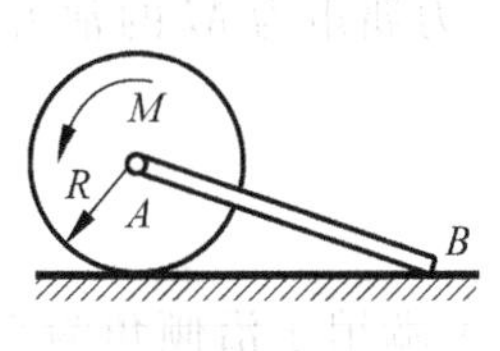

题 7.11 图

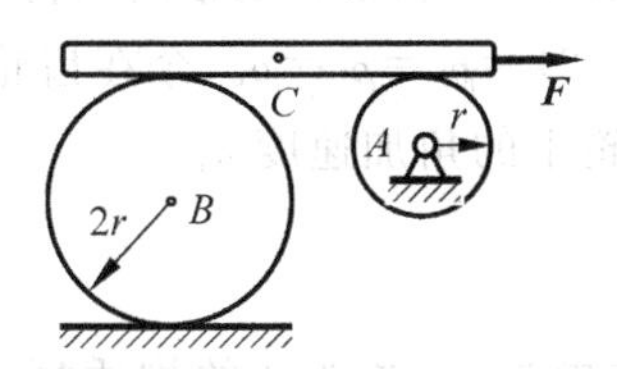

题 7.12 图

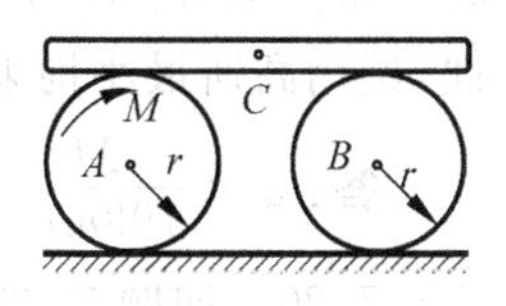

题 7.13 图

7.14　两均质圆盘的质量均为 m，半径均为 r，系统各物体的连接如题 7.14 图所示。圆轮 C 沿倾角为 θ 的斜面作纯滚动。弹簧的劲度系数为 k，开始时系统静止，且弹簧无变形。试用高斯最小拘束原理求系统的运动微分方程。

答：$m(2+\sin\theta)\ddot{x}+kx=0$。

7.15　如题 7.15 图所示，鼓轮 B 的质量为 m，内半径为 r，外半径为 $R=2r$，对转轴 O 的转动惯量为 J_O，其上绕有细绳，一端与一在斜面上纯滚动的均质圆轮 A 相连于质心，绳索的倾斜段与斜面平行，另一端绕过均质圆轮 C 后固定于 F 点。设两圆轮的质量均为 m，半径均为 r，不计绳重且假定绳索与各轮间不打滑。今在鼓轮上施加一常力偶 M，试用高斯最小拘束原理求圆轮 A 的质心下降的加速度。

答：$a=\dfrac{mg(\sin\theta-1)r^2+Mr}{3mr^2+J_O}$。

7.16　如题 7.16 图所示，一质量为 m、长度为 l 的均质杆放在光滑斜面上，斜面与水平面成 θ 角。试用高斯最小拘束原理建立杆的运动微分方程。

答：$\ddot{x}_C=g\sin\theta,\ddot{y}_C=0,\ddot{\varphi}=0$。

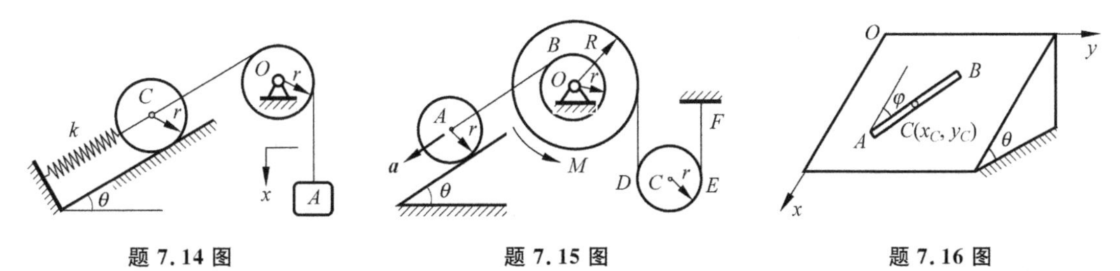

题 7.14 图　　题 7.15 图　　题 7.16 图

7.17　一质量为 m 的质点可沿光滑椭圆抛物面 $z=ax^2+by^2$ ($a>0,b>0$，z 轴垂直向上)运动。试用高斯最小拘束原理建立质点的运动微分方程。

答：$(1+4a^2x^2)\ddot{x}+4ax(a\dot{x}^2+b\dot{y}^2)+4abxy\ddot{y}+2agx=0$；

$(1+4b^2y^2)\ddot{y}+4by(a\dot{x}^2+b\dot{y}^2)+4abxy\ddot{x}+2bgy=0$。

7.18　如题 7.18 图所示，质量为 m_1、半径为 r 的均质圆盘可沿水平面作纯滚动，质量为 m_2、长为 l 的均质杆 OA 绕 O 轴作定轴转动，圆盘与 OA 杆用不计质量的水平直杆 AC 铰接，在 A 点连接一劲度系数为 k 的水平弹簧。在图示位置系统平衡，弹簧具有原长。试用高斯最小拘束原理建立系统微振动的运动微分方程。

答：$\left(\dfrac{3}{2}m_1+\dfrac{1}{3}m_2\right)\ddot{x}+\left(k-\dfrac{1}{2l}m_2g\right)x=0$。

7.19　如题 7.19 图所示，一内啮合齿轮机构由Ⅰ、Ⅱ、Ⅲ三个齿轮组成，其质量分别为 m_1、m_2 和 m_3，半径分别为 r_1、r_2 和 r_3，对各自转动轴的回转半径分别为 ρ_1、ρ_2 和 ρ_3，设 $m_3/4=m_1=m_2=m$，$r_3/3=r_1=r_2=r$，$\rho_3/21=\rho_1=\rho_2=\rho$。今在齿轮Ⅰ上作用一力偶矩为 M 的常力偶，试用高斯最小拘束原理求齿轮Ⅰ的角加速度 α_1。

答：$\alpha_1=\dfrac{M}{198m\rho^2}$。

7.20　如题 7.20 图所示，质量为 m、长为 l 的均质杆 AB 借助其 A 端销子沿倾角为 θ 的斜面滑下。不计销子质量和摩擦，试用高斯最小拘束原理建立杆的运动微分方程。

答：$2\ddot{x}-l\cos(\theta-\varphi)\ddot{\varphi}-l\sin(\theta-\varphi)\dot{\varphi}^2-2g\sin\theta=0$；

$2l\ddot{\varphi}-3\cos(\theta-\varphi)\ddot{x}+3g\sin\varphi=0$。

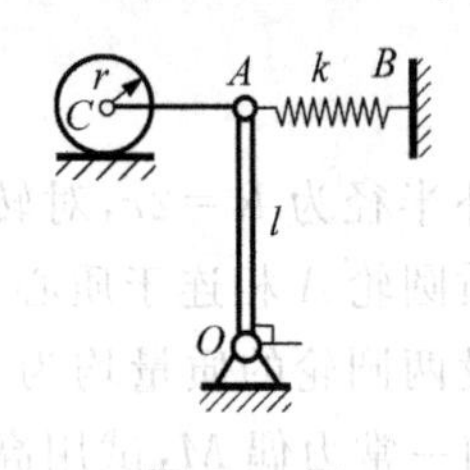

题 7.18 图

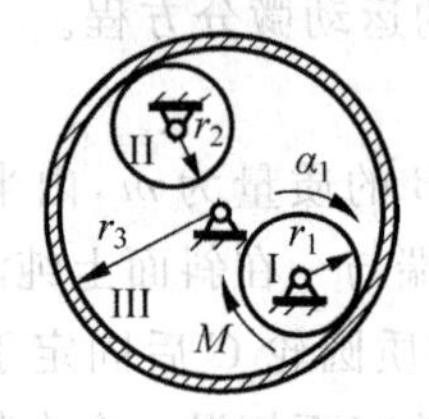

题 7.19 图

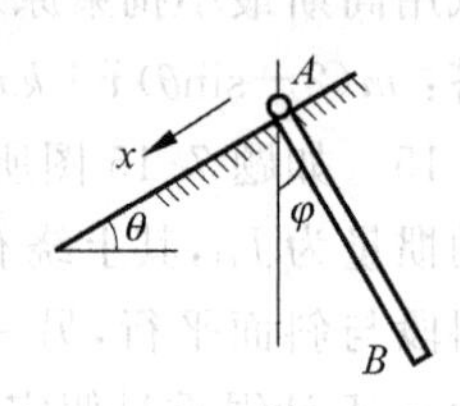

题 7.20 图

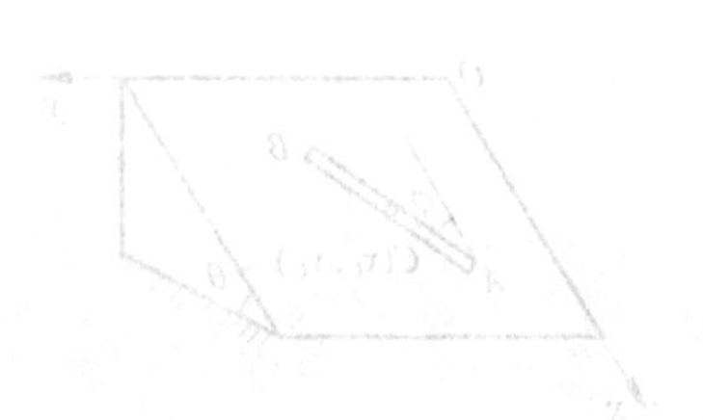

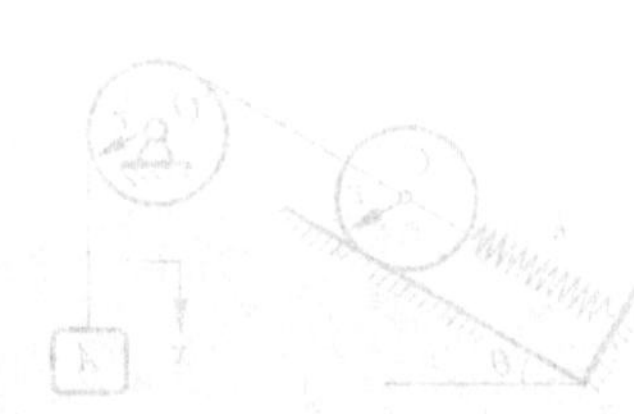

第8章 拉格朗日乘子法

自从1788年法国学者拉格朗日的名著《分析力学论述》问世以来，分析动力学的研究内涵得到了极大的丰富和发展。1894年，德国学者赫兹首次把约束和力学系统分成完整的和非完整的两大类，从而开辟了非完整系统动力学的研究领域。非完整系统动力学有着非常重要的理论意义和应用背景，经百余年的发展，已成为分析力学的一个重要分支。

非完整约束系统是指至少包含一个不可积微分约束的动力学系统(可以同时含有完整约束)。设某非完整系统由 n 个质点组成，受有 r 个完整约束和 s 个非完整约束，那么，总可以选 $l=3n-r$ 个广义坐标 $q_k=q_k(t)$ 来描述质点系的位形。非完整系统的主要特征是：描述系统位形的广义坐标 $q_k(k=1,2,\cdots,l)$ 虽然是互相独立的，但广义速度 $\dot{q}_k(k=1,2,\cdots,l)$ 之间并非互相独立，它们必须满足非完整约束条件：

$$\sum_{i=1}^{3n} A_{ij}\dot{x}_i + A_{j0} = 0 \quad (j=1,2,\cdots,s) \tag{8.0.1}$$

或用广义坐标表示为

$$\sum_{k=1}^{l} B_{kj}\dot{q}_k + B_{j0} = 0 \quad (j=1,2,\cdots,s;\ s<l) \tag{8.0.2}$$

与此相对应的广义坐标的变分 δq_k 之间也要满足相应的约束条件

$$\sum_{k=1}^{l} B_{kj}\delta q_k = 0 \quad (j=1,2,\cdots,s;\ s<l) \tag{8.0.3}$$

这就是**完整系统和非完整系统的区别**。其中条件(8.0.1)或(8.0.2)是问题的物理条件，条件(8.0.3)则是当用变分方法来建立运动方程时，必须满足的附加条件。因而，非完整系统动力学的实质是如何处理 s 个不独立的广义速度的问题，不同的处理方法和分析角度使非完整系统表现为不同形式的运动微分方程，相应地出现了多种分析理论和方法，拉格朗日乘子法、阿沛尔方程及凯恩方程就是其中几种重要形式。本书第8～10章将依次进行介绍，讨论只限于非完整系统中最简单的一阶线性系统。

拉格朗日乘子法是处理非完整系统的一种实用方法。本章介绍的第一类拉格朗日方程和劳斯方程都是拉格朗日乘子法的具体应用，它们的区别在于前者使用笛卡儿坐标和不定乘子联合求解，而后者则用广义坐标与不定乘子联合求解非完整系统，因而劳斯方程也称为含有不定乘子的拉格朗日方程。

8.1 第一类拉格朗日方程

第一类拉格朗日方程是拉格朗日通过引入数学分析中的**乘子法**，采用**直角坐标形式**的动力学普遍方程和约束方程而建立的一组动力学方程。这种方法的特点是可以求出约束力，但由于未知变量和方程数目都增多，求解难度大，所以在一个时期内它的应用价值远小于第二类拉格朗日方程。随着计算机技术的迅速发展，由于第一类方程计算过程极易程式化，因而计算上的困难已有所解决，目前又重新被重视起来。

8.1.1 第一类拉格朗日方程的推证

设有由 n 个质点组成、各质点间有 r 个完整约束和 s 个线性非完整约束的系统，将约束方程统一表示为如下微分形式：

$$\sum_{i=1}^{3n} A_{ij}\mathrm{d}x_i + A_{j0}\mathrm{d}t = 0 \quad (j = 1,2,\cdots,r+s) \tag{8.1.1}$$

对于 r 个完整约束，存在 $A_{ij} = \partial f_j/\partial x_i$。上式也可写作关于虚位移的约束条件：

$$\sum_{i=1}^{3n} A_{ij}\delta x_i = 0 \quad (j = 1,2,\cdots,r+s) \tag{8.1.2}$$

由于 $r+s$ 个约束条件(8.1.2)的存在，在 $3n$ 个直角坐标的变分 $\delta x_i(i=1,2,\cdots,3n)$ 中只有 $f=3n-r-s$ 个独立的坐标变分数。至于 $3n$ 个坐标变分哪些是独立的，则可以任意指定。

系统内各质点的运动必须满足动力学普遍方程，将主动力 $\boldsymbol{F}_i(i=1,2,\cdots,n)$ 相对于某个参考坐标系的 $3n$ 个分量依次排列为 $F_i(i=1,2,\cdots,3n)$，则有动力学普遍方程的解析形式

$$\sum_{i=1}^{3n}(F_i - m_i\ddot{x}_i)\delta x_i = 0 \tag{8.1.3}$$

引入与约束个数相同的 $r+s$ 个不定乘子 λ_j，将式(8.1.2)中各式乘以不定乘子 $\lambda_j(j=1,2,\cdots,r+s)$，然后相加，得到

$$\sum_{j=1}^{r+s}\lambda_j\left(\sum_{i=1}^{3n}A_{ij}\delta x_i\right) = 0 \tag{8.1.4}$$

将此式交换求和次序，并与动力学普遍方程(8.1.3)相加，得到

$$\sum_{i=1}^{3n}\left(F_i - m_i\ddot{x}_i + \sum_{j=1}^{r+s}\lambda_j A_{ij}\right)\delta x_i = 0 \tag{8.1.5}$$

式中，不定乘子 λ_j 称为**拉格朗日乘子**。这样，就把全部约束加于虚位移的限制条件完全嵌入到了动力学方程中。

将方程(8.1.5)分为两部分，前一部分包含不独立坐标的变分 $\delta x_i(i=1,2,\cdots,r+s)$，后一部分包含的坐标变分 $\delta x_i(i=r+s+1,r+s+2,\cdots,3n)$ 独立：

$$\sum_{i=1}^{r+s}\left(F_i - m_i\ddot{x}_i + \sum_{j=1}^{r+s}\lambda_j A_{ij}\right)\delta x_i + \sum_{i=r+s+1}^{3n}\left(F_i - m_i\ddot{x}_i + \sum_{j=1}^{r+s}\lambda_j A_{ij}\right)\delta x_i = 0 \tag{8.1.6}$$

可以选择适当的 $r+s$ 个不定乘子 λ_j，使上式中 $r+s$ 个事先指定为不独立变分前的系数等于零，得到 $r+s$ 个方程

$$F_i - m_i\ddot{x}_i + \sum_{j=1}^{r+s}\lambda_j A_{ij} = 0 \quad (i = 1,2,\cdots,r+s) \tag{8.1.7}$$

于是在方程(8.1.6)中只包含 $f=3n-r-s$ 个与独立变分有关的和：

$$\sum_{i=r+s+1}^{3n}\left(F_i - m_i\ddot{x}_i + \sum_{j=1}^{r+s}\lambda_j A_{ij}\right)\delta x_i = 0 \quad (i = r+s+1,r+s+2,\cdots,3n) \tag{8.1.8}$$

此式中的 f 个坐标变分 δx_i 既然独立，则 δx_i 前的系数亦应等于零。因此得到如下 f 个

方程：

$$F_i - m_i \ddot{x}_i + \sum_{j=1}^{r+s} \lambda_j A_{ij} = 0 \quad (i = r+s+1, r+s+2, \cdots, 3n) \tag{8.1.9}$$

上式连同已得到的 $r+s$ 个方程(8.1.7)，共可列出 $f+r+s=3n$ 个方程：

$$F_i - m_i \ddot{x}_i + \sum_{j=1}^{r+s} \lambda_j A_{ij} = 0 \quad (i = 1, 2, \cdots, 3n) \tag{8.1.10}$$

此包含 $r+s$ 个拉格朗日乘子的方程组称为**第一类拉格朗日方程**。此时，系统的变量除各质点的坐标共 $3n$ 个以外，又增加了待定的拉格朗日乘子 $r+s$ 个，变量总数为 $3n+r+s$，因此还必须同时补充 r 个完整约束方程和 s 个线性非完整约束方程才能使方程封闭。这类方程也称为"**微分/代数混合方程组**"。

由于上式在推导时考虑了系统的全部约束，包括完整的和非完整的，所以第一类拉格朗日方程既适用于完整系统，也适用于非完整系统。

8.1.2 拉格朗日乘子的物理意义

为了说明拉格朗日乘子的物理意义，假设质点系仅受一个非定常完整约束，约束方程为

$$f(x_1, x_2, \cdots, x_{3n};\ t) = 0 \tag{8.1.11}$$

取 λ 为拉格朗日乘子，则第一类拉格朗日方程为

$$F_i - m_i \ddot{x}_i + \lambda\left(\frac{\partial f}{\partial x_i}\right) = 0 \quad (i = 1, 2, \cdots, 3n) \tag{8.1.12}$$

另一方面，如果由式(8.1.11)引起的第 i 个质点的约束力为 F_{Ni}，则由达朗贝尔原理，存在

$$F_i - m_i \ddot{x}_i + F_{Ni} = 0 \quad (i = 1, 2, \cdots, 3n) \tag{8.1.13}$$

比较以上两式，得到

$$\lambda\left(\frac{\partial f}{\partial x_i}\right) = F_{Ni} \quad (i = 1, 2, \cdots, 3n) \tag{8.1.14}$$

从而可以看出约束力与拉格朗日乘子的关系，即拉格朗日乘子正比于约束力，表明在动力学普遍方程中已被消去的理想约束力通过不定乘子又被引回到方程中。因此，由第一类拉格朗日方程可同时解出系统的约束力。对于实际问题需要计算约束力时，此方程则开辟了用分析方法求解这类问题的途径。

例 8.1　如图 8.1.1 所示，长为 l 的无重直杆一端用球铰 O 与支座固定，另一端固结一质量为 m 的小球 A，长度为 h 的软绳一端固定于点 C，另一端固定于杆上的点 B，$BO=b$。平衡时 OA 水平而 BC 铅直。试用第一类拉格朗日方程求小球 A 的运动微分方程。

解：小球 A 具有一个自由度。设 A 点的坐标为(x_1, x_2, x_3)，则 B 点的坐标为$(bx_1/l, bx_2/l, bx_3/l)$。由于 OA 和 BC 的长度不变，可列出两个约束方程：

$$\begin{cases} f_1 = x_1^2 + x_2^2 + x_3^2 - l^2 = 0 \\ f_2 = \left(\dfrac{bx_1}{l} - b\right)^2 + \left(\dfrac{bx_2}{l} - h\right)^2 + \left(\dfrac{bx_3}{l}\right)^2 - h^2 = 0 \end{cases} \tag{a}$$

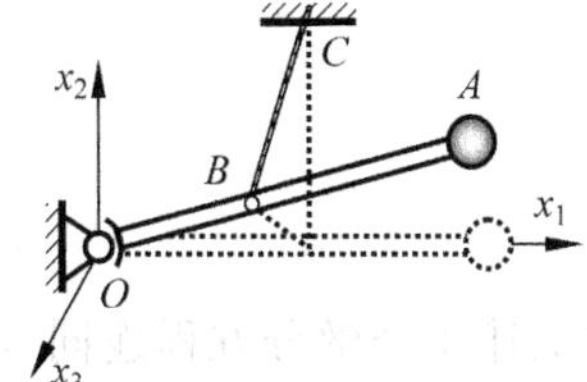

图　8.1.1

由约束方程知，该系统为完整约束，$r=2$。此约束方程的变分形式(即虚位移形式)为

$$
\begin{cases}
x_1\delta x_1 + x_2\delta x_2 + x_3\delta x_3 = 0 \\
b^2(x_1 - l)\delta x_1 + b(bx_2 - lh)\delta x_2 + b^2 x_3\delta x_3 = 0
\end{cases}
\tag{b}
$$

式中 δx_i 前面的系数即为式(8.1.10)中的 $A_{ij}(j=1,2)$。

小球 A 受到的主动力为重力，沿 x_2 轴的负向，即

$$F_1 = F_3 = 0,\quad F_2 = -mg$$

将式(b)分别乘以 λ_1、λ_2，代入第一类拉格朗日方程(8.1.10)，导出

$$
\begin{cases}
m\ddot{x}_1 = \lambda_1 x_1 + \lambda_2 b^2(x_1 - l) \\
m\ddot{x}_2 = -mg + \lambda_1 x_2 + \lambda_2 b(bx_2 - lh) \\
m\ddot{x}_3 = \lambda_1 x_3 + \lambda_2 b^2 x_3
\end{cases}
$$

此方程与约束条件(a)联立，可确定小球的运动规律。

例 8.2 如图 8.1.2 所示，直杆 AB 的质量为 m_1，楔块 CDE 的质量为 m_2，倾角为 θ。当 AB 杆铅垂下降时，推动楔块在水平面上运动。如不计各处摩擦，试用第一类拉格朗日方程求直杆和楔块的加速度以及它们所受的约束力。

解：直杆和楔块均作直线平动，各需一个坐标就可确定其位置，为方便起见，可分别取 A 点的坐标 (x_1, y_1)，C 点的坐标 (x_2, y_2) 来代表。故知系统具有一个自由度。其约束方程为

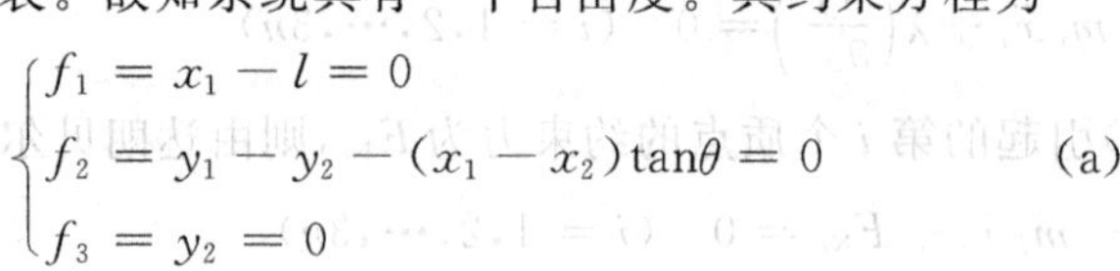

$$
\begin{cases}
f_1 = x_1 - l = 0 \\
f_2 = y_1 - y_2 - (x_1 - x_2)\tan\theta = 0 \\
f_3 = y_2 = 0
\end{cases}
\tag{a}
$$

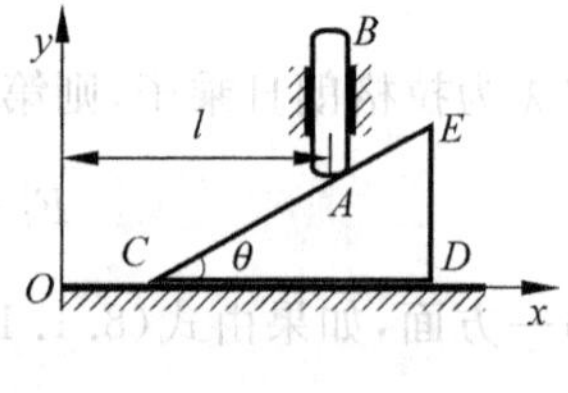

图 8.1.2

由约束方程知，该系统为完整约束，$r=3$。此约束方程的变分形式(即虚位移形式)为

$$
\begin{cases}
\delta x_1 = 0 \\
-\tan\theta\delta x_1 + \delta y_1 + \tan\theta\delta x_2 - \delta y_2 = 0 \\
\delta y_2 = 0
\end{cases}
$$

式中各坐标变分前面的系数即为式(8.1.10)中的 $A_{ij}(i=1,4;\ j=1,3)$。

系统受到的主动力为直杆$(i=1,2)$和楔块$(i=3,4)$的重力，沿 y 轴的负向，即

$$F_1 = 0,\quad F_2 = -m_1 g,\quad F_3 = 0,\quad F_4 = -m_2 g$$

代入第一类拉格朗日方程$(r=3, s=0)$

$$F_i - m_i\ddot{x}_i + \sum_{j=1}^{r+s}\lambda_j A_{ij} = 0\quad (i = 1,2,3,4)$$

导出

$$
\begin{cases}
-m_1\ddot{x}_1 + \lambda_1 - \lambda_2\tan\theta = 0 \\
-m_1 g - m_1\ddot{y}_1 + \lambda_2 = 0 \\
-m_2\ddot{x}_2 + \lambda_2\tan\theta = 0 \\
-m_2 g - m_2\ddot{y}_2 - \lambda_2 + \lambda_3 = 0
\end{cases}
\tag{b}
$$

由上述 4 个微分方程连同 3 个完整约束方程可求解 7 个未知量：$x_1, y_1, x_2, y_2, \lambda_1, \lambda_2, \lambda_3$。由式(a)有

$$\ddot{x}_1 = 0,\quad \ddot{y}_1 + \ddot{x}_2\tan\theta = 0,\quad \ddot{y}_2 = 0 \tag{c}$$

代入式(b)得

$$\lambda_1 = \lambda_2 \tan\theta, \quad \ddot{x}_2 = \frac{m_1 g - \lambda_2(1 + \tan\theta)}{m_1 \tan\theta - m_2}, \quad \lambda_3 = m_2 g + \lambda_2$$

上式与式(b)结合可解得

$$\lambda_1 = \frac{m_1 m_2 g \tan\theta}{m_2 + m_1 \tan^2\theta}, \quad \lambda_2 = \frac{m_1 m_2 g}{m_2 + m_1 \tan^2\theta}, \quad \lambda_3 = m_2\left(1 + \frac{m_1}{m_2 + m_1 \tan^2\theta}\right)g$$

将求得的 λ_2 代入式(b),同时考虑到式(c)后有

$$\ddot{x}_2 = \frac{\lambda_2 \tan\theta}{m_2} = \frac{m_1 g \tan\theta}{m_2 + m_1 \tan^2\theta}, \quad \ddot{y}_1 = -\ddot{x}_2 \tan\theta = -\frac{m_1 g \tan^2\theta}{m_2 + m_1 \tan^2\theta}$$

分别以直杆和楔块为研究对象,由于不计摩擦,其受力如图 8.1.3 所示。列出直杆在 y 方向和 x 方向的动力学方程,并与式(b)比较,有

$$m_1 \ddot{y}_1 = F_{NA}\cos\theta - m_1 g = \lambda_2 - m_1 g$$

$$m_1 \ddot{x}_1 = F_{Nx} - F_{NA}\sin\theta = 0$$

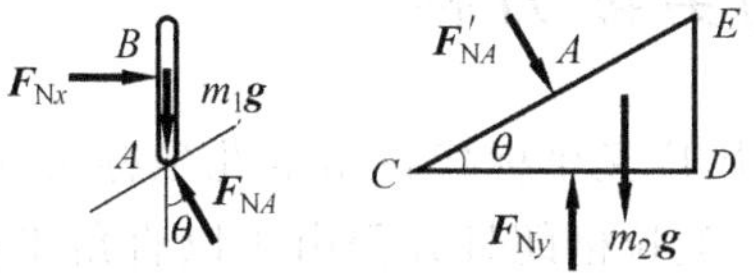

图　8.1.3

于是得到

$$F_{NA} = \frac{\lambda_2}{\cos\theta}, \quad F_{Nx} = \lambda_2 \tan\theta = \lambda_1$$

列出楔块在 y 方向的动力学方程,有

$$m_2 \ddot{y}_2 = F_{Ny} - m_2 g - F'_{NA}\cos\theta = F_{Ny} - m_2 g - \lambda_2 = F_{Ny} - \lambda_3 = 0$$

因此得到

$$F_{Ny} = \lambda_3$$

例 8.3　如图 8.1.4 所示,两个质量均为 m 的质点 M_1 和 M_2 由一长度为 l 的刚性无重杆相连,若此系统只能在铅垂平面 Oxy 内运动,且杆中点的速度必须沿杆向,试用第一类拉格朗日方程建立系统运动的数学模型。

解:设质点 M_1 和 M_2 的坐标分别为(x_1, y_1)和(x_2, y_2),考虑到两质点被刚性杆相连,故系统满足的完整约束方程为

$$(x_2 - x_1)^2 + (y_2 - y_1)^2 - l^2 = 0$$

又由于杆中点的速度沿杆向,因此还满足非完整约束

$$(x_2 - x_1)(\dot{y}_2 + \dot{y}_1) - (\dot{x}_2 + \dot{x}_1)(y_2 - y_1) = 0$$

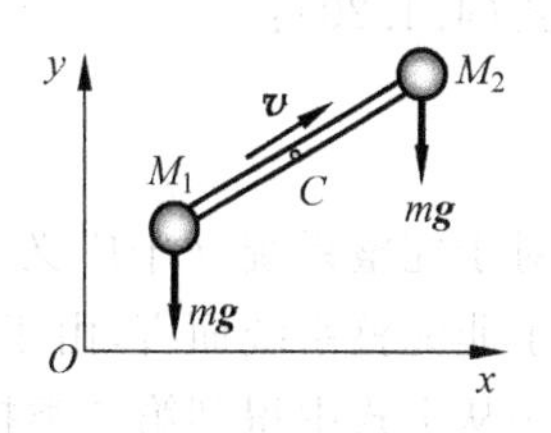

图　8.1.4

由此可见,所研究的系统是一个两自由度非完整系统。约束方程的变分形式为

$$\begin{cases}(x_2 - x_1)\delta x_1 + (y_2 - y_1)\delta y_1 + (x_1 - x_2)\delta x_2 + (y_1 - y_2)\delta y_2 = 0 \\ (y_1 - y_2)\delta x_1 + (x_2 - x_1)\delta y_1 + (y_1 - y_2)\delta x_2 + (x_2 - x_1)\delta y_2 = 0\end{cases}$$

式中各坐标变分前面的系数即为式(8.1.10)中的 A_{ij}(i=1,4; j=1,2)。

系统受到的主动力为质点 $M_1(i=1,2)$ 和 $M_2(i=3,4)$ 的重力，即

$$F_1 = 0,\quad F_2 = -mg,\quad F_3 = 0,\quad F_4 = -mg$$

代入第一类拉格朗日方程($r=1,s=1$)

$$F_i - m_i \ddot{x}_i + \sum_{j=1}^{r+s} \lambda_j A_{ij} = 0 \quad (i = 1,2,3,4)$$

导出

$$\begin{cases} m\ddot{x}_1 = \lambda_1(x_2 - x_1) + \lambda_2(y_1 - y_2) \\ m\ddot{y}_1 = -mg + \lambda_1(y_2 - y_1) + \lambda_2(x_2 - x_1) \\ m\ddot{x}_2 = \lambda_1(x_1 - x_2) + \lambda_2(y_1 - y_2) \\ m\ddot{y}_2 = -mg + \lambda_1(y_1 - y_2) + \lambda_2(x_2 - x_1) \end{cases}$$

上述 4 个微分方程连同两个约束方程可求解 6 个未知量：$x_1, y_1, x_2, y_2, \lambda_1, \lambda_2$。

8.2 非完整系统的劳斯方程

实际分析工程问题时，采用广义坐标代替笛卡儿坐标可使未知变量明显减少。上节给出的适用于非完整系统的第一类拉格朗日方程由于以直角坐标来描述系统的运动，且坐标之间是非独立的，在研究系统所要满足的动力学关系时，除考虑运动约束外，还需考虑几何约束。由于广义坐标彼此独立，如果选广义坐标来描述系统的运动，则无须考虑几何约束，只需考虑运动约束，从而非常有效地减少了方程中的变量数。

英国数学家菲勒斯(Norman Macleod Ferrers，1829—1903)于 1873 年、劳斯于 1884 年借用第一类拉格朗日方程的方法，对一阶线性非完整约束系统建立了带有约束乘子的方程，这就是用**广义坐标和不定乘子联合求解非完整系统**动力学问题的方法，文献中习惯称之为劳斯方程。

设某非完整系统由 n 个质点组成，受有 r 个完整约束和 s 个非完整约束。选择 $l=3n-r$ 个广义坐标 q_k 以确定系统的位形。无疑，这 l 个广义坐标是彼此独立的，这就意味着 r 个完整约束已被消除，这时，只需考虑非完整约束。用广义坐标表示的 s 个线性非完整约束可写成式(8.0.2)的形式，相应地，广义坐标的等时变分 δq_k 间满足的约束条件形如式(8.0.3)。

如果不计非完整约束，则达朗贝尔-拉格朗日原理可以写成广义坐标的形式，即式(4.1.20)：

$$\sum_{k=1}^{l}\left[Q_k - \frac{\mathrm{d}}{\mathrm{d}t}\left(\frac{\partial T}{\partial \dot{q}_k}\right) + \frac{\partial T}{\partial q_k}\right]\delta q_k = 0 \tag{8.2.1}$$

对于完整系统，l 个广义坐标的变分 δq_k 是相互独立的，从而得到第二类拉格朗日方程。对于非完整系统而言，由于式(8.0.3)的存在，使得各广义坐标的变分不再完全独立，因而将无法从上式中得到第二类拉格朗日方程。将上式展开为

$$\sum_{k=1}^{l} Q_k \delta q_k + \sum_{k=1}^{l}\left[-\frac{\mathrm{d}}{\mathrm{d}t}\left(\frac{\partial T}{\partial \dot{q}_k}\right) + \frac{\partial T}{\partial q_k}\right]\delta q_k = 0 \tag{8.2.2}$$

式(8.2.2)左边第一项表示作用在系统上的主动力的虚功之和，第二项则表示系统中各质点惯性力的虚功之和。从力学概念上讲，若解除所有的 s 个非完整约束而代之以约束反力，则系统的虚位移只受完整约束的限制，而不受非完整约束的限制，于是在任意虚位移中，非完

整约束力将做功，因而，只要在式(8.2.1)或式(8.2.2)中附加上非完整约束反力对应于 q_k 的广义力乘以 δq_k 即可。从数学上讲，可以采用不定乘子法的思想，导出适用于非完整系统以广义坐标表示的运动方程。

将式(8.0.3)乘以不定乘子 $\lambda_j(j=1,2,\cdots,s)$，然后相加，得到

$$\sum_{j=1}^{s}\lambda_j\left(\sum_{k=1}^{l}B_{kj}\delta q_k\right)=0 \tag{8.2.3}$$

交换上式的求和次序得

$$\sum_{k=1}^{l}\left(\sum_{j=1}^{s}\lambda_j B_{kj}\right)\delta q_k=0 \tag{8.2.4}$$

将此式与式(8.2.2)相加，得到

$$\sum_{k=1}^{l}\left[Q_k-\frac{\mathrm{d}}{\mathrm{d}t}\left(\frac{\partial T}{\partial \dot{q}_k}\right)+\frac{\partial T}{\partial q_k}+\sum_{j=1}^{s}\lambda_j B_{kj}\right]\delta q_k=0 \tag{8.2.5}$$

值得注意的是，上式中 l 个广义坐标的变分 $\delta q_k(k=1,2,\cdots,l)$ 并不独立，不能任意取值，其中只有 $l-s$ 个是独立的。注意，其中还有 s 个不定乘子 $\lambda_j(j=1,2,\cdots,s)$，因此，可以选择适当的 s 个不定乘子 λ_j，使不独立的 s 个变分 $\delta q_k(k=1,2,\cdots,s)$ 前的系数等于零，得到 s 个方程

$$\frac{\mathrm{d}}{\mathrm{d}t}\left(\frac{\partial T}{\partial \dot{q}_k}\right)-\frac{\partial T}{\partial q_k}=Q_k+\sum_{j=1}^{s}\lambda_j B_{kj}\quad(k=1,2,\cdots,s) \tag{8.2.6}$$

于是在方程(8.2.5)中只包含与 $l-s$ 个独立坐标变分 $\delta q_k(k=s+1,s+2,\cdots,l)$ 有关的求和式，这 $l-s$ 个坐标变分既然是独立的，则方程成立的充要条件就是各坐标变分前的系数等于零，由此得到 $l-s$ 个方程

$$\frac{\mathrm{d}}{\mathrm{d}t}\left(\frac{\partial T}{\partial \dot{q}_k}\right)-\frac{\partial T}{\partial q_k}=Q_k+\sum_{j=1}^{s}\lambda_j B_{kj}\quad(k=s+1,s+2,\cdots,l) \tag{8.2.7}$$

上式连同已得到的 s 个方程(即式(8.2.6))，总共列出 l 个方程

$$\frac{\mathrm{d}}{\mathrm{d}t}\left(\frac{\partial T}{\partial \dot{q}_k}\right)-\frac{\partial T}{\partial q_k}=Q_k+\sum_{j=1}^{s}\lambda_j B_{kj}\quad(k=1,2,\cdots,l) \tag{8.2.8}$$

此包含 s 个拉格朗日乘子和 l 个广义坐标的方程组称为**非完整系统的劳斯方程**。此时，系统的变量共有 $l+s$ 个，因此还必须与 s 个非完整约束方程联立才能使方程组封闭。

劳斯方程(8.2.8)采用了广义坐标和不定乘子，由于拉格朗日首先将广义坐标的概念和不定乘子法应用到力学中来，因此方程(8.2.8)也称为**含不定乘子的拉格朗日方程**。但拉格朗日本人只将广义坐标应用于完整系统，得到的是第二类拉格朗日方程。他将不定乘子应用于非完整系统时，采用的是笛卡儿坐标，得到的是前面介绍的第一类拉格朗日方程。

劳斯方程中的约束乘子项 $\sum\lambda_j B_{kj}$ 可看作是在 $\delta q_k\neq 0$ 而其他所有广义坐标的变分为零的情况下，非完整约束所引起的系统对应于广义坐标 q_k 的广义约束力。由此可见，劳斯方程和非完整约束条件相结合以后，不但可求得系统的运动，还可求得非完整约束力。

对于更一般的情况，如果系统由 n 个质点组成，受有 r 个完整约束和 s 个非完整约束，广义坐标 q_k 的个数为 $l=3n-r$。在有些问题中，为方便计算，选取的描述系统位形的坐标往往要多于广义坐标数。在这种情况下，仍然可以利用乘子法，将完整约束加入方程中。如

果取 $m(m>l)$ 个坐标来确定系统的位形，则可得到如下动力学方程：

$$\frac{\mathrm{d}}{\mathrm{d}t}\left(\frac{\partial T}{\partial \dot{q}_k}\right)-\frac{\partial T}{\partial q_k}=Q_k+\sum_{j=1}^{s+r}\lambda_j B_{kj}\quad (k=1,2,\cdots,m) \tag{8.2.9}$$

其中，对于完整约束，$B_{kj}=\partial f_j/\partial q_k(j=1,2,\cdots,r)$。需要注意的是，当选取了多余坐标后，在列写系统的动能和势能或计算广义力时，应把所有多余的(非独立的)坐标同独立的坐标一样看待。在建立运动方程的全过程中均不能利用约束方程从动能、势能或广义力中直接消除非独立的量，亦即在处理上与非完整约束一样。

劳斯方程(8.2.8)也可推广到一阶非线性非完整约束系统。设系统的位形由 l 个广义坐标 q_k 来确定，并受有形如

$$\psi_j(q_1,q_2,\cdots,q_l;\ \dot{q}_1,\dot{q}_2,\cdots,\dot{q}_l;\ t)\quad (j=1,2,\cdots,s) \tag{8.2.10}$$

的 s 个用广义坐标和广义速度表出的一阶非线性非完整约束，则一阶非线性非完整约束系统的劳斯方程可表示为

$$\frac{\mathrm{d}}{\mathrm{d}t}\left(\frac{\partial T}{\partial \dot{q}_k}\right)-\frac{\partial T}{\partial q_k}=Q_k+\sum_{j=1}^{s}\lambda_j\frac{\partial \psi_j}{\partial \dot{q}_k}\quad (k=1,2,\cdots,l) \tag{8.2.11}$$

例 8.4 冰刀可简化为在水平面 Oxy 内运动的均质杆 AB，如图 8.2.1 所示，其质量为 m，对质心轴的转动惯量为 J_C。已知冰刀质心 C 的速度始终保持与刀刃 AB 一致，冰刀上作用有沿 $A\to B$ 方向的力 $\boldsymbol{F}$ 和水平面内力偶 M，设 $\boldsymbol{F}$ 和 M 均为时间 t 的已知函数。试用劳斯方程确定冰刀的运动规律。

解：选取质心 C 点的坐标(x_C,y_C)和 AB 相对于 x 轴的转角 θ 为描述冰刀位形的广义坐标。由于质心 C 的速度始终与 $A\to B$ 方向一致，则冰刀的运动必须满足如下的非完整约束条件：

$$\dot{x}_C\tan\theta-\dot{y}_C=0 \tag{a}$$

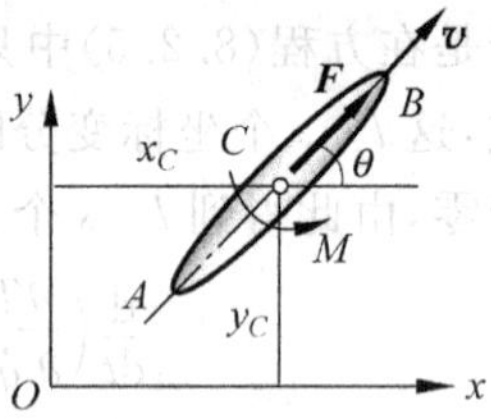

图 8.2.1

此方程不能积分成有限形式，因此系统为由 3 个广义坐标描述的两自由度非完整系统。此约束方程的变分形式为

$$\tan\theta\delta x_C-\delta y_C=0$$

式中各坐标变分前面的系数即为式(8.2.8)中的 $B_{kj}(k=1,2,3;\ j=1)$。

系统的动能

$$T=\frac{1}{2}J_C\dot{\theta}^2+\frac{1}{2}m(\dot{x}_C^2+\dot{y}_C^2)$$

给系统以虚位移 δx_C、δy_C、$\delta\theta$，如力 $\boldsymbol{F}$ 在 x 轴和 y 轴方向的投影分别为 F_x 和 F_y，则所有主动力的虚功和为

$$\sum\delta W=F_x\delta x_C+F_y\delta y_C+M\delta\theta=F\cos\theta\delta x_C+F\sin\theta\delta y_C+M\delta\theta$$

因此，对应于广义坐标的广义力分别为

$$Q_1=F\cos\theta,\quad Q_2=F\sin\theta,\quad Q_3=M$$

代入非完整系统的劳斯方程($s=1$)

$$\frac{\mathrm{d}}{\mathrm{d}t}\left(\frac{\partial T}{\partial \dot{q}_k}\right)-\frac{\partial T}{\partial q_k}=Q_k+\lambda B_{k1}\quad (k=1,2,3)$$

导出

$$\begin{cases} m\ddot{x}_C = F\cos\theta + \lambda\tan\theta \\ m\ddot{y}_C = F\sin\theta - \lambda \\ J_C\ddot{\theta} = M \end{cases} \tag{b}$$

动力学方程(b)与非完整约束方程(a)联立可确定冰刀的运动规律。将上式第一式乘以 $\tan\theta$ 后减去第二式，便得到

$$m(\ddot{x}_C\tan\theta - \ddot{y}_C) = \frac{\lambda}{\cos^2\theta} = \lambda\sec^2\theta \tag{c}$$

将非完整约束方程(a)对时间求导，得到

$$\ddot{x}_C\tan\theta - \ddot{y}_C = -\dot{x}_C\dot{\theta}\sec^2\theta$$

将上式代入式(c)求得约束乘子为

$$\lambda = -m\dot{x}_C\dot{\theta}$$

将求得的 λ 代入式(b)，便得到消去未知量 λ 的系统的运动方程

$$\begin{cases} \ddot{x}_C + \dot{x}_C\dot{\theta}\tan\theta = \dfrac{F}{m}\cos\theta \\ \ddot{y}_C - \dot{x}_C\dot{\theta} = \dfrac{F}{m}\sin\theta \\ J_C\ddot{\theta} = M \end{cases}$$

本问题是一个关于非完整系统的经典问题，直接求解如上非线性微分方程组将遇到困难，详细讨论可见相关的参考书籍。

例 8.5　如图 8.2.2 所示，两质点 A、B 有相同的质量 m，由长为 l 的无重刚杆相连。在点 A 和 B 处都装有小刀刃支承，使得两点的绝对速度矢必须始终与杆相垂直。设系统保持在光滑水平面上运动，且杆以匀角速度 ω 转动。试用劳斯方程确定系统的运动。

解：该系统(作为一个刚体)在水平面内作平面运动，由于刚杆相对于 x 轴的转角 θ 按预定规律 $\theta=\omega t$ 而变化，故可选取质心 C 点的坐标(x_C，y_C)为描述系统位形的广义坐标。考虑到小刀刃约束，质心 C 点的绝对速度 v_C 也必须与刚杆相垂直，故刚杆的运动必须满足如下的非完整约束条件：

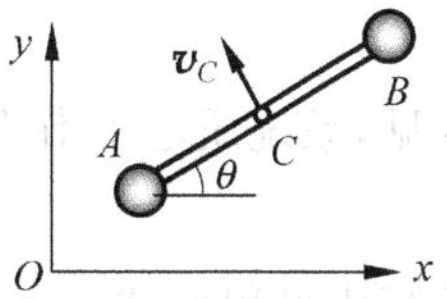

图　8.2.2

$$\frac{\dot{x}_C}{\dot{y}_C} = -\tan\theta = -\tan\omega t \quad 或 \quad \dot{x}_C\cos\omega t + \dot{y}_C\sin\omega t = 0 \tag{a}$$

此方程写成微分形式以后，可以证明该约束方程为不可积微分约束，因此独立广义坐标变分只有一个，系统为由两个广义坐标描述的单自由度非完整系统。此约束方程的变分形式为

$$\cos\omega t\,\delta x_C + \sin\omega t\,\delta y_C = 0$$

式中各坐标变分前面的系数即为式(8.2.8)中的 B_{kj}($k=1,2$；$j=1$)。

系统的动能为

$$T = \frac{1}{2}\frac{1}{2}ml^2\cdot\omega^2 + \frac{1}{2}(2m)\cdot(\dot{x}_C^2 + \dot{y}_C^2) = m(\dot{x}_C^2 + \dot{y}_C^2) + \frac{1}{4}ml^2\omega^2$$

注意，上式中含有 $\dot{x}_C$ 和 $\dot{y}_C$，但这里不能利用约束方程(a)直接从上式中消去非独立的广义速度。系统所受的主动力重力为有势力。由于系统始终保持在水平面内运动，故系统的势

能函数可以写为 $V=0$。于是系统的拉格朗日函数为

$$L=T-V=m(\dot{x}_C^2+\dot{y}_C^2)+\frac{1}{4}ml^2\omega^2$$

代入非完整系统的劳斯方程($s=1$)

$$\frac{\mathrm{d}}{\mathrm{d}t}\left(\frac{\partial L}{\partial \dot{q}_k}\right)-\frac{\partial L}{\partial q_k}=\lambda B_{k1}\quad (k=1,2)$$

导出

$$\begin{cases}2m\ddot{x}_C=\lambda\cos\omega t\\ 2m\ddot{y}_C=\lambda\sin\omega t\end{cases}\tag{b}$$

将动力学方程(b)与非完整约束方程(a)联立可确定 $x_C(t)$、$y_C(t)$ 和 $\lambda(t)$。从上式中消去 λ 便得到

$$\frac{\ddot{y}_C}{\ddot{x}_C}=\tan\omega t$$

将此式与非完整约束方程(a)相比,得

$$\frac{\ddot{y}_C}{\ddot{x}_C}=-\frac{\dot{x}_C}{\dot{y}_C}\quad 或\quad \dot{y}_C\ddot{y}_C+\dot{x}_C\ddot{x}_C=0$$

上式可写为

$$\frac{\mathrm{d}}{\mathrm{d}t}(\dot{x}_C^2+\dot{y}_C^2)=0$$

积分后得

$$\dot{x}_C^2+\dot{y}_C^2=C=\text{const.}\tag{c}$$

设系统运动的初始条件为 $t=0$ 时,

$$x_C=0,\quad y_C=0,\quad \dot{x}_C=0,\quad \dot{y}_C=v_0,\quad \theta=0$$

利用此初始条件,可求得式(c)中的积分常数,于是有

$$\dot{x}_C^2+\dot{y}_C^2=v_0^2$$

可见,系统质心 C 作匀速运动,即 $v_C=v_0$,又因 $\boldsymbol{v}_C\perp AB$,故有

$$\dot{x}_C=-v_0\sin\omega t,\quad \dot{y}_C=v_0\cos\omega t\tag{d}$$

或写成可积形式:

$$\mathrm{d}x_C=-v_0\sin\omega t\,\mathrm{d}t,\quad \mathrm{d}y_C=v_0\cos\omega t\,\mathrm{d}t$$

利用初始条件,经积分后,得到确定系统运动的两个函数

$$x_C=\frac{v_0}{\omega}(\cos\omega t-1),\quad y_C=\frac{v_0}{\omega}\sin\omega t$$

从此式中消去时间 t,得到质心 C 的轨迹方程为

$$\left(x_C+\frac{v_0}{\omega}\right)^2+y_C^2=\left(\frac{v_0}{\omega}\right)^2$$

可见系统质心 C 作匀速圆周运动,其轨迹的曲率半径 $r=v_0/\omega$ 保持不变,如图 8.2.3 所示。当 $\theta=\pi/2$ 时,系统正处在图示位置。

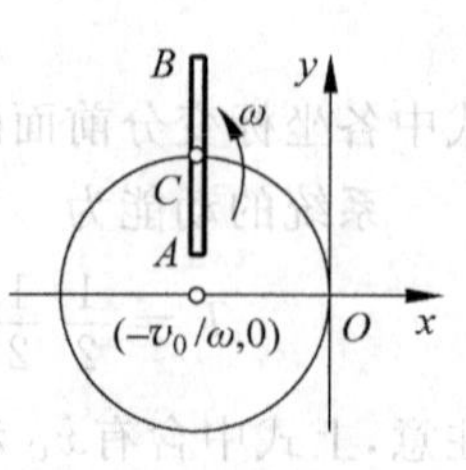

图 8.2.3

同样,质心 C 的全加速度即其法向加速度也保持不变,有

$$a_C=a_C^n=\frac{v_0^2}{r}=\omega v_0$$

将式(d)代入式(b)求得约束乘子为

$$\lambda = \frac{2m\ddot{x}_C}{\cos\omega t} = -2mv_0\omega$$

根据质心运动定理，设 $\boldsymbol{F}_N$ 为系统所受的约束反力，则

$$F_N = 2ma_C^n = 2m \cdot v_0\omega = 2m\omega v_0$$

可见，不定乘子 λ 的绝对值与约束反力的值相等，而反力的方向始终与 a_C^n 一致。因点 C 相对于圆心的角速度为 $\omega' = v_0/r = \omega$，故刚杆在运动中始终沿点 C 轨迹的半径。可见，两个小刀刃处的全反力 $\boldsymbol{F}_N$ 始终沿刚杆并指向圆心。

习题

8.1　将导弹和飞机简化为质点 M_1 和 M_2，如题 8.1 图所示，制导系统可保证质点 M_1 的速度 $\boldsymbol{v}$ 始终对准质点 M_2。设导弹的质量为 m，受到的力 $\boldsymbol{F}$ 沿 x 和 y 轴的投影分别为 F_x 和 F_y。试用第一类拉格朗日方程建立导弹的运动微分方程。

答：$m\ddot{x}_1 - F_x + \lambda(y_2 - y_1) = 0$；

$m\ddot{y}_1 - F_y + \lambda(x_1 - x_2) = 0$；

$(x_2 - x_1)\dot{y}_1 - (y_2 - y_1)\dot{x}_1 = 0$。

8.2　如题 8.2 图所示的运动系统中，可沿光滑水平面移动的重物 A 的质量为 m_1，可在铅直面内摆动的摆锤 B 的质量为 m_2。两个物体用长为 l 的无重刚杆连接。试用第一类拉格朗日方程建立系统的运动微分方程。

答：$m_1\ddot{x}_1 - 2\lambda_2(x_1 - x_2) = 0$；

$m_1\ddot{y}_1 - \lambda_1 - 2\lambda_2(y_1 - y_2) - m_1 g = 0$；

$m_2\ddot{x}_2 + 2\lambda_2(x_1 - x_2) = 0$；

$m_2\ddot{y}_2 + 2\lambda_2(y_1 - y_2) - m_2 g = 0$；

$y_1 = 0$；

$(x_1 - x_2)^2 + (y_1 - y_2)^2 - l^2 = 0$。

8.3　如题 8.3 图所示，质量为 m_1 的三棱柱 B 置于水平面上，三棱柱的倾角为 θ，三棱柱 A 的质量为 m_2，所有接触都是光滑的。如开始时系统静止，试用第一类拉格朗日方程求运动时三棱柱 B 的加速度。

答：$\ddot{x}_1 = \dfrac{m_2 g\sin 2\theta}{2(m_1 + m_2\sin^2\theta)}$。

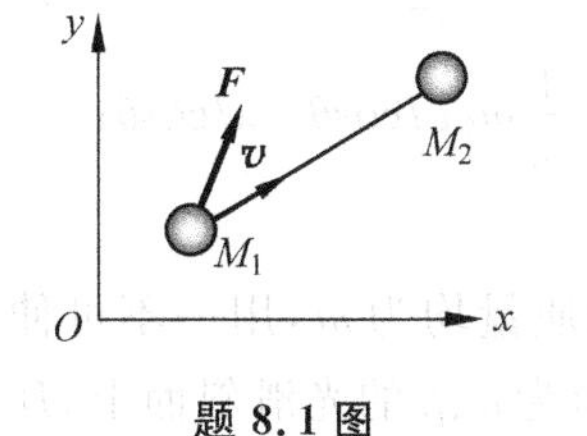

题 8.1 图

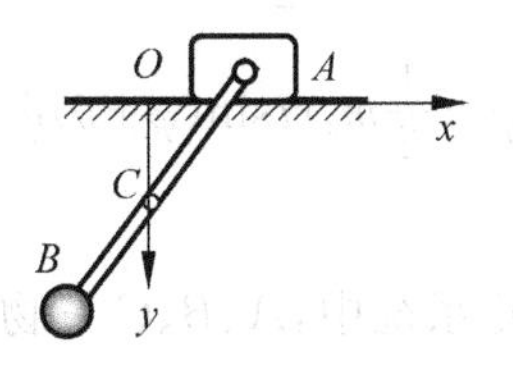

题 8.2 图

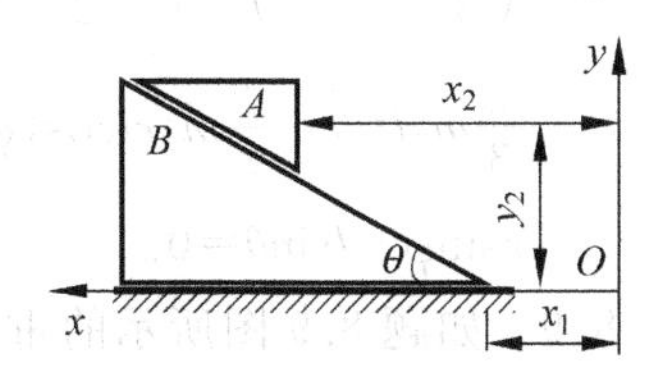

题 8.3 图

8.4 如题 8.4 图所示，物块 A、B 和 C 的质量分别为 m_1、m_2 和 m_3，略去定滑轮和动滑轮以及绳子的质量，不计轴承摩擦，并假定绳子是不可伸长的。试用第一类拉格朗日方程求绕定滑轮的绳子的张力 T 和物块 A 的加速度 a_A。

答：$T=\dfrac{8m_1m_2m_3}{m_1(m_2+m_3)+4m_2m_3}g$，$a_A=\dfrac{m_1(m_2+m_3)-4m_2m_3}{m_1(m_2+m_3)+4m_2m_3}g$。

8.5 如题 8.5 图所示，物块 A 和 B 的质量分别为 m_1 和 m_2，假定绳子各自由段均为铅直的，且各滑轮的质量以及摩擦均可不计。试用第一类拉格朗日方程求 1 段绳子的张力 T 以及两物块的加速度。

答：$T=\dfrac{5m_1m_2}{m_1+16m_2}g$，$a_A=\dfrac{m_1-4m_2}{m_1+16m_2}g$，$a_B=\dfrac{4(4m_2-m_1)}{m_1+16m_2}g$。

8.6 如题 8.6 图所示的希立克测振仪由质量为 m 的小球 A 和无重刚杆组成。试以 θ 和 x 为坐标，建立系统的劳斯方程。

答：$m(x+c)^2\ddot{\theta}+2m(x+c)\dot{x}\dot{\theta}=-mg(x+c)\sin\theta+\lambda ax\sin\theta$；

$m\ddot{x}-m(x+c)\dot{\theta}^2=mg\cos\theta+\lambda(x-a)\cos\theta$；

$a^2+x^2-2ax\cos\theta-b^2=0$。

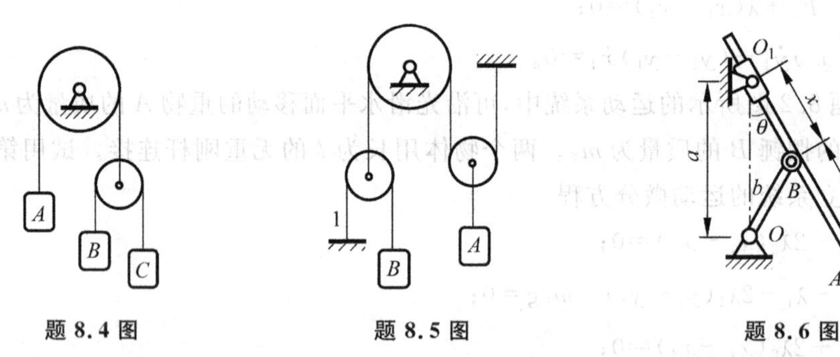

题 8.4 图　　题 8.5 图　　题 8.6 图

8.7 如题 8.7 图所示，一质量为 m、半径为 r 的均质细圆环沿倾角为 θ 的固定斜面无滑动地滚动。试用劳斯方程求圆环质心的加速度 $\ddot{x}_C$ 及其与斜面间的摩擦力 F_s。

答：$\ddot{x}_C=\dfrac{1}{2}g\sin\theta$，$F_s=\dfrac{1}{2}mg\sin\theta$。

8.8 如题 8.8 图所示机构中，曲柄 OA 与连杆 AB 均为均质杆，长度分别为 r 和 l，质量分别为 m_1 和 m_2，滑块 B 的质量不计。今在曲柄上作用一常力偶 M，试以 φ 和 θ 为坐标，建立系统的劳斯方程。

答：$\left(\dfrac{1}{3}m_1+m_2\right)r^2\ddot{\varphi}-\dfrac{1}{2}m_2rl\cos(\varphi+\theta)\ddot{\theta}+\dfrac{1}{2}m_2rl\sin(\varphi+\theta)\dot{\theta}^2=M-\dfrac{1}{2}m_1gr\cos\varphi+\lambda r\cos\varphi$；

$\dfrac{1}{3}m_2l^2\ddot{\theta}-\dfrac{1}{2}m_2rl\cos(\varphi+\theta)\ddot{\varphi}+\dfrac{1}{2}m_2rl\sin(\varphi+\theta)\dot{\varphi}^2=-\dfrac{1}{2}m_2gl\cos\theta-\lambda l\cos\theta$；

$r\sin\varphi-l\sin\theta=0$。

8.9 如题 8.9 图所示的重物滑轮系统中，A、B、C 三物块的质量均为 m，用一不可伸长的轻绳通过滑轮系住。各滑轮质量不计，A、C 物块分别放在倾角为 α、β 的光滑斜面上，B 块吊在动滑轮上。试用劳斯方程求各物块的加速度。

答：$\ddot{x}_1=\dfrac{g}{6}(5\sin\alpha-\sin\beta-2)$；

$\ddot{x}_2=\dfrac{g}{3}(1-\sin\alpha-\sin\beta)$；

$\ddot{x}_3=\dfrac{g}{6}(5\sin\beta-\sin\alpha-2)$；

$\lambda=-\dfrac{mg}{6}(\sin\alpha+\sin\beta+2)$。

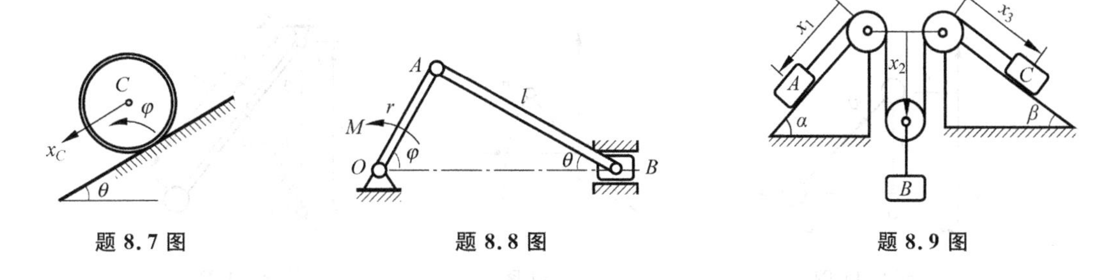

题 8.7 图　　题 8.8 图　　题 8.9 图

8.10　一质量为 m 的质点在重力作用下运动，它的运动受有形如

$$\dot{x}^2+\dot{y}^2-\frac{a^2}{b^2}\dot{z}^2=0$$

的非线性非完整约束，试用劳斯方程建立问题的运动微分方程，并求出不定乘子 λ。

答：$m\ddot{x}=2\lambda\dot{x}$，$m\ddot{y}=2\lambda\dot{y}$，$m\ddot{z}=-mg-2\dfrac{a^2}{b^2}\lambda\dot{z}$；

$$\lambda=-\frac{mg\dfrac{a^2}{b^2}\dot{z}}{2\left(\dot{x}^2+\dot{y}^2+\dfrac{a^4}{b^4}\dot{z}^2\right)}。$$

8.11　如题 8.11 图所示，一质量为 m 的质点 A 在重力作用下在铅垂平面 Oxy 上运动，它对另一质点 B 进行追踪。质点 B 以已知规律 $x=\xi(t)$ 沿水平轴 Ox 运动。试以劳斯方程建立质点 A 的运动微分方程并求出不定乘子 λ。

答：$m\ddot{x}=-\lambda\dfrac{y}{x-\xi}$，　$m\ddot{y}=\lambda-mg$；

$\dot{y}=\dfrac{y}{x-\xi}\dot{x}$；

$\lambda=\dfrac{m}{(x-\xi)^2+y^2}\left[g(x-\xi)^2+\dot{x}\dot{\xi}y\right]$。

8.12　一质量为 m 的质点在牛顿中心引力场中运动，引力常数为 GM，质点受有速度大小为常数的约束，试在球坐标（见题 8.12 图）下建立该运动问题的劳斯方程。

答：$m\ddot{r}-mr\sin^2\theta\dot{\varphi}^2-mr\dot{\theta}^2=-GM\dfrac{m}{r^2}+2\lambda\dot{r}$；

$m(r^2\ddot{\theta}+2r\dot{r}\dot{\theta})-mr^2\sin\theta\cos\theta\dot{\varphi}^2=2\lambda r^2\dot{\theta}$；

$m\dfrac{\mathrm{d}}{\mathrm{d}t}(r^2\sin^2\theta\dot{\varphi})=2\lambda r^2\sin^2\theta\dot{\varphi}$；

$$\dot{r}^2+r^2\dot{\theta}^2+r^2\sin^2\theta\dot{\varphi}^2=C^2=\text{const}。$$

8.13　如题 8.13 图所示，一质量为 m 的单摆 B 由长为 l 的无重刚杆连接，刚杆可绕 O 轴转动，杆上点 A 与支点 O_1 由一劲度系数为 k、原长为 l_0 的弹簧连接。设 $OA=a$，$O_1O=2a$，$O_1A=\rho$。试以 θ 和 ρ 为坐标建立单摆 B 的劳斯方程。

答：$ml^2\ddot{\theta}+mgl\sin\theta=-4\lambda a^2\sin\theta$；

$0=-k(\rho-l_0)+2\lambda\rho$；

$\rho^2+4a^2\cos\theta-5a^2=0$。

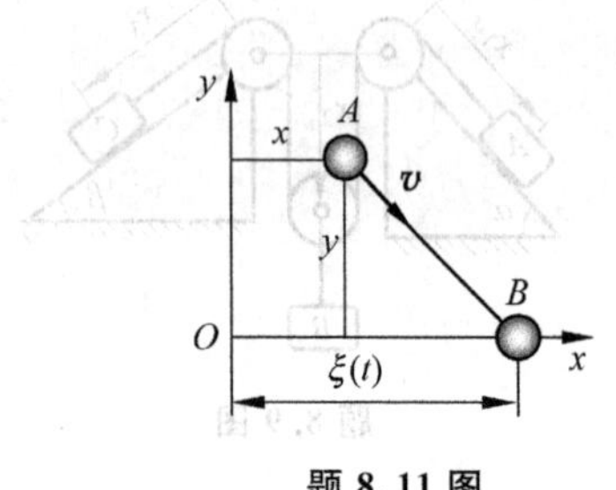

题 8.11 图

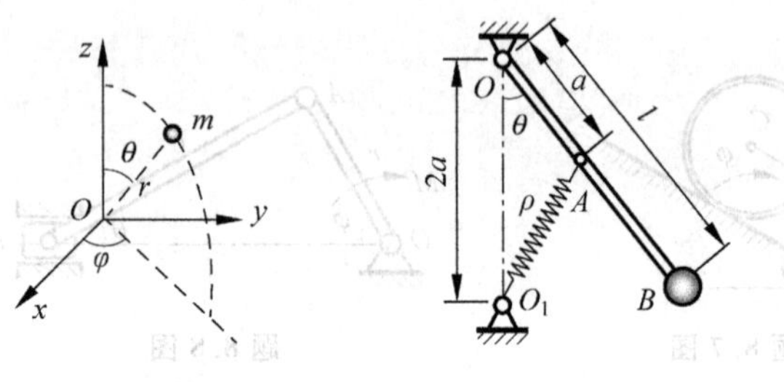

题 8.12 图　　题 8.13 图

第9章

阿沛尔方程

阿沛尔方程是处理非完整系统的经典方法之一。由于非完整系统的广义速度彼此为非独立的，为了取得独立的广义速度，法国学者阿沛尔（Paul Émile Appell，1855—1930）以伪速度作为系统的独立变量，代替传统使用的广义坐标。通过伪速度与广义速度之间的变换关系，得到了既适用于完整系统，又适用于非完整系统的阿沛尔方程。

阿沛尔方程在数学结构上比迄今为止我们所熟悉的非完整系统动力学方程都要简单得多，这也是阿沛尔方程的主要优点。此外，阿沛尔方程对完整系统和非完整系统有统一的形式，不包含约束反力，对非完整系统避免引入与约束反力有关的不定乘子。

9.1 伪速度的概念

设某非完整系统由 n 个质点组成，受有 r 个完整约束和 s 个非完整约束。选择 $l=3n-r$ 个广义坐标 q_k 来描述系统的位形。限制广义速度的非完整约束方程形如

$$\sum_{k=1}^{l} B_{kj}\dot{q}_k + B_{j0} = 0 \quad (j=1,2,\cdots,s) \tag{9.1.1}$$

与此相对应的广义坐标的变分 δq_k 之间也要满足相应的约束条件

$$\sum_{k=1}^{l} B_{kj}\delta q_k = 0 \quad (j=1,2,\cdots,s) \tag{9.1.2}$$

这意味着广义坐标数 l 大于系统的自由度数 $f=l-s$，l 个广义速度 $\dot{q}_k(k=1,2,\cdots,l)$ 中只有 $f=l-s$ 个是独立的。原则上可在 $\dot{q}_k(k=1,2,\cdots,l)$ 中选择 f 个广义速度作为确定非完整系统运动的独立变量。在更普遍的情况下，也可构造出 f 个相互**独立的**广义速度的线性组合作为独立变量，记作

$$\dot{\pi}_\nu = \sum_{k=1}^{l} f_{k\nu}\dot{q}_k + f_{\nu 0} \quad (\nu=1,2,\cdots,f) \tag{9.1.3}$$

式中，具有速度量纲的变量 $\dot{\pi}_\nu$ 称为**伪速度**或**准速度**（标量）。系数 $f_{k\nu}$ 和 $f_{\nu 0}$ 一般为广义坐标 q_k 和时间 t 的函数。变量 π_ν 通常只具有坐标形式而无明确的物理意义，甚至可能根本没有定义，称为**伪坐标**或**准坐标**。这是因为伪速度可以通过人为构造的或任意选定的函数 $f_{k\nu}$ 和 $f_{\nu 0}$ 作为系数与广义坐标 q_k 建立起线性关系。如将上式写成 Pfaff 型微分式：

$$\mathrm{d}\pi_\nu = \sum_{k=1}^{l} f_{k\nu}\mathrm{d}q_k + f_{\nu 0}\mathrm{d}t \quad (\nu=1,2,\cdots,f) \tag{9.1.4}$$

则在任意选定系数的情况下，方程(9.1.4)不一定是可积的，伪坐标 π_ν 本身就不一定存在。其实，即使存在伪坐标，也不一定像广义坐标那样用以确定系统的位形，这就是把 $\dot{\pi}_\nu$ 和 π_ν

称为伪速度与伪坐标的原因。

将伪速度的定义式(9.1.3)和约束方程(9.1.1)联立,可得到 $f+s=l$ 个关于变量 $\dot{q}_k(k=1,2,\cdots,l)$ 的线性代数方程组,若其系数矩阵非奇异,则可解得用 f 个独立的伪速度表示的 l 个广义速度:

$$\dot{q}_k = \sum_{\nu=1}^{f} h_{k\nu}\dot{\pi}_\nu + h_{k0} \quad (k = 1,2,\cdots,l) \tag{9.1.5}$$

式中系数 $h_{k\nu}$ 和 h_{k0} 为广义坐标 q_k 和时间 t 的函数。此式表明,伪速度可以用来表达系统各点的速度。

如同时认为 $\delta\pi_\nu$ 也存在,则广义坐标的变分表达式为

$$\delta q_k = \sum_{\nu=1}^{f} h_{k\nu}\delta\pi_\nu \quad (k = 1,2,\cdots,l) \tag{9.1.6}$$

将式(9.1.5)对时间 t 再微分一次,得到

$$\ddot{q}_k = \sum_{\nu=1}^{f}\left(h_{k\nu}\ddot{\pi}_\nu + \frac{\mathrm{d}h_{k\nu}}{\mathrm{d}t}\dot{\pi}_\nu\right) + \frac{\mathrm{d}h_{k0}}{\mathrm{d}t} \quad (k = 1,2,\cdots,l) \tag{9.1.7}$$

由式(9.1.5)与式(9.1.7)知,上式中的参数 $h_{k\nu}$ 应满足

$$h_{k\nu} = \frac{\partial \dot{q}_k}{\partial \dot{\pi}_\nu} = \frac{\partial \ddot{q}_k}{\partial \ddot{\pi}_\nu} \quad (k = 1,2,\cdots,l;\ \nu = 1,2,\cdots,f) \tag{9.1.8}$$

若将非完整约束方程(9.1.1)与伪速度的表达式(9.1.3)对照,可以看出式(9.1.1)的左端与式(9.1.3)的右端有相同的结构,都是广义速度的线性组合,于是可将约束方程看作伪速度取值为零的表达式。**完整系统和非完整系统均可采用伪速度为变量以代替广义速度**,所不同的是,由于完整系统不存在速度上的限制,即不存在式(9.1.1),因此伪速度有 l 个;而非完整系统含有 $l-s$ 个非零伪速度和取值为零的 s 个伪速度。非完整约束条件越多,取值为零的伪速度就越多,非零的伪速度就越少,也即用以描述系统速度所需的独立变量亦越少。这显然是伪速度被引入的原因之一。

完整系统含有 l 个伪速度,由于式(9.1.3)的关系是任意的,以 l 个广义速度作为 l 个伪速度也是任选中的一种,这样就与以广义坐标作变量统一了。如前所述,一组广义坐标的选取不是唯一的,而是有多种选择。而伪速度的选择性更强,这是采用伪速度的另一优点。

9.2 阿沛尔方程的理论及其应用

阿沛尔方程是采用 $l-s$ 个伪速度代替 l 个广义速度作为独立变量描述系统运动的,以动力学普遍方程为基础作 $\dot{q}_k$ 与 $\dot{\pi}_\nu$ 的坐标变换,就可得到阿沛尔方程。这里采用高斯原理进行推导。

设某非完整系统由 n 个质点组成,受有 r 个完整约束和 s 个非完整约束。取系统的 $l=3n-r$ 个独立的广义坐标 $q_k(k=1,2,\cdots,l)$ 和 $f=l-s$ 个伪速度 $\dot{\pi}_\nu(\nu=1,2,\cdots,f)$。根据高斯原理,系统的拘束已由式(7.1.4)给出,即

$$Z = \sum_{i=1}^{n}\frac{1}{2}m_i\left(\ddot{\boldsymbol{r}}_i - \frac{\boldsymbol{F}_i}{m_i}\right)^2 \tag{9.2.1}$$

式中,m_i 为系统中第 i 个质点的质量,$\boldsymbol{r}_i$ 为此质点的位置矢径,$\ddot{\boldsymbol{r}}_i$ 为其加速度,$\boldsymbol{F}_i$ 为作用于

其上的主动力。将拘束表达式改写为

$$Z = G - \sum_{i=1}^{n} \ddot{\boldsymbol{r}}_i \cdot \boldsymbol{F}_i + (\cdots) \tag{9.2.2}$$

上式中的省略号“…”表示与加速度无关的项，G 为前面已经定义过的加速度能，

$$G = \sum_{i=1}^{n} \frac{1}{2} m_i \ddot{\boldsymbol{r}}_i \cdot \ddot{\boldsymbol{r}}_i \tag{9.2.3}$$

现在建立以伪速度表达的质点加速度，将质点矢径用广义坐标表出：

$$\boldsymbol{r}_i = \boldsymbol{r}_i(q_1, q_2, \cdots, q_l;\ t) \quad (i = 1, 2, \cdots, n) \tag{9.2.4}$$

将上式对时间 t 求导，得到系统中任意一点的速度矢为

$$\dot{\boldsymbol{r}}_i = \sum_{k=1}^{l} \frac{\partial \boldsymbol{r}_i}{\partial q_k} \dot{q}_k + \frac{\partial \boldsymbol{r}_i}{\partial t} \quad (i = 1, 2, \cdots, n) \tag{9.2.5}$$

将式(9.1.5)代入，得

$$\dot{\boldsymbol{r}}_i = \sum_{k=1}^{l} \frac{\partial \boldsymbol{r}_i}{\partial q_k} \left(\sum_{\nu=1}^{f} h_{k\nu} \dot{\pi}_\nu + h_{k0} \right) + \frac{\partial \boldsymbol{r}_i}{\partial t} \quad (i = 1, 2, \cdots, n) \tag{9.2.6}$$

改变求和顺序，有

$$\dot{\boldsymbol{r}}_i = \sum_{\nu=1}^{f} \left(\sum_{k=1}^{l} \frac{\partial \boldsymbol{r}_i}{\partial q_k} h_{k\nu} \right) \dot{\pi}_\nu + \sum_{k=1}^{l} \frac{\partial \boldsymbol{r}_i}{\partial q_k} h_{k0} + \frac{\partial \boldsymbol{r}_i}{\partial t} \quad (i = 1, 2, \cdots, n) \tag{9.2.7}$$

式中伪速度 $\dot{\pi}_\nu$ 前的系数和右边后两项是广义坐标 q_k 和时间 t 的函数。注意到要取高斯变分，对 $\dot{\boldsymbol{r}}_i$ 求导，有

$$\ddot{\boldsymbol{r}}_i = \sum_{\nu=1}^{f} \left(\sum_{k=1}^{l} \frac{\partial \boldsymbol{r}_i}{\partial q_k} h_{k\nu} \right) \ddot{\pi}_\nu + (\cdots) \quad (i = 1, 2, \cdots, n) \tag{9.2.8}$$

式中未写出与伪加速度无关的项，将式(9.2.8)代入式(9.2.2)，得

$$Z = G - \sum_{i=1}^{n} \boldsymbol{F}_i \cdot \sum_{\nu=1}^{f} \left(\sum_{k=1}^{l} \frac{\partial \boldsymbol{r}_i}{\partial q_k} h_{k\nu} \right) \ddot{\pi}_\nu + (\cdots) \tag{9.2.9}$$

交换上式第二项的求和顺序，注意到

$$Q_k = \sum_{i=1}^{n} \boldsymbol{F}_i \cdot \frac{\partial \boldsymbol{r}_i}{\partial q_k} \quad (k = 1, 2, \cdots, l) \tag{9.2.10}$$

为系统对应于广义坐标 q_k 的广义力，如将系统的加速度能 G 表示为 $\ddot{\pi}_\nu$、$\dot{\pi}_\nu$、q_k、t 的函数，并令

$$\widetilde{Q}_\nu = \sum_{k=1}^{l} Q_k h_{k\nu} \quad (\nu = 1, 2, \cdots, f) \tag{9.2.11}$$

称其为对应于伪速度 $\dot{\pi}_\nu$(或伪坐标 π_ν)的广义力(**伪广义力**)，则式(9.2.9)可写为

$$Z = G(\ddot{\pi}_\nu, \dot{\pi}_\nu, q_k, t) - \sum_{\nu=1}^{f} \widetilde{Q}_\nu \ddot{\pi}_\nu + (\cdots) \tag{9.2.12}$$

应用高斯最小拘束原理，有

$$\delta Z = \sum_{\nu=1}^{f} \left(\frac{\partial G}{\partial \ddot{\pi}_\nu} - \widetilde{Q}_\nu \right) \delta \ddot{\pi}_\nu = 0 \tag{9.2.13}$$

由于 $\delta\ddot{\pi}_\nu (\nu=1, 2, \cdots, f)$ 是彼此独立的变分，因此上式成立的充要条件是各变分前的系数等于零，从而导出 f 个独立的运动微分方程式

$$\frac{\partial G}{\partial \ddot{\pi}_\nu} = \widetilde{Q}_\nu \quad (\nu = 1,2,\cdots,f) \tag{9.2.14}$$

此即**非完整系统的阿沛尔方程**，它的数目等于系统的自由度数。阿沛尔于 1899 年导出此方程，但同样的结果更早由吉布斯于 1879 年得到。

若系统是完整的，可取 l 个广义速度 $\dot{q}_k(k=1,2,\cdots,l)$ 作为伪速度 $\dot{\pi}_k(k=1,2,\cdots,l)$，则对应于伪坐标 π_k 的广义力就是对应于广义坐标 q_k 的广义力，即

$$Q_k = \widetilde{Q}_k \quad (k = 1,2,\cdots,l) \tag{9.2.15}$$

于是

$$\frac{\partial G}{\partial \ddot{q}_k} = Q_k \quad (k = 1,2,\cdots,l) \tag{9.2.16}$$

此即**完整系统的阿沛尔方程**。可见，阿沛尔方程对完整系统和非完整系统有统一的形式。

现在讨论伪广义力 $\widetilde{Q}_\nu$ 的计算。由于作用于系统的全部主动力的虚功和

$$\sum \delta W = \sum_{i=1}^{n} \boldsymbol{F}_i \cdot \delta \boldsymbol{r}_i = \sum_{k=1}^{l} Q_k \delta q_k \tag{9.2.17}$$

将式(9.1.6)代入，得

$$\sum \delta W = \sum_{k=1}^{l} Q_k \delta q_k = \sum_{k=1}^{l} Q_k \sum_{\nu=1}^{f} h_{k\nu} \delta \pi_\nu = \sum_{\nu=1}^{f} \left(\sum_{k=1}^{l} Q_k h_{k\nu} \right) \delta \pi_\nu = \sum_{\nu=1}^{f} \widetilde{Q}_\nu \delta \pi_\nu \tag{9.2.18}$$

也就是说，对应于伪坐标的广义力可由计算系统全部主动力的虚功和来得到。

阿沛尔方程形式简单，只要建立了加速度能函数，便可写出系统的运动方程。应该注意，加速度能需用伪速度和伪加速度表示，由于伪速度定义为广义速度的线性组合，因此，在实际应用时具有较大的灵活性，取怎样的线性组合为宜，并无规律可循。

例 9.1 试用阿沛尔方程建立例 7.4(也即例 4.18)中所给系统的运动微分方程。

解：以整体为研究对象，系统含有两个自由度，选 A 块相对于弹簧未变形的位移 x 和小球的摆角 θ 为广义坐标，取两个广义坐标的导数为伪速度，即 $\dot{\pi}_1 = \dot{x}, \dot{\pi}_2 = \dot{\theta}$

AB 作平面运动，在例 7.4 中已经计算得系统的加速度能为

$$G = \frac{1}{2}(m_1 + m_2)\ddot{\pi}_1^2 + \frac{1}{2}m_2[l^2\ddot{\pi}_2^2 + 2l\ddot{\pi}_1(\ddot{\pi}_2\cos\theta - \dot{\pi}_2^2\sin\theta)] + \cdots$$

给系统以虚位移 δx 和 $\delta\theta$，则伪广义力可通过计算所有主动力的虚功和得到。对于伪速度即广义速度的特殊情形，伪速度对应的广义力与广义坐标对应的广义力完全相同，即

$$\sum \delta W = -(c\dot{x} + kx)\delta\pi_1 - mgl\sin\theta\delta\pi_2$$

因此，对应于伪坐标 x 和 θ 的广义力分别为

$$\widetilde{Q}_x = Q_x = -(c\dot{x} + kx), \quad \widetilde{Q}_\theta = Q_\theta = -mgl\sin\theta$$

代入完整系统的阿沛尔方程(9.2.16)或非完整系统的阿沛尔方程(9.2.14)，导出

$$(m_1 + m_2)\ddot{x} + c\dot{x} + kx + m_2 l(\ddot{\theta}\cos\theta - \dot{\theta}^2\sin\theta) = 0$$

$$\ddot{x}\cos\theta + l\ddot{\theta} + g\sin\theta = 0$$

与例 4.18 用耗散系统的拉格朗日方程及例 7.4 用高斯最小拘束原理得到的系统运动微分方程结果一致。

例 9.2 如图 9.2.1 所示，长为 l、质量为 m_1 的均质细杆 OA 可绕水平轴 O 转动，其另一端与质量为 m_2 的均质圆盘中心 A 铰接，系统在铅垂面内运动。初始时系统静止，杆处于水平位置，不计摩擦。试用阿沛尔方程求细杆的角加速度。

解： 系统为单自由度完整系统，选取转角 θ 为系统的广义坐标。θ 与细杆质心 C 及铰接点 A 的坐标有如下变换式：

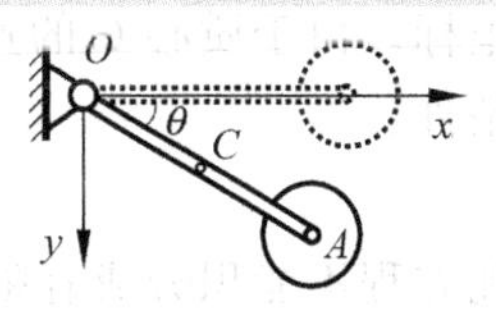

图 9.2.1

$$x_C = \frac{l}{2}\cos\theta,\quad y_C = \frac{l}{2}\sin\theta,\quad x_A = l\cos\theta,\quad y_A = l\sin\theta$$

由此得

$$\dot{x}_C = -\frac{l}{2}\dot{\theta}\sin\theta,\quad \dot{y}_C = \frac{l}{2}\dot{\theta}\cos\theta,\quad \dot{x}_A = -l\dot{\theta}\sin\theta,\quad \dot{y}_A = l\dot{\theta}\cos\theta$$

取伪速度为

$$\dot{\pi} = \dot{\theta}$$

于是点 C 与点 A 的速度分量可用伪速度表示为

$$\dot{x}_C = -\frac{l}{2}\dot{\pi}\sin\theta,\quad \dot{y}_C = \frac{l}{2}\dot{\pi}\cos\theta,\quad \dot{x}_A = -l\dot{\pi}\sin\theta,\quad \dot{y}_A = l\dot{\pi}\cos\theta$$

从而有

$$\ddot{x}_C = -\frac{l}{2}(\ddot{\pi}\sin\theta + \dot{\pi}^2\cos\theta),\quad \ddot{y}_C = \frac{l}{2}(\ddot{\pi}\cos\theta - \dot{\pi}^2\sin\theta)$$

$$\ddot{x}_A = -l(\ddot{\pi}\sin\theta + \dot{\pi}^2\cos\theta),\quad \ddot{y}_A = l(\ddot{\pi}\cos\theta - \dot{\pi}^2\sin\theta)$$

利用上两式可计算系统的加速度能。由于圆盘作平动运动(为什么?)，由式(7.2.1)和式(7.2.3)，有

$$\begin{aligned}
G &= \frac{1}{2}J_O\ddot{\theta}^2 + \frac{1}{2}m_2(\ddot{x}_A^2 + \ddot{y}_A^2) + \cdots \\
&= \frac{1}{2}\cdot\frac{1}{3}m_1l^2\cdot\ddot{\pi}^2 + \frac{1}{2}m_2l^2[(\ddot{\pi}\sin\theta + \dot{\pi}^2\cos\theta)^2 + (\ddot{\pi}\cos\theta - \dot{\pi}^2\sin\theta)^2] + \cdots \\
&= \frac{1}{6}m_1l^2\ddot{\pi}^2 + \frac{1}{2}m_2l^2\ddot{\pi}^2 + (\cdots) = \frac{1}{6}(m_1 + 3m_2)l^2\ddot{\pi}^2 + \cdots
\end{aligned}$$

伪广义力可通过计算所有主动力的虚功和得到。这里的主动力为系统的重力，因此

$$\sum\delta W = m_1g\delta y_C + m_2g\delta y_A = \frac{1}{2}(m_1 + 2m_2)gl\cos\theta\delta\pi$$

于是，对应于伪坐标 π 的广义力为

$$\tilde{Q} = \frac{1}{2}(m_1 + 2m_2)gl\cos\theta$$

将伪广义力和加速度能代入完整系统的阿沛尔方程(9.2.16)或非完整系统的阿沛尔方程(9.2.14)，导出

$$\frac{1}{3}(m_1 + 3m_2)l^2\ddot{\pi} = \frac{1}{2}(m_1 + 2m_2)gl\cos\theta$$

或

$$\ddot{\theta} = \ddot{\pi} = \frac{3g}{2l}\frac{m_1 + 2m_2}{m_1 + 3m_2}\cos\theta$$

此即细杆的角加速度表达式。此结果与用拉格朗日方程得到的结果相同。

例 9.3 试用阿沛尔方程确定例 8.4 中水平面内冰刀的运动规律。

解：选取质心 C 点的坐标(x_C, y_C)和 AB 相对于 x 轴的转角 θ 为描述冰刀位形的广义坐标。由于质心 C 的速度始终与 AB 方向一致，冰刀的运动必须满足如下的非完整约束条件：

$$\dot{x}_C\sin\theta - \dot{y}_C\cos\theta = 0 \tag{a}$$

此方程不能积分成有限形式，因此系统为由 3 个广义坐标描述的两自由度非完整系统。应选取两个非零伪速度 $\dot{\pi}_1$ 和 $\dot{\pi}_2$：

$$\dot{\pi}_1 = \dot{\theta}, \quad \dot{\pi}_2 = \dot{x}_C\cos\theta + \dot{y}_C\sin\theta \tag{b}$$

由(a)及(b)两式求得用独立的伪速度表示的广义速度

$$\dot{\theta} = \dot{\pi}_1, \quad \dot{x}_C = \dot{\pi}_2\cos\theta, \quad \dot{y}_C = \dot{\pi}_2\sin\theta \tag{c}$$

式中，$\dot{\pi}_1$ 为广义速度，而 $\dot{\pi}_2$ 为质心 C 的速度。显然，$\dot{\pi}_1$ 和 $\dot{\pi}_2$ 都是广义速度$(\dot{x}_C, \dot{y}_C, \dot{\theta})$的线性组合。

现在利用上式计算系统的加速度能。由式(7.2.9)，有

$$\begin{aligned} G &= \frac{1}{2}J_C\ddot{\theta}^2 + \frac{1}{2}m(\ddot{x}_C^2 + \ddot{y}_C^2) + \cdots \\ &= \frac{1}{2}J_C\ddot{\pi}_1^2 + \frac{1}{2}m[(\ddot{\pi}_2\cos\theta - \dot{\pi}_1\dot{\pi}_2\sin\theta)^2 + (\ddot{\pi}_2\sin\theta + \dot{\pi}_1\dot{\pi}_2\cos\theta)^2] + \cdots \\ &= \frac{1}{2}J_C\ddot{\pi}_1^2 + \frac{1}{2}m\ddot{\pi}_2^2 + \cdots \end{aligned}$$

给系统以虚位移 δx_C、δy_C、$\delta\theta$，则伪广义力可通过计算所有主动力的虚功和得到：

$$\sum\delta W = F\cos\theta\delta x_C + F\sin\theta\delta y_C + M\delta\theta$$

由式(c)，有如下的变分关系：

$$\delta\theta = \delta\pi_1, \quad \delta x_C = \cos\theta\delta\pi_2, \quad \delta y_C = \sin\theta\delta\pi_2$$

代入前式，有

$$\sum\delta W = M\delta\pi_1 + F\delta\pi_2$$

因此，对应于伪坐标 π_1 和 π_2 的广义力分别为

$$\widetilde{Q}_1 = M, \quad \widetilde{Q}_2 = F$$

由非完整系统的阿沛尔方程(9.2.14)，可导出系统的运动微分方程为

$$J_C\ddot{\pi}_1 = M, \quad m\ddot{\pi}_2 = F$$

注意到式(a)及式(b)，上式也可整理为

$$\begin{cases} \ddot{x}_C + \dot{x}_C\dot{\theta}\tan\theta = \dfrac{F}{m}\cos\theta \\ \ddot{y}_C - \dot{x}_C\dot{\theta} = \dfrac{F}{m}\sin\theta \\ J_C\ddot{\theta} = M \end{cases}$$

与例 8.4 用劳斯方程得到的结果一致。应注意到本题中的伪速度 $\dot{\pi}_2$ 的力学意义就是刚体中 C 点的速度。由于引入适当的伪速度，使得阿沛尔方程的形式十分简单。

例 9.4 试用阿沛尔方程确定例 8.5 中所给系统的运动微分方程，讨论方程的积分。假定 $\theta(t)$ 为未知函数。

解：该系统(作为一个刚体)在水平面内作平面运动，可取质心 C 点的坐标 (x_C, y_C) 和刚杆相对于 x 轴的转角 θ 为描述系统位形的独立的广义坐标。系统具有非完整约束

$$\frac{\dot{x}_C}{\dot{y}_C} = -\tan\theta \quad 或 \quad \dot{x}_C\cos\theta + \dot{y}_C\sin\theta = 0 \tag{a}$$

此方程写成微分形式以后，可以证明该约束方程为不可积微分约束，因此独立的广义坐标变分只有两个，系统为由 3 个广义坐标描述的两自由度非完整系统。此约束方程的变分形式为

$$\cos\theta\delta x_C + \sin\theta\delta y_C = 0$$

现选取两个伪速度 $\dot{\pi}_1$ 和 $\dot{\pi}_2$ 为如下广义速度 $(\dot{x}_C, \dot{y}_C, \dot{\theta})$ 的线性组合：

$$\dot{\pi}_1 = \dot{\theta}, \quad \dot{\pi}_2 = -\dot{x}_C\sin\theta + \dot{y}_C\cos\theta \tag{b}$$

将式(a)及式(b)联立，得到用独立的伪速度表示的广义速度

$$\dot{x}_C = -\dot{\pi}_2\sin\theta, \quad \dot{y}_C = \dot{\pi}_2\cos\theta, \quad \dot{\theta} = \dot{\pi}_1 \tag{c}$$

于是，系统的虚位移可以用独立的伪坐标的变分表示为

$$\delta x_C = -\sin\theta\delta\pi_2, \quad \delta y_C = \cos\theta\delta\pi_2, \quad \delta\theta = \delta\pi_1$$

同时，由式(c)得

$$\ddot{x}_C = -\ddot{\pi}_2\sin\theta - \dot{\pi}_1\dot{\pi}_2\cos\theta, \quad \ddot{y}_C = \ddot{\pi}_2\cos\theta - \dot{\pi}_1\dot{\pi}_2\sin\theta, \quad \ddot{\theta} = \ddot{\pi}_1$$

现在利用上式计算系统的加速度能，即

$$G = \frac{1}{2}J_C\ddot{\theta}^2 + \frac{1}{2}(2m)(\ddot{x}_C^2 + \ddot{y}_C^2) + \cdots = \frac{1}{4}ml^2\ddot{\pi}_1^2 + \frac{1}{2}(2m)\ddot{\pi}_2^2 + \cdots$$

伪广义力可通过计算所有主动力的虚功和得到。这里的主动力为重力，对于保持在水平面内运动的质点系，重力在系统任何虚位移上的虚功和都等于零，即

$$\sum\delta W = \widetilde{Q}_1\delta\pi_1 + \widetilde{Q}_2\delta\pi_2 = 0$$

由于 $\delta\pi_1$ 和 $\delta\pi_2$ 为彼此独立的变分，因此，对应于伪坐标 π_1 和 π_2 的广义力分别为

$$\widetilde{Q}_1 = 0, \quad \widetilde{Q}_2 = 0$$

将有关表达式代入到非完整系统的阿沛尔方程(9.2.14)中，可导出系统的运动微分方程

$$\frac{1}{2}ml^2\ddot{\pi}_1 = 0, \quad m\ddot{\pi}_2 = 0$$

或

$$\ddot{\pi}_1 = 0, \quad \ddot{\pi}_2 = 0 \tag{d}$$

将式(d)与约束方程(a)及线性组合式(b)联立，共有 5 个方程，可以解出 3 个未知函数 $x_C(t)$、$y_C(t)$ 和 $\theta(t)$ 以及两个伪速度 $\dot{\pi}_1(t)$ 和 $\dot{\pi}_2(t)$。

设系统运动的初始条件为 $t=0$ 时，

$$x_C = 0, \quad y_C = 0, \quad \dot{x}_C = 0, \quad \dot{y}_C = v_0, \quad \theta = 0, \quad \dot{\theta} = \omega$$

利用此初始条件，对方程(d)积分，有

$$\dot{\pi}_1 = \omega, \quad \dot{\pi}_2 = v_0$$

并根据式(c)，有

$$\dot{\theta} = \omega$$

从而得到

$$\dot{x}_C = -v_0 \sin\omega t, \quad \dot{y}_C = v_0 \cos\omega t, \quad \theta = \omega t$$

前两式积分后得

$$x_C = \frac{v_0}{\omega}(\cos\omega t - 1), \quad y_C = \frac{v_0}{\omega}\sin\omega t$$

这一结果与劳斯方程法所得一致，但方程结构更为简洁，而且对非完整系统也避免了不定乘子的引入。与广义坐标的选取相比，伪速度的选择性更强，与其对应的伪坐标可以是真实坐标，也可以只是形式上存在的一个符号。如本例中与第一个伪速度 $\dot{\pi}_1$ 对应的伪坐标 π_1 实际上就是广义坐标 θ，伪速度 $\dot{\pi}_1$ 就是函数 π_1 对 t 的全导数。而第二个伪速度 $\dot{\pi}_2$ 却不是某个函数对 t 的全导数，因而实际上找不到这样一个函数 $\pi_2(x_C, y_C, \theta, t)$，它对 t 的全导数正好等于$(-\dot{x}_C\sin\theta + \dot{y}_C\cos\theta)$，所以 π_2 与 $\dot{\pi}_2$ 只有形式上的关系，伪坐标 π_2 在此问题中并无意义。

习题

9.1 试用阿沛尔方程建立例 7.5 中小圆柱的运动微分方程。

9.2 试用阿沛尔方程求题 8.3 中三棱柱 B 的加速度。

9.3 试以 $\dot{\pi} = \dot{x}$ 为伪速度，用阿沛尔方程建立题 7.4 中 Oxy 平面内质点的运动微分方程。

答：$m[(1+t^2)\ddot{\pi} + t\dot{\pi}] = F_x + F_y t$。

9.4 试用阿沛尔方程推导出刚体平面运动微分方程。

9.5 在例 8.3 中，如取质心 C 点的坐标(x_C, y_C)和杆相对于 x 轴的转角 θ 为广义坐标，取 $\dot{\pi}_1 = \dot{\theta}$ 和 $\dot{\pi}_2 = \dot{x}_C\cos\theta + \dot{y}_C\sin\theta$(即质心速度)为伪速度，试用阿沛尔方程导出两质点的运动微分方程，假设 $m=1$。

答：$\ddot{\pi}_1 = 0, \ddot{\pi}_2 = -g\sin\theta$。

9.6 取 $\dot{\pi}_1 = \dot{x}$ 和 $\dot{\pi}_2 = \dot{y}$ 为伪速度，设 $\dot{z} > 0$，试用阿沛尔方程求题 8.10 所述问题的运动微分方程。

答：$\ddot{x} + \dfrac{b^2 \dot{x}}{a^2(\dot{x}^2 + \dot{y}^2)}(\dot{x}\ddot{x} + \dot{y}\ddot{y}) = -\dfrac{gb\dot{x}}{a\sqrt{\dot{x}^2 + \dot{y}^2}}$；

$$\ddot{y} + \frac{b^2 \dot{y}}{a^2(\dot{x}^2 + \dot{y}^2)}(\dot{x}\ddot{x} + \dot{y}\ddot{y}) = -\frac{gb\dot{y}}{a\sqrt{\dot{x}^2 + \dot{y}^2}}。$$

9.7 如题 9.7 图所示，均质杆 AB 的质量为 m，长为 $2l$，其 A 端可在光滑水平槽上运动，而杆本身又可在竖直面内绕 A 端摆动，除重力作用外，B 端还受一水平力 $\boldsymbol{F}$ 的作用，如取 $\dot{\pi}_1 = \dot{x}$ 和 $\dot{\pi}_2 = \dot{\theta}$ 为伪速度，试用阿沛尔方程导出杆的运动微分方程。

答：$m(\ddot{x}+l\ddot{\theta}\cos\theta-l\dot{\theta}^2\sin\theta)=F$；

$m\left(\frac{4}{3}l\ddot{\theta}+\ddot{x}\cos\theta\right)=2F\cos\theta-mg\sin\theta$。

9.8　如题 9.8 图所示，质量为 m 的两相同质点 A 与 B 用一长为 l 的轻杆连接，初始时轻杆直立静止在光滑水平面上，以后任其倒下，试以 $\dot{\pi}=\dot{\theta}$ 为伪速度，用阿沛尔方程导出轻杆下落过程的运动微分方程。

答：$\frac{1}{2}ml^2\ddot{\theta}(1+\cos^2\theta)-\frac{1}{2}ml^2\dot{\theta}^2\sin\theta\cos\theta+mgl\cos\theta=0$。

9.9　题 9.9 图所示平板质量为 m，对质心轴的转动惯量为 J_C。平板在 $P(x,y)$ 处装有刀刃，使得 P 点运动时受有非完整约束 $\dot{x}\sin\theta-\dot{y}\cos\theta=0$，其中 θ 为 P 点到质心 C 点的连线与 Ox 轴的夹角，$PC=a$。设作用于平板上的力可简化为沿速度 $\boldsymbol{v}$ 方向的主矢 $\boldsymbol{F}$ 和对点 C 的主矩 M。如取 $\dot{\pi}_1=\dot{\theta}$ 和 $\dot{\pi}_2=\sqrt{\dot{x}^2+\dot{y}^2}=v$ 为伪速度，试用阿沛尔方程导出平板的运动微分方程。

答：$(J_C+ma^2)\ddot{\pi}_1+ma\dot{\pi}_1\dot{\pi}_2=M$；

$m\ddot{\pi}_2-ma\dot{\pi}_1^2=F$。

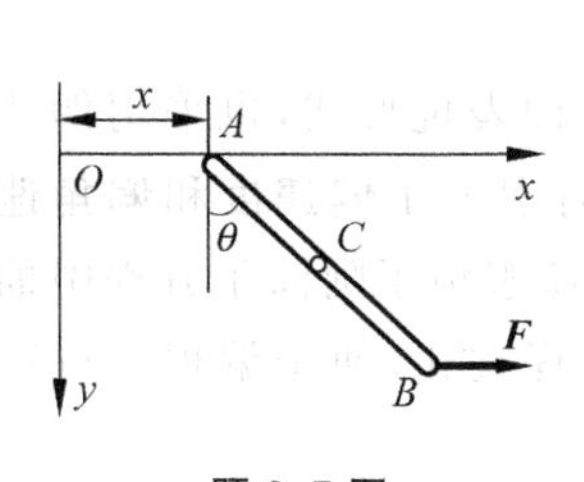

题 9.7 图

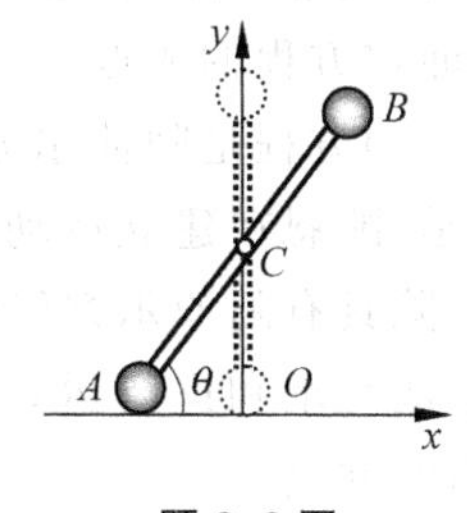

题 9.8 图

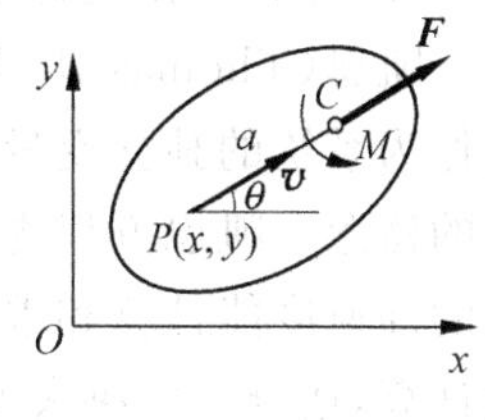

题 9.9 图

第10章 凯恩方程

在非完整系统动力学的几种主要方法中，劳斯方程只需列出动能及广义力的表达式，通过不定乘子将非完整约束的运动学关系纳入拉格朗日方程中，就可不甚困难地建立运动微分方程，而在求解运动的同时，也得到了非完整约束反力，这是此方法的优点。但对那些只要求解系统的运动，不需求解非完整约束力的问题，约束乘子成了多余的未知量，非完整约束条件越多，这种额外增加的未知量也越多，从而给求解增加了工作量。

阿沛尔方程的数目与自由度的数目相等，非完整约束越多，自由度越少，方程的数目相应也就越少。阿沛尔方程采用伪速度代替广义速度描述系统的运动，给系统独立变量的选取以较大的余地。困难在于加速度能的计算要比动能复杂得多，它不但要求对所有的伪速度-广义速度关系式求逆，而且要求导，才能用伪加速度表达加速度能，而随着非完整约束的增加，计算工作量将增大，这是阿沛尔方程的弱点。

凯恩(Thomas R. Kane，1924—　)方程是阿沛尔方程的另一种表现形式，也采用伪速度作为系统的独立变量。所不同的是，凯恩在建立运动微分方程时引入了**偏速度和偏角速度**的概念。凯恩方程物理意义清楚，除具有阿沛尔方程的优点外，还避免了阿沛尔方程中抽象的加速度能计算和求导运算，以乘法和求和进行运算，计算步骤程式化，便于编程进行数值计算，适合于解决大型复杂的动力学问题。

10.1 偏速度与偏角速度的概念

设某非完整系统由 n 个质点组成，受有 r 个完整约束和 s 个非完整约束。其独立的广义坐标数为 $l=3n-r$ 个，系统独立的坐标变分数即自由度数为 $f=3n-r-s$。

将系统中每一质点 $M_i(i=1,2,\cdots,n)$ 的矢径 $\boldsymbol{r}_i$ 用广义坐标 $q_k(k=1,2,\cdots,l)$ 表出：

$$\boldsymbol{r}_i=\boldsymbol{r}_i(q_1,q_2,\cdots,q_l;\ t)\quad(i=1,2,\cdots,n)\tag{10.1.1}$$

将上式对时间 t 求导，得到系统中任意一点的速度矢为

$$\boldsymbol{v}_i=\dot{\boldsymbol{r}}_i=\sum_{k=1}^{l}\frac{\partial\boldsymbol{r}_i}{\partial q_k}\dot{q}_k+\frac{\partial\boldsymbol{r}_i}{\partial t}\quad(i=1,2,\cdots,n)\tag{10.1.2}$$

由第9章中伪速度的概念知，系统的广义速度可以用 f 个独立的伪速度 $\dot{\pi}_\nu$ 表示为

$$\dot{q}_k=\sum_{\nu=1}^{f}h_{k\nu}\dot{\pi}_\nu+h_{k0}\quad(k=1,2,\cdots,l)\tag{10.1.3}$$

将此式代入式(10.1.2)，得

$$\boldsymbol{v}_i=\dot{\boldsymbol{r}}_i=\sum_{k=1}^{l}\frac{\partial\boldsymbol{r}_i}{\partial q_k}\left(\sum_{\nu=1}^{f}h_{k\nu}\dot{\pi}_\nu+h_{k0}\right)+\frac{\partial\boldsymbol{r}_i}{\partial t}=\sum_{\nu=1}^{f}\left(\sum_{k=1}^{l}\frac{\partial\boldsymbol{r}_i}{\partial q_k}h_{k\nu}\right)\dot{\pi}_\nu+\sum_{k=1}^{l}\frac{\partial\boldsymbol{r}_i}{\partial q_k}h_{k0}+\frac{\partial\boldsymbol{r}_i}{\partial t}\tag{10.1.4}$$

令

$$\boldsymbol{v}_i^{(\nu)}=\sum_{k=1}^{l}\frac{\partial \boldsymbol{r}_i}{\partial q_k}h_{k\nu},\quad \boldsymbol{v}_i^{(0)}=\frac{\partial \boldsymbol{r}_i}{\partial t}+\sum_{k=1}^{l}\frac{\partial \boldsymbol{r}_i}{\partial q_k}h_{k0}\tag{10.1.5}$$

则式(10.1.4)变为

$$\boldsymbol{v}_i=\dot{\boldsymbol{r}}_i=\sum_{\nu=1}^{f}\boldsymbol{v}_i^{(\nu)}\dot{\pi}_\nu+\boldsymbol{v}_i^{(0)}\tag{10.1.6}$$

其中，独立的速度变量(伪速度)$\dot{\pi}_\nu(\nu=1,2,\cdots,f)$前的矢量系数$\boldsymbol{v}_i^{(\nu)}(\nu=1,\cdots,f)$与$\boldsymbol{v}_i^{(0)}$均为广义坐标$q_k(k=1,2,\cdots,l)$及时间$t$的函数，凯恩将$\boldsymbol{v}_i^{(\nu)}$称为第$i$个质点的第$\nu$个**偏速度**。可见，真实速度可表示为伪速度的线性函数，而伪速度前面的**矢量系数**就是偏速度。因此，真实速度是伪速度与偏速度的双线性组合，伪速度可以看成是真实速度在偏速度上的投影。

由于伪速度是具有速度或角速度量纲的标量，因此从式(10.1.6)看出，偏速度已不具有速度的意义。实际上，**偏速度的作用是赋予伪速度以方向性**。在实际计算中，偏速度通常表现为基矢量或基矢量的组合。

对于完整系统，由于广义速度$\dot{q}_k(k=1,2,\cdots,l)$彼此独立，因此可以取伪速度$\dot{\pi}_\nu$为广义速度，即$\dot{\pi}_\nu=\dot{q}_k(\nu=k=1,2,\cdots,l)$，则由式(10.1.2)知，相对独立广义速度的偏速度为

$$\boldsymbol{v}_i^{(\nu)}=\frac{\partial \boldsymbol{r}_i}{\partial q_k}\tag{10.1.7}$$

需要指出，偏速度是关于广义坐标q_k和时间t的矢量函数，是相对于独立速度而言的，这里的独立速度可以是独立的广义速度，也可以是预先选定的独立的伪速度。由于独立速度变量的选取不是唯一的，因此，对于同一质点可以有不同形式的偏速度。但是对于系统中每一质点，都分别有与系统自由度数相同数目的偏速度。因此，在讲偏速度时，必须指明是哪个质点相对于哪个独立速度的偏速度。

刚体是一种特殊的质点系。由刚体运动学知，当刚体作一般运动时，组成刚体的任意第i个质点的速度$\boldsymbol{v}_i$可用刚体基点O的速度$\boldsymbol{v}_O$和瞬时转动角速度矢量$\boldsymbol{\omega}$表示为

$$\boldsymbol{v}_i=\boldsymbol{v}_O+\boldsymbol{\omega}\times\boldsymbol{\rho}_i\quad(i=1,2,\cdots)\tag{10.1.8}$$

其中，$\boldsymbol{\rho}_i$为第i个质点相对于基点的矢径。设刚体的自由度为f，当f个伪速度选定以后，刚体基点O的速度$\boldsymbol{v}_O$和转动角速度$\boldsymbol{\omega}$也可表示为伪速度的线性组合：

$$\boldsymbol{v}_O=\sum_{\nu=1}^{f}\boldsymbol{v}_O^{(\nu)}\dot{\pi}_\nu+\boldsymbol{v}_O^{(0)}\tag{10.1.9}$$

$$\boldsymbol{\omega}=\sum_{\nu=1}^{f}\boldsymbol{\omega}^{(\nu)}\dot{\pi}_\nu+\boldsymbol{\omega}^{(0)}\tag{10.1.10}$$

$\boldsymbol{v}_O^{(\nu)}$和$\boldsymbol{\omega}^{(\nu)}(\nu=1,\cdots,f)$分别称为刚体基点的偏速度和刚体的**偏角速度**。将$\boldsymbol{v}_i$表示成伪速度的函数，即

$$\begin{aligned}\boldsymbol{v}_i&=\sum_{\nu=1}^{f}\boldsymbol{v}_O^{(\nu)}\dot{\pi}_\nu+\boldsymbol{v}_O^{(0)}+\left(\sum_{\nu=1}^{f}\boldsymbol{\omega}^{(\nu)}\dot{\pi}_\nu+\boldsymbol{\omega}^{(0)}\right)\times\boldsymbol{\rho}_i\\&=\sum_{\nu=1}^{f}(\boldsymbol{v}_O^{(\nu)}+\boldsymbol{\omega}^{(\nu)}\times\boldsymbol{\rho}_i)\dot{\pi}_\nu+(\boldsymbol{v}_O^{(0)}+\boldsymbol{\omega}^{(0)}\times\boldsymbol{\rho}_i)\end{aligned}$$

于是得到第i个质点的偏速度为

$$\boldsymbol{v}_i^{(\nu)}=\boldsymbol{v}_O^{(\nu)}+\boldsymbol{\omega}^{(\nu)}\times\boldsymbol{\rho}_i\tag{10.1.11}$$

上式表明，刚体上第 i 个质点相应于第 ν 个伪速度的偏速度，可用基点的第 ν 个偏速度和刚体的第 ν 个偏角速度表示。简言之，任一点的偏速度等于基点的偏速度与刚体以偏角速度转动的速度之和。

若系统含有多个刚体，则应指明哪个刚体或刚体上哪个质点对应于哪个伪速度的偏角速度或偏速度。

例 10.1 图 10.1.1 所示椭圆摆由滑块 M_1 与小球 M_2 构成。小球通过不计质量且长为 l 的细杆与滑块铰接，滑块 M_1 沿光滑水平面运动，小球 M_2 在铅垂平面内运动。试求 M_1 与 M_2 的偏速度。

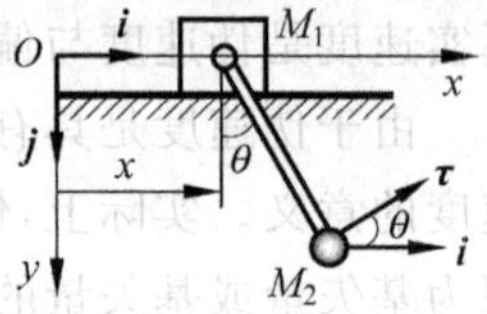

解：这是一个两自由度的完整系统，取广义坐标为 $q_1=x, q_2=\theta$，取基矢量 $\boldsymbol{\tau}$ 垂直于细杆，指向如图，则 M_1 与 M_2 的速度分别为

$$\boldsymbol{v}_1=\dot{x}\boldsymbol{i}$$

$$\boldsymbol{v}_2=\dot{x}\boldsymbol{i}+l\dot{\theta}\boldsymbol{\tau}=(\dot{x}+l\dot{\theta}\cos\theta)\boldsymbol{i}-l\dot{\theta}\sin\theta\boldsymbol{j}$$

图 10.1.1

整理后得

$$\boldsymbol{v}_1=\dot{x}\boldsymbol{i},\quad \boldsymbol{v}_2=\dot{x}\boldsymbol{i}+l(\cos\theta\boldsymbol{i}-\sin\theta\boldsymbol{j})\dot{\theta}$$

依照偏速度的定义，M_1 与 M_2 对应于广义速度 $\dot{x}$ 和 $\dot{\theta}$ 的偏速度为

$$\boldsymbol{v}_1^{(1)}=\boldsymbol{i},\quad \boldsymbol{v}_1^{(2)}=0,\quad \boldsymbol{v}_2^{(1)}=\boldsymbol{i},\quad \boldsymbol{v}_2^{(2)}=l(\cos\theta\boldsymbol{i}-\sin\theta\boldsymbol{j})$$

例 10.2 图 10.1.2 所示为以 $l=l_0-ct$ 为摆长的球面摆，试求摆 M 的偏速度。

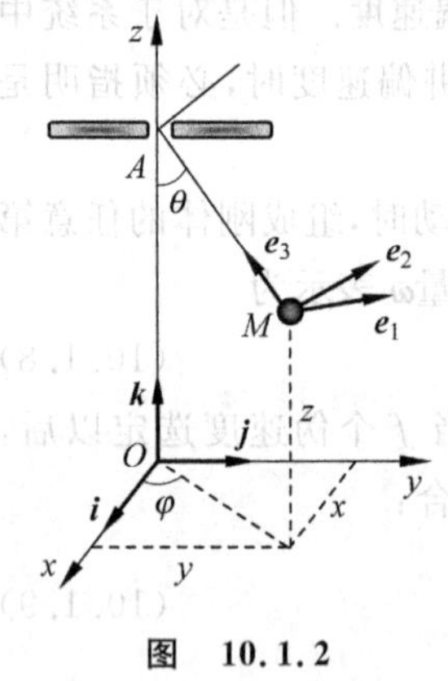

图 10.1.2

解：球面摆的约束方程为

$$x^2+y^2+z^2=(l_0-ct)^2$$

这是一个两自由度的非定常完整系统。

采用球坐标。取广义坐标为 $q_1=\theta, q_2=\varphi$，另一坐标 l 已知。取基矢量为 $\boldsymbol{e}_1$、$\boldsymbol{e}_2$、$\boldsymbol{e}_3$。其中 $\boldsymbol{e}_1$ 垂直于绳，在 OAM 平面内；$\boldsymbol{e}_2$ 垂直于绳，同时垂直于 OAM 平面；$\boldsymbol{e}_3$ 沿绳的方向，指向如图，构成右手系。M 点的速度为

$$\begin{aligned}\boldsymbol{v}_M&=l\dot{\theta}\boldsymbol{e}_1+(l\sin\theta\dot{\varphi})\boldsymbol{e}_2+c\boldsymbol{e}_3\\&=(l_0-ct)\dot{\theta}\boldsymbol{e}_1+(l_0-ct)\sin\theta\dot{\varphi}\boldsymbol{e}_2+c\boldsymbol{e}_3\end{aligned}$$

依照偏速度的定义，M 点对应于广义速度 $\dot{\theta}$ 和 $\dot{\varphi}$ 的偏速度为

$$\boldsymbol{v}_M^{(1)}=(l_0-ct)\boldsymbol{e}_1,\quad \boldsymbol{v}_M^{(2)}=(l_0-ct)\sin\theta\boldsymbol{e}_2$$

如不采用球坐标，而是采用图示直角坐标，设它的 3 个基矢量为 $\boldsymbol{i}$、$\boldsymbol{j}$、$\boldsymbol{k}$，将 $\boldsymbol{v}_M$ 投影于三个轴，得

$$v_{Mx}=l\dot{\theta}\cos\theta\cos\varphi-l\dot{\varphi}\sin\theta\sin\varphi-c\sin\theta\sin\varphi$$

$$v_{My}=l\dot{\theta}\cos\theta\sin\varphi+l\dot{\varphi}\sin\theta\cos\varphi-c\sin\theta\cos\varphi$$

$$v_{Mz}=l\dot{\theta}\sin\theta+c\cos\theta$$

即

$$\boldsymbol{v}_M=l(\cos\theta\cos\varphi\boldsymbol{i}+\cos\theta\sin\varphi\boldsymbol{j}+\sin\theta\boldsymbol{k})\dot{\theta}+l\sin\theta(\cos\varphi\boldsymbol{j}-\sin\varphi\boldsymbol{i})\dot{\varphi}+$$

$$c(\cos\theta\boldsymbol{k}-\sin\theta\cos\varphi\boldsymbol{j}-\sin\theta\sin\varphi\boldsymbol{i})$$

于是得到偏速度为

$$\boldsymbol{v}_M^{(1)}=(l_0-ct)(\cos\theta\cos\varphi\boldsymbol{i}+\cos\theta\sin\varphi\boldsymbol{j}+\sin\theta\boldsymbol{k}),\quad \boldsymbol{v}_M^{(2)}=(l_0-ct)\sin\theta(\cos\varphi\boldsymbol{j}-\sin\varphi\boldsymbol{i})$$

可以看出，对于不同的坐标系，同一点的偏速度的表达式不同，有繁有简，具有一定的选择性。

例 10.3 如图 10.1.3 所示，杆长为 $2l$ 的直杆 AB 作平面运动，假设其一端 A 的速度始终指向另一端 B。试写出其中点 C 的偏速度。

解：选取 A 点的坐标(x_A, y_A)和杆相对于 x 轴的转角 θ 为描述位形的广义坐标。此系统受到运动速度的限制，因此必须满足如下的非完整约束条件：

$$\dot{y}_A=\dot{x}_A\tan\theta$$

此方程不能积分成有限形式，因此系统为由 3 个广义坐标描述的两自由度非完整系统。应取两个非零伪速度，其中之一可取为 $\dot{\theta}$，另一个取为$\dot{x}_A$，即

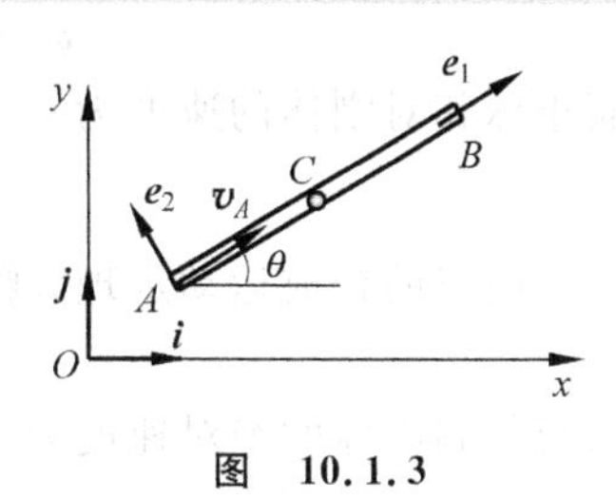

图 10.1.3

$$\dot{\pi}_1=\dot{x}_A,\quad \dot{\pi}_2=\dot{\theta}$$

杆中点 C 的速度为

$$\boldsymbol{v}_C=\dot{x}_C\boldsymbol{i}+\dot{y}_C\boldsymbol{j}=(\dot{x}_A-l\dot{\theta}\sin\theta)\boldsymbol{i}+(\dot{y}_A+l\dot{\theta}\cos\theta)\boldsymbol{j}$$
$$=(\dot{x}_A-l\dot{\theta}\sin\theta)\boldsymbol{i}+(\dot{x}_A\tan\theta+l\dot{\theta}\cos\theta)\boldsymbol{j}$$

或

$$\boldsymbol{v}_C=(\boldsymbol{i}+\tan\theta\boldsymbol{j})\dot{x}_A+(-l\sin\theta\boldsymbol{i}+l\cos\theta\boldsymbol{j})\dot{\theta}$$

依照偏速度的定义，点 C 的偏速度为

$$\boldsymbol{v}_C^{(\dot{x}_A)}=\boldsymbol{i}+\tan\theta\boldsymbol{j},\quad \boldsymbol{v}_C^{(\dot{\theta})}=-l\sin\theta\boldsymbol{i}+l\cos\theta\boldsymbol{j}$$

如取图 10.1.3 所示基矢量 $\boldsymbol{e}_1$ 及 $\boldsymbol{e}_2$，则 C 点的速度也可写为

$$\boldsymbol{v}_C=v_A\boldsymbol{e}_1+l\dot{\theta}\boldsymbol{e}_2$$

注意到 A 点的速度

$$v_A=\dot{x}_A\cos\theta+\dot{y}_A\sin\theta$$

可以取为伪速度，若取

$$\dot{\pi}_1=v_A,\quad \dot{\pi}_2=l\dot{\theta}$$

则有

$$\boldsymbol{v}_C^{(v_A)}=\boldsymbol{e}_1,\quad \boldsymbol{v}_C^{(l\dot{\theta})}=\boldsymbol{e}_2$$

由此可见，伪速度的选择不是唯一的，选择不同的伪速度可使偏速度及偏角速度有不同形式。当然，对于下节凯恩方程的计算来说，应该选择使偏速度及偏角速度形式简单的伪速度。

例 10.4 如图 10.1.4 所示，一刚性薄板在水平面上作平面运动，薄板上开有过质心 C 的光滑小槽，一小球可通过置于槽内的弹簧作直线运动。试求质心 C 的速度 $\boldsymbol{v}_C$，刚体角速度$\boldsymbol{\omega}$，小球相对刚体的速度 $\boldsymbol{v}_r$ 和小球的绝对速度 $\boldsymbol{v}_a$ 所对应的偏速度和偏角速度。

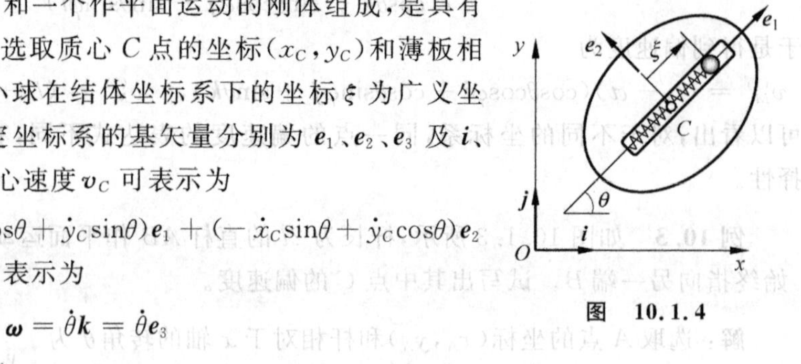

图 10.1.4

解：系统由一个质点和一个作平面运动的刚体组成，是具有4个自由度的完整系统。选取质心 C 点的坐标 (x_C, y_C) 和薄板相对于 x 轴的转角 θ 以及小球在结体坐标系下的坐标 ξ 为广义坐标。设结体坐标系和固定坐标系的基矢量分别为 $\boldsymbol{e}_1$、$\boldsymbol{e}_2$、$\boldsymbol{e}_3$ 及 $\boldsymbol{i}$、$\boldsymbol{j}$、$\boldsymbol{k}$。先作运动分析。质心速度 $\boldsymbol{v}_C$ 可表示为

$$\boldsymbol{v}_C = \dot{x}_C\boldsymbol{i} + \dot{y}_C\boldsymbol{j} = (\dot{x}_C\cos\theta + \dot{y}_C\sin\theta)\boldsymbol{e}_1 + (-\dot{x}_C\sin\theta + \dot{y}_C\cos\theta)\boldsymbol{e}_2$$

薄板的角速度矢 $\boldsymbol{\omega}$ 可表示为

$$\boldsymbol{\omega} = \dot{\theta}\boldsymbol{k} = \dot{\theta}\boldsymbol{e}_3$$

而小球相对刚体的速度为

$$\boldsymbol{v}_{\mathrm{r}} = \dot{\xi}\boldsymbol{e}_1$$

由点的合成运动定理，薄板上与小球重合的点的速度为

$$\boldsymbol{v}_C + \boldsymbol{\omega} \times \xi\boldsymbol{e}_1$$

因而得到小球的绝对速度为

$$\boldsymbol{v}_{\mathrm{a}} = \boldsymbol{v}_{\mathrm{r}} + \boldsymbol{v}_C + \boldsymbol{\omega} \times \xi\boldsymbol{e}_1 = (\dot{x}_C\cos\theta + \dot{y}_C\sin\theta + \dot{\xi})\boldsymbol{e}_1 + (-\dot{x}_C\sin\theta + \dot{y}_C\cos\theta + \xi\dot{\theta})\boldsymbol{e}_2$$

选取伪速度 $\dot{\pi}_\nu (\nu=1,2,3,4)$ 如下：

$$\dot{\pi}_1 = \dot{x}_C\cos\theta + \dot{y}_C\sin\theta, \quad \dot{\pi}_2 = -\dot{x}_C\sin\theta + \dot{y}_C\cos\theta, \quad \dot{\pi}_3 = \dot{\theta}, \quad \dot{\pi}_4 = \dot{\xi}$$

则各速度或角速度矢可用伪速度表示为

$$\begin{cases} \boldsymbol{v}_C = \dot{\pi}_1\boldsymbol{e}_1 + \dot{\pi}_2\boldsymbol{e}_2 \\ \boldsymbol{\omega} = \dot{\pi}_3\boldsymbol{e}_3 \\ \boldsymbol{v}_{\mathrm{r}} = \dot{\pi}_4\boldsymbol{e}_1 \\ \boldsymbol{v}_{\mathrm{a}} = (\dot{\pi}_1 + \dot{\pi}_4)\boldsymbol{e}_1 + (\dot{\pi}_2 + \xi\dot{\pi}_3)\boldsymbol{e}_2 \end{cases}$$

因此可以得出对应于各伪速度的偏速度和偏角速度。列表如下：

ν	1	2	3	4
$\boldsymbol{v}_C^{(\nu)}$	$\boldsymbol{e}_1$	$\boldsymbol{e}_2$	0	0
$\boldsymbol{\omega}^{(\nu)}$	0	0	$\boldsymbol{e}_3$	0
$\boldsymbol{v}_{\mathrm{r}}^{(\nu)}$	0	0	0	$\boldsymbol{e}_1$
$\boldsymbol{v}_{\mathrm{a}}^{(\nu)}$	$\boldsymbol{e}_1$	$\boldsymbol{e}_2$	$\xi\boldsymbol{e}_2$	$\boldsymbol{e}_1$

本例所涉及的系统是完整的，因此，可以选择系统的广义速度为伪速度，即选择 $\dot{\pi}_1 = \dot{x}_C$，$\dot{\pi}_2 = \dot{y}_C$，$\dot{\pi}_3 = \dot{\theta}$，$\dot{\pi}_4 = \dot{\xi}$。读者可自行写出对应的偏速度及偏角速度，并与上述结果进行比较。

10.2 凯恩方程的理论及其应用

凯恩方程也是以伪速度(凯恩称之为广义速率)作为系统的独立变量。设某非完整系统由 n 个质点组成，受有 r 个完整约束和 s 个非完整约束，其独立的广义坐标数为 $l=3n-r$ 个，系统独立的坐标变分数即自由度数为 $f=3n-r-s$。

10.2.1 凯恩方程的推证与表述

由第9章中伪速度的概念知，系统中每一质点的速度可以用 $f=l-s$ 个独立的伪速度

$\dot{\pi}_\nu$ 表示，即

$$\boldsymbol{v}_i = \dot{\boldsymbol{r}}_i = \sum_{\nu=1}^{f} \boldsymbol{v}_i^{(\nu)} \dot{\pi}_\nu + \boldsymbol{v}_i^{(0)} \quad (i = 1,2,\cdots,n) \tag{10.2.1}$$

由此得到

$$\mathrm{d}\boldsymbol{r}_i = \sum_{\nu=1}^{f} \boldsymbol{v}_i^{(\nu)} \dot{\pi}_\nu \mathrm{d}t + \boldsymbol{v}_i^{(0)} \mathrm{d}t \quad (i = 1,2,\cdots,n) \tag{10.2.2}$$

引入伪坐标 π_ν，如同时认为 $\delta\pi_\nu$ 也存在，则第 i 个质点的虚位移 $\delta\boldsymbol{r}_i$ 可以用独立的伪坐标的变分来表示，即

$$\delta\boldsymbol{r}_i = \sum_{\nu=1}^{f} \boldsymbol{v}_i^{(\nu)} \delta\pi_\nu \quad (i = 1,2,\cdots,n) \tag{10.2.3}$$

将上式代入动力学普遍方程

$$\sum_{i=1}^{n} (\boldsymbol{F}_i - m_i \ddot{\boldsymbol{r}}_i) \cdot \delta\boldsymbol{r}_i = 0 \tag{10.2.4}$$

中，得到

$$\sum_{i=1}^{n} (\boldsymbol{F}_i - m_i \ddot{\boldsymbol{r}}_i) \cdot \sum_{\nu=1}^{f} \boldsymbol{v}_i^{(\nu)} \delta\pi_\nu = 0 \tag{10.2.5}$$

交换求和次序，有

$$\sum_{\nu=1}^{f} \left[\sum_{i=1}^{n} (\boldsymbol{F}_i - m_i \ddot{\boldsymbol{r}}_i) \cdot \boldsymbol{v}_i^{(\nu)} \right] \delta\pi_\nu = 0 \tag{10.2.6}$$

或写为

$$\sum_{\nu=1}^{f} \left[\sum_{i=1}^{n} \boldsymbol{F}_i \cdot \boldsymbol{v}_i^{(\nu)} - \sum_{i=1}^{n} m_i \ddot{\boldsymbol{r}}_i \cdot \boldsymbol{v}_i^{(\nu)} \right] \delta\pi_\nu = 0 \tag{10.2.7}$$

凯恩将

$$\widetilde{F}_\nu = \sum_{i=1}^{n} \boldsymbol{F}_i \cdot \boldsymbol{v}_i^{(\nu)}, \quad \widetilde{F}_\nu^* = \sum_{i=1}^{n} (-m_i \ddot{\boldsymbol{r}}_i) \cdot \boldsymbol{v}_i^{(\nu)} \quad (\nu = 1,2,\cdots,f) \tag{10.2.8}$$

分别定义为系统对应于第 ν 个伪速度的**广义主动力**和**广义惯性力**。这实际上是**将矢量形式的主动力和惯性力沿偏速度方向进行的投影**。这样，方程(10.2.7)化作

$$\sum_{\nu=1}^{f} (\widetilde{F}_\nu + \widetilde{F}_\nu^*) \delta\pi_\nu = 0 \tag{10.2.9}$$

由于诸 $\delta\pi_\nu$ 是独立的变分，因此，上式成立的充要条件是

$$\widetilde{F}_\nu + \widetilde{F}_\nu^* = 0 \quad (\nu = 1,2,\cdots,f) \tag{10.2.10}$$

这就是**凯恩方程**，即**各伪速度对应的广义主动力与广义惯性力之和为零**。显而易见，凯恩方程的数目与系统的自由度数一致。

凯恩方程实际上是动静法在伪坐标下的表现形式，凯恩倡导的这种建立方程的方法和阿沛尔方程一样，都建立在伪速度概念的基础上，又都适用于非完整系统。但凯恩方程不需经过动力学函数求偏导的步骤，而是直接将系统中矢量形式的主动力和惯性力向某些特定的基矢量投影，因此具有清晰的几何直观性，更适合于工程计算。凯恩方程具有矢量力学的特点，但不出现理想约束力，因而又兼有分析力学的优点。

例 10.5 试用凯恩方程建立例 4.18 所述系统的运动微分方程。已知物块 A 与球 B 的质量分别为 m_1 及 m_2，无重杆长为 l，弹簧的劲度系数为 k，黏性摩擦因数为 c，如图 10.2.1 所示。

解：以整体为研究对象，系统含有两个自由度，选 A 块相对于弹簧未变形的位移 x 和小球的摆角 θ 为广义坐标，坐标起始位置在系统静平衡位置。

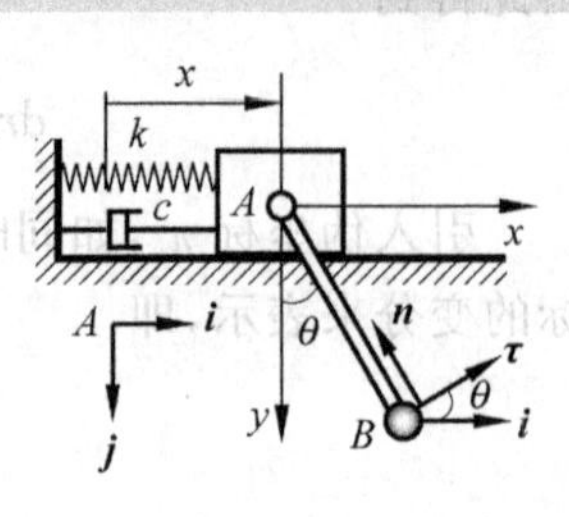

图 10.2.1

取两个广义坐标的导数为伪速度，即

$$\dot{\pi}_1 = \dot{x}, \quad \dot{\pi}_2 = \dot{\theta}$$

若以 $\boldsymbol{i}$、$\boldsymbol{j}$ 表示水平轴 x 和垂直轴 y 的基矢量，$\boldsymbol{\tau}$、$\boldsymbol{n}$ 表示铅垂面内垂直和沿杆方向的基矢量，则物块 A 和小球 B 的速度可用伪速度表示为

$$\boldsymbol{v}_A = \dot{x}\boldsymbol{i} = \dot{\pi}_1\boldsymbol{i}$$

$$\boldsymbol{v}_B = \dot{x}\boldsymbol{i} + l\dot{\theta}\,\boldsymbol{\tau} = \dot{x}\boldsymbol{i} + l\dot{\theta}(\cos\theta\boldsymbol{i} - \sin\theta\boldsymbol{j}) = \dot{\pi}_1\boldsymbol{i} + l(\cos\theta\boldsymbol{i} - \sin\theta\boldsymbol{j})\dot{\pi}_2$$

依照偏速度的定义，A 与 B 对应于伪速度 $\dot{\pi}_1$ 和 $\dot{\pi}_2$ 的偏速度为

$$\boldsymbol{v}_A^{(1)} = \boldsymbol{i}, \quad \boldsymbol{v}_A^{(2)} = 0, \quad \boldsymbol{v}_B^{(1)} = \boldsymbol{i}, \quad \boldsymbol{v}_B^{(2)} = l(\cos\theta\boldsymbol{i} - \sin\theta\boldsymbol{j})$$

物块 A 的主动力为弹性力与阻尼力，小球 B 的主动力为重力，有

$$\boldsymbol{F}_A = -(c\dot{x} + kx)\boldsymbol{i}, \quad \boldsymbol{F}_B = m_2 g\boldsymbol{j}$$

计算 A 与 B 的加速度。A 作平动，AB 作平面运动，物块 A 与小球 B 的加速度为

$$\boldsymbol{a}_A = \ddot{x}\boldsymbol{i} = \ddot{\pi}_1\boldsymbol{i}, \quad \boldsymbol{a}_B = \boldsymbol{a}_A + \boldsymbol{a}_{BA}^n + \boldsymbol{a}_{BA}^\tau = \ddot{\pi}_1\boldsymbol{i} + l\dot{\pi}_2^2\boldsymbol{n} + l\ddot{\pi}_2\boldsymbol{\tau}$$

将小球 B 的加速度向 x 轴和 y 轴方向投影得

$$\boldsymbol{a}_B = [\ddot{\pi}_1 + l(\ddot{\pi}_2\cos\theta - \dot{\pi}_2^2\sin\theta)]\boldsymbol{i} - l(\ddot{\pi}_2\sin\theta + \dot{\pi}_2^2\cos\theta)\boldsymbol{j}$$

于是得到 A 与 B 的惯性力

$$\boldsymbol{F}_A^* = -m_1\boldsymbol{a}_A = -m_1\ddot{\pi}_1\boldsymbol{i}$$

$$\boldsymbol{F}_B^* = -m_2\boldsymbol{a}_B = -m_2\{[\ddot{\pi}_1 + l(\ddot{\pi}_2\cos\theta - \dot{\pi}_2^2\sin\theta)]\boldsymbol{i} - l(\ddot{\pi}_2\sin\theta + \dot{\pi}_2^2\cos\theta)\boldsymbol{j}\}$$

代入式(10.2.8)计算广义主动力和广义惯性力，得

$$\begin{cases} \widetilde{F}_1 = \boldsymbol{F}_A \cdot \boldsymbol{v}_A^{(1)} + \boldsymbol{F}_B \cdot \boldsymbol{v}_B^{(1)} = -(c\dot{x} + kx) \\ \widetilde{F}_2 = \boldsymbol{F}_A \cdot \boldsymbol{v}_A^{(2)} + \boldsymbol{F}_B \cdot \boldsymbol{v}_B^{(2)} = -m_2 gl\sin\theta \\ F_1^* = \boldsymbol{F}_A^* \cdot \boldsymbol{v}_A^{(1)} + \boldsymbol{F}_B^* \cdot \boldsymbol{v}_B^{(1)} = -(m_1 + m_2)\ddot{\pi}_1 - m_2 l(\ddot{\pi}_2\cos\theta - \dot{\pi}_2^2\sin\theta) \\ \widetilde{F}_2^* = \boldsymbol{F}_A^* \cdot \boldsymbol{v}_A^{(2)} + \boldsymbol{F}_B^* \cdot \boldsymbol{v}_B^{(2)} = -m_2 l(\ddot{\pi}_1\cos\theta + l\ddot{\pi}_2) \end{cases}$$

将上式代入凯恩方程，导出

$$(m_1 + m_2)\ddot{x} + c\dot{x} + kx + m_2 l(\ddot{\theta}\cos\theta - \dot{\theta}^2\sin\theta) = 0$$

$$\ddot{x}\cos\theta + l\ddot{\theta} + g\sin\theta = 0$$

此结果与前述用耗散系统的拉格朗日方程(例 4.18)和高斯最小拘束原理(例 7.4)以及阿沛尔方程(例 9.1)得到的系统运动微分方程结果一致。

10.2.2　广义主动力与广义惯性力

凯恩方程最终归结为广义主动力和广义惯性力的计算。

对于完整系统，由于广义速度$\dot{q}_k(k=1,2,\cdots,l)$彼此独立，因此当取伪速度$\dot{\pi}_\nu$为广义速度，即$\dot{\pi}_\nu=\dot{q}_k(\nu=k=1,2,\cdots,l)$时，则由式(10.1.7)知，对应于伪速度的偏速度为

$$\boldsymbol{v}_i^{(\nu)}=\frac{\partial \boldsymbol{r}_i}{\partial q_k} \tag{10.2.11}$$

于是，按照凯恩的定义，广义主动力为

$$\widetilde{F}_\nu=\sum_{i=1}^{n}\boldsymbol{F}_i\cdot\boldsymbol{v}_i^{(\nu)}=\sum_{i=1}^{n}\boldsymbol{F}_i\cdot\frac{\partial \boldsymbol{r}_i}{\partial q_k}=Q_k\quad(k=\nu=1,2,\cdots,f) \tag{10.2.12}$$

也就是说，**对于完整系统，广义主动力就是拉格朗日方程中对应于广义坐标的广义力**。对照第二类拉格朗日方程，根据凯恩方程给出的结果，广义惯性力可由系统的动能表出：

$$\widetilde{F}_\nu^*=-\frac{\mathrm{d}}{\mathrm{d}t}\left(\frac{\partial T}{\partial \dot{q}_k}\right)+\frac{\partial T}{\partial q_k}\quad(\nu=k=1,2,\cdots,f) \tag{10.2.13}$$

因此，**对于完整系统，凯恩方程与拉格朗日方程是等价的**。但应用凯恩方程求系统的运动时，为便于计算机运算，避免对动力学函数的求导，一般不按上两式进行广义主动力和广义惯性力计算，而是按照式(10.2.8)进行乘法与求和运算。

由第 9 章知，广义主动力就是阿沛尔方程中对应于伪坐标π_ν的广义力(**伪广义力**)，即

$$\widetilde{F}_\nu=\widetilde{Q}_\nu=\sum_{k=1}^{l}Q_k h_{k\nu}\quad(\nu=1,2,\cdots,f) \tag{10.2.14}$$

而对于一般的质点系，按照凯恩的定义，即式(10.2.8)，

$$\widetilde{F}_\nu=\sum_{i=1}^{n}\boldsymbol{F}_i\cdot\boldsymbol{v}_i^{(\nu)},\quad \widetilde{F}_\nu^*=\sum_{i=1}^{n}(-m_i\ddot{\boldsymbol{r}}_i)\cdot\boldsymbol{v}_i^{(\nu)}\quad(\nu=1,2,\cdots,f)$$

广义主动力可叙述为：**系统上每一质点作用的主动力与该点对应的伪速度的偏速度的标积之和**。而广义惯性力则可叙述为：**系统上每一质点的惯性力与该点对应的伪速度的偏速度的标积之和**。

对于刚体，完全按照式(10.2.8)去计算广义主动力和广义惯性力将不胜其烦。下面将讨论刚体作一般运动时对应于伪速度的广义主动力和广义惯性力，并推导出其一般的表达式。首先讨论广义主动力。

为研究系统中某一刚体，可以将作用于刚体上的诸主动力$\boldsymbol{F}_i$向任一点O简化，简化结果为作用于简化中心的主矢和相对简化中心的主矩，即

$$\boldsymbol{F}=\sum_{i=1}^{n}\boldsymbol{F}_i,\quad \boldsymbol{M}_O=\sum_{i=1}^{n}\boldsymbol{\rho}_i\times\boldsymbol{F}_i \tag{10.2.15}$$

其中，$\boldsymbol{\rho}_i$为质点i相对于简化中心O的矢径。对刚体进行运动学分析，若以简化中心O为基点，由上节推导的结果知，刚体基点的速度$\boldsymbol{v}_O$和转动角速度$\boldsymbol{\omega}$可用伪速度表示为

$$\boldsymbol{v}_O=\sum_{\nu=1}^{f}\boldsymbol{v}_O^{(\nu)}\dot{\pi}_\nu+\boldsymbol{v}_O^{(0)} \tag{10.2.16}$$

$$\boldsymbol{\omega}=\sum_{\nu=1}^{f}\boldsymbol{\omega}^{(\nu)}\dot{\pi}_\nu+\boldsymbol{\omega}^{(0)} \tag{10.2.17}$$

因此，刚体上任一质点i的速度$\boldsymbol{v}_i$可由基点法获得为

$$v_i = v_O + \omega \times \rho_i \quad (i = 1,2,\cdots) \tag{10.2.18}$$

也可表示为伪速度的函数：

$$v_i = \sum_{\nu=1}^{f} v_i^{(\nu)} \dot{\pi}_\nu + v_i^{(0)} \quad (i = 1,2,\cdots) \tag{10.2.19}$$

其中

$$v_i^{(\nu)} = v_O^{(\nu)} + \omega^{(\nu)} \times \rho_i, \quad v_i^{(0)} = v_O^{(0)} + \omega^{(0)} \times \rho_i \tag{10.2.20}$$

将该式代入广义主动力的表达式(10.2.8)中，有

$$\begin{aligned}\widetilde{F}_\nu &= \sum_{i=1}^{n} F_i \cdot v_i^{(\nu)} = \sum_{i=1}^{n} F_i \cdot (v_O^{(\nu)} + \omega^{(\nu)} \times \rho_i) = \sum_{i=1}^{n} F_i \cdot v_O^{(\nu)} + \sum_{i=1}^{n} F_i \cdot \omega^{(\nu)} \times \rho_i \\ &= \left(\sum_{i=1}^{n} F_i\right) \cdot v_O^{(\nu)} + \left(\sum_{i=1}^{n} \rho_i \times F_i\right) \cdot \omega^{(\nu)}\end{aligned} \tag{10.2.21}$$

在推导上式时，利用了矢量运算中的混合积公式(体积公式)

$$a \cdot (b \times c) = b \cdot (c \times a)$$

注意到主动力的主矢和主矩的定义式(10.2.15)，式(10.2.21)的广义主动力可表示为

$$\widetilde{F}_\nu = F \cdot v_O^{(\nu)} + M_O \cdot \omega^{(\nu)} \quad (\nu = 1,2,\cdots,f) \tag{10.2.22}$$

上式中第一项为主矢与简化中心 O 对应于伪速度 $\dot{\pi}_\nu$ 的偏速度的标积，第二项为主矩与对应于伪速度 $\dot{\pi}_\nu$ 的偏角速度的标积，这个表达式简化了对于刚体上广义主动力的计算。

对于含 N 个刚体的刚体系，可将同一刚体(如第 j 个刚体)上的所有主动力向简化中心 O_j 简化，得到简化的主矢和主矩，再计算出简化中心 O_j 对应于某伪速度的偏速度及该刚体对应的偏角速度，根据上式可得某一刚体对应于某一伪速度的广义主动力。然后将所有刚体上的广义力求和，则可得到整个系统对应于某一伪速度的广义主动力，即

$$\widetilde{F}_\nu = \sum_{j=1}^{N} F_j \cdot v_{O_j}^{(\nu)} + \sum_{j=1}^{N} M_{O_j} \cdot \omega_j^{(\nu)} \quad (\nu = 1,2,\cdots,f) \tag{10.2.23}$$

式中 O_j 表示第 j 个刚体上的简化中心。

接下来推导刚体的广义惯性力表达式。采用与广义主动力同样的方法，将刚体惯性力系向任一点简化，简化结果为惯性力系的主矢和相对简化中心的主矩。为简单起见，将简化中心取为刚体的质心 C，应有

$$F^* = \sum_{i=1}^{n} (-m_i \ddot{r}_i) = -m a_C, \quad M_C^* = \sum_{i=1}^{n} \rho_i \times (-m_i \ddot{r}_i) \tag{10.2.24}$$

式中，m 为刚体的总质量，a_C 为刚体质心的加速度。将式(10.2.20)代入凯恩关于广义惯性力的定义式，有

$$\begin{aligned}\widetilde{F}_\nu^* &= \sum_{i=1}^{n} (-m_i \ddot{r}_i) \cdot v_i^{(\nu)} = \sum_{i=1}^{n} (-m_i \ddot{r}_i) \cdot (v_C^{(\nu)} + \omega^{(\nu)} \times \rho_i) \\ &= \sum_{i=1}^{n} (-m_i \ddot{r}_i) \cdot v_C^{(\nu)} + \sum_{i=1}^{n} (-m_i \ddot{r}_i) \cdot \omega^{(\nu)} \times \rho_i \\ &= \left[\sum_{i=1}^{n} (-m_i \ddot{r}_i)\right] \cdot v_C^{(\nu)} + \left[\sum_{i=1}^{n} \rho_i \times (-m_i \ddot{r}_i)\right] \cdot \omega^{(\nu)}\end{aligned} \tag{10.2.25}$$

注意到惯性力系的主矢和主矩的定义(10.2.24)，上式又可写为

$$\widetilde{F}_\nu^* = F^* \cdot v_C^{(\nu)} + M_C^* \cdot \omega^{(\nu)} \quad (\nu = 1,2,\cdots,f) \tag{10.2.26}$$

类似地，对于含 N 个刚体的刚体系，其广义惯性力可表示为

$$\widetilde{F}_\nu^* = \sum_{j=1}^{N} \boldsymbol{F}_j^* \cdot \boldsymbol{v}_{C_j}^{(\nu)} + \sum_{j=1}^{N} \boldsymbol{M}_{C_j}^* \cdot \boldsymbol{\omega}_j^{(\nu)} \quad (\nu = 1,2,\cdots,f) \tag{10.2.27}$$

式中 C_j 表示第 j 个刚体的质心。

由上可见，刚体的广义主动力和广义惯性力具有相同的结构，且形式简单，便于理解与计算。

例 10.6 接例 10.3。如图 10.1.3 所示，杆长为 $2l$、质量为 m 的均质直杆 AB 在水平面上运动，假设其一端 A 的速度始终指向另一端 B。试用凯恩方程建立杆 AB 的运动微分方程。

解：由于有非完整约束条件

$$\dot{y}_A = \dot{x}_A \tan\theta$$

的限制，系统为两自由度非完整系统。可取 $\dot{\pi}_1 = v_A$，$\dot{\pi}_2 = \dot{\theta}$ 为伪速度。

取图 10.1.3 所示基矢量 $\boldsymbol{e}_1$、$\boldsymbol{e}_2$ 及 $\boldsymbol{e}_3$，其中 $\boldsymbol{e}_3$ 按右手法则确定为垂直向上。则质心 C 点的速度和 AB 杆转动的角速度可写为

$$\boldsymbol{v}_C = v_A \boldsymbol{e}_1 + l\dot{\theta}\boldsymbol{e}_2 = \dot{\pi}_1 \boldsymbol{e}_1 + l\dot{\pi}_2 \boldsymbol{e}_2, \quad \boldsymbol{\omega} = \dot{\theta}\boldsymbol{e}_3 = \dot{\pi}_2 \boldsymbol{e}_3$$

则得偏速度和偏角速度为

$$\boldsymbol{v}_C^{(1)} = \boldsymbol{e}_1, \quad \boldsymbol{v}_C^{(2)} = l\boldsymbol{e}_2, \quad \boldsymbol{\omega}^{(1)} = 0, \quad \boldsymbol{\omega}^{(2)} = \boldsymbol{e}_3$$

质心 C 点的加速度和 AB 杆转动的角加速度为

$$\boldsymbol{a}_C = \frac{\mathrm{d}\boldsymbol{v}_C}{\mathrm{d}t} = \ddot{\pi}_1 \boldsymbol{e}_1 + \dot{\pi}_1 \frac{\mathrm{d}\boldsymbol{e}_1}{\mathrm{d}t} + l\ddot{\pi}_2 \boldsymbol{e}_2 + l\dot{\pi}_2 \frac{\mathrm{d}\boldsymbol{e}_2}{\mathrm{d}t} = \ddot{\pi}_1 \boldsymbol{e}_1 + \dot{\pi}_1 \boldsymbol{\omega} \times \boldsymbol{e}_1 + l\ddot{\pi}_2 \boldsymbol{e}_2 + l\dot{\pi}_2 \boldsymbol{\omega} \times \boldsymbol{e}_2$$

$$= (\ddot{\pi}_1 - l\dot{\pi}_2^2)\boldsymbol{e}_1 + (l\ddot{\pi}_2 + \dot{\pi}_1\dot{\pi}_2)\boldsymbol{e}_2$$

$$\boldsymbol{\alpha} = \frac{\mathrm{d}\boldsymbol{\omega}}{\mathrm{d}t} = \ddot{\pi}_2 \boldsymbol{e}_3$$

上式在求导时利用了泊松公式①。系统只受重力作用，垂直于 $\boldsymbol{v}_C^{(1)} = \boldsymbol{e}_1$ 及 $\boldsymbol{v}_C^{(2)} = l\boldsymbol{e}_2$，而主矩为零，因而广义主动力为

$$\widetilde{F}_1 = \widetilde{F}_2 = 0$$

而惯性力系的主矢和对质心 C 的主矩分别为

$$\boldsymbol{F}^* = -m\boldsymbol{a}_C = -m[(\ddot{\pi}_1 - l\dot{\pi}_2^2)\boldsymbol{e}_1 + (l\ddot{\pi}_2 + \dot{\pi}_1\dot{\pi}_2)\boldsymbol{e}_2]$$

$$\boldsymbol{M}_C^* = -J_C\boldsymbol{\alpha} = -J_C\ddot{\pi}_2 \boldsymbol{e}_3$$

利用式(10.2.26)可计算出系统的广义惯性力为

$$\widetilde{F}_1^* = -m[(\ddot{\pi}_1 - l\dot{\pi}_2^2)\boldsymbol{e}_1 + (l\ddot{\pi}_2 + \dot{\pi}_1\dot{\pi}_2)\boldsymbol{e}_2] \cdot \boldsymbol{v}_C^{(1)} - J_C\ddot{\pi}_2 \boldsymbol{e}_3 \cdot \boldsymbol{\omega}^{(1)} = -m(\ddot{\pi}_1 - l\dot{\pi}_2^2)$$

$$\widetilde{F}_2^* = -m[(\ddot{\pi}_1 - l\dot{\pi}_2^2)\boldsymbol{e}_1 + (l\ddot{\pi}_2 + \dot{\pi}_1\dot{\pi}_2)\boldsymbol{e}_2] \cdot \boldsymbol{v}_C^{(2)} - J_C\ddot{\pi}_2 \boldsymbol{e}_3 \cdot \boldsymbol{\omega}^{(2)}$$

$$= -ml(l\ddot{\pi}_2 + \dot{\pi}_1\dot{\pi}_2) - J_C\ddot{\pi}_2 = -(J_C + ml^2)\ddot{\pi}_2 - ml\dot{\pi}_1\dot{\pi}_2 = -(J_A\ddot{\pi}_2 + ml\dot{\pi}_1\dot{\pi}_2)$$

---

① 泊松公式亦称常模矢量求导公式，即转动刚体上任一结体矢量 $\boldsymbol{b}$ 对时间的导数等于刚体的角速度矢量 $\boldsymbol{\omega}$ 与该矢量的矢积：$\frac{\mathrm{d}\boldsymbol{b}}{\mathrm{d}t} = \boldsymbol{\omega} \times \boldsymbol{b}$。泊松公式可以推广到任意的刚体运动，常用于求结体动坐标系基矢量的导数。

式中，J_C 与 J_A 分别为刚体对质心 C 和端点 A 的转动惯量。将广义主动力和广义惯性力的表达式代入凯恩方程，导出凯恩形式的运动微分方程

$$\ddot{\pi}_1 - l\dot{\pi}_2^2 = 0$$

$$J_A\ddot{\pi}_2 + ml\dot{\pi}_1\dot{\pi}_2 = 0$$

将 $\dot{\pi}_1 = v_A, \dot{\pi}_2 = \dot{\theta}$ 代入上式，得

$$\dot{v}_A - l\dot{\theta}^2 = 0$$

$$J_A\ddot{\theta} + mlv_A\dot{\theta} = 0$$

例 10.7 接例 10.4。如图 10.1.4 所示，一刚性薄板在水平面上作平面运动，薄板上开有过质心 C 的光滑小槽，一小球可通过置于槽内的弹簧作直线运动。已知薄板的质量为 M，对质心的转动惯量为 J_C，小球的质量为 m，弹簧的劲度系数为 k，原长为 l_0。试建立系统的运动微分方程。

解：这是一个四自由度的完整系统，可选取质心 C 点的坐标(x_C, y_C)和薄板相对于 x 轴的转角 θ 以及小球在结体系下的坐标 ξ 为广义坐标。在例 10.4 中，通过选取如下伪速度 $\dot{\pi}_\nu(\nu=1,2,3,4)$：

$$\dot{\pi}_1 = \dot{x}_C\cos\theta + \dot{y}_C\sin\theta, \quad \dot{\pi}_2 = -\dot{x}_C\sin\theta + \dot{y}_C\cos\theta, \quad \dot{\pi}_3 = \dot{\theta}, \quad \dot{\pi}_4 = \dot{\xi}$$

已求得质心 C 的速度 $\boldsymbol{v}_C$，刚体角速度 $\boldsymbol{\omega}$，小球相对刚体的速度 $\boldsymbol{v}_r$ 和小球的绝对速度 $\boldsymbol{v}_a$ 的伪速度表达式以及对应于各伪速度的偏速度和偏角速度，它们分别为

$$\begin{cases} \boldsymbol{v}_C = \dot{\pi}_1\boldsymbol{e}_1 + \dot{\pi}_2\boldsymbol{e}_2 \\ \boldsymbol{\omega} = \dot{\pi}_3\boldsymbol{e}_3 \\ \boldsymbol{v}_r = \dot{\pi}_4\boldsymbol{e}_1 \\ \boldsymbol{v}_a = (\dot{\pi}_1 + \dot{\pi}_4)\boldsymbol{e}_1 + (\dot{\pi}_2 + \xi\dot{\pi}_3)\boldsymbol{e}_2 \end{cases}$$

及

ν	1	2	3	4
$\boldsymbol{v}_C^{(\nu)}$	$\boldsymbol{e}_1$	$\boldsymbol{e}_2$	0	0
$\boldsymbol{\omega}^{(\nu)}$	0	0	$\boldsymbol{e}_3$	0
$\boldsymbol{v}_r^{(\nu)}$	0	0	0	$\boldsymbol{e}_1$
$\boldsymbol{v}_a^{(\nu)}$	$\boldsymbol{e}_1$	$\boldsymbol{e}_2$	$\xi\boldsymbol{e}_2$	$\boldsymbol{e}_1$

设作用于系统的所有主动力 $\boldsymbol{F}_i$ 向质心的简化结果为

$$\boldsymbol{F} = F_1\boldsymbol{e}_1 + F_2\boldsymbol{e}_2, \quad \boldsymbol{M}_C = M_C\boldsymbol{e}_3$$

同时还有弹性力

$$\boldsymbol{F}_k = -k(\xi - l_0)\boldsymbol{e}_1$$

因而可由下式计算出系统的广义主动力：

$$\widetilde{F}_\nu = \boldsymbol{F}\cdot\boldsymbol{v}_C^{(\nu)} + \boldsymbol{M}_C\cdot\boldsymbol{\omega}^{(\nu)} + \boldsymbol{F}_k\cdot\boldsymbol{v}_r^{(\nu)} \quad (\nu = 1,2,3,4)$$

将各偏速度或偏角速度等有关结果代入上式，得到

$$\widetilde{F}_1 = F_1, \quad \widetilde{F}_2 = F_2, \quad \widetilde{F}_3 = M_C, \quad \widetilde{F}_4 = -k(\xi - l_0)$$

薄板的质心加速度、薄板转动的角加速度以及小球的绝对加速度分别为

$$a_C=\frac{\mathrm{d}\boldsymbol{v}_C}{\mathrm{d}t}=\ddot{\pi}_1\boldsymbol{e}_1+\ddot{\pi}_2\boldsymbol{e}_2+\dot{\pi}_1\boldsymbol{\omega}\times\boldsymbol{e}_1+\dot{\pi}_2\boldsymbol{\omega}\times\boldsymbol{e}_2=(\ddot{\pi}_1-\dot{\pi}_2\dot{\pi}_3)\boldsymbol{e}_1+(\ddot{\pi}_2+\dot{\pi}_1\dot{\pi}_3)\boldsymbol{e}_2$$

$$\boldsymbol{\alpha}=\frac{\mathrm{d}\boldsymbol{\omega}}{\mathrm{d}t}=\ddot{\pi}_3\boldsymbol{e}_3$$

$$\boldsymbol{a}_\mathrm{a}=\frac{\mathrm{d}\boldsymbol{v}_\mathrm{a}}{\mathrm{d}t}=(\ddot{\pi}_1+\ddot{\pi}_4)\boldsymbol{e}_1+(\ddot{\pi}_2+\xi\ddot{\pi}_3+\dot{\pi}_3\dot{\pi}_4)\boldsymbol{e}_2+(\dot{\pi}_1+\dot{\pi}_4)\boldsymbol{\omega}\times\boldsymbol{e}_1+(\dot{\pi}_2+\xi\dot{\pi}_3)\boldsymbol{\omega}\times\boldsymbol{e}_2$$

$$=(\ddot{\pi}_1+\ddot{\pi}_4-\dot{\pi}_2\dot{\pi}_3-\xi\dot{\pi}_3^2)\boldsymbol{e}_1+(\ddot{\pi}_2+\xi\ddot{\pi}_3+2\dot{\pi}_3\dot{\pi}_4+\dot{\pi}_1\dot{\pi}_3)\boldsymbol{e}_2$$

薄板惯性力系的简化结果为

$$\boldsymbol{F}^*=-M\boldsymbol{a}_C=-M[(\ddot{\pi}_1-\dot{\pi}_2\dot{\pi}_3)\boldsymbol{e}_1+(\ddot{\pi}_2+\dot{\pi}_1\dot{\pi}_3)\boldsymbol{e}_2],\quad \boldsymbol{M}_C^*=-J_C\boldsymbol{\alpha}=-J_C\ddot{\pi}_3\boldsymbol{e}_3$$

小球的惯性力为

$$\boldsymbol{F}_k^*=-m\boldsymbol{a}_\mathrm{a}=-m[(\ddot{\pi}_1+\ddot{\pi}_4-\dot{\pi}_2\dot{\pi}_3-\xi\dot{\pi}_3^2)\boldsymbol{e}_1+(\ddot{\pi}_2+\xi\ddot{\pi}_3+2\dot{\pi}_3\dot{\pi}_4+\dot{\pi}_1\dot{\pi}_3)\boldsymbol{e}_2]$$

因而可由下式计算出系统的广义惯性力：

$$\widetilde{F}_\nu^*=\boldsymbol{F}^*\cdot\boldsymbol{v}_C^{(\nu)}+\boldsymbol{M}_C^*\cdot\boldsymbol{\omega}^{(\nu)}+\boldsymbol{F}_k^*\cdot\boldsymbol{v}_\mathrm{a}^{(\nu)}\quad(\nu=1,2,3,4)$$

将各偏速度或偏角速度等有关结果代入上式，得到

$$\begin{cases}\widetilde{F}_1^*=-(m+M)(\ddot{\pi}_1-\dot{\pi}_2\dot{\pi}_3)-m(\ddot{\pi}_4-\xi\dot{\pi}_3^2)\\ \widetilde{F}_2^*=-(m+M)(\ddot{\pi}_2+\dot{\pi}_1\dot{\pi}_3)-m(\xi\ddot{\pi}_3+2\dot{\pi}_3\dot{\pi}_4)\\ \widetilde{F}_3^*=-J_C\ddot{\pi}_3-m\xi(\ddot{\pi}_2+\xi\ddot{\pi}_3+2\dot{\pi}_3\dot{\pi}_4+\dot{\pi}_1\dot{\pi}_3)\\ \widetilde{F}_4^*=-m(\ddot{\pi}_1+\ddot{\pi}_4-\dot{\pi}_2\dot{\pi}_3-\xi\dot{\pi}_3^2)\end{cases}$$

这样，由凯恩方程，可导出系统的运动微分方程

$$\begin{cases}(m+M)(\ddot{\pi}_1-\dot{\pi}_2\dot{\pi}_3)+m(\ddot{\pi}_4-\xi\dot{\pi}_3^2)=F_1\\ (m+M)(\ddot{\pi}_2+\dot{\pi}_1\dot{\pi}_3)+m(\xi\ddot{\pi}_3+2\dot{\pi}_3\dot{\pi}_4)=F_2\\ J_C\ddot{\pi}_3+m\xi(\ddot{\pi}_2+\xi\ddot{\pi}_3+2\dot{\pi}_3\dot{\pi}_4+\dot{\pi}_1\dot{\pi}_3)=M_C\\ m(\ddot{\pi}_1+\ddot{\pi}_4-\dot{\pi}_2\dot{\pi}_3-\xi\dot{\pi}_3^2)=-k(\xi-l_0)\end{cases}$$

这是 4 个以伪速度为变量的一阶微分方程，将其与伪速度的表达式联立可求得系统的运动规律。

例 10.8 如图 10.2.2 所示，质量为 m、半径为 r 的圆盘可在水平面上无滑动地滚动，其质心 C 与几何中心 O 的距离为 $OC=e$，对质心的转动惯量为 J_C。试用凯恩方程求圆盘的运动微分方程。

解：这是一个单自由度完整系统。可取 θ 为广义坐标，并令 $\dot{\pi}=\dot{\theta}$ 为伪速度。

设沿定坐标系的基矢量为 $\boldsymbol{i}$、$\boldsymbol{j}$、$\boldsymbol{k}$，沿动坐标系的基矢量为 $\boldsymbol{e}_1$、$\boldsymbol{e}_2$、$\boldsymbol{e}_3$，其中 $\boldsymbol{k}$ 与 $\boldsymbol{e}_3$ 按右手法则确定为垂直纸面向外，如图。

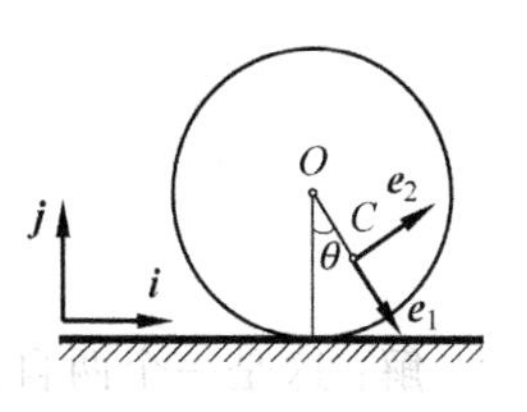

图 10.2.2

由基点法，质心 C 的速度可写为

$$\boldsymbol{v}_C=\boldsymbol{v}_O+\boldsymbol{v}_{CO}=-r\dot{\theta}\boldsymbol{i}+e\dot{\theta}\boldsymbol{e}_2=(-r\boldsymbol{i}+e\boldsymbol{e}_2)\dot{\pi}$$

圆盘的角速度矢$\boldsymbol{\omega}$为

$$\boldsymbol{\omega} = \dot{\theta}\boldsymbol{k} = \dot{\theta}\boldsymbol{e}_3 = \dot{\pi}\boldsymbol{k}$$

则得偏速度和偏角速度：

$$\boldsymbol{v}_C^{(\dot{\theta})} = -r\boldsymbol{i} + e\boldsymbol{e}_2, \quad \boldsymbol{\omega}^{(\dot{\theta})} = \boldsymbol{k}$$

质心 C 点的加速度和圆盘转动的角加速度为

$$\boldsymbol{a}_C = \frac{\mathrm{d}\boldsymbol{v}_C}{\mathrm{d}t} = \frac{\mathrm{d}}{\mathrm{d}t}(-r\boldsymbol{i} + e\boldsymbol{e}_2)\dot{\pi} = -r\ddot{\pi}\boldsymbol{i} + e\ddot{\pi}\boldsymbol{e}_2 + e\dot{\pi}\frac{\mathrm{d}\boldsymbol{e}_2}{\mathrm{d}t} = -r\ddot{\pi}\boldsymbol{i} + e\ddot{\pi}\boldsymbol{e}_2 + e\dot{\pi}\boldsymbol{\omega} \times \boldsymbol{e}_2$$

$$= -r\ddot{\pi}\boldsymbol{i} + e\ddot{\pi}\boldsymbol{e}_2 - e\dot{\pi}^2\boldsymbol{e}_1$$

$$\boldsymbol{\alpha} = \frac{\mathrm{d}\boldsymbol{\omega}}{\mathrm{d}t} = \ddot{\pi}\boldsymbol{e}_3 = \ddot{\pi}\boldsymbol{k}$$

上式在求导时利用了泊松公式。系统只受重力作用，而主矩为零，因而广义主动力为

$$\widetilde{F} = \boldsymbol{F} \cdot \boldsymbol{v}_C^{(\dot{\theta})} = -mg\boldsymbol{j} \cdot (-r\boldsymbol{i} + e\boldsymbol{e}_2) = -mge\boldsymbol{j} \cdot \boldsymbol{e}_2 = -mge\sin\theta$$

而惯性力系的主矢和对质心 C 的主矩分别为

$$\boldsymbol{F}^* = -m\boldsymbol{a}_C = -m(-r\ddot{\pi}\boldsymbol{i} + e\ddot{\pi}\boldsymbol{e}_2 - e\dot{\pi}^2\boldsymbol{e}_1)$$

$$\boldsymbol{M}_C^* = -J_C\boldsymbol{\alpha} = -J_C\ddot{\pi}\boldsymbol{k}$$

利用式(10.2.26)可计算出系统的广义惯性力为

$$\widetilde{F}^* = -m(-r\ddot{\pi}\boldsymbol{i} + e\ddot{\pi}\boldsymbol{e}_2 - e\dot{\pi}^2\boldsymbol{e}_1) \cdot \boldsymbol{v}_C^{(\dot{\theta})} - J_C\ddot{\pi}\boldsymbol{k} \cdot \boldsymbol{\omega}^{(\dot{\theta})}$$

$$= -m(-r\ddot{\pi}\boldsymbol{i} + e\ddot{\pi}\boldsymbol{e}_2 - e\dot{\pi}^2\boldsymbol{e}_1) \cdot (-r\boldsymbol{i} + e\boldsymbol{e}_2) - J_C\ddot{\pi}\boldsymbol{k} \cdot \boldsymbol{k}$$

$$= -m(r^2\ddot{\pi} + e^2\ddot{\pi} - 2re\ddot{\pi}\cos\theta + re\dot{\pi}^2\sin\theta) - J_C\ddot{\pi}$$

将广义主动力和广义惯性力的表达式代入凯恩方程，导出凯恩形式的运动微分方程

$$(mr^2 + me^2 + J_C - 2mre\cos\theta)\ddot{\pi} + mre\dot{\pi}^2\sin\theta + mge\sin\theta = 0$$

将 $\dot{\pi} = \dot{\theta}$ 代入上式，可得圆盘在平面上运动的微分方程。

例 10.9 如图 10.2.3 所示，质量为 M 的滑块可在光滑固定水平面上滑动，质量为 m、半径为 r 的均质圆柱同时在滑块的斜面上滚动。已知斜面倾角为 θ。试用凯恩方程写出在重力作用下系统的运动方程。

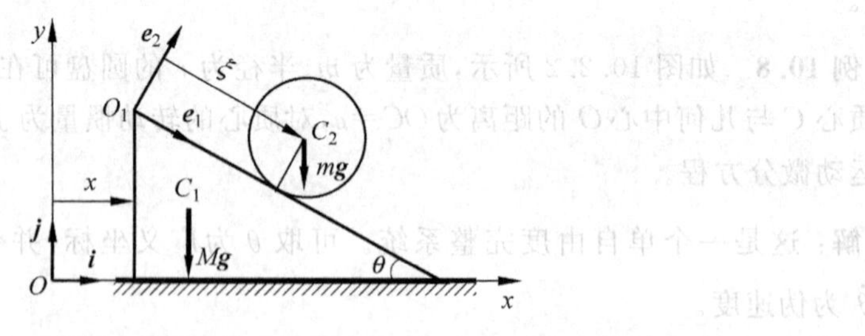

图 10.2.3

解：这是一个两自由度完整系统。可取 x、ξ 为广义坐标，并令两个广义坐标的导数为伪速度，即

$$\dot{\pi}_1 = \dot{x}, \quad \dot{\pi}_2 = \dot{\xi}$$

取图 10.2.3 所示平动坐标系的基矢量 $\boldsymbol{e}_1$、$\boldsymbol{e}_2$ 及 $\boldsymbol{e}_3$，其中 $\boldsymbol{e}_3$ 按右手法则确定为垂直纸面向外，则滑块质心 C_1 和圆柱质心 C_2 的速度可写为

$$\boldsymbol{v}_{C_1} = \dot{x}\boldsymbol{i} = \dot{\pi}_1\boldsymbol{i}, \quad \boldsymbol{v}_{C_2} = \dot{x}\boldsymbol{i} + \dot{\xi}\boldsymbol{e}_1 = \dot{\pi}_1\boldsymbol{i} + \dot{\pi}_2\boldsymbol{e}_1$$

偏速度为

$$\boldsymbol{v}_{C_1}^{(1)} = \boldsymbol{i}, \quad \boldsymbol{v}_{C_1}^{(2)} = \boldsymbol{0}, \quad \boldsymbol{v}_{C_2}^{(1)} = \boldsymbol{i}, \quad \boldsymbol{v}_{C_2}^{(2)} = \boldsymbol{e}_1$$

滑块和圆柱的角速度分别为

$$\boldsymbol{\omega}_1 = \boldsymbol{0}, \quad \boldsymbol{\omega}_2 = -\frac{\dot{\xi}}{r}\boldsymbol{e}_3 = -\frac{\dot{\pi}_2}{r}\boldsymbol{e}_3$$

因此对应的偏角速度为

$$\boldsymbol{\omega}_1^{(1)} = \boldsymbol{\omega}_1^{(2)} = \boldsymbol{0}, \quad \boldsymbol{\omega}_2^{(1)} = \boldsymbol{0}, \quad \boldsymbol{\omega}_2^{(2)} = -\frac{\boldsymbol{e}_3}{r}$$

滑块及圆柱质心的加速度和圆柱的角加速度分别为

$$\boldsymbol{a}_{C_1} = \frac{\mathrm{d}\boldsymbol{v}_{C_1}}{\mathrm{d}t} = \ddot{\pi}_1\boldsymbol{i}, \quad \boldsymbol{a}_{C_2} = \frac{\mathrm{d}\boldsymbol{v}_{C_2}}{\mathrm{d}t} = \ddot{\pi}_1\boldsymbol{i} + \ddot{\pi}_2\boldsymbol{e}_1 + \dot{\pi}_2\frac{\mathrm{d}\boldsymbol{e}_1}{\mathrm{d}t} = \ddot{\pi}_1\boldsymbol{i} + \ddot{\pi}_2\boldsymbol{e}_1$$

$$\boldsymbol{\alpha}_2 = \frac{\mathrm{d}\boldsymbol{\omega}_2}{\mathrm{d}t} = -\frac{\ddot{\pi}_2}{r}\boldsymbol{e}_3$$

滑块及圆柱上分别受到重力 Mg 及 mg 的作用，因而由式(10.2.23)，广义主动力为

$$\widetilde{F}_1 = \sum_{j=1}^{2}\boldsymbol{F}_j \cdot \boldsymbol{v}_{C_j}^{(1)} = -Mg\boldsymbol{j} \cdot \boldsymbol{v}_{C_1}^{(1)} - mg\boldsymbol{j} \cdot \boldsymbol{v}_{C_2}^{(1)} = -Mg\boldsymbol{j} \cdot \boldsymbol{i} - mg\boldsymbol{j} \cdot \boldsymbol{i} = 0$$

$$\widetilde{F}_2 = \sum_{j=1}^{2}\boldsymbol{F}_j \cdot \boldsymbol{v}_{C_j}^{(2)} = -Mg\boldsymbol{j} \cdot \boldsymbol{v}_{C_1}^{(2)} - mg\boldsymbol{j} \cdot \boldsymbol{v}_{C_2}^{(2)} = -mg\boldsymbol{j} \cdot \boldsymbol{e}_1 = mg\sin\theta$$

滑块平动，惯性力系简化为作用于质心 C_1 的一个主矢，主矩为零，即

$$\boldsymbol{F}_1^* = -M\boldsymbol{a}_{C_1} = -M\ddot{\pi}_1\boldsymbol{i}, \quad \boldsymbol{M}_{C_1}^* = \boldsymbol{0}$$

而圆柱惯性力系的主矢和对质心 C_2 的主矩分别为

$$\boldsymbol{F}_2^* = -m\boldsymbol{a}_{C_2} = -m(\ddot{\pi}_1\boldsymbol{i} + \ddot{\pi}_2\boldsymbol{e}_1), \quad \boldsymbol{M}_{C_2}^* = -J_C\boldsymbol{\alpha}_2 = \frac{1}{2}mr\ddot{\pi}_2\boldsymbol{e}_3$$

式中，J_C 为圆柱对其质心 C_2 的转动惯量。利用式(10.2.27)可计算出系统的广义惯性力为

$$\widetilde{F}_1^* = \sum_{j=1}^{2}\boldsymbol{F}_j^* \cdot \boldsymbol{v}_{C_j}^{(1)} + \sum_{j=1}^{2}\boldsymbol{M}_{C_j}^* \cdot \boldsymbol{\omega}_j^{(1)} = -M\ddot{\pi}_1\boldsymbol{i} \cdot \boldsymbol{i} - m(\ddot{\pi}_1\boldsymbol{i} + \ddot{\pi}_2\boldsymbol{e}_1) \cdot \boldsymbol{i}$$

$$= -(m + M)\ddot{\pi}_1 - m\ddot{\pi}_2\cos\theta$$

$$\widetilde{F}_2^* = \sum_{j=1}^{2}\boldsymbol{F}_j^* \cdot \boldsymbol{v}_{C_j}^{(2)} + \sum_{j=1}^{2}\boldsymbol{M}_{C_j}^* \cdot \boldsymbol{\omega}_j^{(2)} = -m(\ddot{\pi}_1\boldsymbol{i} + \ddot{\pi}_2\boldsymbol{e}_1) \cdot \boldsymbol{e}_1 - \frac{1}{2}mr\ddot{\pi}_2\boldsymbol{e}_3 \cdot \frac{\boldsymbol{e}_3}{r}$$

$$= -m\left(\ddot{\pi}_1\cos\theta + \frac{3}{2}\ddot{\pi}_2\right)$$

将广义主动力和广义惯性力的表达式代入凯恩方程，导出凯恩形式的运动微分方程

$$(m + M)\ddot{\pi}_1 + m\ddot{\pi}_2\cos\theta = 0$$

$$\ddot{\pi}_1\cos\theta + \frac{3}{2}\ddot{\pi}_2 - g\sin\theta = 0$$

将 $\dot{\pi}_1=\dot{x}$，$\dot{\pi}_2=\dot{\xi}$ 代入上式，得

$$(m+M)\ddot{x}+m\ddot{\xi}\cos\theta=0$$

$$2\ddot{x}\cos\theta+3\ddot{\xi}-2g\sin\theta=0$$

由此可解出

$$\ddot{x}=-\frac{m\sin2\theta}{3M+m+2m\sin^2\theta}g,\quad \ddot{\xi}=\frac{2(m+M)\sin\theta}{3M+m+2m\sin^2\theta}g$$

习题

10.1　如题10.1图所示，设一质点 M 在 Oxy 平面内沿固定的抛物线形轨道运动，轨道方程为

$$y=\frac{1}{2}ax^2$$

其中，a 为常数。试分别写出质点 M 以 x 及 y 为独立坐标时的偏速度。

答：$\boldsymbol{v}_M^{(\dot{x})}=\boldsymbol{i}+ax\boldsymbol{j}$，$\boldsymbol{v}_M^{(\dot{y})}=\dfrac{1}{ax}\boldsymbol{i}+\boldsymbol{j}$。

10.2　如题10.2图所示双摆系统，基矢量 $\boldsymbol{i}$ 与 $\boldsymbol{j}$ 分别沿 Ox 与 Oy 轴，基矢量 $\boldsymbol{e}_1$ 与 $\boldsymbol{e}_2$ 分别垂直于两杆。如取 $\dot{\pi}_1=\dot{\theta}_1$ 和 $\dot{\pi}_2=\dot{\theta}_2$ 为伪速度，试分别写出两质点 M_1 与 M_2 以（$\boldsymbol{e}_1$，$\boldsymbol{e}_2$）及（$\boldsymbol{i}$，$\boldsymbol{j}$）为基矢量的偏速度。

答：$\boldsymbol{v}_1^{(1)}=l_1\boldsymbol{e}_1$，$\boldsymbol{v}_1^{(2)}=\boldsymbol{0}$，$\boldsymbol{v}_2^{(1)}=l_1\boldsymbol{e}_1$，$\boldsymbol{v}_2^{(2)}=l_2\boldsymbol{e}_2$；

$\boldsymbol{v}_1^{(1)}=l_1(\cos\theta_1\boldsymbol{i}-\sin\theta_1\boldsymbol{j})$，$\boldsymbol{v}_1^{(2)}=\boldsymbol{0}$，$\boldsymbol{v}_2^{(1)}=l_1(\cos\theta_1\boldsymbol{i}-\sin\theta_1\boldsymbol{j})$，$\boldsymbol{v}_2^{(2)}=l_2(\cos\theta_2\boldsymbol{i}-\sin\theta_2\boldsymbol{j})$。

10.3　如题10.3图所示行星轮系，行星齿轮Ⅱ的半径为 r，由系杆 OA 带动沿半径为 R 的固定大齿轮Ⅰ滚动。如取 $\dot{\pi}=\dot{\theta}$ 为伪速度，试分别写出 A 点的偏速度和系杆 OA 及齿轮Ⅱ的偏角速度。

答：$\boldsymbol{v}_A^{(\dot{\theta})}=(R+r)(-\sin\theta\boldsymbol{i}+\cos\theta\boldsymbol{j})$，$\boldsymbol{\omega}_{OA}^{(\dot{\theta})}=\boldsymbol{k}$，$\boldsymbol{\omega}_{Ⅱ}^{(\dot{\theta})}=\dfrac{R+r}{r}\boldsymbol{k}$。

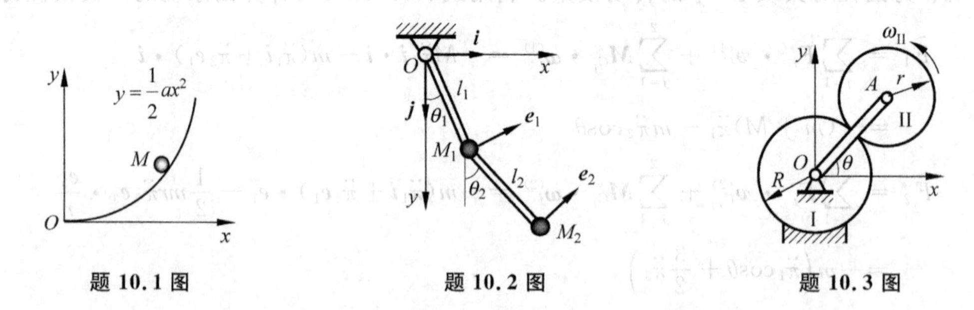

题10.1图　　题10.2图　　题10.3图

10.4　取广义速度为伪速度，试用凯恩方程推导出第二类拉格朗日方程。

10.5　试用凯恩方程建立例9.3所讨论的水平面内冰刀的运动微分方程，仍取 $\dot{\pi}_1=\dot{\theta}$ 和 $\dot{\pi}_2=\dot{x}_C\cos\theta+\dot{y}_C\sin\theta$ 为伪速度。

答：$M-J_C\ddot{\pi}_1=0, F-m\ddot{\pi}_2=0$。

10.6　例 10.1 所讨论的椭圆摆中，滑块 M_1 与小球 M_2 的质量分别为 m_1 与 m_2，如取广义速度为伪速度，即 $\dot{\pi}_1=\dot{x}$ 和 $\dot{\pi}_2=\dot{\theta}$，试用凯恩方程列写椭圆摆的运动微分方程。

答：$(m_1+m_2)\ddot{\pi}_1+m_2 l(\ddot{\pi}_2\cos\theta-\dot{\pi}_2^2\sin\theta)=0$；

$\ddot{\pi}_1\cos\theta+l\ddot{\pi}_2+g\sin\theta=0$。

10.7　如题 10.7 图所示，质量为 m、长为 $2l$ 的均质杆 AB，其 A 端可在光滑的水平导槽上滑动，而杆本身又可在竖直平面内绕 A 点摆动。杆在质心 C 处受一水平恒力 $\boldsymbol{F}$ 作用，如取 $\dot{\pi}_1=\dot{x}$ 和 $\dot{\pi}_2=l\dot{\theta}$ 为伪速度，试用凯恩方程列写其运动微分方程。

答：$m\left(\ddot{\pi}_1+\ddot{\pi}_2\cos\theta-\dfrac{\dot{\pi}_2^2}{l}\sin\theta\right)=F$；

$m(\ddot{\pi}_1\cos\theta+\ddot{\pi}_2)+J_C\dfrac{\ddot{\pi}_2}{l^2}=F\cos\theta-mg\sin\theta$。

10.8　如题 10.8 图所示，一质量为 m、半径为 r 的圆盘 B 在质量亦为 m、半径为 $R=4r$ 的细圆环 A 内作纯滚动。细圆环可绕水平轴 O 转动，试用凯恩方程写出系统的运动微分方程。

答：$14r\ddot{\theta}-\dfrac{3}{2}r\ddot{\varphi}+3r\ddot{\varphi}\cos(\theta-\varphi)+3r\dot{\varphi}^2\sin(\theta-\varphi)+2g\sin\theta=0$；

$2r\ddot{\theta}-\dfrac{9}{2}r\ddot{\varphi}-4r\ddot{\theta}\cos(\theta-\varphi)+4r\dot{\theta}^2\sin(\theta-\varphi)-g\sin\varphi=0$。

10.9　如题 10.9 图所示，绕在圆柱体 A 上的绳子，跨过质量为 M 的均质定滑轮 O 与质量为 m 的物块 B 相联。已知圆柱 A 的质量为 m_1，半径为 r，对质心轴的回转半径为 ρ，如绳与滑轮间无滑动，试用凯恩方程建立系统的运动微分方程，并给出圆柱 A 向上运动的条件。

答：$\left[m+\dfrac{1}{2}M+m_1\left(\dfrac{\rho}{r}\right)^2\right]\ddot{x}_2+m_1\left(\dfrac{\rho}{r}\right)^2\ddot{x}_1-mg=0$；

$m_1\ddot{x}_1+m_1\left(\dfrac{\rho}{r}\right)^2(\ddot{x}_1+\ddot{x}_2)-m_1 g=0$；

$\rho^2>\dfrac{m+\dfrac{M}{2}}{m-m_1}r^2$。

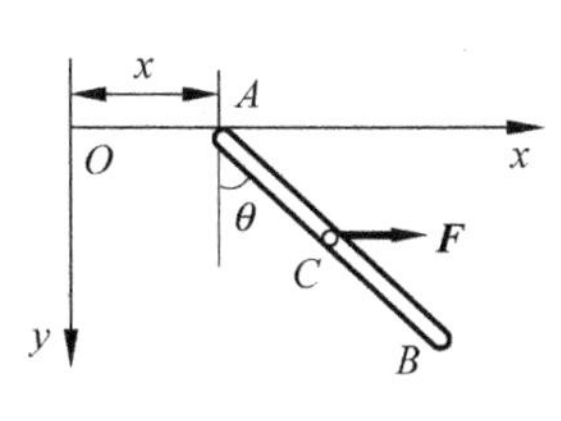

题 10.7 图

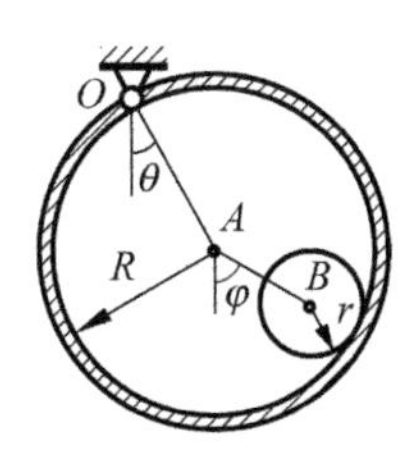

题 10.8 图

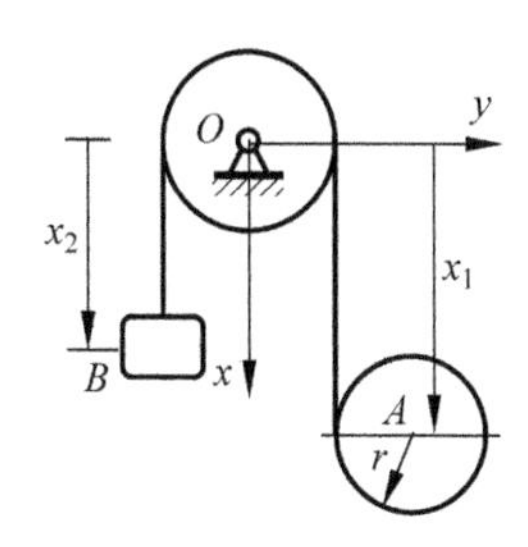

题 10.9 图

10.10　如题10.10图所示，质量为m、半径为r的均质半圆盘在粗糙的水平面上摆动，设$O'C=e$，C为半圆盘的质心，半圆盘对质心的转动惯量为J_C。如取$\dot{\pi}=\dot{\theta}$为伪速度，试用凯恩方程求其摆动的微分方程。

答：$(mr^2+me^2+J_C-2mre\cos\theta)\ddot{\pi}+mre\dot{\pi}^2\sin\theta+mge\sin\theta=0$。

10.11　如题10.11图所示，均质细杆AB长为l，质量为m，两端被分别限制沿坐标轴滑动，不计摩擦。如取$\dot{\pi}=\dot{\theta}$为伪速度，试用凯恩方程求细杆在重力作用下的运动微分方程。

答：$\ddot{\theta}=\ddot{\pi}=\dfrac{3g}{2l}\sin\theta$。

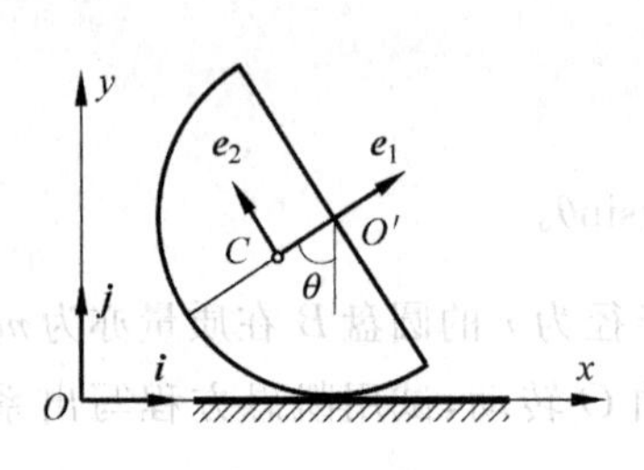

题10.10图

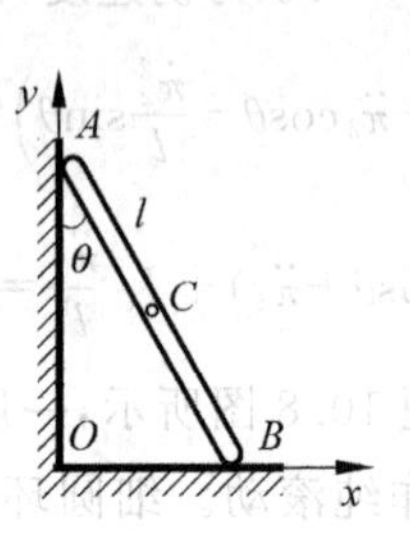

题10.11图

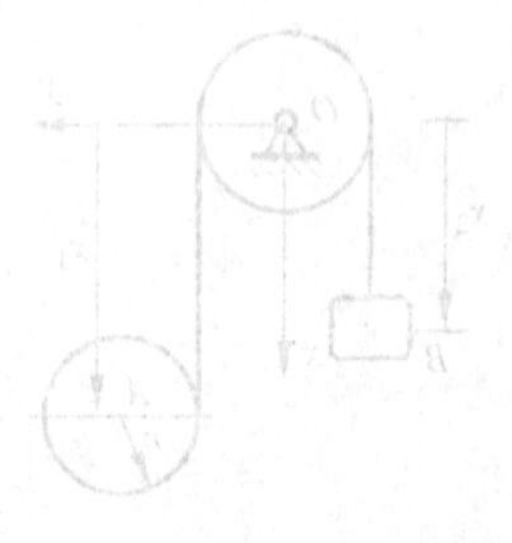

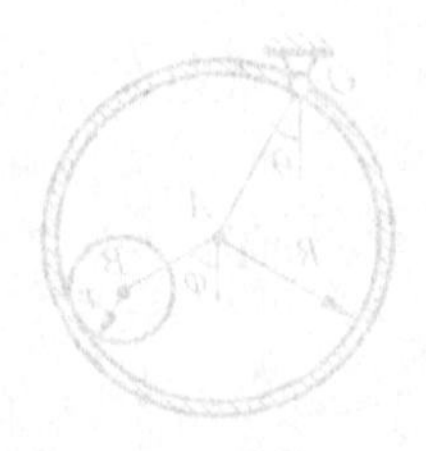

名人履痕

这里将对对分析力学有直接贡献的历史人物的学术职业生涯和力学工作进行概述。由于在科学史上数学和力学这两门学科在发展上是结伴而行的，历史上最著名的数学家，一般也同时是最著名的力学家。下面将重点叙述其与分析力学教学直接相关的内容，有些并非他们最重要或最有代表性的工作。经典力学中奠基阶段（牛顿力学）的名家将不在此列出。一些史实源自国内外的力学史著作和网上资料，在文中不再标明出处。

一、让·勒朗·达朗贝尔

让·勒朗·达朗贝尔（Jean le Rond d'Alembert，1717—1783）又译为达朗伯，法国著名数学家、哲学家、天文学家、力学家和物理学家。1717 年 11 月 17 日生于法国巴黎；1783 年 10 月 29 日卒于同地。

达朗贝尔是一位名叫狄斯特切斯（Louis-Camus Destouches）的贵族军官的非婚生儿子，其生母德·姮西（Claudine Guérin de Tencin）是一位著名的沙龙女主人与作家。达朗贝尔出生时，其父正在国外，其母为了保护自己的声誉，就把刚出生的儿子遗弃在巴黎圣·让·勒朗（Saint Jean le Rond）教堂外的台阶上，按惯例取名 Jean le Rond，后自己取姓为 d'Alembert。

达朗贝尔的生父在返回巴黎后才找回自己的儿子，并将其寄养给了一对玻璃匠夫妇。尽管他不肯公开承认自己的儿子，但达朗贝尔的父亲仍暗中资助，使其自幼受到良好的教育。达朗贝尔早年曾攻读过神学、法学和医学，但是后来他唯独对数学表现出浓厚的兴趣，并对数学事业倾注了极大的热情。

达朗贝尔在数学、力学和天文学等许多领域都做出了贡献。1741 年被聘为法国科学院天文学助理院士，当时年仅 24 岁，1746 年被提升为科学院数学副院士。1754 年被选为法兰西学院院士，1772 年起任学院的终身秘书，是当时法国科学界最有影响的人物之一。1746 年，他与著名哲学家丹尼斯·狄德罗（Denis Diderot，1713—1784）一起编纂了法国《百科全书》（1751—1772 年出版）并负责撰写数学与自然科学条目。从此，达朗贝尔全身心地投入到了 18 世纪法国启蒙运动中，并由此成为法国百科全书派的代表人物。

正如达朗贝尔在《百科全书》序言中所认为的：科学处于从 17 世纪的数学时代到 18 世纪的力学时代的转变，力学应该是数学家的主要兴趣。他一生对力学做了大量研究，是 18 世纪为牛顿力学体系的建立做出卓越贡献的科学家之一。

1743 年，26 岁的达朗贝尔发表了力学方面的一部奠基性著作——《论动力学》（*Traité de Dynamique*）。《论动力学》是达朗贝尔最伟大的物理学著作，可以说是力学发展史上的一块里程碑。《论动力学》的出版使得达朗贝尔跻身欧洲最有名望的学者之列，如果说牛顿的《自然哲学的数学原理》是讨论自由物体的运动的话，这本书则开了讨论约束物体运动的先河。书中包括后来以他的名字命名的“达朗贝尔原理”，它与牛顿第二定律相似，拉格朗日认为达朗贝尔提出的原理可以把动力学问题转化为静力学问题求解。此外，将被称为静力学普遍方程的虚功原理与达朗贝尔原理相结合，可得到动力学普遍方程，它是求解约束系统动力学问题的一个普遍原理，为分析动力学的发展奠定了基础。

1747 年，达朗贝尔在向柏林科学院提交的论文《弦的振动的研究》中，首先提出了波动方程并给出了表示弦横向振动的二阶偏微分方程的解法。1763 年，他进一步讨论了不均匀弦的振动，提出了广义的波动方程。

1749 年，达朗贝尔发表了题为《关于春、秋分点的进动和地轴章动研究》的论文，建立了岁差和章动的力学理论，为天体力学的形成和发展奠定了基础。

1752 年，达朗贝尔发表了论文《流体阻力的一种新理论》，第一次用流体动力学的微分方程表示场，并提出了著名的达朗贝尔佯谬(D'Alembert's Paradox)。虽然文中存在一些问题，但是达朗贝尔第一次引入了流体速度和加速度分量的概念。

达朗贝尔对青年科学家的研究工作非常支持。他曾向普鲁士国王腓特烈二世(Frederick II，1712—1786)举荐著名科学家拉格朗日到柏林科学院数学部任职，推荐才华横溢的科学家拉普拉斯(Pierre-Simon Laplace，1749—1827)到巴黎科学院工作。

达朗贝尔终生未婚。1765 年，达朗贝尔因病度假期间与一位美术馆馆员勒皮纳斯(Mlle de Lespinasse)相爱并一起生活了 11 年，直到她去世。勒皮纳斯小姐的去世使达朗贝尔悲痛欲绝。1783 年 10 月 29 日达朗贝尔在巴黎逝世。由于达朗贝尔生前反对宗教，曾嘱咐拒绝神父为他祈祷，巴黎市政府也拒绝为他举行葬礼，所以当这位科学巨匠离开这个世界的时候，既没有隆重的葬礼，也没有缅怀的追悼，只有他一个人被安静地埋葬在巴黎市郊的墓地里。

二、约瑟夫·路易斯·拉格朗日

约瑟夫·路易斯·拉格朗日(Joseph Louis Lagrange，1736—1813)为法国数学家、力学家及天文学家，分析力学和变分法的奠基人。1736 年 1 月 25 日生于意大利西北部的都灵；1813 年 4 月 10 日卒于法国巴黎。

拉格朗日兼有法国和意大利血统，他是陆军部司库佛朗西斯科·洛德维科·拉格朗日亚(Francesco Lodovico Lagrangia)与其妻特莱沙·格罗索(Teresa Grosso)的长子。拉格朗日的家庭一度十分富有，后由于其父经商破产，家道中落。据拉格朗日本人回忆，如果幼年时家境富裕，他也就不会作数学研究了，因为父亲一心想把他培养成为一名律师，而拉格朗日个人却对法律毫无兴趣。

拉格朗日的学术生涯可分为三个时期，即早期在意大利的都灵(1766 年以前)，中期在普鲁士的柏林(1766—1787)，后期在法国的巴黎(1787—1813)。

1755 年，19 岁的拉格朗日致信柏林科学院数学部主任莱昂哈德·欧拉(Leonhard Euler，1707—1783)，参加了关于变分法解决等周问题(isoperimetric problem)的讨论。他的第一篇论文《极大和极小的方法研究》(*Recherches sur la méthode demaximis et minimies*)用纯分析的方法求变分极值，发展了欧拉所开创的变分法，为变分法奠定了理论基础，并开始了《分析力学》的构思。变分法的创立，使拉格朗日在都灵声名大震，并使他在19岁时就被聘为都灵皇家炮兵学校的几何学教授。

1756年，受欧拉的举荐，拉格朗日被任命为普鲁士科学院通讯院士。两年后，他参与创立都灵科学协会的工作，并于协会出版的科技会刊《都灵科学论丛》(*Mélanges de Turin*)上发表大量有关变分法、分析力学、概率论、微分方程、弦振动及最小作用原理等论文。这些著作使他成为当时欧洲公认的第一流数学家。

到了1764年，他凭万有引力解释月球天平动问题获得法国巴黎科学院奖金。1766年，又因成功地以微分方程理论和近似解法研究科学院所提出的一个复杂的六体问题(木星的四个卫星的运动问题)而再度获奖。

1766年普鲁士国王腓特烈大帝向拉格朗日发出邀请时说，在"欧洲最伟大的王"的宫廷中应有"欧洲最伟大的数学家"。于是他应邀前往柏林，接替欧拉担任普鲁士科学院数学部主任，在那里居住达20余年之久，开始了他一生科学研究的鼎盛时期。在此期间，拉格朗日专心于著述他那不朽名著《分析力学论述》(*Traité de Mécanique Analytique*，1788)，此书于1782年基本完稿，1788年在巴黎出版。全书没有一幅图，而用纯数学分析形式，特别是变分法使力学分析化。这是力学史上划时代的文献，开辟了约束力学系统的历史，哈密尔顿称它为"科学的诗篇"。拉格朗日声称他所提出的方法无须几何或力学的推理，只要按照有规律的步骤进行代数运算就行了。爱好分析学的人都将高兴地看到，力学已成为分析学的一个新分支。后来拉格朗日对这本书又作了修改和补充，1816年，拉格朗日去世后第三年，第二版出版了，书名更改为《分析力学》(*Mécanique Analytique*)。

1786年腓特烈去世后，拉格朗日应法国国王路易十六(Louis ⅩⅥ，1754—1793)之邀，于1787年定居巴黎。1789年法国大革命后，他参加了巴黎科学院成立的度量衡统一问题委员会，并出任法国米制委员会主任。期间又先后于巴黎高等师范学院及巴黎综合工科学校任数学教授，为法国培养了一批世界第一流的科学家。

拉格朗日一生有两段婚姻。1767年9月，拉格朗日同姨表妹维多利亚·孔蒂(Vittoria Conti)结婚。拉格朗日对孔蒂作为妻子是满意的，他在给达朗贝尔的信中写道：他的妻子是一个"当之无愧的家庭主妇"。但孔蒂体弱多病，未曾生育，久病后于1783年去世。1792年，丧偶9年的拉格朗日同巴黎科学院的同事、天文学家勒莫尼埃(Le Monnier)的女儿列尼·佛朗哥斯·阿德拉黛(Renée Francoise Adelaide)结婚，但也没有子女。

1813年4月3日，重病在身的拉格朗日被拿破仑(Napoléon Bonaparte，1769—1821)授予帝国大十字勋章，4月11日早晨，拉格朗日逝世。在葬礼上，拉普拉斯代表参议院、拉赛佩德(Bernard Germain de Lacépède，1756—1825)代表法兰西研究院分别致了悼词。拿破仑下令收集拉格朗日的论文，来缅怀这"一座高耸在数学界的金字塔"。意大利各大学都举行了纪念活动，但柏林未进行任何活动，因为当时普鲁士加入了反法联盟。4月14日，拉格朗日的遗体被送往巴黎万神庙(Panthéon)安葬。

三、伯努利兄弟

伯努利家族(Bernoulli family)原籍比利时安特卫普(Antwerp)，1583年遭受宗教迫害，迁往德国法兰克福(Frankfort)短暂停留，最终定居在瑞士巴塞尔(Basel)。这是一个在17—18世纪对整个世界科学有全面贡献的大家族，涉及数学、力学、天文、法律、文学、艺术，乃至生理学等基础性的领域。伯努利家族三代人中产生了至少8位卓越的科学家，出类拔萃的至少有3位，家族的后裔有不少于120位被人们系统地追溯过，推动着整个世界科学史翻过划时代的一页。

老尼古拉·伯努利(Nicolaus Bernoulli，1623—1708)出生于巴塞尔，受过良好教育，他接过其父经营的兴隆的药材生意，并成了市议会的一名成员和地方行政官，其妻是市议员兼银行家的女儿。老尼古拉的3个儿子都非常有成就，这里仅介绍在变分法乃至整个数学物理领域有巨大贡献的雅各布·伯努利和他的弟弟约翰·伯努利。像家族中的大多数数学家一样，伯努利兄弟并非有意选择数学为职业，然而却忘情地沉溺于数学之中，有人把他们对数学的狂热调侃为"就像酒鬼碰到了烈酒"。

1. 雅各布·伯努利

雅各布·伯努利(Jakob Bernoulli，1654—1705)为老尼古拉的长子，瑞士数学家，在数学、力学和天文学领域都有贡献，概率论的先驱之一，变分法的主要奠基人。1654年12月27日生于瑞士巴塞尔，1705年8月16日卒于同地。

雅各布毕业于巴塞尔大学，于1671年和1676年分别获得艺术硕士和神学硕士学位。然而，他违背父亲望其经商的意愿，醉心于数学和天文学，尤其是他的数学几乎是无师自通的。

雅各布在1678年和1681年两次遍游荷兰、英国、德国、法国等欧洲国家进行学术旅行，结识了莱布尼茨(Gottfried Wilhelm Leibniz，1646—1716)、惠更斯(Christiaan Huygens，1629—1695)等著名科学家，从此与莱布尼茨一直保持经常的通信联系，互相探讨微积分的有关问题。

1684年，雅各布与一位富商的女儿朱蒂斯·斯图帕纳斯(Judith Stupanus)结婚，生有一儿一女。他的儿子取其祖父的名字尼古拉·伯努利(Nicolaus Ⅰ Bernoulli)，是位艺术家，巴塞尔市议会的议员和艺术行会会长。

1687年到1705年雅各布在巴塞尔(Basel)大学担任数学教授，教授实验物理和数学，直至去世。由于雅各布杰出的科学成就，1699年，他当选为巴黎科学院外籍院士；1701年被柏林科学协会(后为柏林科学院)接纳为会员。

雅各布在概率论、微分方程、无穷级数求和、变分方法、解析几何等方面均有很大建树，许多数学成果与雅各布的名字相联系，如"伯努利双纽线""伯努利微分方程"等。雅各布1690年首先使用数学意义下的"积分"一词。他还发现对数螺线经过变换仍为对数螺线的奇妙性质。

雅各布一生最有创造力的著作就是去世8年后，即1713年出版的《猜度术》(*Ars Conjectandi*)，这是组合数学及概率论史的一件大事，书中给出了"伯努利数""伯努利大数定理"等结果。

1690年，雅各布提出著名的悬链线问题(the hanging chain problem)向数学界征求答案，即：两端固定的链条由于重力而自然下垂形成的曲线是什么形状。第二年，雅各布收到了包括莱布尼茨、惠更斯以及他的弟弟约翰·伯努利的答案，他们利用诞生不久的微积分成功地证明悬链线(catenary)是一个双曲余弦函数。

1691年，雅各布证明了"悬挂于两个固定点之间的同一链条，在所有可能的形状中，以悬链线的重心最低，具有最小势能"。实际上，有关悬链线的几个结论，可以用变分法得到证明。

1697年，雅各布接受了其弟约翰提出的"最速降线问题"的公开挑战，他的解法虽然麻烦与费劲，却更为一般化。雅各布把每条曲线看作一个变量，进而在每条曲线上所用时间便是曲线的函数，这就是泛函。这类似于微积分求最大最小值的办法，把微积分推广到一般函数空间去，真正体现了变分思想。

1697年，雅各布在《教师学报》(*Acta Eruditorum*)上提出了一个含几种情形的相当复杂的等周问题(即在给定周长的所有封闭曲线中求一条曲线，使得它所围的面积最大)，并在1700年发表了等周问题的解，指出这条曲线是一个圆。雅各布还对短程线问题(shortest distance problem)(亦称"测地线问题")进行了研究。短程线是指曲面上两点间长度最短的路径，1698年，雅各布解决了锥面和旋转面上的短程线问题。

1705年，雅各布因痛风并发症去世，年仅50岁。由于惊叹于对数螺线的神奇，他竟在遗嘱里要求后人将这种曲线刻在自己的墓碑上，并附以颂词 Eadem Mutata Resurgo 意为"纵然变化，依然故我"。

2. 约翰·伯努利

约翰·伯努利(Johann Bernoulli，1667—1748)为老尼古拉的第三个儿子，数学家，变分法的奠基人之一。1667年8月6日生于瑞士巴塞尔，1748年1月1日卒于同地。

约翰于1685年(18岁时)获巴塞尔大学艺术硕士学位，这点同他的哥哥雅各布一样。同样，他也拒绝了老尼古拉试图要他去学经商的劝告，而去攻读医学和古典文学。1690年获医学硕士学位，1694年又获得博士学位。但约翰发现自己骨子里的兴趣仍是数学，在巴塞尔大学学习期间，他一直随兄雅各布秘密研习数学，兄弟俩均熟悉并发展了莱布尼茨的微积分，成为微积分的主要奠基者。

1694年，约翰与巴塞尔市议员的女儿多萝西娅·福克纳(Dorothea Falkner)结婚。他们的三个儿子尼古拉第二(Nicolaus Ⅱ Bernoulli)、丹尼尔(Daniel Bernoulli)和约翰第二(Johann Ⅱ Bernoulli)都致力于数学研究。

1695年，28岁的约翰任职荷兰格罗宁根(Groningen)大学数学教授。10年后即1705年接替去世的雅各布继任巴塞尔大学数学教授，致力于数学教学，直到1748年去世。同他的哥哥一样，1699年他也被选为巴黎科学院外籍院士，1701年被接受为柏林科学协会会员。1712年、1724年和1725年，他还分别当选为英国皇家学会、意大利波伦亚科学院和彼得堡科学院的外籍院士。

约翰的数学成果比雅各布还要多。例如1691年，在《教师学报》上发表论文，解决了雅各布提出的悬链线问题，使他加入了惠更斯、莱布尼茨和牛顿等数学家的行列。1694年最先提出求不定式极限的"洛必达法则"，在1699年的《教师学报》上给出了求积分的变量替换法。1728年，他在研究弦的振动中已知道基本振型是正弦型的，但还不知道高阶振型的性质。1742年研究过双重摆大幅度摆动的微分方程。1742年出版了著作《积分学教程》

(*Lections Mathe-maties de Method Integralium*),汇集了他在微积分方面的研究成果。

约翰的另一大功绩是培养了一大批出色的数学家,其中包括18世纪最著名的数学家欧拉、瑞士数学家克莱姆(Gabriel Cramer,1704—1752)、法国数学家洛必达(Marquis de l'Hôpital,1661—1704),以及他的次子丹尼尔(Daniel Bernoulli,1700—1782)等。其中丹尼尔被认为是伯努利家族中最杰出的一位,欧拉曾经是他受聘为圣彼得堡数学教授时的助手。

约翰·伯努利也是公认的变分法奠基人之一。1696年,约翰以公信的方式,向雅各布和全欧数学家提出了著名的"最速降线问题"(the brachistochrone problem):在重力的单独作用下,一质点通过两定点的最短路径的问题。最速降线问题的提出引发了欧洲数学界的一场论战,论战的结果产生了一个新的数学分支——变分法。约翰类比了光学中费马的光程(或时间)最短原理,给出了简捷、漂亮的答案。1697年,约翰在《博学杂志》(*Journal des Scavans*)中,提出了在凸曲面上求两点间的短程线问题。这个问题由当时年仅21岁、在他指导下的学生欧拉解决了,这就是后来变分法的欧拉方程。1717年,约翰发现了虚功原理,也称虚位移原理。它的发现对于物理学的发展产生了重大的推动作用,对于分析力学的发展具有重要的理论价值。1718年,约翰改进了雅各布的解法,给出了一个精确的、形式上漂亮的等周问题的解法。这篇论文包含了关于变分法的现代方法的核心,提出了变分法的一些概念,奠定了变分法的基础。

变分法的产生和发展最初来自三大问题:最速降线问题、等周问题和短程线问题。伯努利兄弟在这些问题的提出、争论和解决中都做出了贡献,成为变分法的先驱者。

四、威廉·罗文·哈密尔顿

威廉·罗文·哈密尔顿(William Rowan Hamilton,1805—1865)又译为哈密顿,爱尔兰数学家、物理学家、力学家。1805年8月4日生于爱尔兰都柏林;1865年9月2日卒于都柏林附近的郭辛克天文台。

哈密尔顿的父亲是一个初级律师,也是一个很会做生意的商人,并且是一个热忱的教徒。母亲出自一个知识分子家族。

哈密尔顿的叔叔杰姆·哈密尔顿(James Hamilton)毕业于三一学院(Trinity College),是个语言专家,懂许多欧洲语言、方言以及近东的语言。杰姆很早就发现了哈密尔顿对语言的天赋并开始培养他。哈密尔顿在14岁时就因掌握了12种语言而被誉为"神童"。13岁时,哈密尔顿又对数学发生了兴趣,阅读过牛顿的《自然哲学的数学原理》,在17岁时,发现拉普拉斯的《天体力学》(*Mécanique Céleste*)中关于力的平行四边形法则的证明的错误。1823年以第一名的成绩考入都柏林大学三一学院,因成绩优异而多次获得学院的古典文学和科学的最高荣誉奖,在他毕业之前,有人甚至惊呼:"第二个牛顿已经出现。"1827年被聘任为三一学院的天文学教授并获得爱尔兰皇家天文学家的称号。1832年成为爱尔兰科学院院士,1837年被选为爱尔兰皇家科学院院长,他还是英国皇家学会会员,法国科学院院士和彼得堡科学院通讯院士。

哈密尔顿最重要的数学发现是"四元数"(quaternions),他在数学上的贡献还体现在微分方程理论和泛函分析方面。在物理学方面,23岁时哈密尔顿发表了他17岁时发现的《光束理论》(*Theory of systems of rays*),书中提出了特征方程,将几何光学转变为数学问题,并提出了一个统一方法来解决这门科学的问题。这本书在光学上的地位就像拉格朗日的《分析力学》一书在力学上的地位一样重要。14 年后，德国大数学家雅可比（Carl Gustav Jacob Jacobi，1804—1851）在曼彻斯特参加会议时，曾作这样的称赞："哈密尔顿是你们国家的拉格朗日！"

而在科学史中影响最大的却是哈密尔顿在力学上的成就，他发展了分析力学，他对分析力学的贡献主要体现在 1834 年和 1835 年发表的两篇论文中。1834 年，哈密尔顿发表了题为《论动力学中的一个普遍方法》（*On a general method in dynamics*，1834）的历史性论文，成为动力学发展过程中的新里程碑。文中的观点主要是从光学研究中抽象出来的。他引入系统动能与势能差的积分为作用量，真实运动使该作用量取驻值，建立了著名的哈密尔顿变分原理，使各种动力学定律都可以从一个变分式推出，并将之广泛应用于物理学的许多领域。1835 年，在题为《再论动力学中的普遍方法》（*Second essay on a general method in dynamics*，1835）的论文中，将广义坐标和广义动量都作为独立变量来处理动力学问题，导出具有某种对称性的一阶方程组，即哈密尔顿正则方程。用正则方程描述运动所形成的体系，称为哈密尔顿力学体系。他还建立了一个与能量有密切联系的哈密尔顿函数。他的成果后来成为经典统计力学的基础，又被量子力学等现代物理借鉴。

哈密尔顿的家庭生活是不幸福的。早在 1823 年，他爱上了一位朋友的姐姐卡塞琳·狄斯尼（Catherine Disney），但遭到她的拒绝，这使得哈密尔顿十分沮丧，几近自杀。在后来的恋爱经历中又一再碰壁。幸运的是，乡村神父的女儿海伦·玛丽·贝利（Helen Marie Bayly）接受了他的求婚并与他于 1833 年结婚，婚后育有二子一女。但因海伦患有慢性病，身体纤弱，且不善家务，哈密尔顿的生活和研究环境混乱不堪。由于酗酒和暴食引起严重的痛风，哈密尔顿于 1865 年 9 月 2 日离世，被安葬在都柏林杰罗姆山公墓（Mount Jerome Cemetery）。

参考文献

[1] 黄昭度,纪辉玉.分析力学[M].北京：清华大学出版社,1985.
[2] 叶敏,肖龙翔.分析力学[M].天津：天津大学出版社,2001.
[3] 刘桂林.分析力学范例与习题[M].北京：北京理工大学出版社,1988.
[4] 梅凤翔,刘桂林.分析力学基础[M].西安：西安交通大学出版社,1987.
[5] 毕学涛.高等动力学[M].天津：天津大学出版社,1994.
[6] 朱照宣,周起钊,殷金生.理论力学(下册)[M].北京：北京大学出版社,1982.
[7] 刘正福,沙永海.分析力学解题指导及习题集[M].北京：高等教育出版社,1992.
[8] 刘焕堂.分析力学原理与方法[M].厦门：厦门大学出版社,1989.
[9] 刘延柱.高等动力学[M].北京：高等教育出版社,2001.
[10] 王振发.分析力学[M].北京：科学出版社,2015.
[11] 梅凤翔,吴惠彬.微分方程的分析力学方法[M].北京：科学出版社,2012.
[12] 梅凤翔.分析力学(上、下卷)[M].北京：北京理工大学出版社,2013.
[13] 周衍柏.理论力学[M].北京：高等教育出版社,1986.
[14] LANDAU L D,LIFSHITZ E M. Mechanics[M].北京：世界图书出版公司,1999.
[15] GOLDSTEIN H. Classical Mechanics[M]. Cambridge：Addison-Wesley,1980.
[16] MEIROVITCH L. Methods of Analytical Dynamics[M]. New York：McGraw-Hill,1970.
[17] 武际可.力学史[M].上海：上海辞书出版社,2010.
[18] 梅凤翔.非完整系统力学基础[M].北京：北京工业学院出版社,1985.
[19] 梁立孚.变分原理及其应用[M].哈尔滨：哈尔滨工程大学出版社,2005.
[20] 陈滨.分析动力学[M].2版.北京：北京大学出版社,2012.
[21] 沈惠川,李书民.经典力学[M].合肥：中国科学技术大学出版社,2006.
[22] 乔永芬,张耀良.凯恩方程研究[M].哈尔滨：哈尔滨工程大学出版社,1996.
[23] 罗森伯.离散系统分析动力学[M].程迺巽,郭坤,译.北京：人民教育出版社,1981.
[24] 汪家訸.分析力学[M].北京：高等教育出版社,1982.
[25] 梁昆淼.力学：理论力学(下册)[M].4版.北京：高等教育出版社,2009.
[26] 李德明,陈昌民.经典力学[M].北京：高等教育出版社,2006.